自学经典

中文版 AutoCAD 电气设计自学经典

任海峰　编著

清华大学出版社
北　京

内 容 简 介

本书以电气制图为主线，从零起步全面讲述电气工程图的绘制方法和技巧。全书共分10章，主要包括电气工程制图概述、AutoCAD基本操作、绘制电气图形、编辑电气图形、精确绘制电气图形、图块的使用、设计中心及外部参照的使用、电气制图中的文本与表格、电气制图尺寸标注、电气图纸的输出与发布以及典型的电气制图案例等内容。

全书内容丰富，结构安排合理，可作为大中专院校电气制图课程的教材和培训班用书，还可以作为电气设计技术人员的参考手册。

图书在版编目（CIP）数据

中文版AutoCAD电气设计自学经典 / 任海峰编著. —北京：清华大学出版社，2016
（自学经典）
ISBN 978-7-302-41500-8

Ⅰ. ①中…　Ⅱ. ①任…　Ⅲ. ①电气设备－计算机辅助设计－AutoCAD软件　Ⅳ. ①TM02-39

中国版本图书馆CIP数据核字（2015）第212875号

责任编辑：袁金敏
封面设计：刘新新
责任校对：胡伟民
责任印制：何　芊

出版发行：清华大学出版社
网　　址：http://www.tup.com.cn, http://www.wqbook.com
地　　址：北京清华大学学研大厦A座　　邮　　编：100084
社 总 机：010-62770175　　邮　　购：010-62786544
投稿与读者服务：010-62776969，c-service@tup.tsinghua.edu.cn
质量反馈：010-62772015，zhiliang@tup.tsinghua.edu.cn
印 装 者：三河市春园印刷有限公司
经　　销：全国新华书店
开　　本：185mm×260mm　　印　　张：19.75　　字　　数：495千字
版　　次：2016年1月第1版　　印　　次：2016年1月第1次印刷
印　　数：1～3000
定　　价：49.00元

产品编号：063950-01

前　　言

本书紧紧围绕电气制图这条主线，强调理论和实践的结合，将 AutoCAD 的基本操作技能和电气设计实际制图结合起来。书中逐一对 AutoCAD 软件的基本操作、绘制和编辑各类电气图形、绘制电气设计图、打印和输出电气图形等知识体系做了详细的介绍。本书主要特色如下。

（1）知识的系统性

本书的内容是一个循序渐进的过程，各章节知识环环相扣，紧密相连。为了提高用户的实际绘图能力，在讲解软件知识的同时，各章都安排了丰富的应用案例来辅助读者巩固知识，这样可快速解决读者在学习软件过程中所遇到的大量实际问题。

（2）内容的实用性

在定制本教程的知识框架时，将写作的重心放在内容的实用性上。因此从各种专业知识讲解到应用案例的挑选中，都与电气设计紧密联系。这使读者在绘制过程中不仅能巩固知识，而且通过这些练习可以建立产品设计思路，在今后的设计过程中达到举一反三的效果。

本书将软件设计与电气制图知识结合起来，以适应无纸化设计的趋势，带领读者全面学习设计电气工程图的方法和技巧。全书共分 10 章，具体内容如下。

第 1 章：主要介绍电气工程制图的相关知识，如电气制图的特点、分类、制图规范、电气符号的构成以及常用电气元件的绘制等知识。

第 2 章：主要介绍 AutoCAD 电气制图的基础知识，包括 AutoCAD 软件的应用、启动、工作界面、绘图环境的设置、图层的设置和管理的方法等知识。

第 3 章：主要介绍电气图形的绘制，包括使用点、线、矩形、圆、圆弧、椭圆、椭圆弧等工具绘制图形的方法和技巧。

第 4 章：主要介绍电气图形的编辑，包括电气图形的选取、移动、修剪、复制、偏移、镜像、阵列、拉伸、延伸、打断、合并、倒角、圆角等编辑命令的使用。

第 5 章：主要介绍精确绘制电气图形的方法，包括坐标系的使用、定位功能（捕捉、栅格、正交等）的启用、缩放与平移视图以及圆形信息的数字化查询等。

第 6 章：主要介绍定义块、动态块和块属性的方法，并且详细介绍使用外部参照和 AutoCAD 设计中心插入各种对象的方法。

第 7 章：主要介绍文字和表格的添加相关知识，包括设置文字样式、添加单行文本和多行文本、使用字段和添加表格等内容。

第 8 章：主要介绍设置尺寸标注、添加基本尺寸标注、编辑尺寸标注、添加公差标注和引线标注的方法。

第 9 章：主要介绍几种典型电气图形的绘制方法。

第 10 章：主要介绍输出与发布图纸的相关知识、如输出图纸、设置打印参数、布局空间打印图纸、创建与编辑打印视口和发布图纸的方法。

本书配套文件请到清华大学出版社网站 www.tup.com.cn 下载。

本书由任海峰主编，曹培培、胡文华、尚峰、蒋燕燕、张悦、李凤云、薛峰、张石磊、王国胜、王雪丽、张旭、伏银恋、张班班、张丽等人也参与了部分内容的编写。在创作过程中，他们都花费了大量的心血。虽然我们已经尽力将本书做到更好，但仍有疏漏与不足之处，恳请广大读者予以指正。

目　　录

第 1 章　电气工程制图概述……1
1.1　电气工程图的分类及特点……1
1.1.1　电气工程图的组成……1
1.1.2　电气工程图的分类……2
1.1.3　电气工程图的特点……2
1.2　电气工程 CAD 制图规则……3
1.2.1　图纸格式和幅面尺寸……3
1.2.2　图幅分区和标题栏……4
1.2.3　图线、字体及其比例……5
1.3　电气图形符号的构成和分类……6
1.3.1　电气图形符号的构成……6
1.3.2　电气图形符号的分类……8
1.4　电气工程图基本表示方法……9
1.4.1　线路表示方法……9
1.4.2　电气元件表示方法……10
1.4.3　元器件触头和工作状态表示方法……10
1.5　电气工程图中连接线的表示方法……10
1.5.1　连接线一般表示法……11
1.5.2　连接线连续表示法和中断表示法……11
第 2 章　AutoCAD 基础入门……12
2.1　初识 AutoCAD 工作界面……12
2.1.1　新选项卡……13
2.1.2　应用程序菜单……14
2.1.3　快速访问工具栏……14
2.1.4　标题栏和菜单栏……14
2.1.5　功能区选项板……16
2.1.6　命令行和状态栏……16
2.2　图形文件的基本操作……17
2.2.1　新建图形文件……17
2.2.2　保存图形文件……18
2.2.3　打开图形文件……20
2.2.4　关闭图形文件……22
2.2.5　加密图形文件……22
2.3　设置绘图环境……23
2.3.1　设置图形界限……23
2.3.2　设置绘图单位……26

2.3.3 更改光标大小……27
2.3.4 设置绘图比例……27
2.4 设置图层……28
2.4.1 创建新图层……29
2.4.2 设置图层颜色、线型、线宽……30
2.4.3 冻结和解冻图层……31
2.4.4 锁定和解锁图层……32
2.4.5 图层过滤器……33
2.5 AutoCAD 图形布局……37
2.5.1 模型空间与图纸空间……37
2.5.2 创建布局……38
2.5.3 页面设置……39
第 3 章 绘制电气图形……42
3.1 绘制点与线……42
3.1.1 绘制点、定数等分和定居等分……42
3.1.2 绘制直线……43
3.1.3 绘制多段线……44
3.1.4 绘制多线……45
3.1.5 绘制样条曲线……46
3.1.6 案例——绘制发光二极管（一般）符号……47
3.2 绘制矩形和正多边形……54
3.2.1 绘制矩形……54
3.2.2 绘制多边形……55
3.2.3 案例——绘制桥式整流器符号……57
3.3 绘制圆和圆弧……64
3.3.1 绘制圆……64
3.3.2 绘制圆弧……66
3.3.3 案例——绘制保护接地符号……67
3.4 绘制椭圆和椭圆弧……71
3.5 图案填充……72
3.5.1 图案填充的操作……73
3.5.2 编辑填充的图案……73
3.6 应用案例——绘制三相交流串励电机符号……75
第 4 章 编辑电气图形……82
4.1 编辑图形对象……82
4.1.1 选择对象……82
4.1.2 复制对象……83
4.1.3 移动对象……84
4.1.4 偏移对象……85
4.1.5 镜像对象……86
4.1.6 阵列对象……87
4.1.7 案例——绘制按钮开关控制电路图（一）……89
4.2 修改电气图形……97

4.2.1　拉伸与延伸……97
4.2.2　旋转与缩放……99
4.2.3　分解对象……102
4.2.4　打断与合并……102
4.2.5　倒角与圆角……105
4.2.6　案例——绘制按钮开关控制电路图（二）……107
4.3　应用案例——绘制直流伺服测速机组电气符号……114
第 5 章　精确绘制电气图形……122
5.1　使用坐标系……122
5.1.1　坐标系概述……122
5.1.2　输入坐标……123
5.1.3　更改坐标样式……124
5.1.4　案例——绘制电阻（一般）符号……124
5.2　精确定位工具……126
5.2.1　捕捉和栅格……126
5.2.2　正交模式……127
5.2.3　案例——绘制电容器（一般）符号……128
5.3　对象捕捉与极轴追踪……129
5.3.1　对象捕捉功能……129
5.3.2　极轴追踪功能……129
5.3.3　对象捕捉追踪功能……130
5.3.4　案例——绘制气缸供气系统图……131
5.4　对象约束……136
5.4.1　几何约束……136
5.4.2　标注约束……136
5.5　缩放与平移……139
5.5.1　缩放视图……139
5.5.2　平移视图……140
5.6　查询图形对象信息……140
5.6.1　距离查询……140
5.6.2　半径查询……141
5.6.3　角度查询……141
5.6.4　面积/周长查询……141
5.6.5　面域/质量查询……142
5.7　案例——绘制蜂鸣器符号……142
第 6 章　图块、设计中心与外部参照……145
6.1　插入图块……145
6.1.1　创建图块……145
6.1.2　插入图块……147
6.1.3　修改图块……148
6.1.4　案例——绘制电压表测量线路图……148
6.2　编辑图块属性……153
6.2.1　创建与附着属性……153

6.2.2 编辑块的属性……154
6.2.3 案例——绘制电流表测量线路图……155
6.3 使用设计中心……160
6.3.1 启动设计中心功能……160
6.3.2 图形内容的搜索……161
6.3.3 插入图形内容……162
6.4 使用外部参照……164
6.4.1 附着外部参照……164
6.4.2 管理外部参照……167
6.5 应用案例——绘制变频控制电路图……169
第 7 章 电气制图中的文本和表格……176
7.1 设置文字样式……176
7.1.1 设置文字样式……176
7.1.2 修改样式……177
7.1.3 管理样式……177
7.2 添加单行文本……178
7.2.1 创建单行文本……179
7.2.2 编辑修改单行文本……180
7.2.3 输入特殊字符……180
7.3 添加多行文本……181
7.3.1 设置多行文本样式和格式……181
7.3.2 设置多行文本段落……182
7.3.3 调用外部文本……183
7.3.4 查找与替换文本……184
7.3.5 案例——绘制厂房消防报警系统图……185
7.4 使用字段……189
7.4.1 插入字段……189
7.4.2 更新字段……190
7.5 添加表格……190
7.5.1 设置表格样式……190
7.5.2 创建与编辑表格……193
7.5.3 调用外部表格……195
7.5.4 案例——绘制调频器电路……196
7.6 应用案例——绘制楼房照明系统图……202
第 8 章 电气制图尺寸标注……209
8.1 尺寸标注概述……209
8.1.1 尺寸标注的组成……209
8.1.2 尺寸标注的原则……210
8.2 设置尺寸标注样式……210
8.2.1 新建尺寸样式……210
8.2.2 修改尺寸样式……212
8.2.3 删除标注样式……219
8.3 添加基本尺寸标注……220

8.3.1 线型标注……220
8.3.2 对齐标注……221
8.3.3 角度标注……221
8.3.4 弧长标注……223
8.3.5 半径/直径标注……223
8.3.6 连续标注……224
8.3.7 快速标注……224
8.3.8 基线标注……225
8.3.9 折弯半径标注……225
8.3.10 案例——为电气工程图添加尺寸标注……225
8.4 添加公差标注……229
8.4.1 尺寸公差的设置……229
8.4.2 形位公差的设置……229
8.5 编辑尺寸标注……231
8.5.1 重新关联尺寸标注……231
8.5.2 修改尺寸标注……231
8.5.3 修改尺寸标注文字的位置和角度……232
8.5.4 案例——绘制变频柜综合控制屏线路图……233
8.6 添加引线标注……237
8.6.1 新建引线样式……237
8.6.2 添加引线……240
8.6.3 对齐引线……240
8.6.4 删除引线……241
8.7 应用案例——绘制变电站电气工程图……241
第9章 绘制常用电气元件符号……251
9.1 绘制无源元件……251
9.2 绘制半导体管……254
9.3 绘制变压器……256
9.4 绘制开关装置……259
9.5 绘制信号灯和电铃……263
9.6 绘制单片机……266
9.7 绘制录音机电路……273
第10章 输出与发布电气图纸……282
10.1 输出图纸……282
10.2 打印图纸……283
10.2.1 设置打印参数……283
10.2.2 打印图纸方式……287
10.2.3 案例——打印电气图纸……288
10.3 布局空间打印图纸……291
10.3.1 利用向导创建布局……291
10.3.2 切换布局空间……292
10.3.3 利用样本创建布局……293
10.4 创建与编辑视口……293

10.4.1 模型空间视口……293
10.4.2 创建打印视口……295
10.4.3 设置视口……295
10.4.4 改变视口样式……296
10.5 发布图纸……297
10.5.1 Web 浏览器的应用……297
10.5.2 超链接的应用……297
10.5.3 电子传递的应用……299
10.5.4 发布图纸到 Web……299
10.6 应用案例——图纸发布……300

第 1 章　电气工程制图概述

电气工程图主要用来描述电气设备或系统的工作原理，其应用非常广泛，几乎遍布于工业生产和日常生活的各个环节。在国家颁布的工程制图标准中，对电气工程图的制图规则做了详细的规定。本章主要介绍电气工程制图规范、电气符号构成与分类，以及部分常用电气元件的绘制方法等内容。

1.1　电气工程图的分类及特点

电气工程按照功能与结构的不同分为多种，比如建筑电气、工业电气、电力工程等。根据电器工程的类别及表现方法的不同，电气工程图也表现出不同的特点。

1.1.1　电气工程图的组成

通常，一项电气工程的电气图由目录和前言、电气系统图和框图、电路图、安装接线图、电气平面图、设备布置图等几部分组成，而不同的组成部分可能由不同类型的电气图来表现。

- 目录和前言。目录即对电气工程的图纸进行编目，以方便检索、查阅图纸。目录主要包括序号、图名、图纸编号、张数、备注等。前言则包括设计说明、图例、设备材料明细表、工程经费概算等内容。
- 电气系统图和框图。电气系统图和框图表示整个工程或者其中某一项目的供电方式和电能输送的关系，也可表示某一装置主要组成部分的关系。
- 电路图。电路图主要表示某一系统或者装置的工作原理，如电动机控制回路图、机床电气原理图等。
- 安装接线图。安装接线图主要表示电气装置的内部各元件之间以及其他装置之间的连接关系，以便于设备的安装、调试及维护。
- 电气平面图。主要表示某一电气工程中的电气设备、装置和线路的平面布置，如线路平面图、变电所平面图、弱电系统平面图、照明平面图、防雷与接地平面图等。它一般是在建筑平面图的基础上绘制出来的。
- 设备布置图。设备布置图主要包括平面布置图、立面布置图、断面图、纵横剖面图等，主要表示各种设备的布置方式、安装方式及相互间的尺寸关系。
- 设备元件和材料表。设备元件和材料表是把电气工程中用到的设备、元件和材料列成表格，标示其名称、符号、型号、规格和数量等信息。
- 大样图。大样图主要标示电气工程某一部件的结构，用于指导加工与安装。其中有一部分大样图为国家标准图。

- 产品使用说明书用电气图。对电气工程中选用的设备和装置，其生产厂家往往随产品使用说明书附上电气图，这种电气图也属于电气工程图。
- 其他电气图。对于一些较复杂的电气工程，为了补充和详细说明某一方面，还需要一些特殊的电气图，例如逻辑图、功能图、曲线图、表格等。这里就不一一罗列了。

1.1.2 电气工程图的分类

电气工程的分类方法有很多种，但由于电气工程图主要用来表现电气工程的构成和功能，描述各种电气设备的工作原理，提供安装接线盒维护的依据，所以主要分为建筑电气、工业电气、电力工程和电子工程等几类。

（1）建筑电气

建筑电气主要用于工业和民用建筑领域的电气设备、动力照明、防雷接地等场合，包括各种照明灯具、动力设备、电器，以及各种电气装置的保护接地、工作接地等。

（2）工业电气

工业电气主要是指应用于机械、工业生产及其他控制领域的电气设备，包括机床电气、汽车电气以及其他一些控制电气。

（3）电力工程

电力工程通常分为发电工程、变电工程和输电工程 3 类。其中，发电工程主要分为火电、水电、核电 3 类。

（4）电子工程

电子工程主要用于家用电器、广播通信、计算机等众多领域的弱电信号设备和线路中。

1.1.3 电气工程图的特点

相对于机械图纸和建筑图纸，电气工程图在描述对象、表达方式以及绘制方法上都有所不同，其特点如下。

- 电气工程图主要采用简图表现

电气工程中绝大部分采用简图的形式来表现。简图是采用标准的电气符号和带注释的框，或者简化外形来表示系统或设备中各组成部分之间相互关系的图。

- 电气工程图描述的主要内容是元件和连接线

无论电路图、系统图，还是接线图和平面图都是以电气元件和连接线作为描述的主要内容。也正因为对电气元件和连接线有多种不同的描述方式，从而构成了电气图的多样性。

- 电气工程图的基本要素是图形、文字和项目符号

一个电气系统或装置通常由许多部件、组件构成，这些部件、组件或者功能模块称为项目。项目一般由简单的符号表示，这些符号就是图形符号。通常每个图形符号都有相应的文字符号。在同一幅图上，为了区别相同的设备，需要对设备进行编号。设备编号和文

字符号一起构成项目符号。

- 主要采用功能布局法和位置布局法

电气工程图中的系统图、电路图通常采用功能布局法。功能布局法是指在绘图时图中各元件的位置只考虑元件之间的功能关系，而不考虑元件实际位置的一种布局方法。位置布局法是指电气工程图中的元件位置对应于元件实际位置的一种布局方法。电气工程图中的接线图、设备布置图采用的就是这种方法。

- 多样性

对能量流、信息流、逻辑流和功能流的不同描述方法，使电气图具有了多样性的特点。

1.2　电气工程 CAD 制图规则

我国的电气制图规范标准主要包括《电气制图国家标准 GB/T6988》和《电气设备用图形符号国家标准》等。绘制电气工程 CAD 制图必须遵照一定的规则，主要是关于图纸规格、图纸分区、图形线性、字体及其比例图线、字体及其比例等方面的设置。

1.2.1　图纸格式和幅面尺寸

图幅是指图纸幅面的大小，所有绘制的图形都必须在图框内。GB/18135—2000《电气工程 CAD 制图规则》包含了对电气工程制图图纸幅面及格式的相关规定，绘制电气工程图纸时必须遵照此标准。

1．图纸幅面

电气工程图纸采用的幅面有 A0、A1、A2、A3、A4 五种。绘制时，应该优先采用表 1-1 中所示的图纸基本幅面。必要时，可以使用加长幅面。加长幅面的尺寸，按比选用的基本幅面大一号的幅面尺寸来确定。

表 1-1　图纸幅面及图框格式尺寸　　（单位：mm）

<table>
<tr><th>幅面代号</th><th>A0</th><th>A1</th><th>A2</th><th>A3</th><th>A4</th></tr>
<tr><td>B×L</td><td>841×1189</td><td>594×841</td><td>420×594</td><td>297×420</td><td>210×297</td></tr>
<tr><td>E</td><td colspan="2">20</td><td colspan="3">10</td></tr>
<tr><td>C</td><td colspan="3">10</td><td colspan="2">5</td></tr>
<tr><td>A</td><td colspan="5">25</td></tr>
</table>

2．图框

图纸既可以横放也可以竖放。图纸四周要画图框，以留出周边。图框分需要留装订边的图框和不留装订边的图框。留有装订边图样的图框格式，如图 1-1 所示；不留装订边图样的图框格式，如图 1-2 所示。

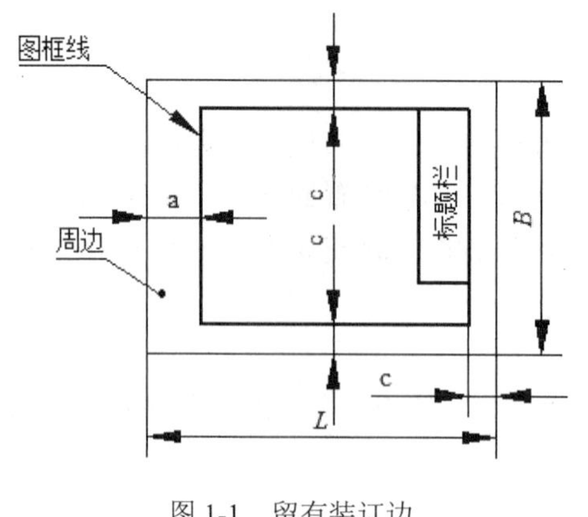

图 1-1　留有装订边

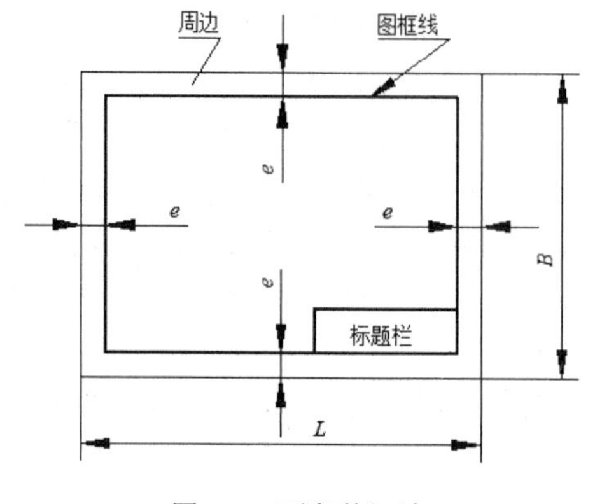

图 1-2　不留装订边

1.2.2　图幅分区和标题栏

下面对图幅分区和标题栏的基本知识进行介绍。

1．图幅分区

当图幅很大而且内容很复杂时，读图就变得相对困难。为了更容易地读图和检索，需要一种确定图上内容位置的方法，这时就应该把幅面分区，以便于检索，如图 1-3 所示。

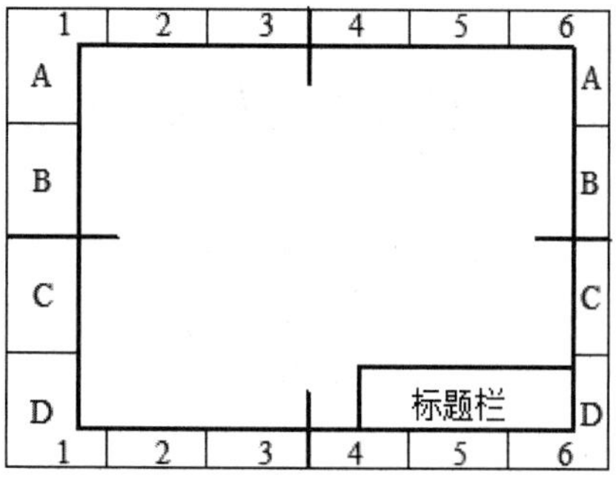

图 1-3　图幅分区

2．标题栏

标题栏用于说明图的名称、编号、责任者的签名，以及图中局部内容的修改记录等，通常是由名称及代号区、签字区、更改区及其他区组成，如图 1-4 所示。

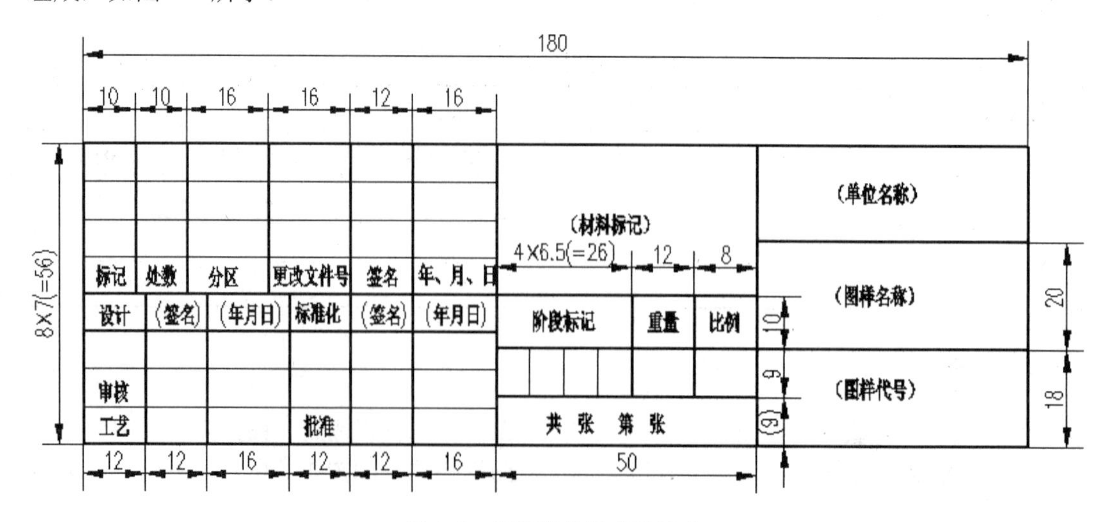

图 1-4　标题栏的格式及尺寸

1.2.3　图线、字体及其比例

国标对电气工程图纸的图线、字体和比例也做出了相应的规定。

1. 基本图线

根据国标规定，在电气工程图中常用的线型有实线、虚线、点划线、双点划线、波浪线、双折线等，部分基本线型的代号、形式及名称如表 1-2 所示。

表 1-2　图线形式及应用

名　称	形　式	图 线 应 用
粗实线		电器线路、一次线路
细实线		二次线路、一般线路
虚线		屏蔽线、机械连线
点划线		控制线、信号线、边界线
双点划线		辅助边界线、36V 以下线路
双折线		视图与剖视的分界线
折断线		断开处的边界线

2. 图线的宽度

根据用途，图线的宽度应该在下列宽度中选择：0.18mm，0.25mm，0.35mm，0.5mm，0.7mm，1mm，1.4mm，2mm。并且图线一般只有两种宽度，分别称为粗线和细线，其宽度之比为 2:1。在同一图样中，同类图线的宽度应基本保持一致；虚线、点划线及双点划线的线长和间隔长度也应各自大致相等。

书写字体必须做到：字体工整、笔画清楚、间隔均匀、排列整齐、注意起落。国标中对电气工程图中字体的规定可归纳为如下几条。

（1）常用的文本尺寸应该在以下尺寸中选择：1.5mm，2.5mm，3.5mm，5mm，7mm，10mm，14mm，20mm。

（2）汉字应写成长仿宋体字，并采用国家正式公布推行的简化字。字宽一般为 0.7h。各行文字之间的行距不应小于字高的 1.5 倍。

（3）表格中的文本左对齐，带小数的数值按小数点对齐，不带小数点的按个位数对齐。

（4）图样中采用的各种文本尺寸如表 1-3 所示。

表 1-3　图样中各种文本的尺寸

文本类型	中文		字母和数字	
	字高	字宽	字高	字宽
标题栏图名	7~10	5~7	5~7	3.5~5
图形图名	7	5	5	3.5
说明抬头	7	5	5	3.5
说明条文	5	3.5	3.5	1.5
图形文字标注	5	3.5	3.5	1.5
图号及日期	5	3.5	3.5	1.5

3. 比例

绘图时，需要按照比例绘制图样。推荐从表 1-4 所规定的系列中选取适当的比例。

表 1-4　常用比例

原值比例	1:1
缩小比例	1:1.5、1:2、1:2.5、1:3、1:4、1:5、1:10、1:2×10n、1:2.5×10n、1:3×10n、1:4×10n、1:5×10n、1:6×10n
放大比例	2:1、2.5:1、4:1、5:1、1×10n:1、2×10n:1、2.5×10n:1、4×10n:1、5×10n:1

在绘图过程中，应尽量采用原值比例绘图。当然，更多时候会由于实物过大或者过小而必须采用一定的比例来绘制，如绘制大而简单的机件可采用缩小比例；绘制小而复杂的电气元件可采用放大比例。不论采用缩小还是放大的绘图比例，图样中所标注的尺寸均为电气元件的实际尺寸。

对于同一图样上的各个图形，原则上应采用相同的比例绘制，并在标题栏内的“比例”栏中进行填写。比例符号以“：”表示，如 1：1 或 1：2 等。当某个图形需要采用不同的比例绘制时，应在视图名称的下方以分数形式标注出该图形所采用的比例。

1.3　电气图形符号的构成和分类

电气符号是用于图样或者其他文件来表示一个设备或概念的图形、标记或者字符，它以简单图形的方式来传递一种信息，表示一个实物或者概念。电气图中用以表示电气元器件、设备及线路等的图形符号就称为电气图形符号。

1.3.1　电气图形符号的构成

本节列出了一些在电气工程图中最常见的电气图形符号，读者需认识阅读，并掌握这些电气元件的表达形式。

1. 电阻器、电容器、电感器和变压器

电阻器、电容器、电感器和变压器的图形符号，如表 1-5 所示。

表 1-5　电阻器、电容器、电感器和变压器的图形符号

图 形 符 号	名称与说明	图 形 符 号	名称与说明
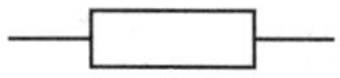	电阻器，一般符号	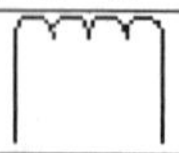	电感器、线圈、绕组或扼流图
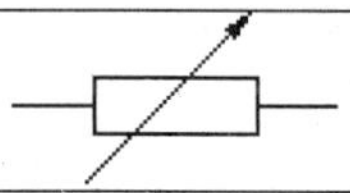	可变电阻器或可调电阻器	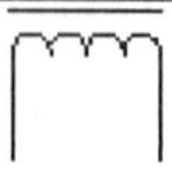	带磁芯、铁芯的电感器
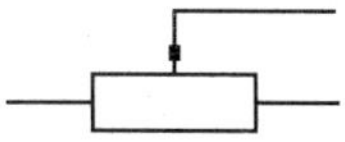	滑动触点电阻器	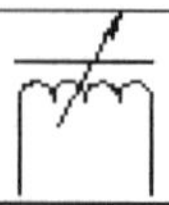	带磁芯连续可调的电感器

续表

图 形 符 号	名称与说明	图 形 符 号	名称与说明
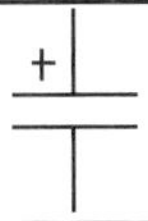 +	电容器	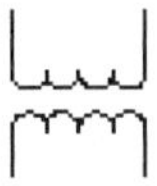	双绕组变压器
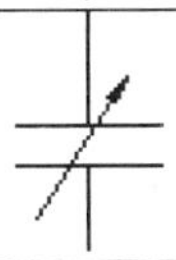	可变电容器或可调电容器	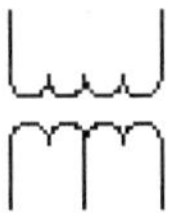	在一个绕组上有抽头的变压器

2. 半导体管

半导体管的图形符号，如表 1-6 所示。

表 1-6　常用半导体管的图形符号

图形符号	名称与说明	图形符号	名称与说明
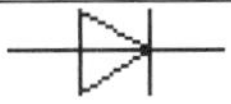	二极管的符号	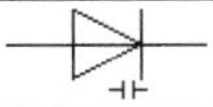	变容二极管
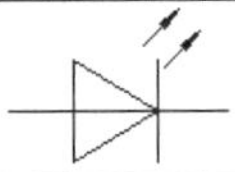	可发光二极管		PNP 型晶体三极管
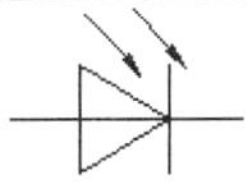	光电二极管		NPN 型晶体三极管
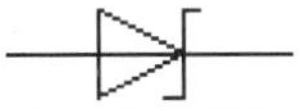	稳压二极管	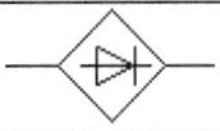	全波桥式整流器

3. 其他电气图形符号

其他常用的电气图形符号，如表 1-7 所示。

表 1-7　其他常用电气图形符号

图 形 符 号	名称与说明	图 形 符 号	名称与说明
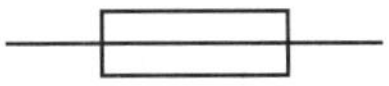	熔断器	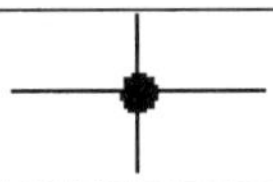	导线的连接
	指示灯及信号灯		导线的不连接
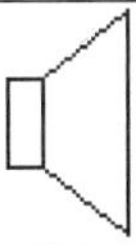	扬声器	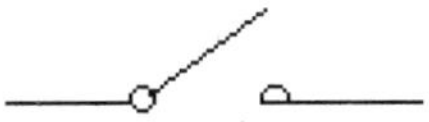	动合（常开）触点开关
	蜂鸣器		动断（常闭）触点开关
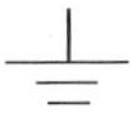	接地		手动开关

1.3.2 电气图形符号的分类

最新的《电气图形符号总则》国家标准代号为 GB/T4728.1—1985，对各种电器符号的绘制做了详细的规定。按照这个规定，电气图形符号主要由以下 13 个部分组成。

（1）总则

包括《电气图形符号总则》的内容提要、名词术语、符号的绘制、编号的使用及其他规定。

（2）符号要素、限定符号和其他常用符号

包括轮廓和外壳、电流和电压种类、可变性、力或运动的方向、机械控制、接地和接地壳、理想电路元件等。

（3）导线和连接器件

包括电线、柔软和屏蔽或绞合导线、同轴导线、端子、导线连接、插头和插座、电缆密封终端头等。

（4）无源元件

包括电阻、电容、电感器，铁氧体磁芯、磁存储器矩阵，压电晶体、驻极体、延迟线等。

（5）半导体和电子管

包括二极管、三极管、晶体闸流管，变压器，变流器等。

（6）电能的发生与转换

包括绕组，发电机、发动机，变压器，变流器等。

（7）开关、控制和保护装置

包括触点，开关、热敏开关、接触开关，开关装置和控制装置，启动器，有或无继电器，测量继电器，熔断器、间隙、避雷器等。

（8）测量仪表、灯和信号器件

包括指示、计算和记录仪表，热电偶，遥测装置，电钟，位置和压力传感器，灯，喇叭和铃等。

（9）电信交换和外围设备

包括交换系统和选择器，电话机，电报和数据处理设备，传真机、换能器、记录和播放机等。

（10）电信传输

包括通信电路，天线、无线电台，单端口、双端口或多端口波导管器件、微波激射器、激光器，信号发生器、调制器、解调器、光纤传输线路等。

（11）建筑安装平面布置图

包括发电站、变电所、网络、音响和电视的分配系统、建筑用设备、露天设备、防雷设备等。

（12）二进制逻辑元件

包括计算器和存储器等。

（13）模拟元件

包括放大器、函数器电子开关等。

1.4　电气工程图基本表示方法

电气工程图中，各元件、设备、线路及安装方法都是以符号、文字符号和项目符号的形式出现的。要绘制电气工程图，首先要了解这些符号的形式、内容和含义，以及它们之间的相互关系。

1.4.1　线路表示方法

在电气工程图中，线路的表示方法包含如下几种。

1. 多线表示法

每根连接线或导线各用一条图线来表示的方法。特点：能详细地表达各项或各线的内容，尤其在各项各线内容不对称的情况下应采用此法，如图 1-5 所示。

2. 单线表示法

两根或两根以上的连接线或导线，只用一条线来表示的方法。 特点：适用于三相或多线基本对称的情况，如图 1-6 所示。

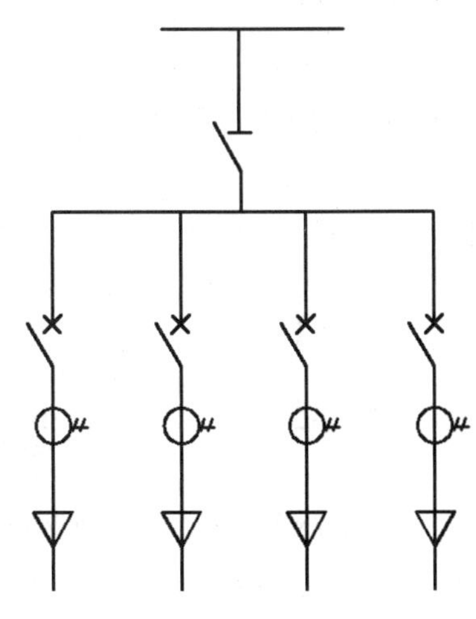

图 1-5　多线表示法

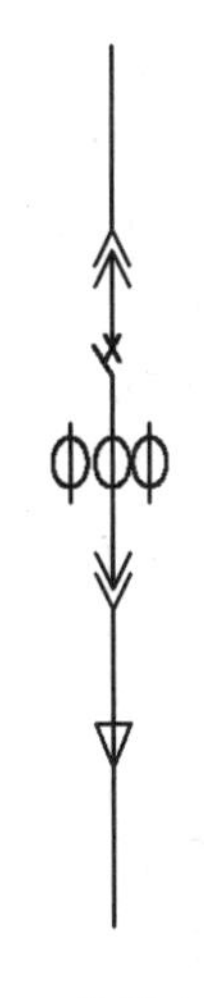

图 1-6　单线表示法

3. 混合表示法

一部分用单线，一部分用多线。特点：兼有单线表示法简洁精炼的特点，又兼有多线表示法对对象描述精确、充分的优点，并且由于两种表示法并存，描述形式更灵活，富于变化。

1.4.2 电气元件表示方法

电气元件表示方法分为集中表示法、半集中表示法和分开表示法等。

1. 集中表示法

将设备或成套装置中一个项目各组成部分的图形符号在简图上绘制在一起的方法。各组成部分用机械连接线（虚线）互相连接起来。连接线必须为直线。这种表示法适用于绘制简单的图。

2. 半集中表示法

为了使设备和装置的电路布局清晰，易于识别，将一个项目中某些部分的图形符号在简图上分开布置，并用机械连接符号表示它们之间关系的方法。 机械连接线可以弯折、分支和交叉。

3. 分开表示法

为了使设备和装置的电路布局清晰，易于识别，把一个项目中某些部分的图形符号在简图上分开布置，并仅用项目代号表示它们之间关系的方法。分开表示法与集中表示法或半集中表示法的图给出的信息要等量。

1.4.3 元器件触头和工作状态表示方法

触点分为两类，一类是靠电磁力或人工操作的触点（接触器、电继电器、开关、按钮等）；另一类为非电和非人工操作的触点（非电继电器、行程开关等的触点）。

工作状态表示方法一般应遵循“左开右闭，下开上闭”的原则，如图 1-7、图 1-8 所示。为避免电路连接线的交叉，应使图面布局清晰。触点位置可以灵活应用，没有严格规定。

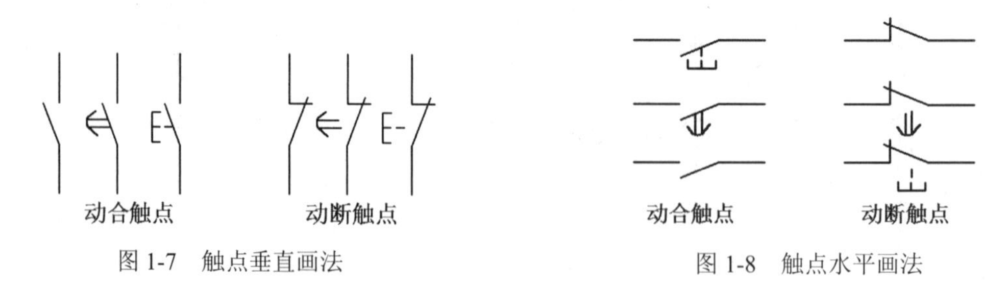

图 1-7　触点垂直画法

图 1-8　触点水平画法

1.5 电气工程图中连接线的表示方法

连接线是构成电气工程图的主要组成部分。连接线可以表示导线、导线组、电缆、电力线路、信号线路、母线、总线以及用以表示某一电磁关系、功能关系等的连接线。

1.5.1　连接线一般表示法

导线连接有“T”形连接和“十”字形连接两种形式。“T”形连接可加实心圆点，也可不加实心圆点。

“十”字形连接表示两导线相交时必须加实心圆点；表示交叉而不连接的两导线，在交叉处不加实心圆点。图 1-9 所示为两种导线连接形式的表示法。

1.5.2　连接线连续表示法和中断表示法

为了表示连接线的接线关系和去向，可采用连续表示法和中断表示法。连续表示法用同一个图线首尾连通的方法，而中断表示法将连接线中间断开，用符号分别标注去向。

用单线表示的连接线的连续表示法，如图 1-10 所示。

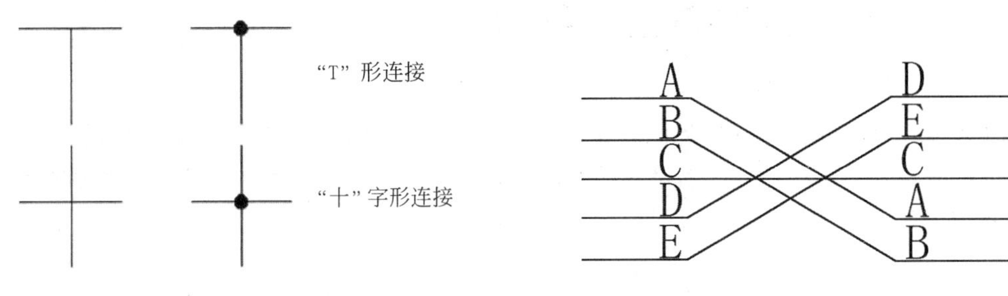

图 1-9　导线连接形式　　图 1-10　单线表示的连续表示法

连接线的中断表示法采用中断线方式，是简化连接线作图的一个重要手段，如图 1-11 所示。

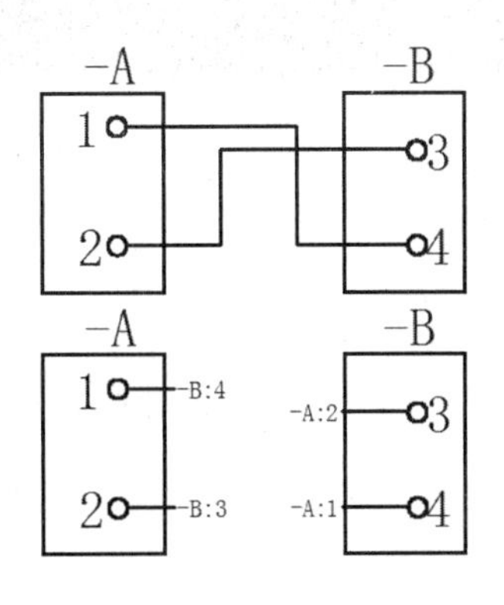

图 1-11　用符号表示中断

第 2 章　AutoCAD 基础入门

AutoCAD 是美国 Autodesk 公司开发的计算机辅助设计软件，用于二维绘图、详细绘制、设计文档和三维设计。软件拥有良好的用户界面，用户通过交互菜单或命令行方式即可进行各种操作，设计出非常有创意的产品。AutoCAD 2015 版对文件格式与命令行方式进行了增强，同时增强了绘图、注释、外部参照等功能，是目前国际上广为流行的绘图工具，本书将以此版本进行介绍。本章主要介绍 AutoCAD 2015 工作界面、图形文件的操作、绘图环境及图层设置等内容。

2.1　初识 AutoCAD 工作界面

对 AutoCAD 2015 的操作界面有了一定的了解，才能熟练地操作，提高使用效率。其工作界面主要包括快速访问工具栏、菜单栏、功能区选项板、绘图区、状态栏和命令行等，如图 2-1 所示。

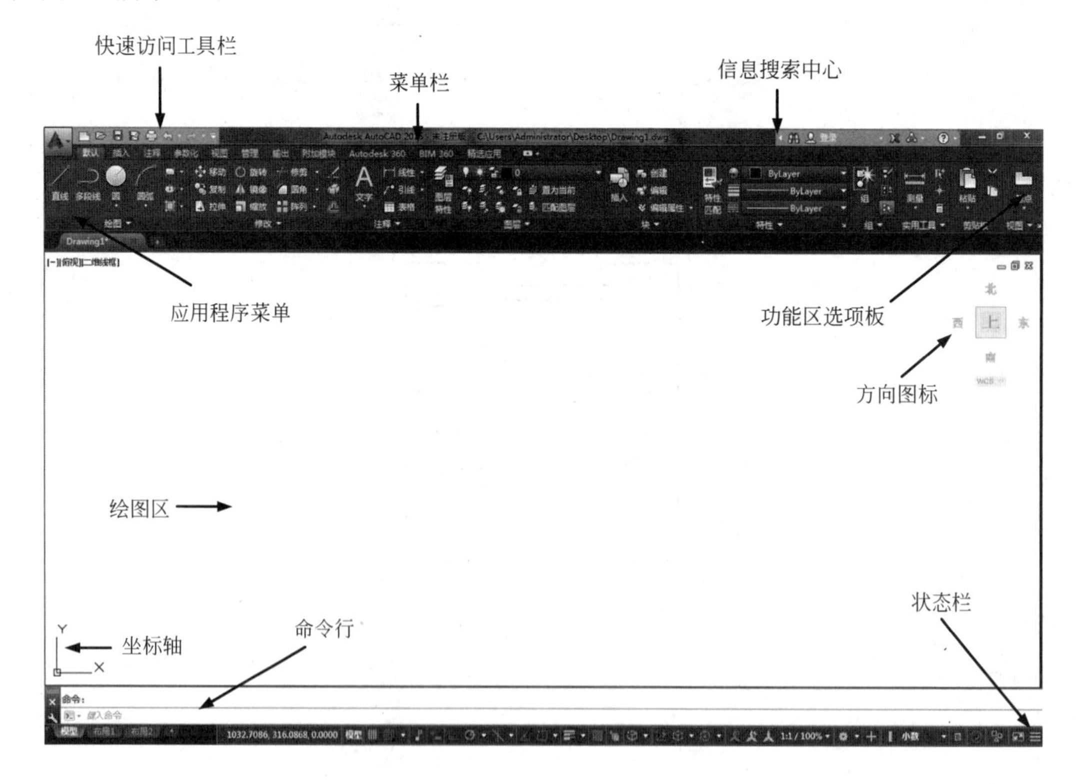

图 2-1　工作界面

2.1.1　新选项卡

打开 AutoCAD 2015，与以往不同的是，AutoCAD 2015 首先弹出的页面是【新选项卡】，而不是直接进入绘图界面。在【新选项卡】页面下方，有两个选项：【了解】和【新建】。

在【了解】页面内，可找到 AutoCAD 2015 的新特性、快速入门视频、功能视频等，便于读者快速了解 AutoCAD 2015 软件及使用该软件，如图 2-2 所示。

图 2-2　AutoCAD 2015“了解”页面

在【创建】页面内，可以通过单击【开始绘制】选项，直接进入绘图环境；通过【最近使用的文档】列表，快速找到最近使用过的文件，如图 2-3 所示。

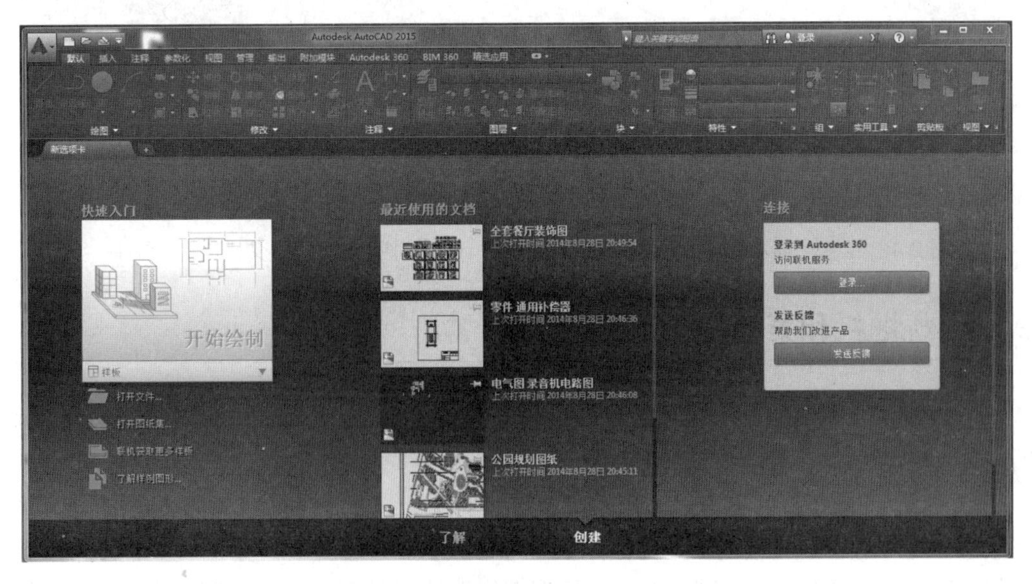

图 2-3　AutoCAD 2015“创建”页面

2.1.2 应用程序菜单

应用程序菜单位于操作界面的左上角![A], 它主要是提供了文件管理与图形发布，以及选项设置的快捷路径。单击“应用程序菜单”按钮，在该菜单中可以进行新建文件、保存文件、打印图纸、发布图纸以及退出 AutoCAD 2015 等操作，如图 2-4 所示。

2.1.3 快速访问工具栏

快速访问工具栏为用户提供了一些常用的操作及设置。单击【快速访问工具栏】右侧的下拉按钮，用户可以根据自己的习惯和工作需要添加或移除快捷工具。执行【显示菜单栏】命令，在标题栏的下方会显示出菜单栏；若执行【隐藏菜单栏】命令，则菜单栏将被隐藏，如图 2-5 所示。

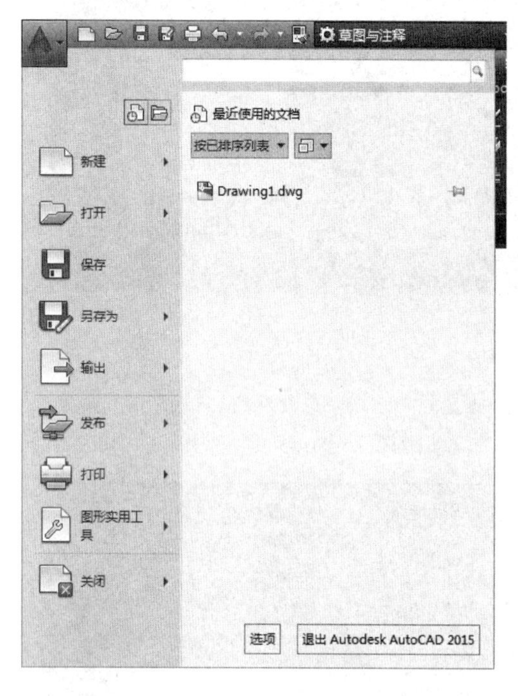

图 2-4 应用程序菜单操作界面

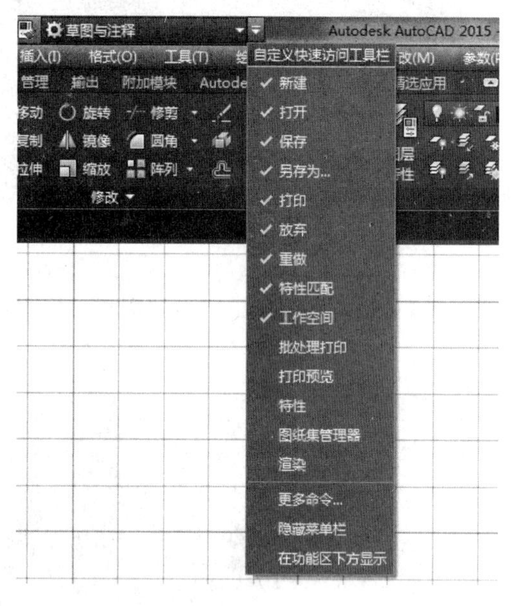

图 2-5 自定义快速访问工具栏

2.1.4 标题栏和菜单栏

标题栏位于软件界面的最上端，由应用程序菜单、快速访问工具栏、当前文档标题、搜索栏、帮助以及窗口控制按钮组成。

菜单栏位于标题栏的下方，为用户提供【文件】、【编辑】、【视图】、【插入】、【格式】、【工具】、【绘图】、【标注】、【修改】、【参数】、【窗口】、【帮助】这 12 个菜单选项。常用的一些制图工具和管理编辑器等工具都分类排列在这些菜单中。将鼠标指针移至需要显示的菜单选项上，单击即可从菜单列表中进行选择，如图 2-6、图 2-7 所示。

图 2-6　菜单栏命令

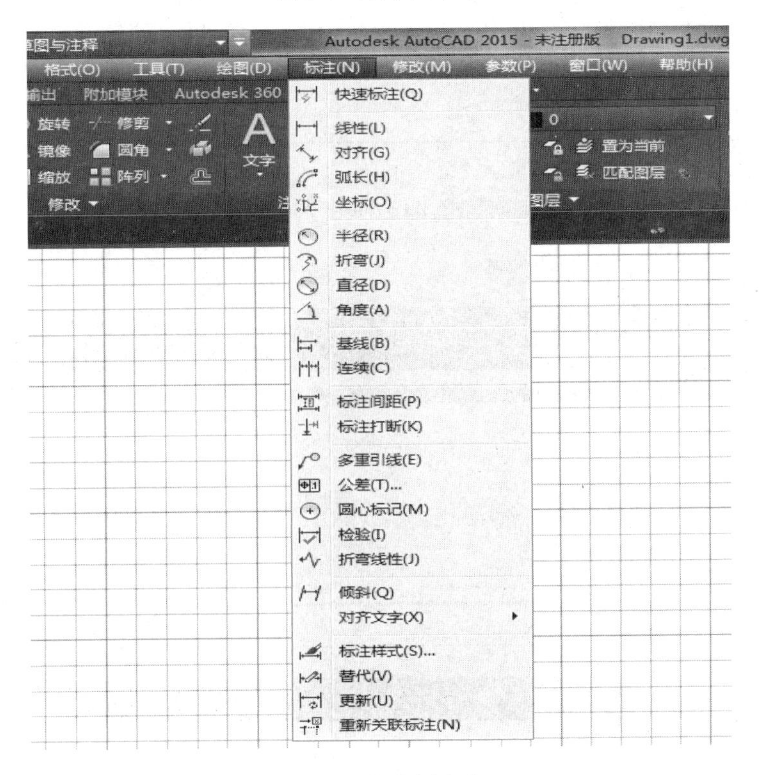

图 2-7　菜单栏命令

2.1.5　功能区选项板

功能区位于标题栏下方，它由工具栏和命令选项卡两部分组成。在工具栏中任意单击某个选项，会在其下方打开与该选项对应的功能选项卡。

在功能区中，单击下拉按钮可将隐藏的选项展开；单击“最小化为面板标题”按钮，可以将面板最小化；右击某个命令，可将其添加到“快速访问工具栏”中，如图 2-8 所示。此外，还可以设置隐藏某个面板，如要将【修改】面板隐藏，可以在选项卡上单击鼠标右键，弹出快捷菜单，选择【显示面板】选项，然后取消勾选【修改】选项即可，如图 2-9 所示。

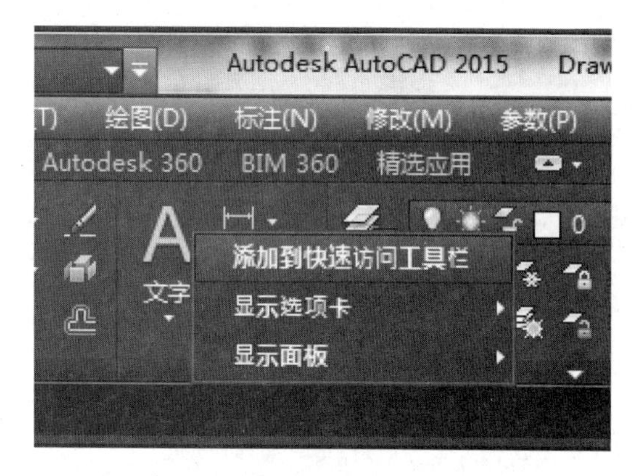

图 2-8　添加到快速访问工具栏

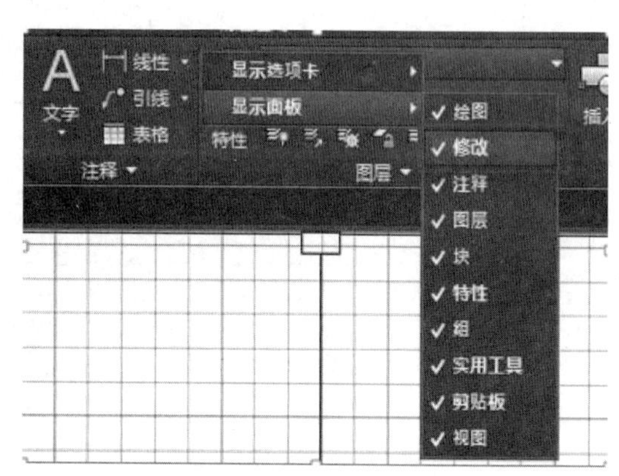

图 2-9　隐藏【修改】面板

2.1.6　命令行和状态栏

AutoCAD 2015 的命令行位于绘图区的下方，如图 2-10 所示。

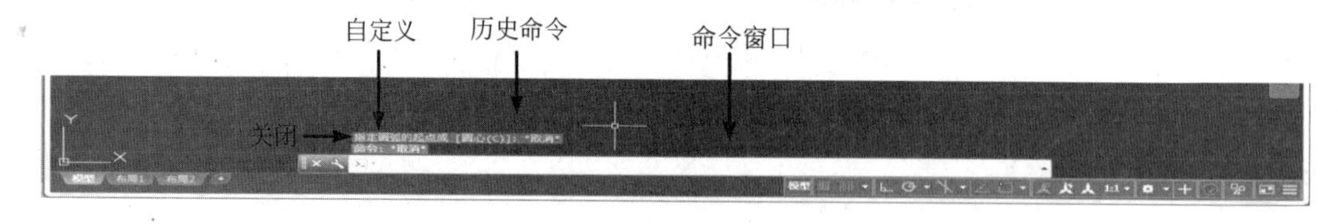

图 2-10　命令行

状态栏位于“布局空间”选项卡的右侧，单击其最右侧的“自定义”按钮，可对辅助命令进行操作，如图 2-11 所示。

图 2-11　状态栏

2.2　图形文件的基本操作

图形文件的操作是进行绘图的基础，其基本操作包括创建新的图形文件、打开已有的图形文件、保存图形文件和关闭图形文件。熟练地掌握 AutoCAD 2015 图形文件的操作，才能更好地对图形进行管理，方便图形的调用、编辑和修改，提高绘图效率。

2.2.1　新建图形文件

当启动 AutoCAD 2015 软件后，系统将自动创建一个图形文件，并命名为“Drawing1.dwg”。如果用户需继续创建新的图形文件，AutoCAD 2015 会将该文件命名为“Drawing2.dwg”，以此类推。用户也可以手动创建新的图形文件，主要有以下几种方法。

- 执行【文件】|【新建】命令。
- 执行应用程序菜单中的【新建】|【图形】命令。
- 在快速访问工具栏中单击“新建”按钮。
- 在命令行中执行“NEW”命令。

以上述任何一种方法执行新建文件命令后，将打开【选择样板】对话框，如图 2-12 所示。在该对话框中，可以选择一个模板作为模型来创建新的图形，同时在对话框右侧的【预览】栏中可预览到所选样板的样式，然后单击【打开】按钮，系统将创建一个基于该样板的新文件。

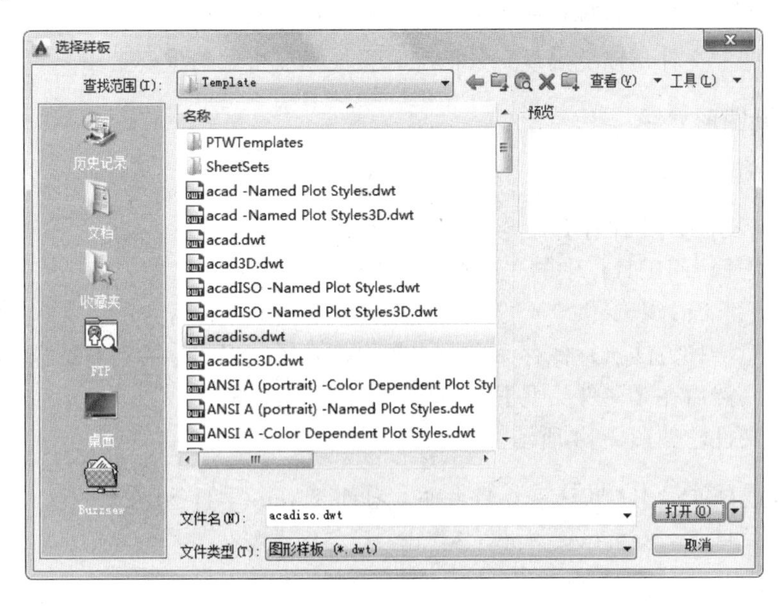

图 2-12 【选择样板】对话框

另外，用户也可以不选择样板来创建空白文件。具体方法是，单击【打开】按钮右侧的下拉按钮，如图 2-13 所示，若选择【无样板打开-英制】选项，即使用英制单位为计量标准绘制图形；若选择【无样板打开-公制】选项，则使用公制单位为计量标准绘制图形。

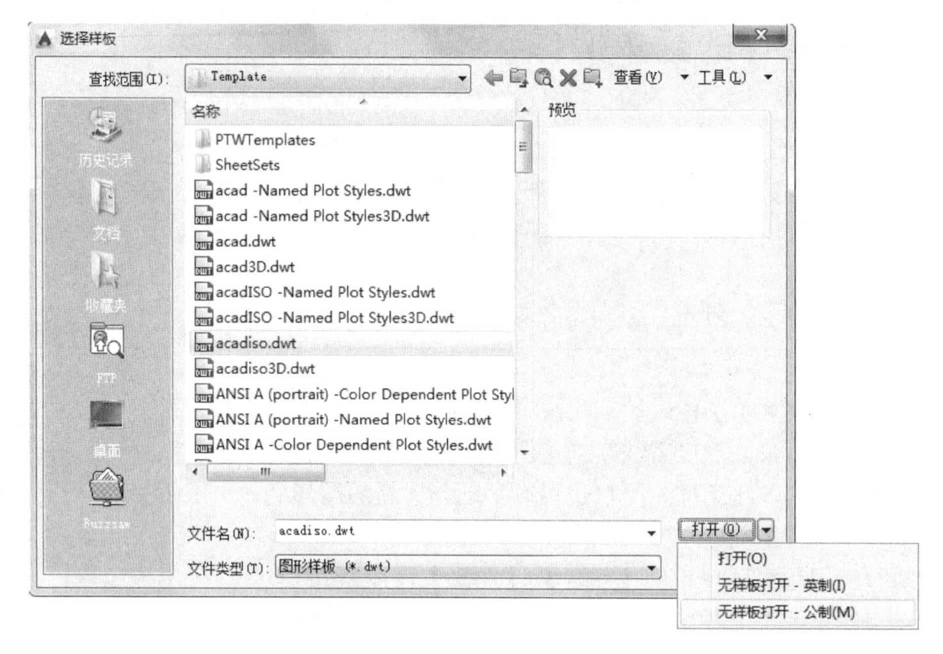

图 2-13　选择图形文件的绘制单位

2.2.2　保存图形文件

保存图形文件就是将新创建或修改过的图形文件保存在电脑中。绘图过程中或绘图结束时都要保存图形文件，以免出现意外情况时丢失当前所做的重要工作。

1．保存新图形文件

第一次保存新建的图形文件，其保存方法主要有以下几种。

- 执行【文件】|【保存】命令。
- 单击快速访问工具栏中的“保存”按钮。
- 按快捷键 Ctrl+S。

以上述任意一种方法执行保存命令后，都将打开【图形另存为】对话框，在该对话框中输入文件名，然后在【文件类型】下拉列表中选择所需的文件类型，最后单击【保存】按钮即可保持文件，如图 2-14 所示。

提示： AutoCAD 2015 默认保存的文件类型是【AutoCAD 2010 图形（*.dwg）】，也可以将图形文件保存为如*.dws、*.dwt 和*.dxf 等文件类型。

2．另存为图形文件

当用户不确定图形文件修改后的效果是否良好时，可执行【另存为】命令将其保存为其他名字的图形文件。执行【另存为】命令的主要方法有如下几种。

图 2-14 【图形另存为】对话框

- 执行【文件】|【另存为】命令。
- 单击快捷访问工具栏中的“另存为”按钮。
- 在命令行中执行“SAVEAS”命令。

以上述任意一种方法执行另存为文件命令后，将打开【图形另存为】对话框，然后按照保存图形文件的方法对图形文件进行保存。在确定文件名时，用户可在原文件名基础上任意改动，这样本次对文件的编辑、修改操作就不会影响到原文件。

3. 间隔保存文件

前两种方法需要在操作过程中及时执行保存操作，如果在设计过程中忘记保存而又出现意外情况时，将导致文件丢失，造成不必要的麻烦。这时可采用设定间隔时间让计算机自动保存图形的方法，来免去随时手动保存的麻烦。

在绘图区中单击鼠标右键，弹出快捷菜单，选择【选项】命令。在打开的【选项】对话框中切换至【打开和保存】选项卡，然后在【文件安全措施】选项组中，勾选【自动保存】复选框，并设置自动保存的时间间隔即可，如图 2-15 所示。

图 2-15　设置自动保存时间间隔

2.2.3　打开图形文件

在电气设计过程中，并非每个电气符号的图形都必须重新绘制，可根据需要将已经保存在本地存储设备上的图形文件调出来使用。打开图形文件的主要方法有如下几种。

- 执行【文件】|【打开】命令。
- 单击快速访问工具栏中的“打开”按钮。
- 在命令行中执行“OPEN”命令。

使用上述任意一种方法，均可打开【选择文件】对话框。在该对话框中的【查找范围】下拉列表框中选择要打开文件的路径，在【名称】列表框中选择要打开的图形文件，然后单击【打开】按钮，即可打开该图形文件，如图 2-16 所示。

在该对话框中展开【打开】按钮旁边的下拉菜单，将会显示以下 4 种打开文件的方式，如图 2-17 所示。

（1）直接打开图形文件

直接打开图形文件是最常用的打开方式，即在打开的【选择文件】对话框中双击要打开的文件，或先选择图形文件后，单击【打开】按钮，或从下拉列表中选择【打开】选项，将打开选中的图形文件。

（2）以只读方式打开

该打开方式表明文件以只读的方式打开，即可进行编辑操作，但编辑后不能直接以原文件名存储，但可另存为其他名称的图形文件。

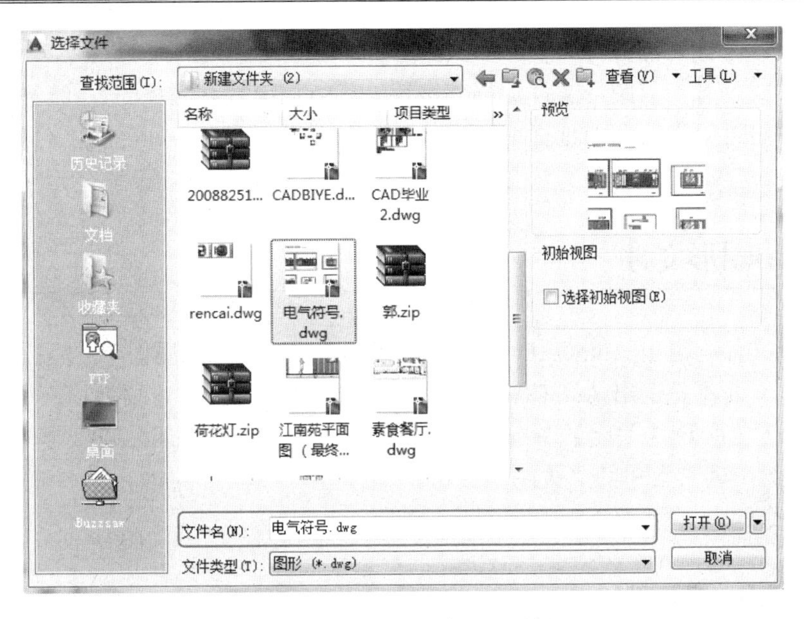

图 2-16 【选择文件】对话框

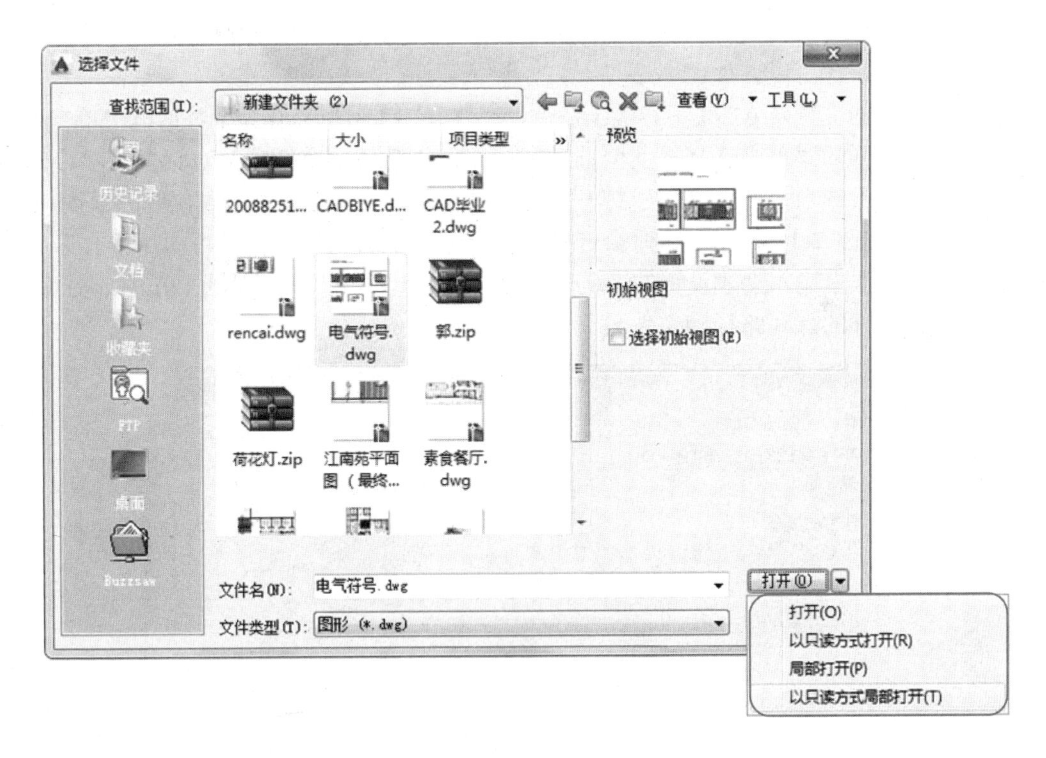

图 2-17　打开文件的方式

（3）局部打开

选择该打开方式仅打开图形的指定图层。如果图形中除了电气对象，还包括尺寸、文字等分别属于不同图层的内容，采用该方式，可选择其中的某些图层来打开图样。该打开方式适合图样文件较大的情况，可提高软件的执行效率。

（4）以只读方式局部打开

以只读方式打开当前图形文件的局部。该方式与局部打开文件的方式一样，需要选择图层来打开。只可对当前图形进行编辑操作，但无法进行保存，如需要，可另存为其他名称的图形文件。

2.2.4 关闭图形文件

关闭图形文件与退出 AutoCAD 2015 软件的作用不同，关闭图形文件只是关闭当前编辑的图形文件，而不是退出 AutoCAD 2015 软件。关闭图形文件主要有以下几种方法。

- 执行【文件】|【关闭】命令。
- 单击绘图区右上角的“关闭”按钮。
- 在命令行中执行“CLOSE”命令。

2.2.5 加密图形文件

对图形文件进行加密，可以确保图形数据的安全。要想打开加密后的图形文件，只有输入正确的密码后才可以。

打开要加密的文件，单击【另存为】命令，在打开的【图形另存为】对话框中单击【工具】按钮，从打开的菜单中选择【安全选项】命令，打开【安全选项】对话框。在该对话框中选择【密码】选项卡，在【用于打开此图形的密码或短语】文本框中输入密码，单击【确定】按钮，如图 2-18 所示。这时会打开【确定密码】对话框，在【再次用于打开此文件的密码】文本框内输入刚才设置的密码，单击【确定】按钮即可。返回至【图形另存为】对话框，指定文件的保存路径和文件名。

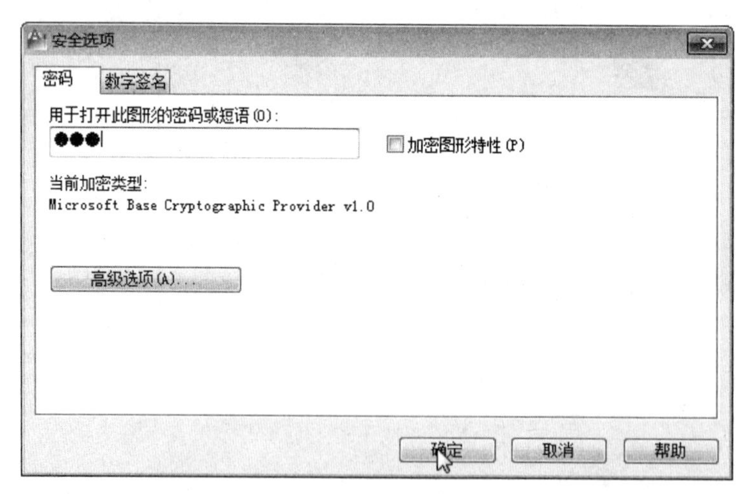

图 2-18 【安全选项】对话框

之后当再次打开加过密的图形文件时，在空白区内会弹出【密码】对话框，只有输入正确的密码值才可打开图形文件，如图 2-19 所示。

图 2-19　输入密码

2.3　设置绘图环境

用户通常都是在系统默认的环境下工作的，但是有时为了使用特殊的定点设备、打印机，或为了提高绘图效率，需要在绘制图形前先对系统参数、绘图环境等做必要的设置。

2.3.1　设置图形界限

一般来说，如果用户不作任何设置，AutoCAD 系统对作图范围没有限制。用户可以将绘图区看作是一幅无穷大的图纸，但所绘图形的大小是有限的。为了更好地绘图，都需要设定作图的有效区域。

例如，要设置绘图界限为宽 500，高 500，并通过栅格显示该界限，具体步骤如下。

Step01：单击状态栏中的【捕捉设置】选项（设置此选项可方便用户查看图形界限的边界），如图 2-20 所示。

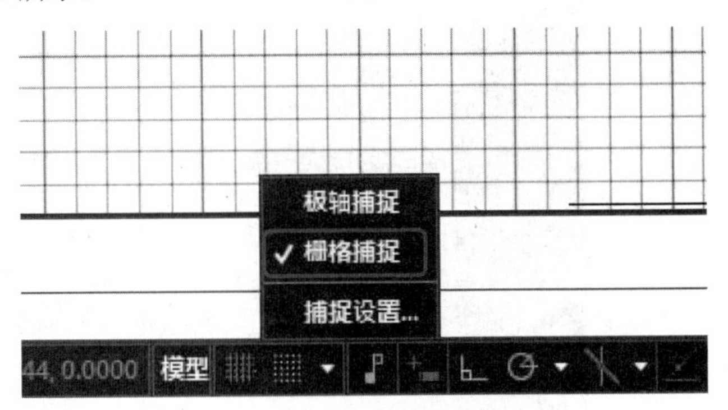

图 2-20　捕捉设置

Step02：打开【草图设置】对话框，在【捕捉和栅格】选项卡下，取消勾选【显示超出界限的栅格】选项，单击【确定】按钮，如图 2-21 所示。

Step03：返回到工作界面，单击【格式】选项下的【图形界限】命令，如图 2-22 所示。

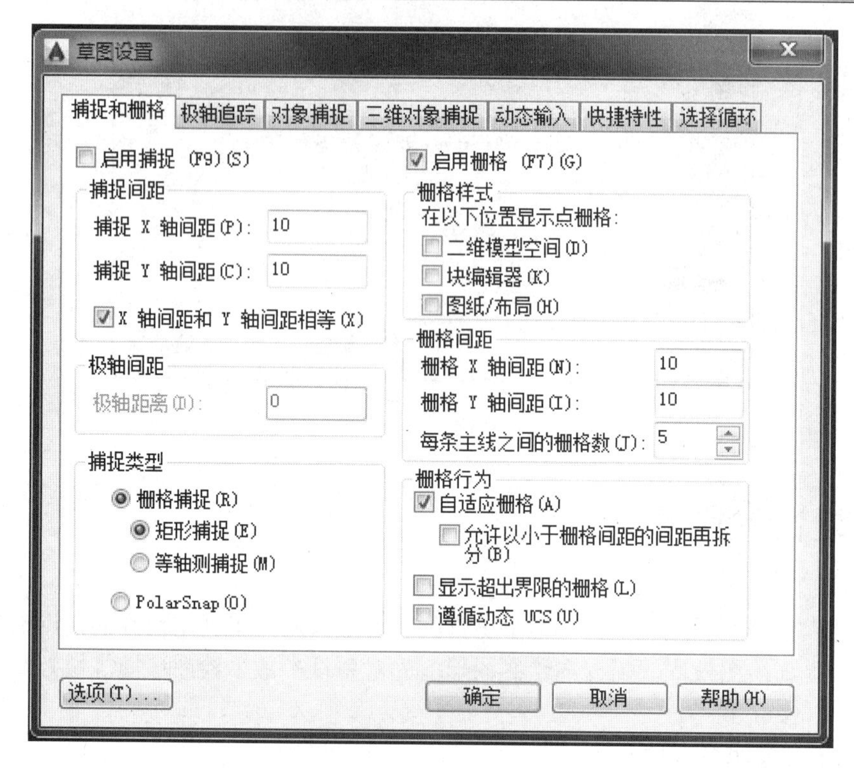

图 2-21 【草图设置】对话框

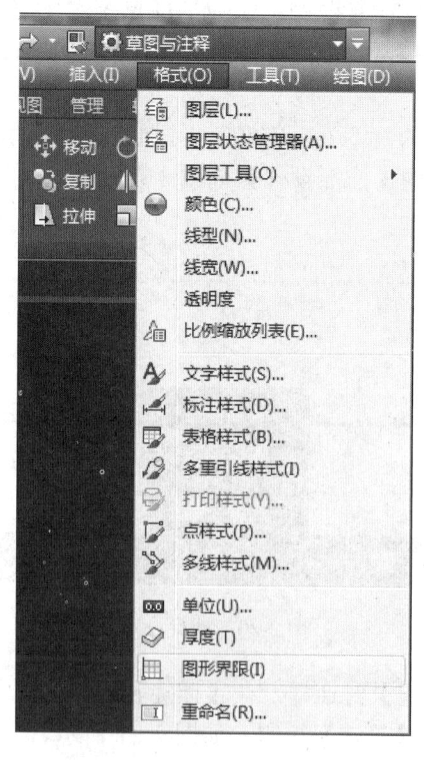

图 2-22 执行【图形界限】命令

Step04：根据命令行的提示，进行如下操作。

```
命令：
'LIMITS
重新设置模型空间界限：
指定左下角点或 [开(ON)/关(OFF)] <0.0000,0.0000>: 50,50（逗号隔开，输入第二个"50"之后按回车键。）
指定右上角点 <420.0000,297.0000>: 500,500
```

Step05：操作完毕后，在状态栏下单击“显示图形栅格”按钮，如图 2-23 所示。

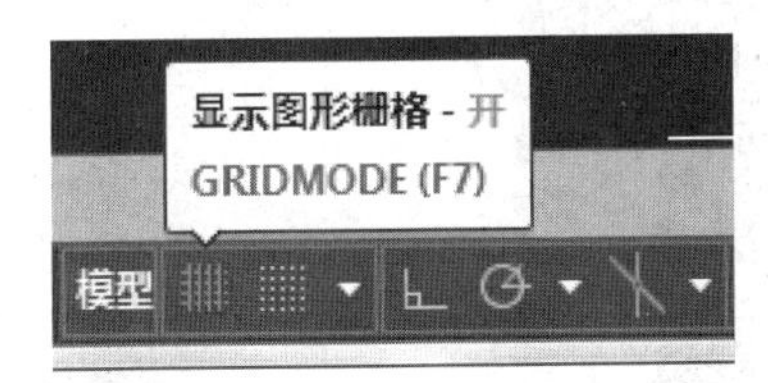

图 2-23　“显示图形栅格”按钮

Step06：此时在绘图区中即可显示坐标为（50,50）和（500,500）的栅格区域，如图 2-24 所示。

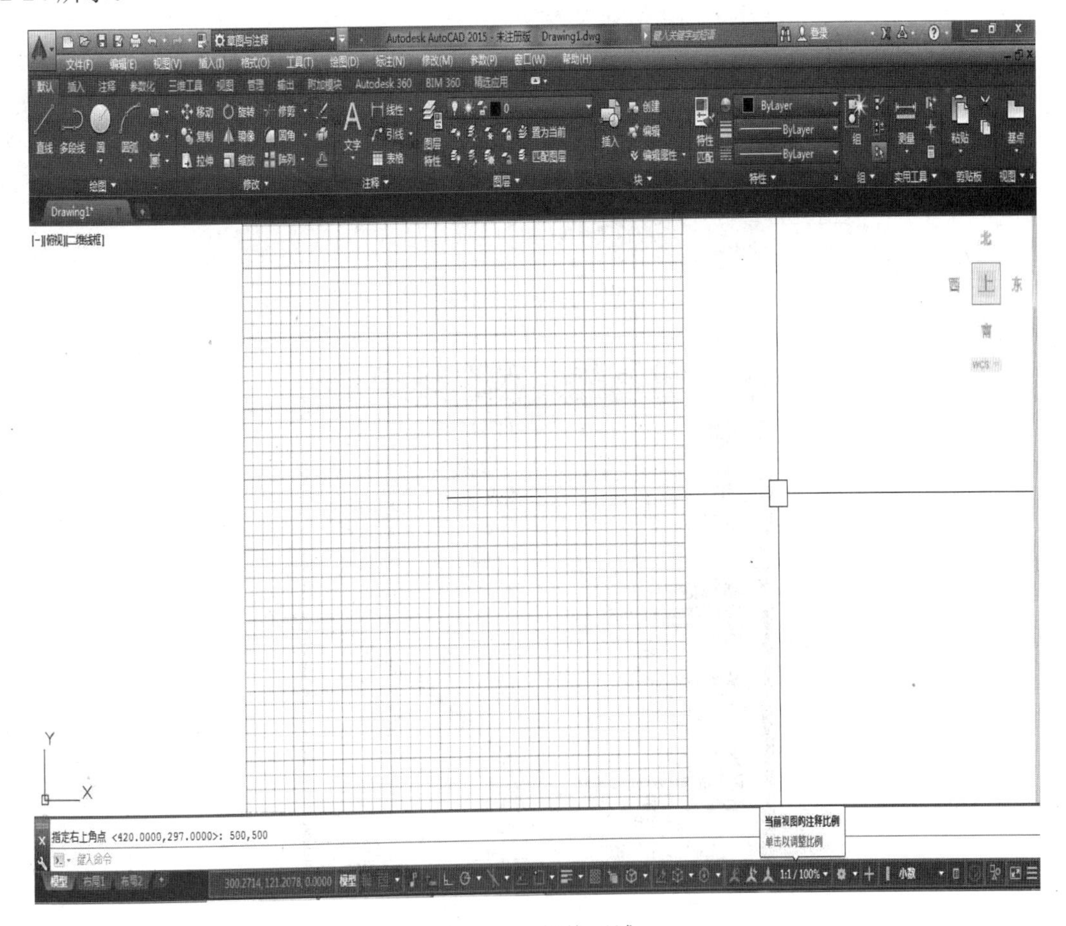

图 2-24　栅格区域

2.3.2 设置绘图单位

在进行绘图之前，首先要对图形使用的工作单位进行设置。在【格式】菜单中选择【单位】命令，如图 2-25 所示，打开【图形单位】对话框，即可进行单位的设置，如图 2-26 所示。

图 2-25 选择【单位】命令

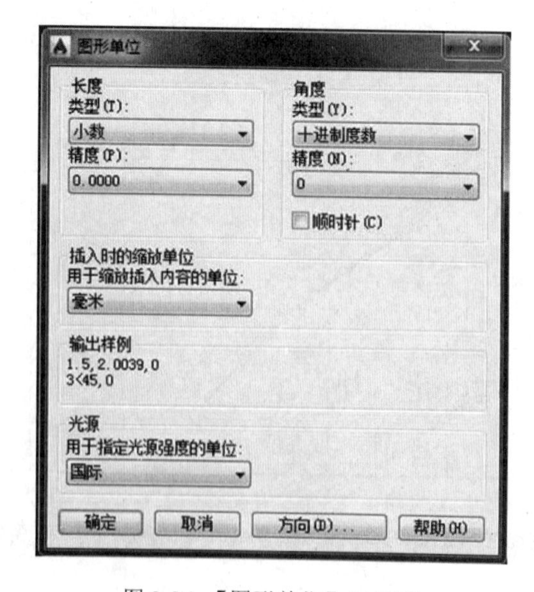

图 2-26 【图形单位】对话框

2.3.3　更改光标大小

用户可根据绘图习惯来改变十字光标的相关属性，但有时为了检验两条线段是否处于同一直线上，这时十字光标就非常有用了——因为十字光标的延长线是水平或垂直的，很容易地观察出两条线段是否在同一条直线上。

在绘图区单击鼠标右键，弹出快捷菜单，选择【选项】命令。在弹出的【选项】对话框中，单击【显示】选项卡，在【十字光标大小】选项组的文本框中，输入十字光标大小的值为 100，如图 2-27 所示。

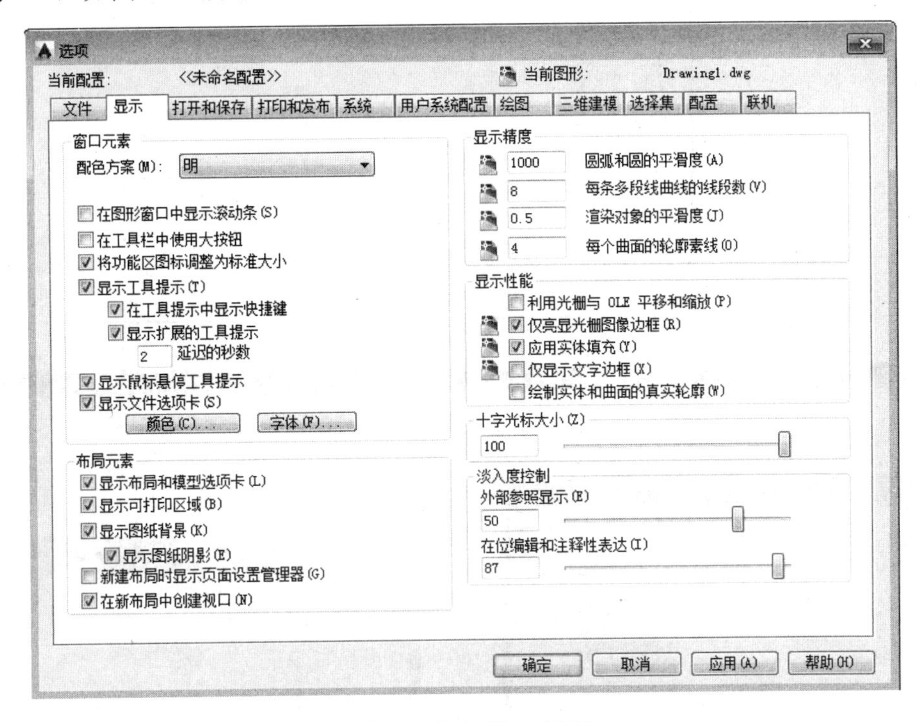

图 2-27　【选项】对话框

切换至【绘图】选项卡，拖动【靶框大小】选项组中的滑块来调节靶框的大小，设置完毕后，单击【确定】按钮，完成十字光标大小的设置，如图 2-28 所示。

2.3.4　设置绘图比例

设置绘图比例的关键在于根据图纸单位来指定合适的绘图比例，这与所绘制图形的精确度有很大的关系。

在菜单栏中单击【格式】选项下的【比例缩放列表】命令，在打开的【编辑图形比例】对话框中，单击【添加】按钮，如图 2-29 所示。在随后弹出的【添加比例】对话框中，设置【显示在比例列表中的名称】为 1:25，并设置好【比例特性】选项组中的相关参数，如图 2-30 所示。设置好后，单击【确定】按钮，即可完成绘图比例的设置。

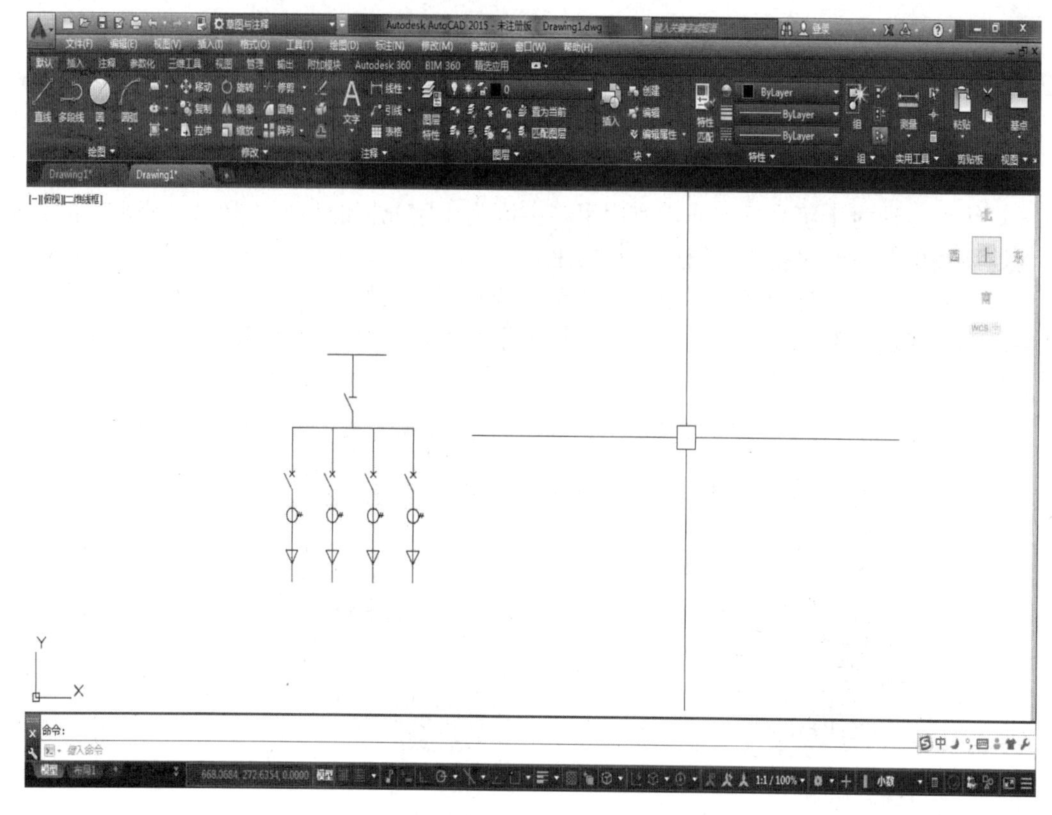

图 2-28　设置十字光标后的效果

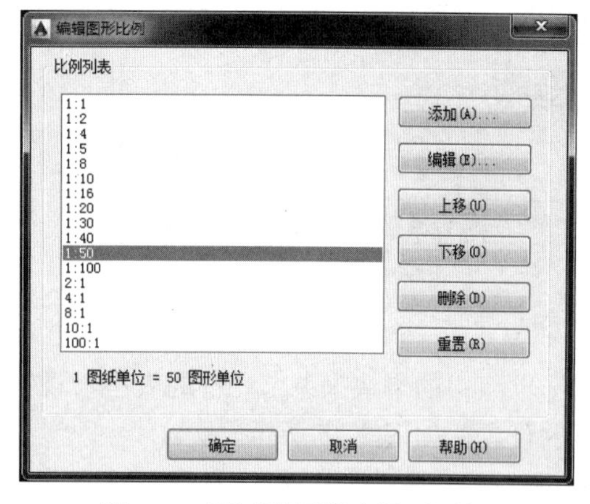

图 2-29 【编辑图形比例】对话框

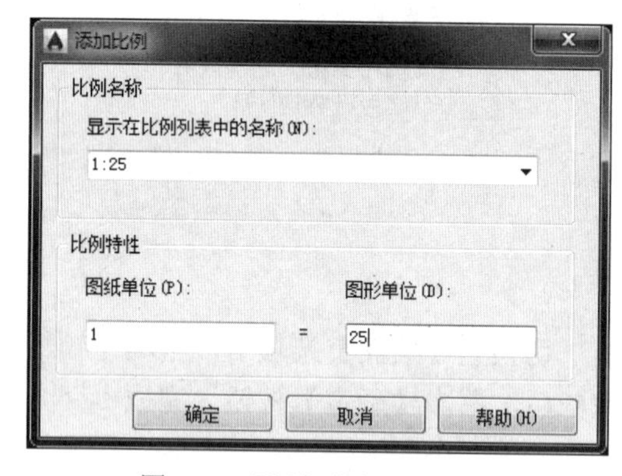

图 2-30 【添加比例】对话框

2.4　设置图层

可以把图层想象为叠放起来的没有厚度又完全对齐的若干张透明图纸。同一图层上的图形元素具有相同的图层属性和状态。所谓图层属性通常是指该图层所特有的线型、颜色、线宽等。图层的状态则是指其开/关、冻结/解冻、锁定/解锁状态等。创建和设置图层主要是设置图层的属性和状态，以便更好地组织不同的图形信息。图 2-31 所示为【图层特性管理器】对话框。

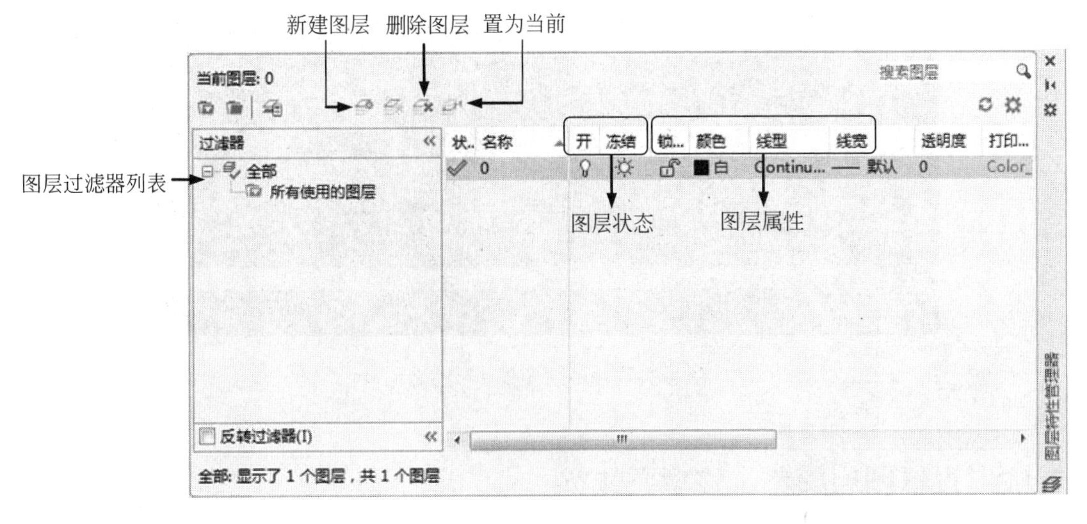

图 2-31 【图层特性管理器】对话框

2.4.1 创建新图层

默认情况下，AutoCAD 自动创建一个图层名为“0”的图层。用户无法删除或重命名“0”图层，这是为了确保每个图形文件至少包括一个图层。该图层是提供与块中的控制颜色相关的特殊图层。

要新建图层，单击【格式】菜单下的【图层】命令，打开【图层特性管理器】对话框，然后单击“新建图层”按钮，即可创建新图层“图层 1”。右击“图层 1”的名称，将打开快捷菜单，可选择【重命名图层】命令对该图层进行重命名，如图 2-32 所示；也可以再次单击“图层 1”的名称，进行重命名操作，如图 2-33 所示。

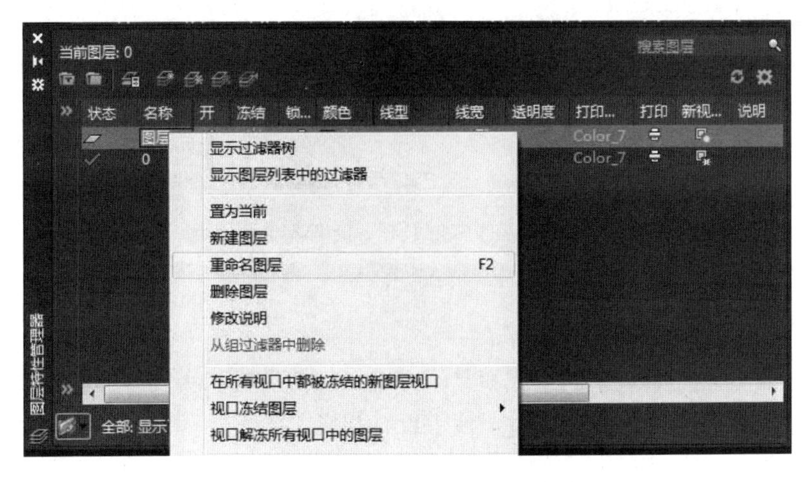

图 2-32　选择【重命名图层】命令

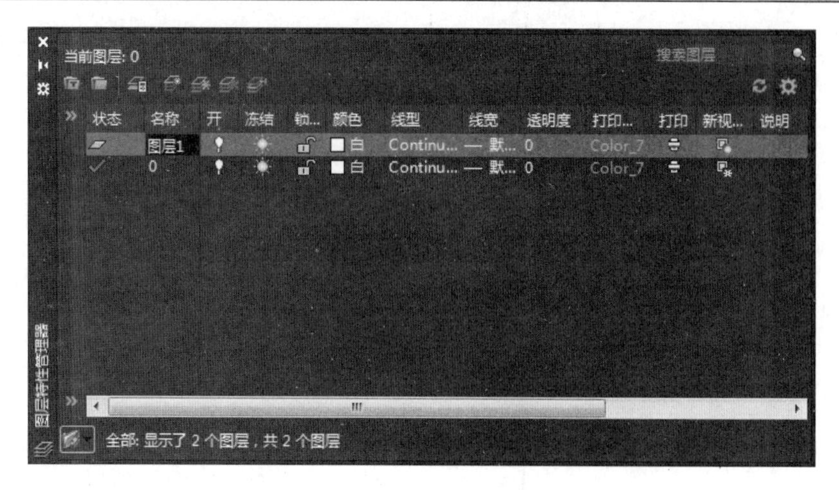

图 2-33 修改“图层 1”的名称

2.4.2 设置图层颜色、线型、线宽

本小节介绍图层颜色、线型和线宽的设置方法。

1. 图层颜色

设置图层颜色有利于醒目地区分不同类型的图形对象。可以将不同的图层设定为不同的颜色，这样就能轻易识别每个图层中的图形。

在【图层特性管理器】对话框中的【颜色】列中，单击色块，打开【选择颜色】对话框。在该对话框中，有 3 个选项卡可进行图层颜色的设置，如图 2-34 所示。

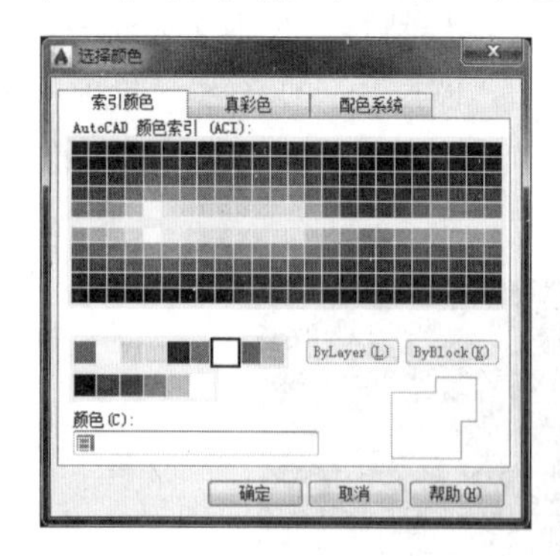

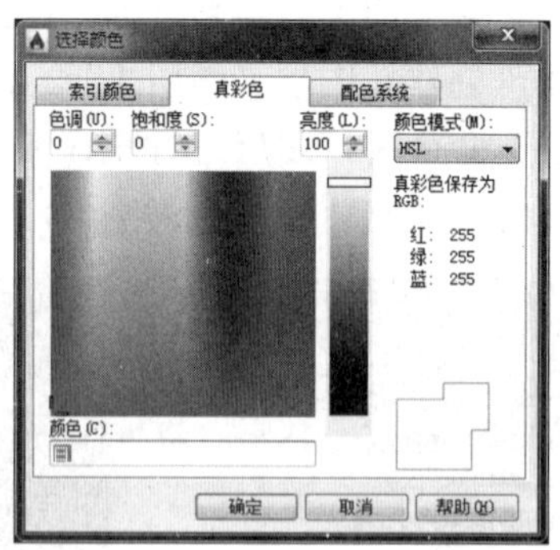

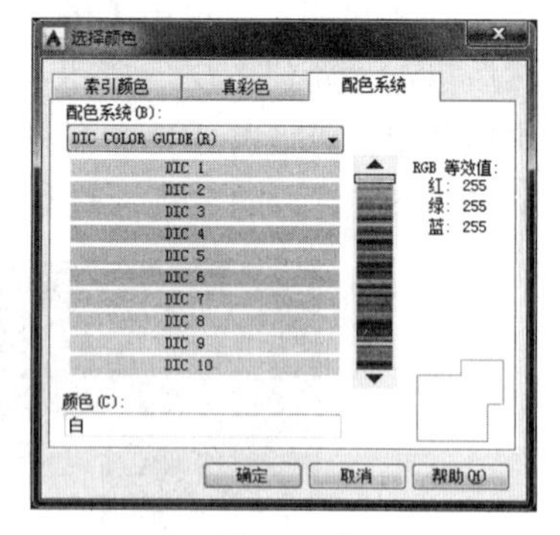

图 2-34 【选择颜色】对话框的 3 个选项卡

2. 图层线型

线型是图形基本元素线条的组成和显示方式，包括虚线和实线等。通过设置线型可以从视觉上轻易地区分不同的绘图元素，便于查看和修改图形。

单击【图层特性管理器】|【线型】列的线型对象，然后在打开的对话框中选择需要的线型，如图 2-35 所示。如果在当前对话框中没有合适的线型，还可以单击【加载】按钮，

然后在打开的【加载或重载线型】对话框中选择所需线型，如图 2-36 所示。

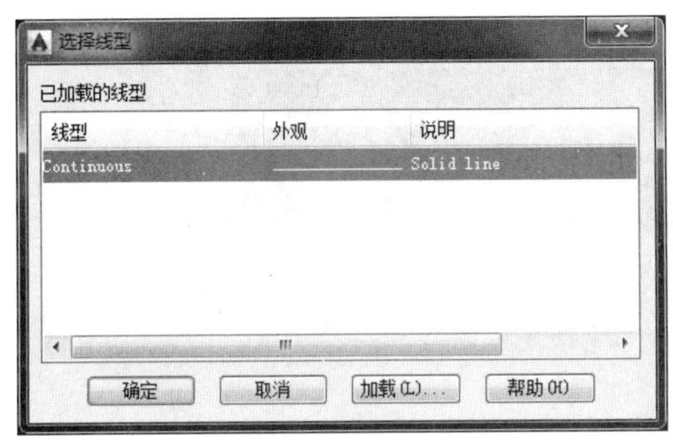

图 2-35 【选择线型】对话框

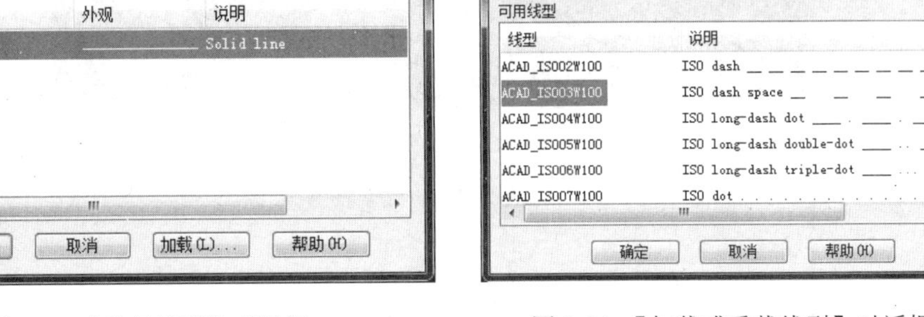

图 2-36 【加载或重载线型】对话框

3. 图层线宽

线宽是指线条的宽度。通过指定图形显示和打印时的线宽，可以进一步区分图形中的对象。单击【线宽】标题下的【线宽】对象，在打开的【线宽】对话框中选择需要的线型即可，如图 2-37 所示。

2.4.3 冻结和解冻图层

已冻结图层上的对象不可见，并且不会遮盖其他对象。在冻结图层中的图形，用户不能对其进行编辑可使用解冻功能将其解冻，恢复为原来状态，在【图层特性管理器】面板中，选择所需图层，单击【冻结】按钮，当其变成雪花图样，即可完成图层冻结，如图 2-38 所示。

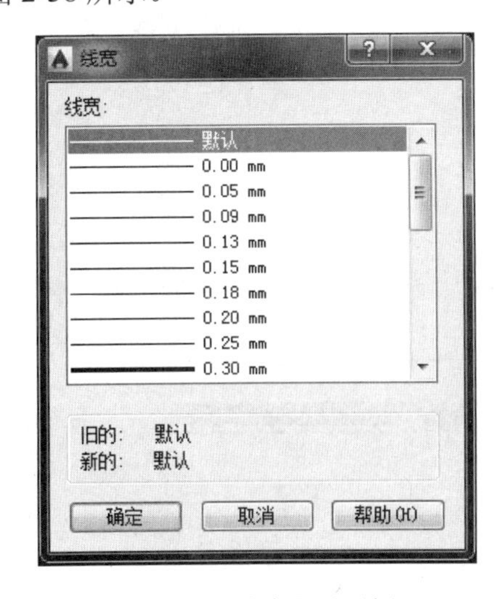

图 2-37 【线宽】对话框

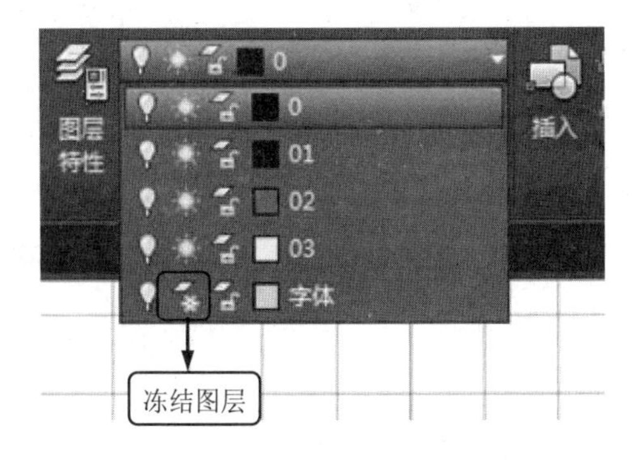

图 2-38 【冻结图层】对话框

在【图层】选项板内，打开【图层】下拉列表，单击欲冻结图层的“冻结”按钮，即可设置冻结效果，如图 2-39 所示。对于已冻结的图层，可单击“解冻”按钮来解冻，如图 2-40 所示。

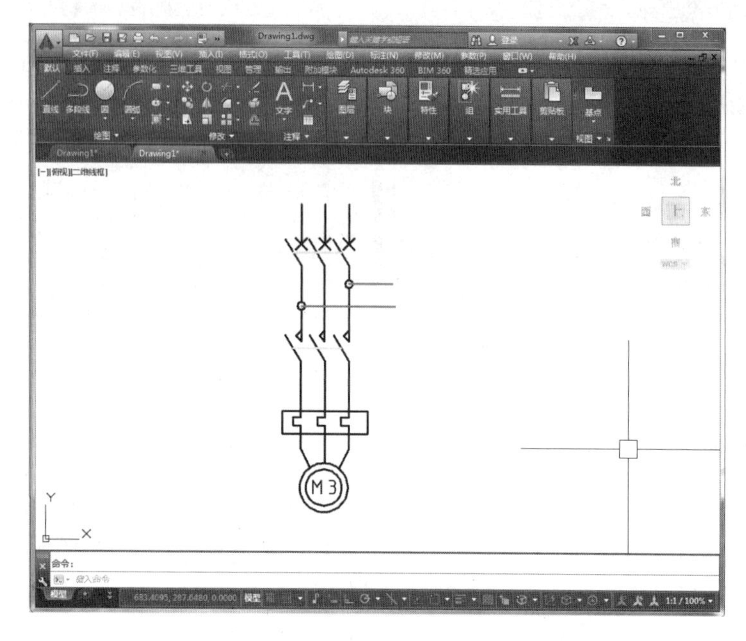

图 2-39　冻结图层

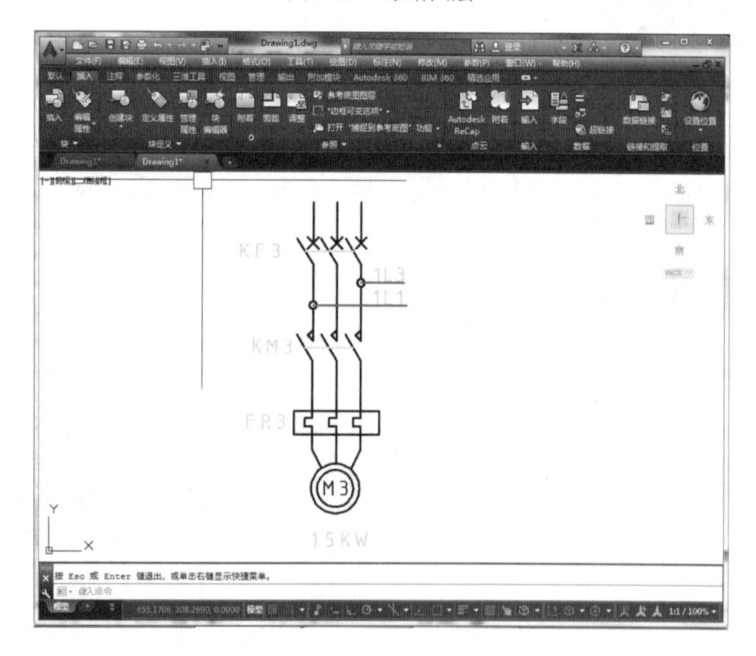

图 2-40　解冻图层

2.4.4　锁定和解锁图层

锁定某个图层后，该图层上的所有对象无法修改。锁定图层可以降低意外修改对象的可能性。用户仍然可以将对象捕捉应用于锁定图层上的对象，以及执行不会修改这些对象的其他操作。

在【图层】下拉列表内，单击欲锁定图层的“锁定”按钮即可将其锁定，如图 2-41 所示。锁定后，该图层中的图形会比其他图层中的图形颜色暗，如图 2-42 所示。对于锁定的图层，通过单击“解锁”按钮即可解锁。

图 2-41　锁定图层

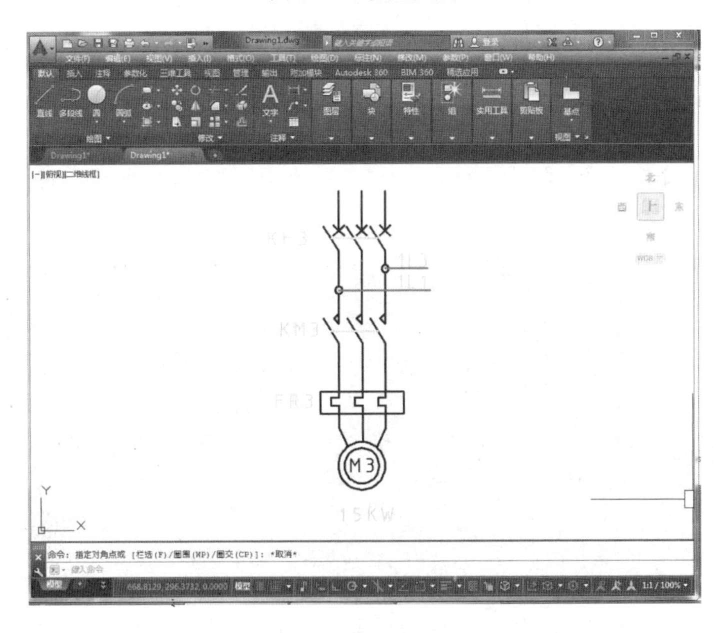

图 2-42　锁定图层的效果

2.4.5　图层过滤器

同一图形文件中有大量的图层时，可以根据图层的特征或特性来查找需要的图层，将具有某种共同特点的图层过滤出来。通过【图层过滤器特性】对话框，可进行状态过滤、图层名过滤、颜色和线型过滤。

创建新的图层过滤器的步骤如下。

Step01：打开有多个图层的文件，如图 2-43 所示。

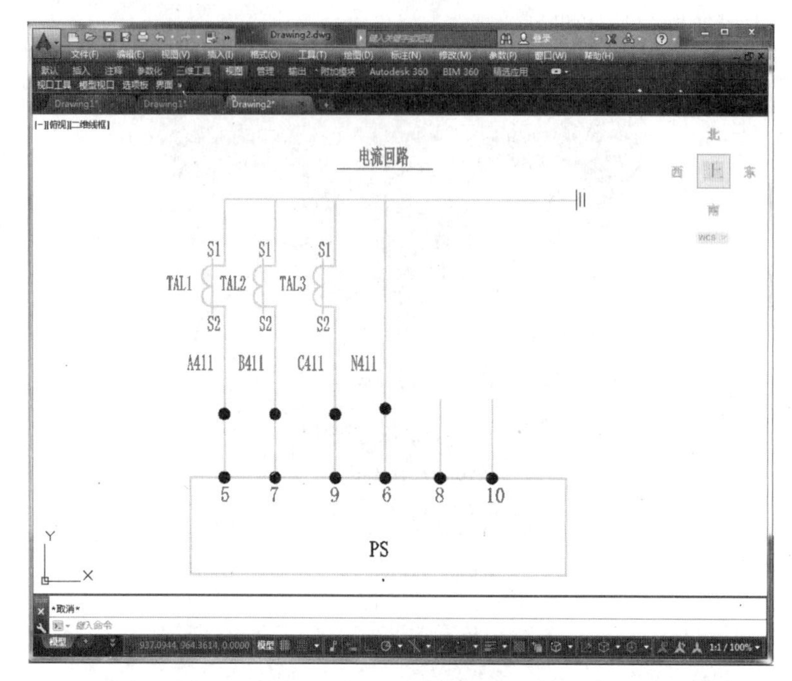

图 2-43　打开图形文件

Step02：单击【格式】|【图层】命令，打开【图层特性管理器】对话框，如图 2-44 所示。

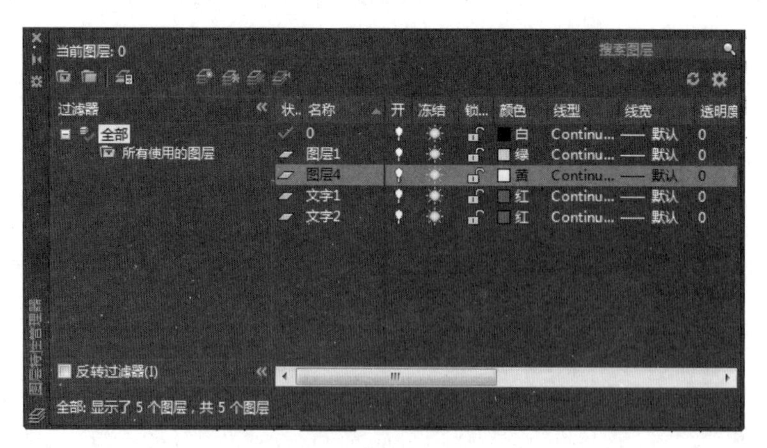

图 2-44　【图层特性管理器】对话框

Step03：单击该对话框中的“新建特性过滤器”按钮，如图 2-45 所示。

Step04：在打开的【图层过滤器特性】对话框的【过滤器名称】文本框中输入过滤器的名称“颜色”，如图 2-46 所示。

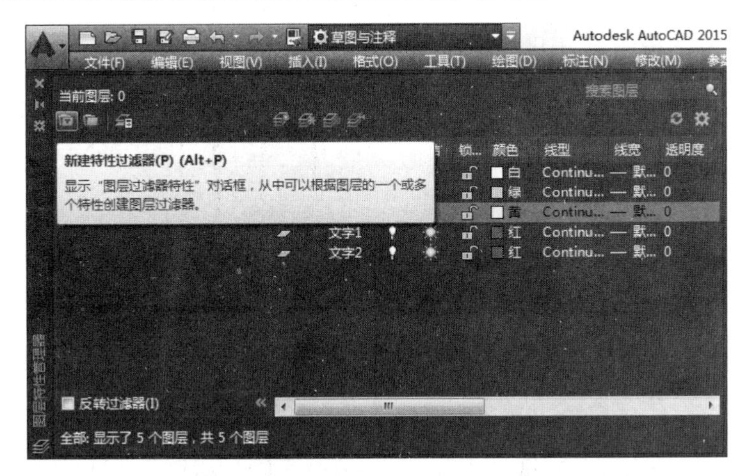

图 2-45　“新建特性过滤器”按钮

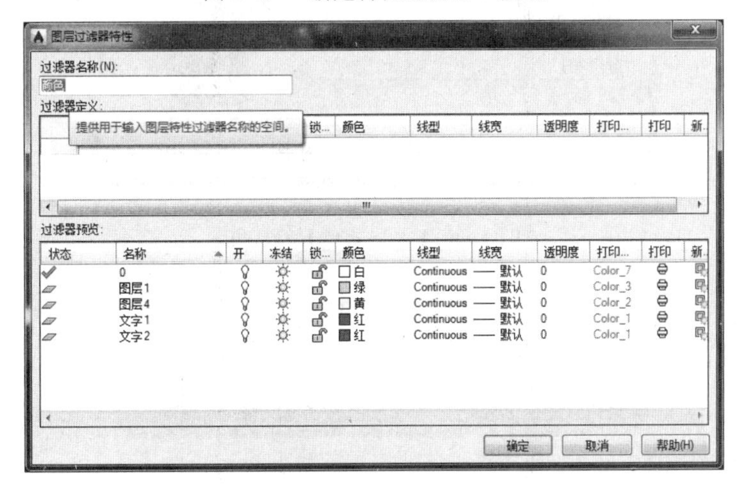

图 2-46　新建过滤器

Step05：在【过滤器定义】列表框中的【颜色】列单击矩形框，该矩形框的右侧将出现按钮，如图 2-47 所示。

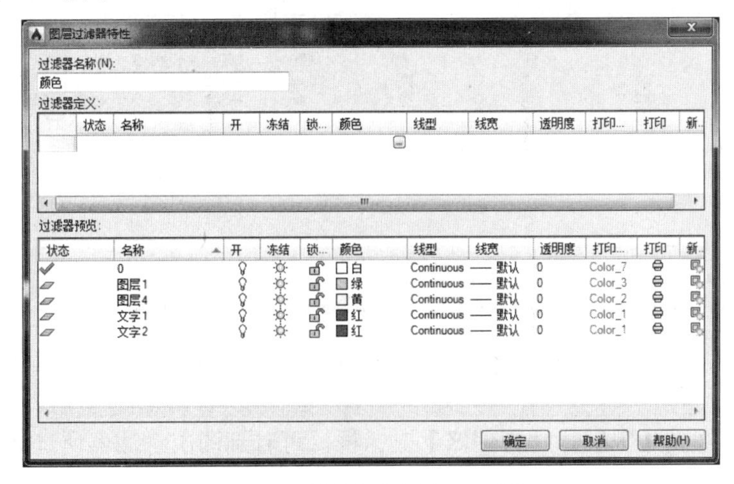

图 2-47　【过滤器定义】对话框

Step06：单击该按钮将打开【选择颜色】对话框，这里选择“红”颜色，如图 2-48 所示。

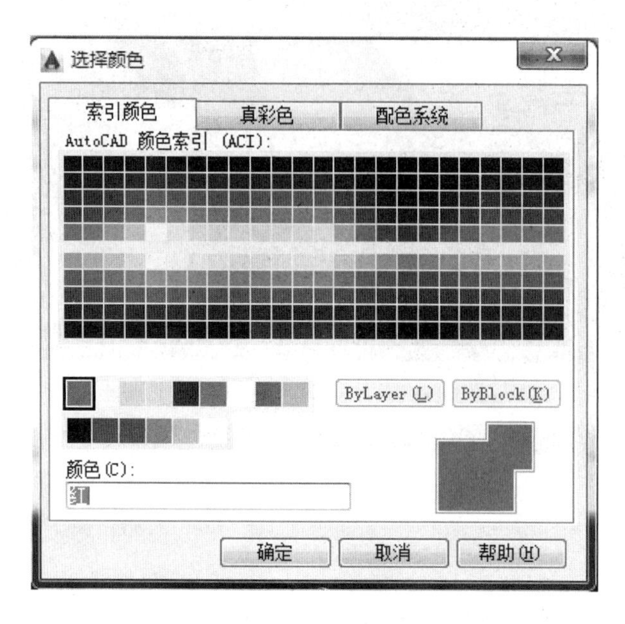

图 2-48 【选择颜色】对话框

Step07：此时，在【过滤器预览】列表框中将只显示出颜色为“红”的图层，单击【确定】按钮完成设置，如图 2-49 所示。

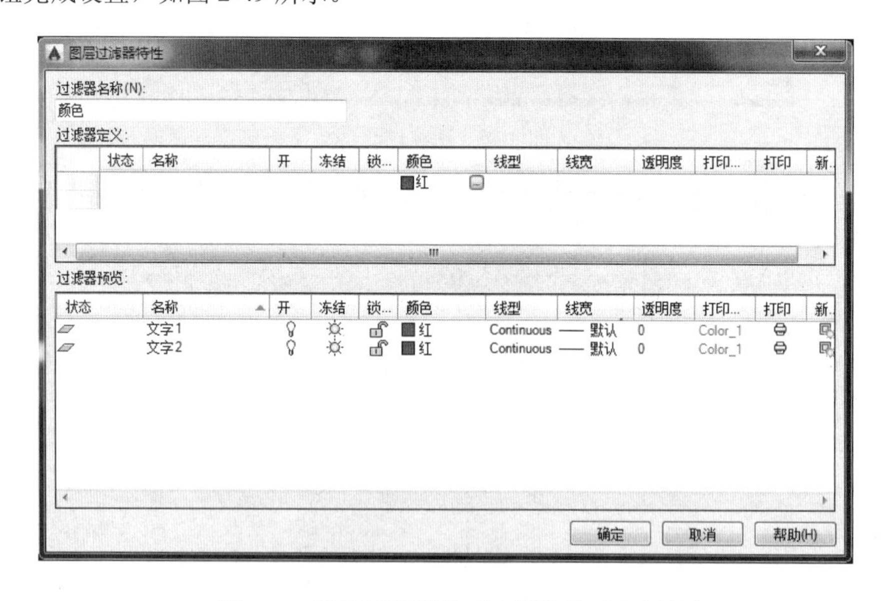

图 2-49 【过滤器预览】列表框将显示过滤结果

Step08：返回到【图层特性管理器】对话框，可看到图层过滤器所过滤出的图层，如图 2-50 所示。

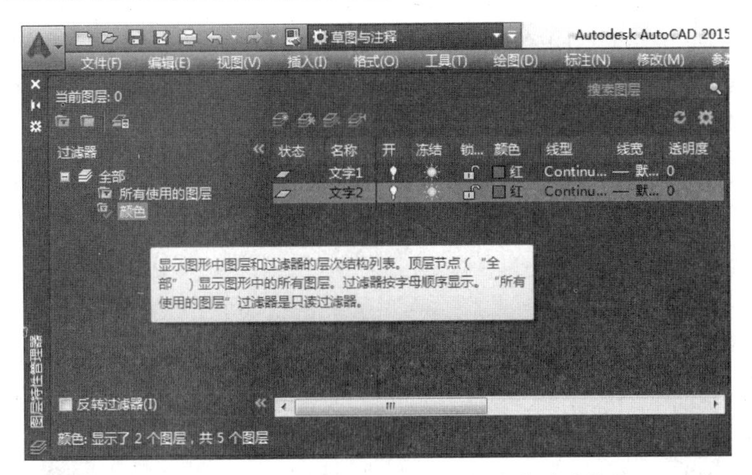

图 2-50 【图层特性管理器】对话框中的过滤结果

2.5 AutoCAD 图形布局

图形绘制完成之后，为了便于查看、对比、参照和资源共享，通常要对现有图形进行布局设置、打印输出或网上发布。AutoCAD 出图涉及模型空间和图纸空间两个概念。

2.5.1 模型空间与图纸空间

模型空间和图纸空间是 AutoCAD 中两个具有不同作用的工作空间。模型空间主要用于图形的绘制和建模，设计者一般在模型空间中完成其主要的设计构思，如图 2-51 所示。

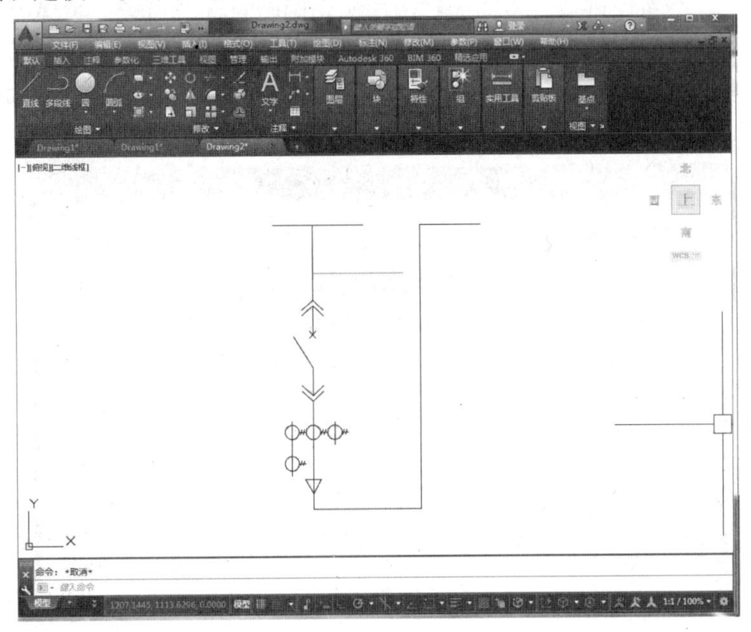

图 2-51　模型空间

图纸空间主要用于在打印输出图纸时对图形进行排列和编辑。图纸空间又称为“布局”，是一种图纸空间环境，它模拟图纸页面，提供直观的打印设置，如图 2-52 所示。

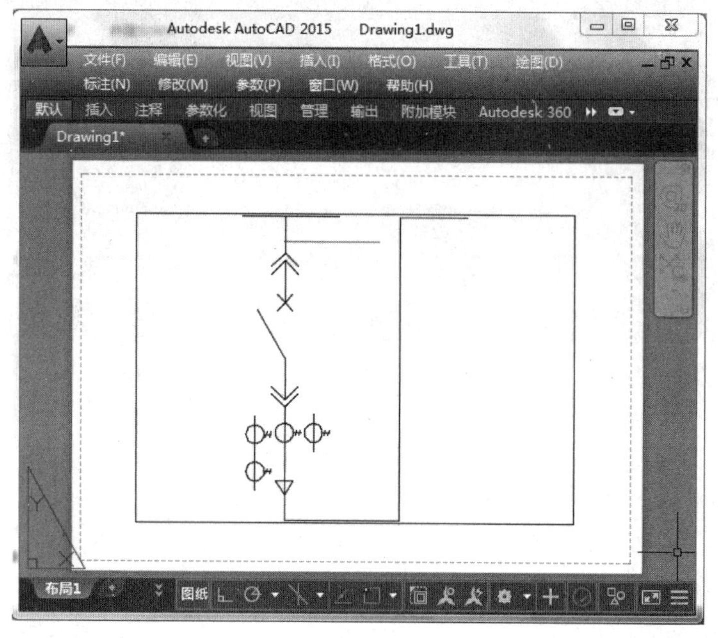

图 2-52 图纸空间

2.5.2 创建布局

布局空间模拟图纸页面，提供直观的打印设置。用户可以在图形中创建多个布局以显示不同的视图，每个布局可包含不同的打印比例和图纸尺寸等设置。布局中显示的图形与图纸页面上打印出来的图形完全一致。可通过以下三种方法之一创建新布局。

方法 1：利用【布局向导】。执行【插入】|【布局】|【创建布局向导】命令，打开【创建布局】对话框，如图 2-53 所示，根据提示进行操作。

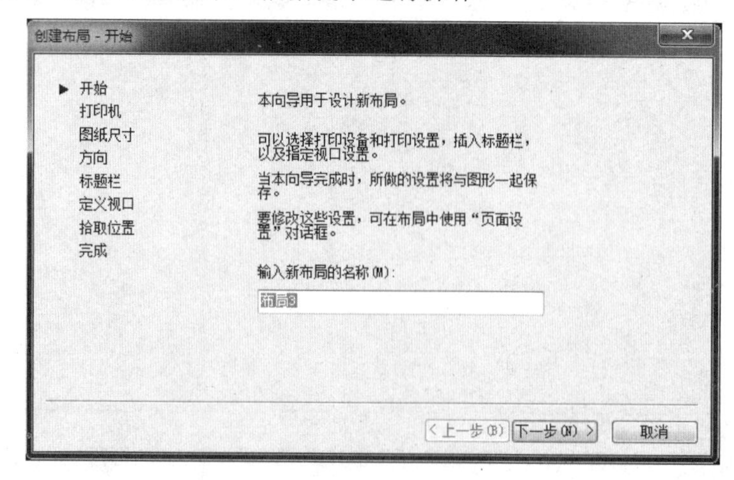

图 2-53 【创建布局】对话框

方法 2：利用快捷菜单命令。右击状态栏的【模型】选项卡，在打开的快捷菜单中选择【新建布局】命令，如图 2-54 所示。

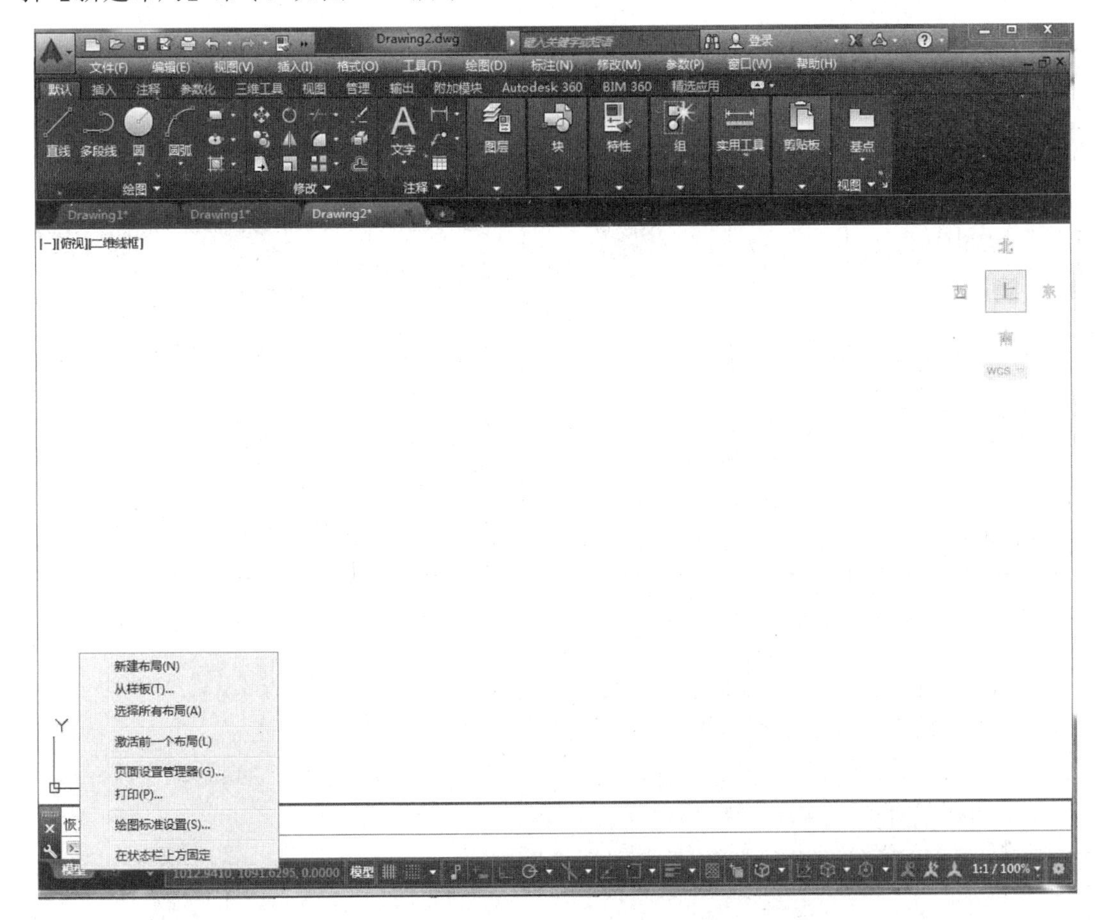

图 2-54　新建布局

方法 3：借助设计中心。通过设计中心从已有的图形文件或样板文件中，把已建好的布局拖入到当前图形文件中。

2.5.3　页面设置

打印输出图纸时，必须对打印输出页面的打印样式、打印设备、图纸尺寸、图纸打印方向、打印比例等进行设置。

用户可在【模型】选项卡上右击，从弹出的快捷菜单中选择【页面设置管理器】命令，打开【页面设置管理器】对话框，如图 2-55 所示。在【页面设置管理器】对话框中，单击【新建】按钮，打开【新建页面设置】对话框，可为新页面设置命名，如图 2-56 所示。

单击【确定】按钮后，打开【页面设置】对话框。在该对话框中，用户可以指定布局设置和打印设备设置，并预览布局的结果，如图 2-57 所示。【页面设置】对话框的主要选项说明如下。

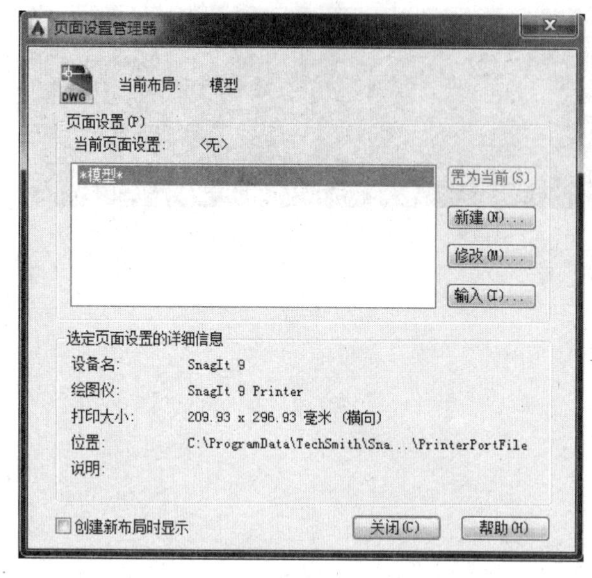

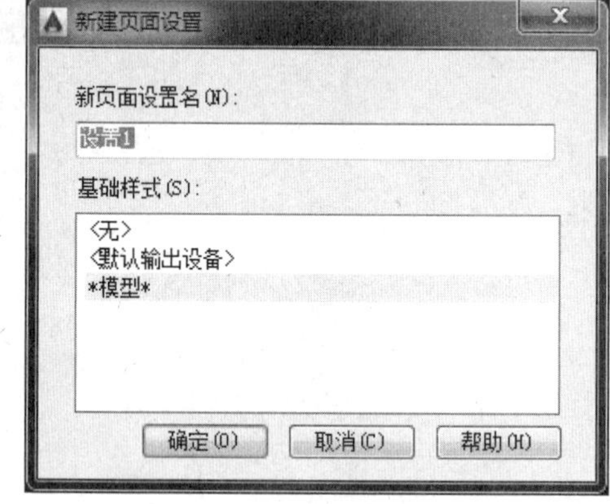

图 2-55 【页面设置管理器】对话框

图 2-56 【新建页面设置】对话框

- 【打印机/绘图仪】：在此选项组可以指定打印机的名称、位置和说明。选择的打印机或绘图仪决定了布局的可打印区域，可打印区域使用虚线表示。单击【特性】按钮，将打开【绘图仪配置编辑器】对话框，可以在此对话框查看或修改绘图仪的配置信息，如图 2-58 所示。

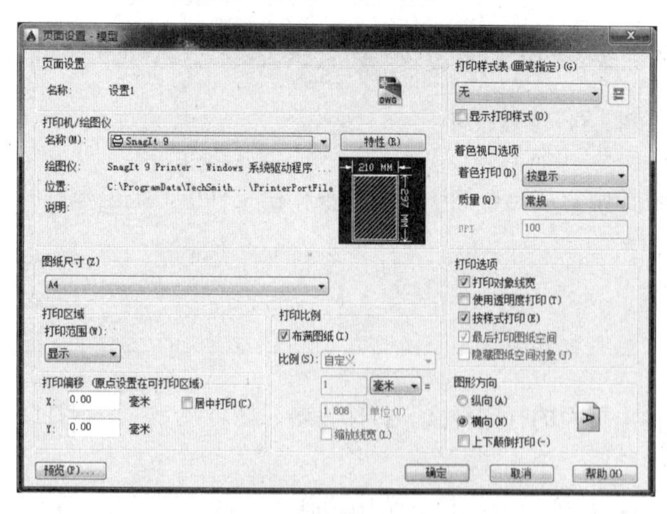

图 2-57 【页面设置】对话框

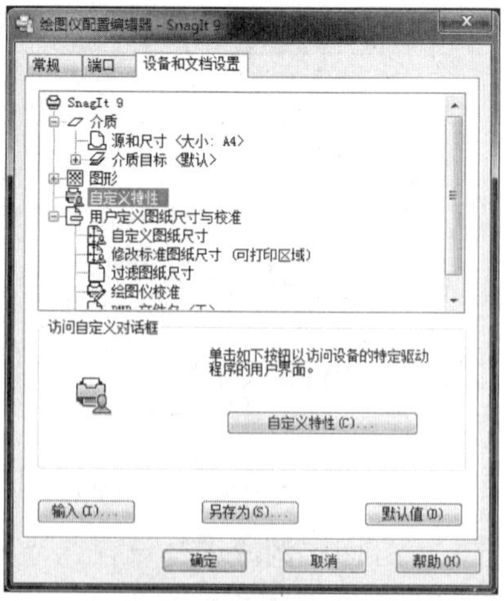

图 2-58 【绘图仪配置编辑器】对话框

- 【图纸尺寸】：可以从下拉列表中选择需要的图纸尺寸，也可以通过【绘图仪配置编辑器】对话框添加自定义的图纸尺寸。该下拉列表中可用的图纸尺寸由当前为布局所选的打印设备确定。

- 【打印区域】：在此选项组可以对布局的打印区域进行设置。在【打印范围】下拉列表中有 4 个选项，分别是【显示】选项，用于打印图形中显示的所有对象；【范围】选项，用于打印图形中的所有可见对象；【视图】选项，用于打印用户保存的视图；【窗口】选项，用于定义要打印的区域。
- 【打印偏移】：在此选项组可以指定打印区域相对于可打印区域的左下角（原点）或图纸边界的偏移距离。
- 【打印比例】：在此选项组可以指定布局的打印比例，也可以根据图纸尺寸调整图像。
- 【图形方向】：在此选项组可以设置图形在图纸上的打印方向。选择【横向】选项，图纸的长边是水平的；选择【纵向】选项，图纸的短边是水平的；选择【上下颠倒打印】选项，可以先打印图形底部。

完成设置后，单击【预览】按钮，将切换到布局窗口中，预览到页面设置的效果，如图 2-59 所示。然后单击【确定】按钮，返回到【页面设置管理器】对话框，依次单击【置为当前】、【确定】按钮，即可完成页面设置，如图 2-60 所示。

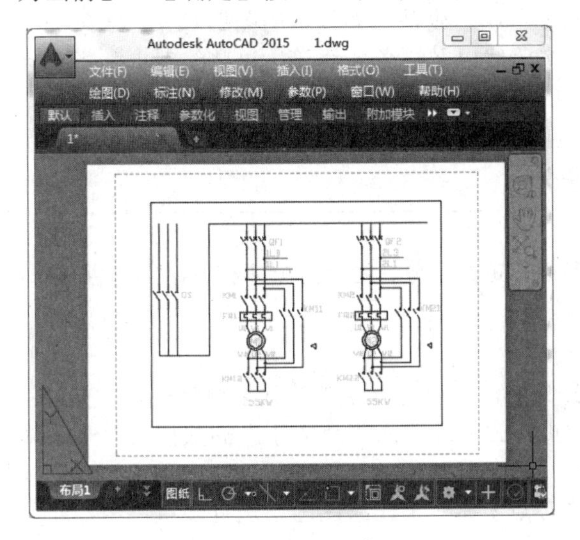

图 2-59　布局预览

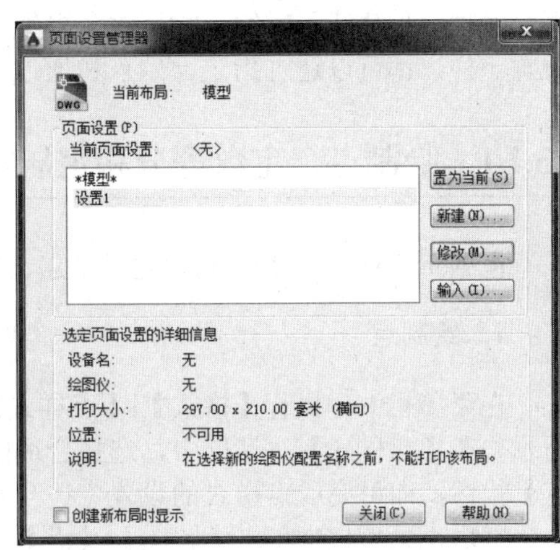

图 2-60 【页面设置管理器】对话框

第3章　绘制电气图形

绘图是 AutoCAD 的主要功能，也是最基本的功能。二维图形是整个 AutoCAD 软件绘图的基础，因此，熟练地掌握二维图形的绘制方法和技巧，才能更好地绘制出复杂的图形。绘图命令主要包括点、直线、圆、矩形、多段线以及样条曲线等。本章将详细介绍 AutoCAD 2015 中点、线、圆、矩形等各种绘图命令的使用及操作方法。

3.1　绘制点与线

点对象可用作捕捉和偏移对象的节点或参考点。线是一类基本的图形对象。线条的类型有多种，如直线、射线、构造线、多线、多段线以及样条曲线等。这些线对象和指定点位置一样，都可以通过指定起始点和通过点的方法来绘制。

3.1.1　绘制点、定数等分和定居等分

在 AutoCAD 中，用户可以通过单点、多点、定数等分、定距等分 4 种方法创建点对象。

1．绘制点

在菜单栏中，执行【格式】|【点样式】命令，即可打开【点样式】对话框，如图 3-1 所示。在【点样式】对话框中，选择合适的点样式，并输入“点大小”的数值，单击【确定】按钮，即可完成点样式的设置。

然后在菜单栏中单击【绘图】|【点】|【多点】命令，在绘图区中进行多次单击，即可创建多个点，如图 3-2 所示。

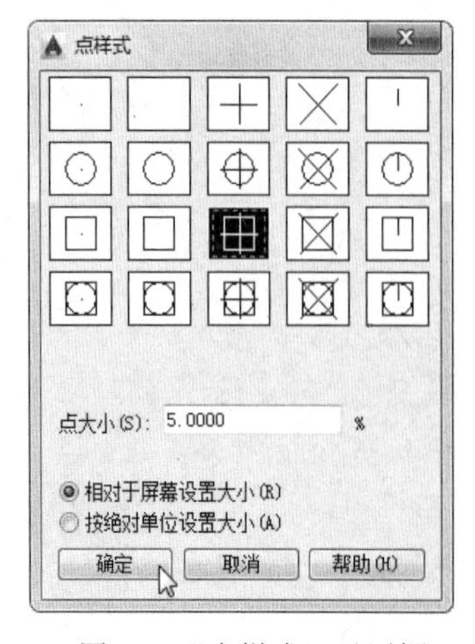

图 3-1　“点样式”对话框

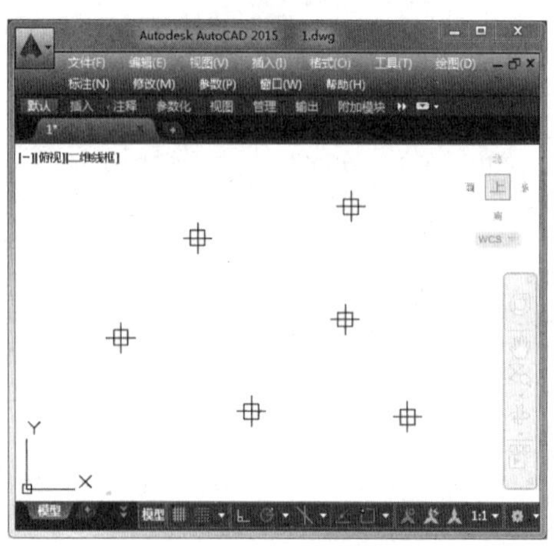

图 3-2　绘制多个点

2. 定数等分

定数等分是将所选对象等分为指定数目的相等长度，然后在该对象上按指定数目等间距创建点或插入块。该命令并不是将对象实际等分为单独的对象，而是指定等分的位置，以便将它们作为几何参考点。

执行【绘图】|【点】|【定数等分】命令，根据命令行中的提示，选择所要等分的对象，然后输入等分数值，如 5，按回车键，即可完成等分操作。图 3-3 所示为定数等分的矩形对象。

此外，选取等分对象后，如果在命令行内输入 B，可以将指定的块等间距地插入到当前激活的图形中。插入的块可以与原对象以对齐或不对齐方式分布。

3. 定距等分

定距等分是按指定的长度，从指定的端点测量一条直线、圆弧或多段线，并在其上按长度标记点或块标记。它与定数等分在表现形式上是相同的，不同的是，前者是按照线段的长度来平均分段，后者是按照线段的段数来分段。

执行【绘图】|【点】|【定距等分】命令，根据命令行提示，选择需要等分的对象，输入距离 90，按回车键，即可完成定距等分操作，如图 3-4 所示。

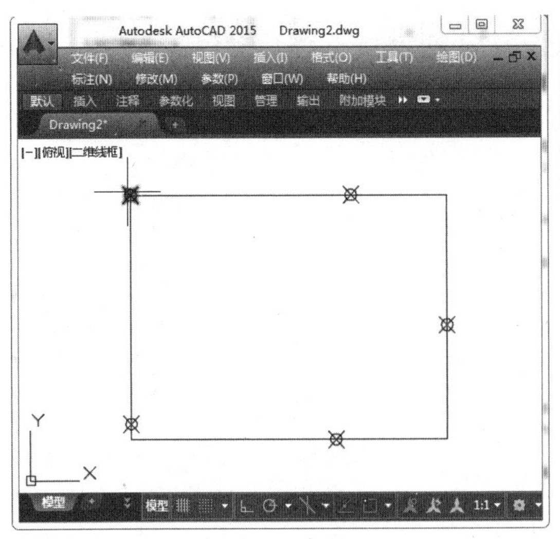

图 3-3　定数等分

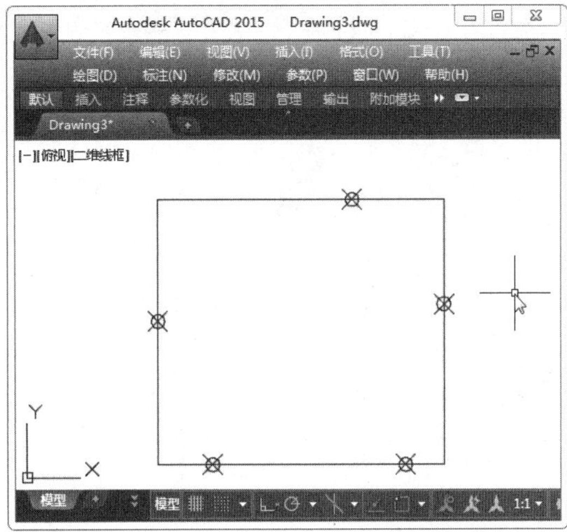

图 3-4　定矩等分

3.1.2 绘制直线

直线是各种绘图中最常用、最简单的一类图形对象。用户只需指定线段的起点和终点，即可绘制一条直线。绘制出的直线可以是一条线段，也可以是一系列相连的线段，但每条线段都是独立的对象。

执行【绘图】|【直线】命令，根据命令行中的提示，在绘图区中指定线段的起点和方

向，然后在命令行中输入该线段的长度值，按回车键，即可完成直线的绘制。图 3-5 所示的接机壳图形中，首先用直线绘制 3 条水平直线，然后从顶端直线的中点向上绘制竖线，最后在竖线的顶端绘制两条相交的斜线即可。

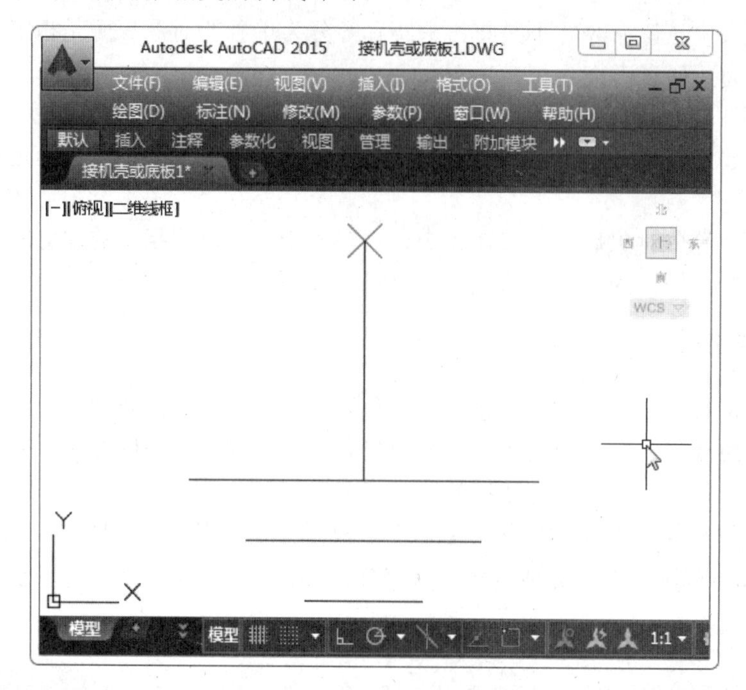

图 3-5　接机壳

3.1.3　绘制多段线

多段线由相连的直线和圆弧曲线组成，绘制时可在直线和圆弧曲线间进行自由切换。多段线可设置其总的宽度，也可为不同的线段分别设置不同的线宽，并可将线段的始末端点设置为不同的线宽。

执行菜单栏的【绘图】|【多段线】命令，根据命令窗口的提示信息，指定多段线起点。在动态输入框中，输入相关数值即可绘制多段线。如图 3-6 所示，指定多段线的起点，选择【宽度】选项，设置起点宽度为 0、端点宽度为 300，绘制出三角形。各选项的含义如下。

- 圆弧：由绘制直线转换成绘制圆弧。
- 半宽：将多段线总宽度的值减半。在命令行中分别输入起点宽度和终点宽度相应的数值，即可绘制一条宽度渐变的线段或圆弧。
- 长度：提示用户给出下一段多段线的长度。系统按照上一段的方向继续绘制这一段多段线。
- 宽度：其输入的数值即实际线段的宽度。如果继续绘制其他多段线，必须先选择该方式，将宽度恢复到原来的设置再进行绘制。

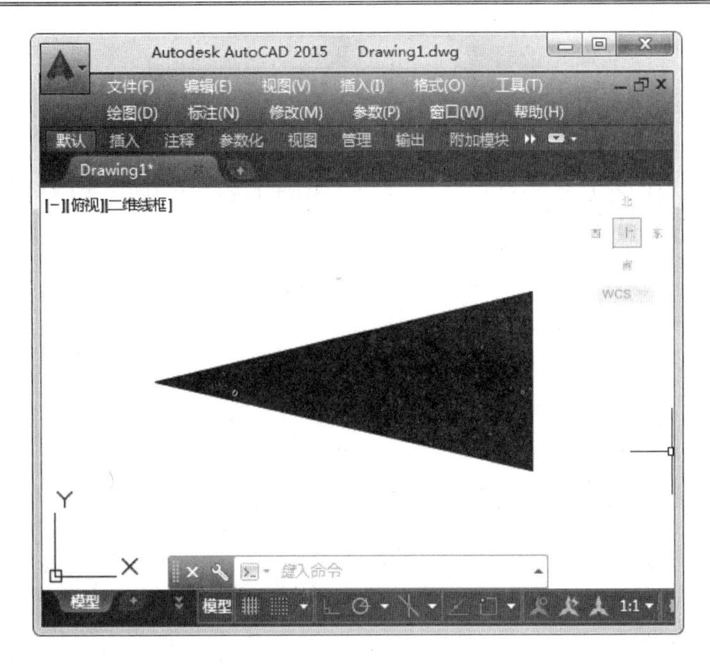

图 3-6　多段线对象

3.1.4　绘制多线

多线是由 1 至 16 条平行线组成的对象，这些平行线称为元素。在实际绘制前可以设置或修改多线的样式。多线常用于绘制建筑图形中的墙线、电子线路等平行对象。

执行【绘图】|【多线】命令，根据命令行的提示指定多线的起点、通过点和终点，即可绘制多线，如图 3-7 所示。在绘制多线时，命令行中各选项的含义如下。

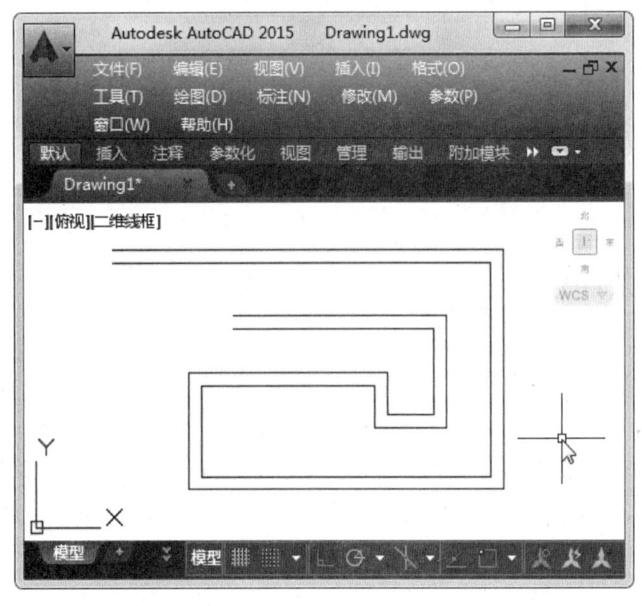

图 3-7　绘制多线

- 对正：设置基准对正的位置，对正方式包括如下 3 种。

  上：当从左向右绘制多线时，多线上最顶端的多线将随着光标移动。

  无：绘制多线时，多线的中心线将随着光标移动。

  下：当从左向右绘制多线时，多线上最底端的多线将随着光标移动。
- 比例：该选项用于指定所绘制的多线宽度相对于多线定义的比例因子。即通过设置比例改变多线每条图素之间的距离大小。
- 样式：输入要采用的多线样式名称，默认为 STANDARD。选择该选项后，可按照命令行提示输入已定义的样式名称。

可执行【格式】|【多线样式】命令，打开【多线样式】对话框，对多线进行修改或者新建等操作，如图 3-8 所示。

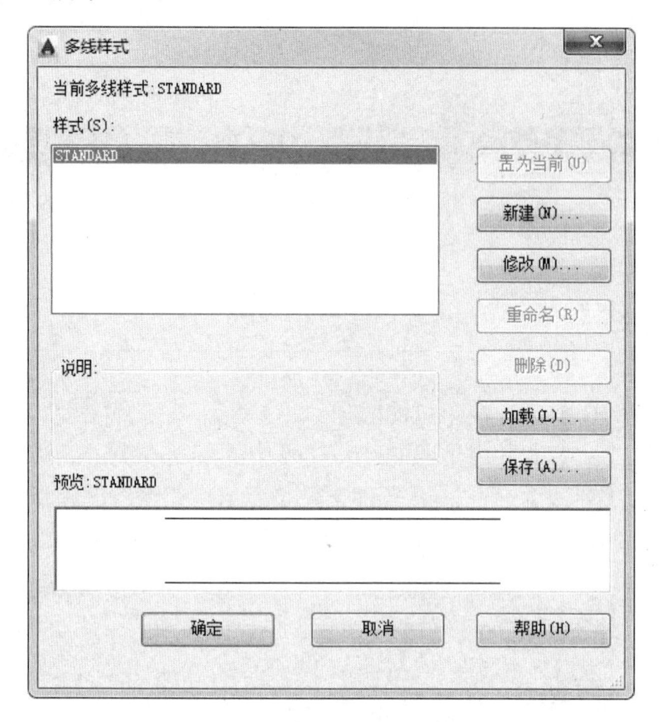

图 3-8 “多线样式”对话框

3.1.5 绘制样条曲线

样条曲线是通过一系列指定点的光滑曲线，用来绘制不规则的曲线图形。样条曲线主要用来绘制波浪线、断面线等。

执行【绘图】|【样条曲线】命令，根据命令窗口的提示信息，指定样条曲线的起点，并按照同样的操作，指定下一点的位置，直到终点，按回车键，即可完成样条曲线的绘制，如图 3-9 所示。

单击该曲线，将指针移至线条控制点上，系统将自动打开快捷菜单，供用户选择需要的选项进行编辑操作，如图 3-10 所示。单击三角形夹点可在显示控制顶点和显示拟合点之间进行切换。

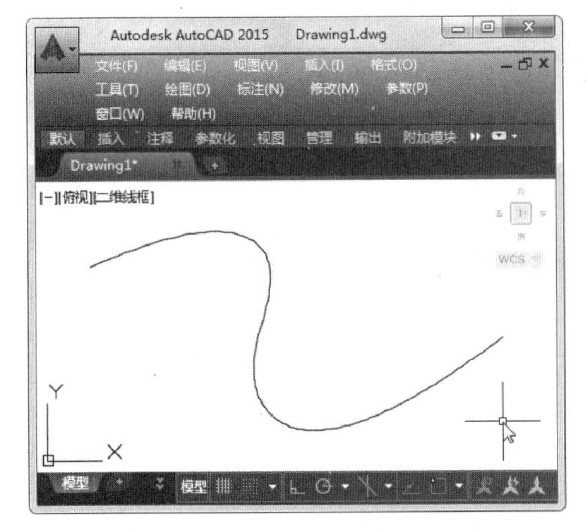

图 3-9　绘制样条曲线

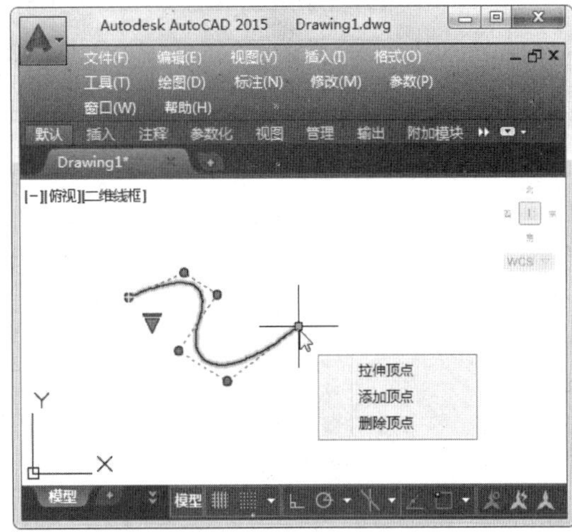

图 3-10　编辑样条曲线

3.1.6　案例——绘制发光二极管（一般）符号

下面介绍图 3-11 所示的发光二极管的绘制过程。

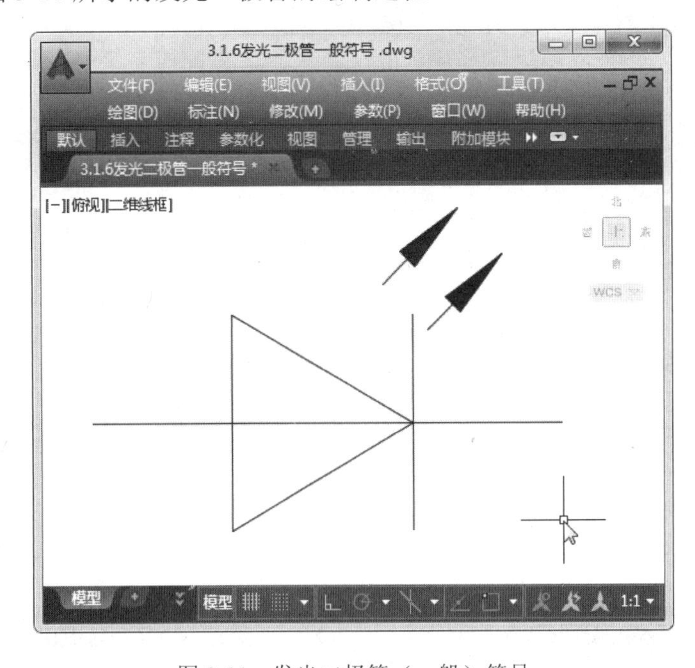

图 3-11　发光二极管（一般）符号

Step01：新建一个文件并保存，然后执行【直线】命令，绘制一条水平直线，如图 3-12 所示。

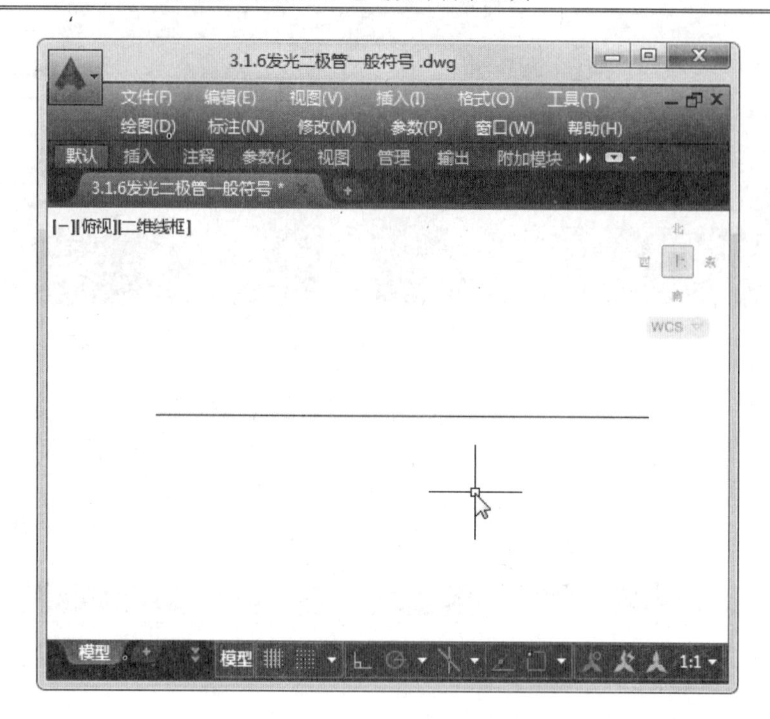

图 3-12　绘制一条水平直线

Step02：执行【定数等分】命令，将该线段 3 等分。根据命令行提示，输入线段数目“3”，如图 3-13 所示。

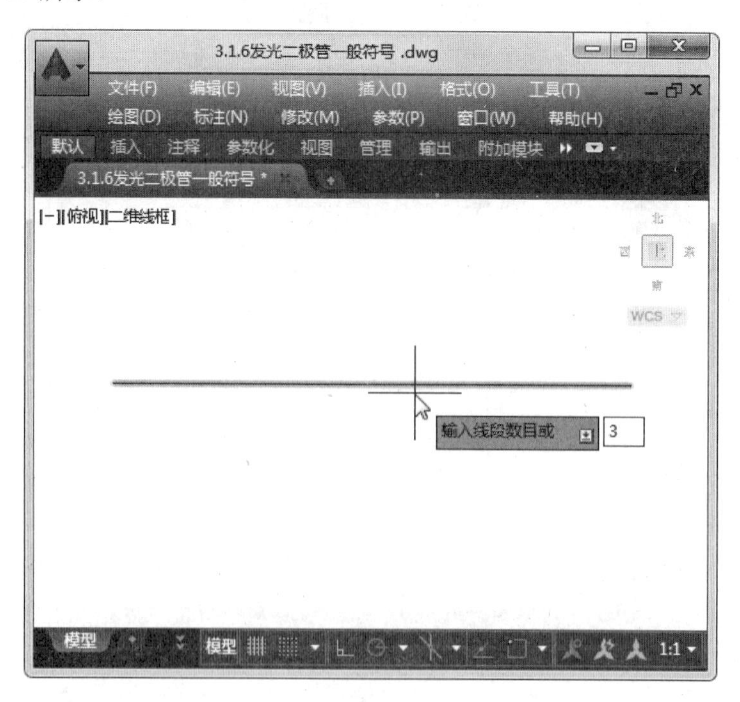

图 3-13　进行定数等分

Step03：在直线左上方单击，然后向右下方移动鼠标指针，对等分点进行选择，即可看到线段已被定数等分，如图 3-14 所示。

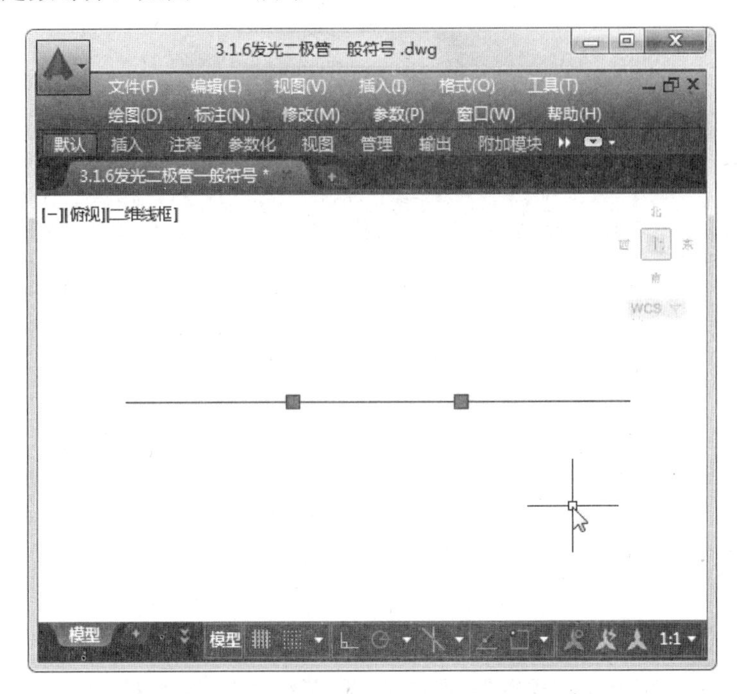

图 3-14　选择等分点

Step04：按 Esc 键退出选择状态，然后执行【直线】命令，以定数等分点右边的点为中点，绘制竖线，如图 3-15 所示。

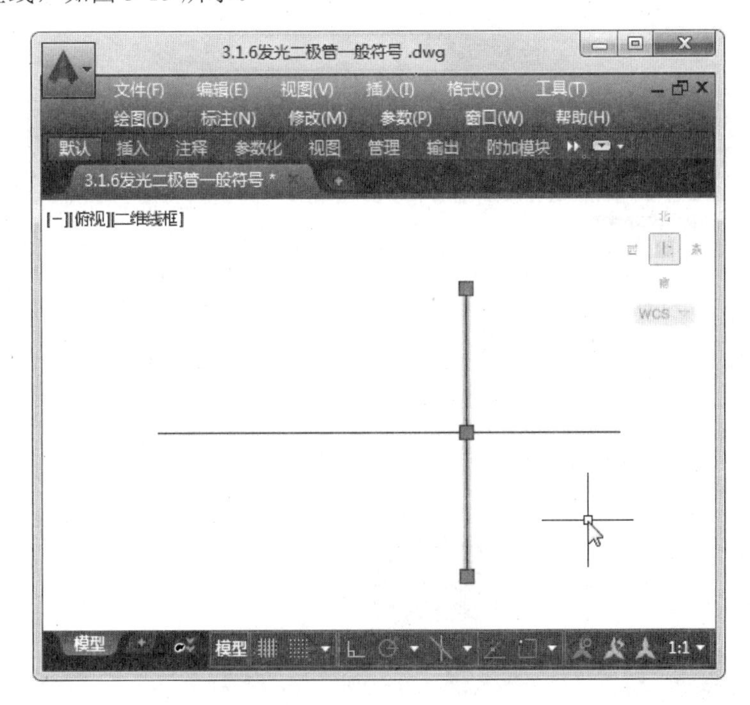

图 3-15　绘制竖线

Step05：继续执行【直线】命令，选取定数等分点左边的点为中点，绘制短竖线，如图 3-16 所示。

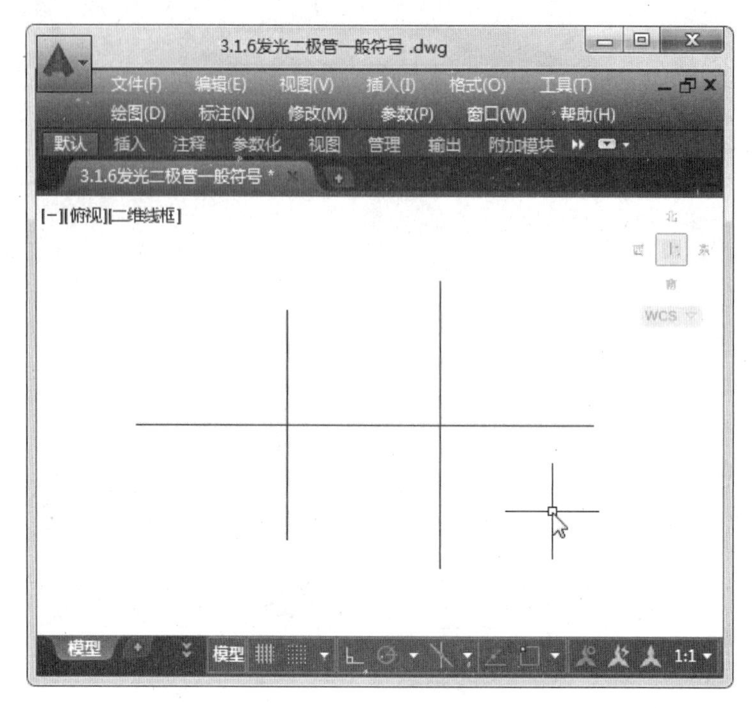

图 3-16　绘制短竖线

Step06：在状态栏中，选择【捕捉设置】选项，如图 3-17 所示。

图 3-17　选择【捕捉设置】选项

Step07：打开【草图设置】对话框，在【极轴追踪】选项卡下，勾选【启用极轴追踪】复选框，设置增量角为 30，如图 3-18 所示。

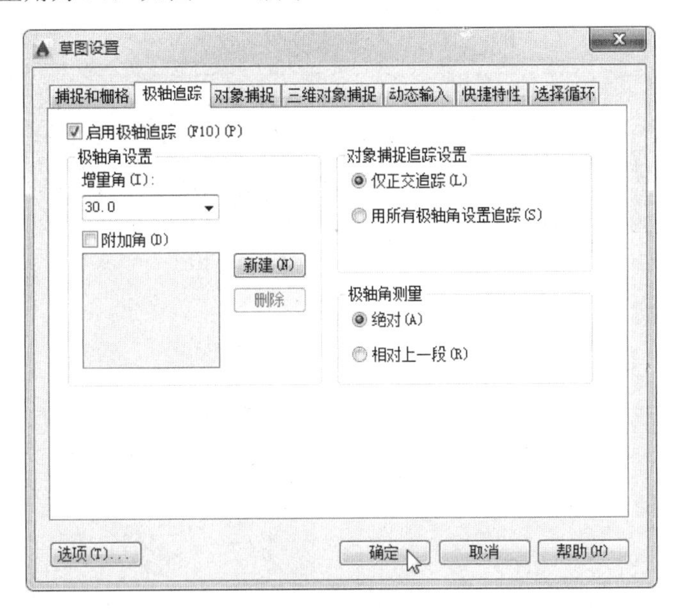

图 3-18 【草图设置】对话框

Step08：单击【确定】按钮。在状态栏中，单击“自定义”按钮，选择【极轴追踪】选项，如图 3-19 所示。

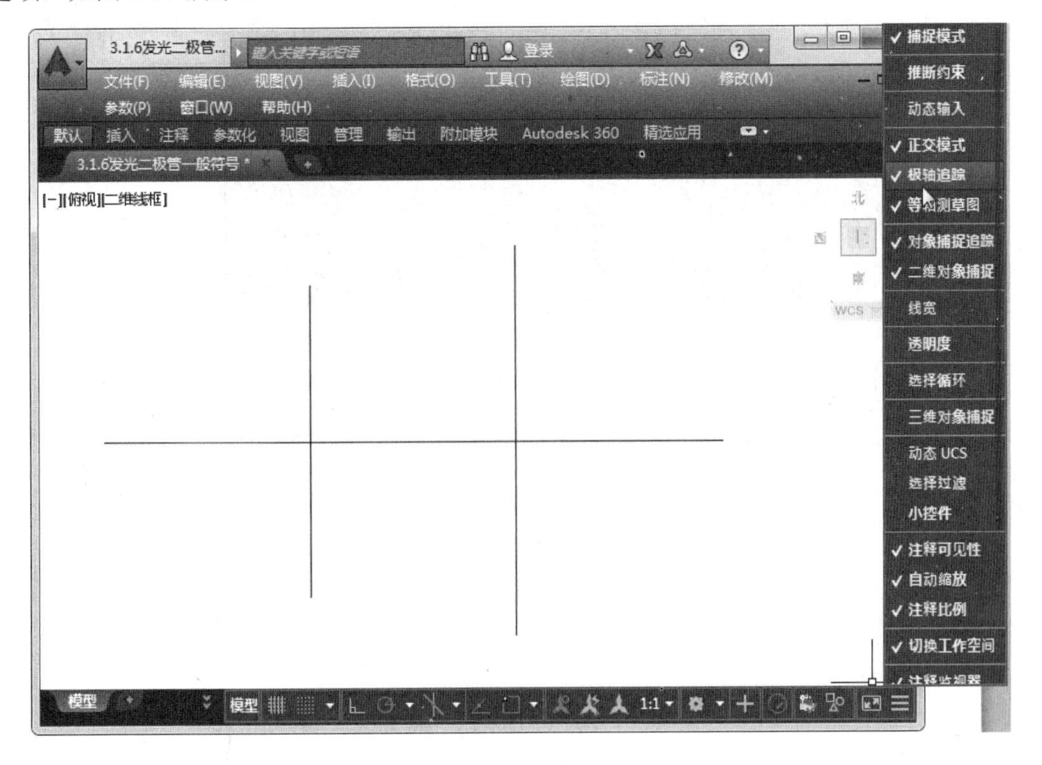

图 3-19　选择【极轴追踪】选项

Step09：执行【直线】命令，以右边竖线的中点为起点，绘制角度为 150°的直线，并与左边竖线相交，如图 3-20 所示。

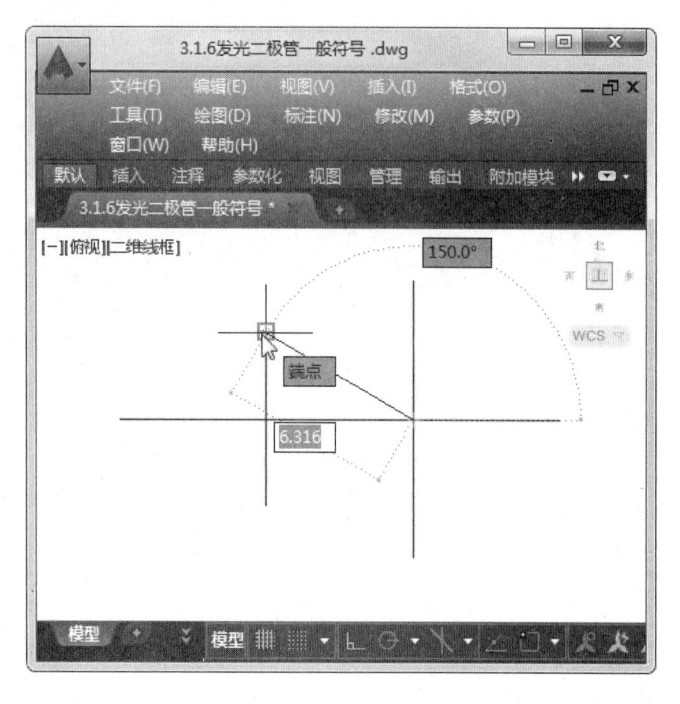

图 3-20　绘制直线

Step10：执行【直线】命令，以右边竖线的中点为起点，绘制角度为–150°的直线，并与左边竖线相交，如图 3-21 所示。

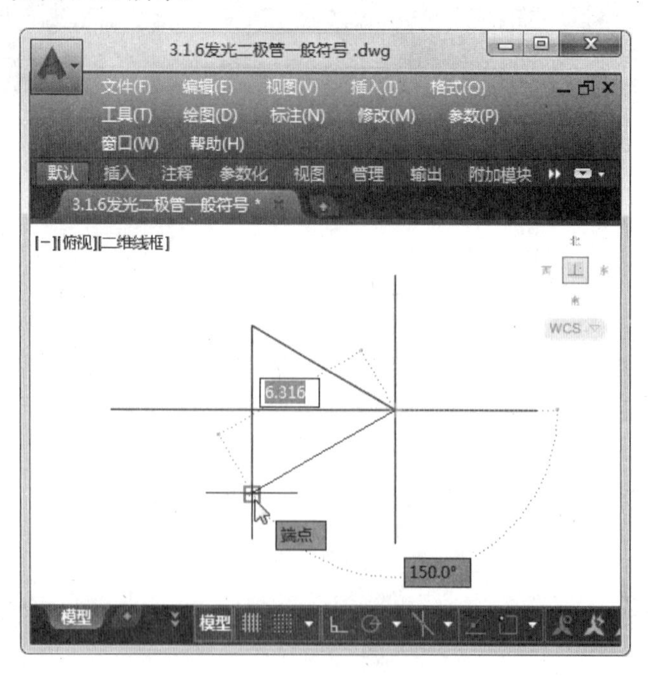

图 3-21　绘制直线

Step11：选中刚绘制的 3 条相交直线，如图 3-22 所示，等边三角形绘制完成。

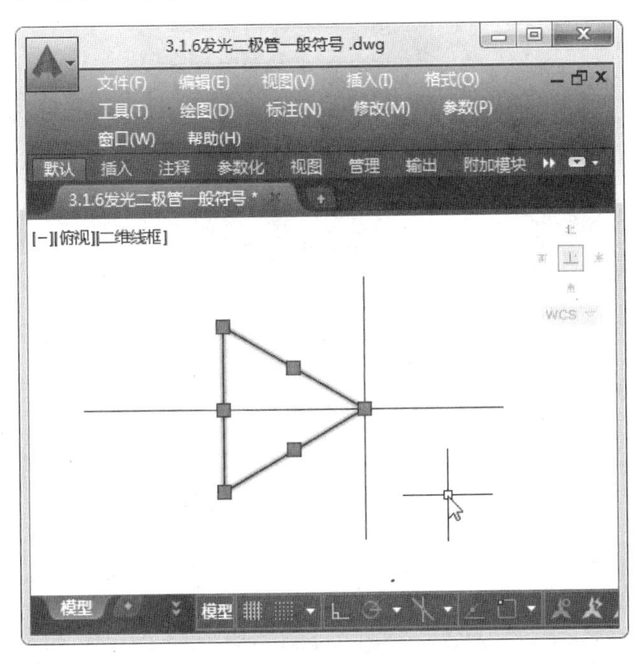

图 3-22　绘制出等边三角形

Step12：执行【多段线】命令，设置直线宽度起点宽度为 0，端点宽度为 10，长度为 20，绘制三角形，然后选择直线宽度为起点 0，端点宽度为 0，绘制完成，如图 3-23 所示。

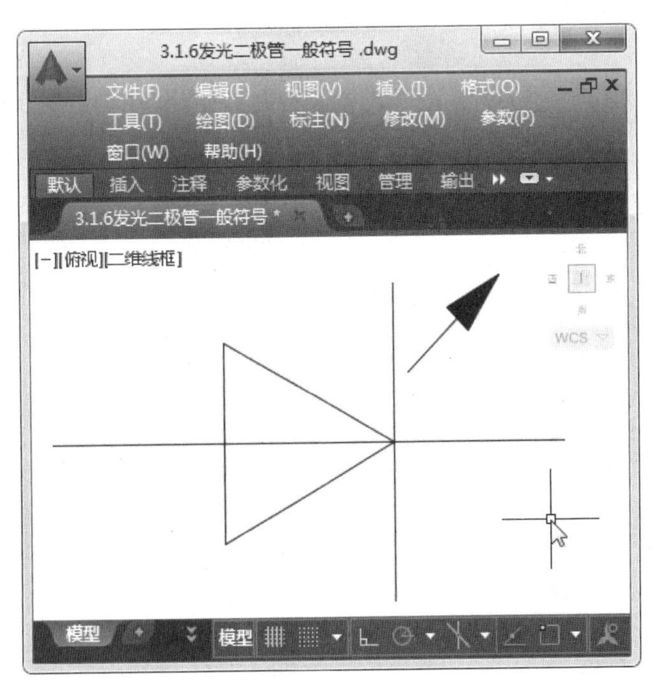

图 3-23　绘制多段线

Step13：继续执行【多段线】命令，按之前的操作，再绘制一个箭头，如图 3-24 所示。发光二极管（一般）符号绘制完成。

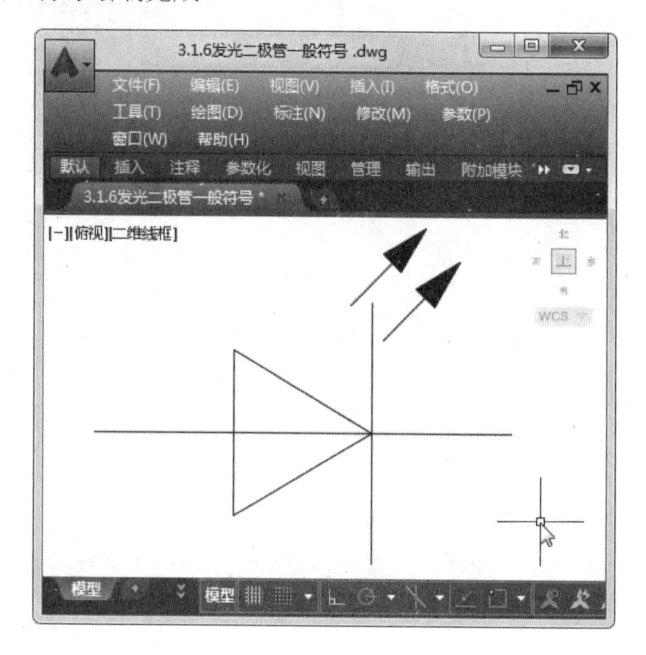

图 3-24　发光二极管（一般）符号

3.2　绘制矩形和正多边形

在 AutoCAD 中，矩形及多边形的各边并非单一对象，而是构成一个单独的对象。矩形和正多边形在线形类型中，属于折线类型。矩形和正多边形命令是较为常用命令，下面将分别进行介绍。

3.2.1　绘制矩形

用户可以通过指定矩形的两个对角点，来确定矩形的大小和位置。当然也可指定矩形的长和宽，来确定矩形。

执行菜单栏的【绘图】|【矩形】命令，根据命令行的提示，选择 D 选项，设置矩形的长度和宽度，如均为 600，如图 3-25 所示。执行矩形命令的过程中，命令行中提示的各选项含义如下。

- 倒角：该选项用于绘制带倒角的矩形，并允许设置倒角距离。
- 标高：该选项一般用于三维绘图，设置所绘矩形到 XY 平面的垂直距离。
- 圆角：该选项用于绘制带圆角的矩形，并允许设置倒角距离。
- 厚度：该选项用于设置矩形的厚度，一般用于三维绘图。
- 宽度：该选项用于设置矩形的线宽，即矩形 4 个边的宽度，如图 3-26 所示。

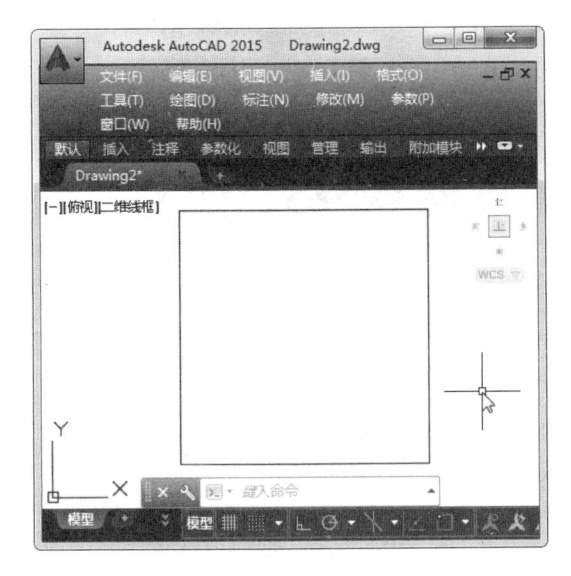

图 3-25　绘制矩形

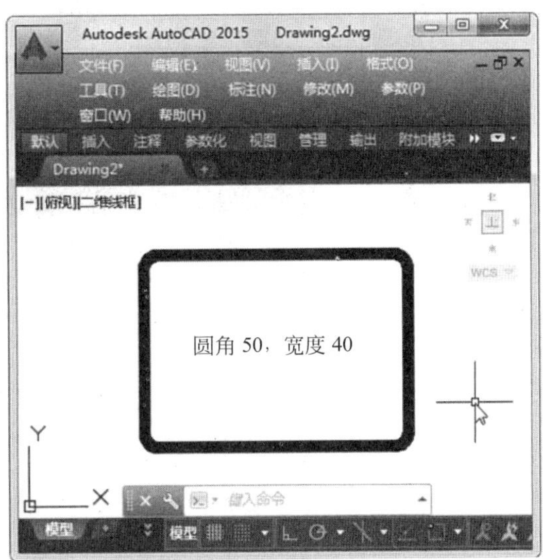

图 3-26　绘制宽边圆角矩形

通常在执行【矩形】命令时，会利用“@”相对坐标输入矩形尺寸：先输入“@”符号，然后再输入矩形的长宽值。这种方法最为常用。

3.2.2　绘制多边形

正多边形由多条边长相等的闭合线段组合而成。在默认情况下，正多边形的边数为 4。执行菜单栏的【绘图】|【多边形】命令，根据命令行的提示即可进行正多边形的设置。

在执行【正多边形】命令时，除了可以通过指定多边形的中心点位置来绘制正多边形之外，还可以通过指定多边形一条边来绘制。

1．内接于圆

该方法即先确定正多边形的中心位置，然后输入外接圆的半径。所输入的半径值是多边形的中心点至多边形任意端点间的距离，即整个多边形位于一个虚构的圆中。

在菜单栏中单击【绘图】|【多边形】命令，输入多边形的边数，如 6，然后根据命令行提示选择【内接于圆】选项，最后输入内接圆的半径参数值，如 200，即可绘制内接于半径为 200 的圆的正六边形，如图 3-27 左图所示。

2．外切于圆

该方法即先确定正多边形的中心位置，然后输入内切圆的半径。所输入的半径值为多边形的中心点到边线中点的垂直距离。

单击【多边形】命令，输入要绘制的多边形的边数，如 6，指定中心点并选择【外切于圆】选项，然后输入内切圆的半径值 200，即可绘制外切于圆的正六边形，如图 3-27 右图所示。

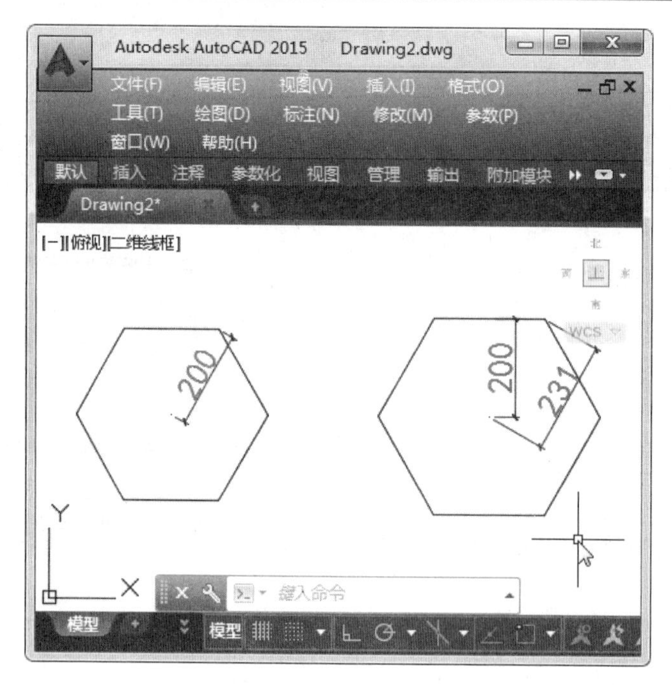

图 3-27 内接于圆 、外切于圆

3. 边

该方法是通过输入长度数值或指定两个端点来确定正多边形的一条边，进而绘制多边形。指定多边形的边数后输入字母 E，在绘图区域指定两点或在指定一点后输入边长数值，即可绘制出所需的多边形，如图 3-28 所示。

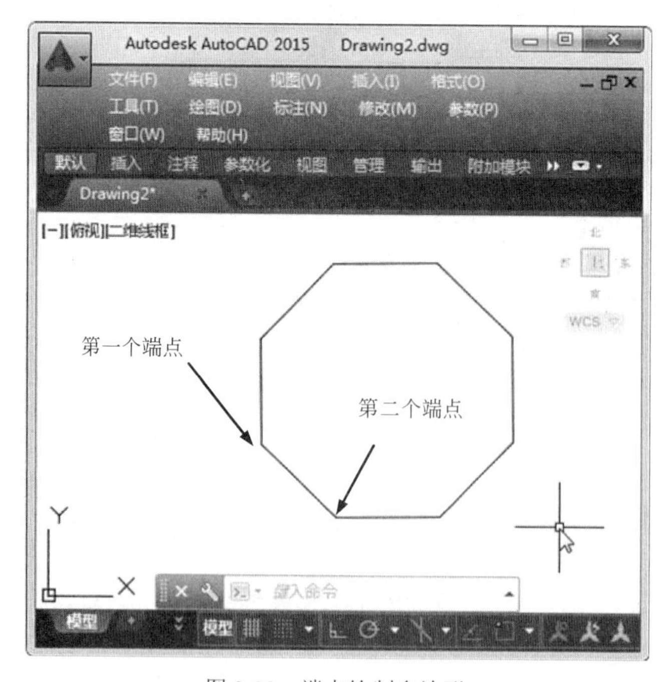

图 3-28 端点绘制多边形

3.2.3　案例——绘制桥式整流器符号

下面将介绍绘制桥式整流器符号的操作步骤，效果如图 3-29 所示。

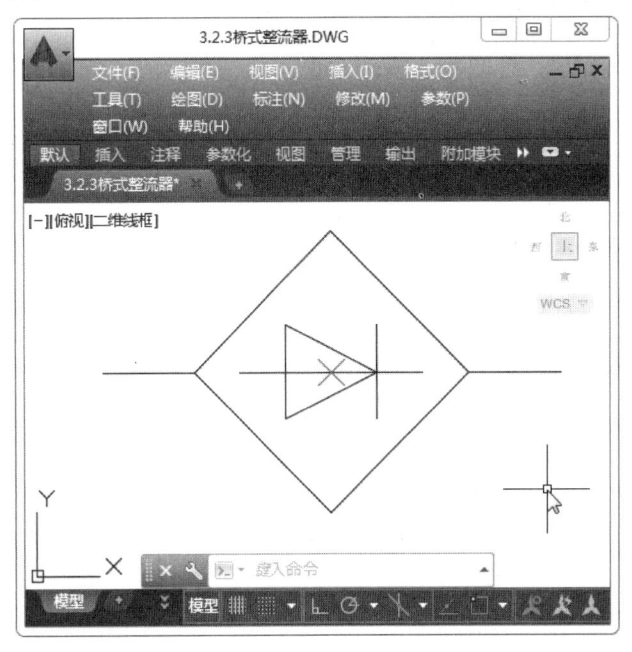

图 3-29　桥式整流器符号

Step01：新建并保存文件，执行【直线】命令，绘制一条长度为 20 的水平直线，如图 3-30 所示。

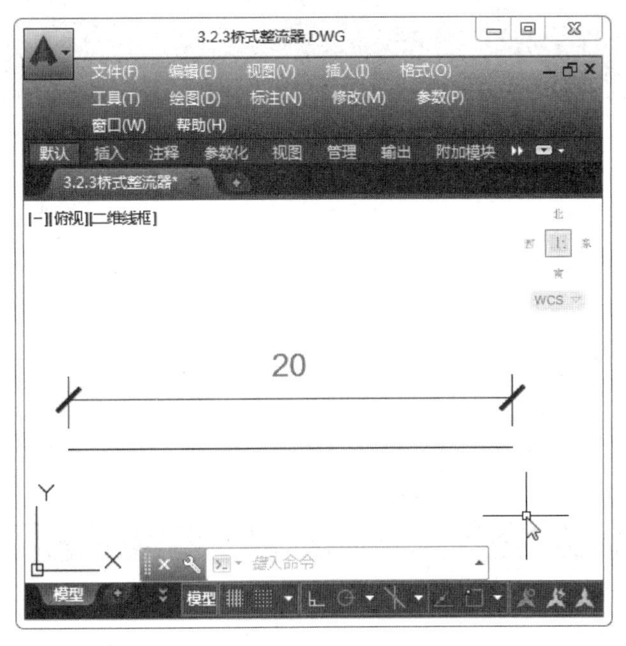

图 3-30　绘制直线

Step02：打开【草图设置】对话框，在【极轴追踪】选项卡下，勾选【启用极轴追踪】复选框，设置增量角为 30，如图 3-31 所示。

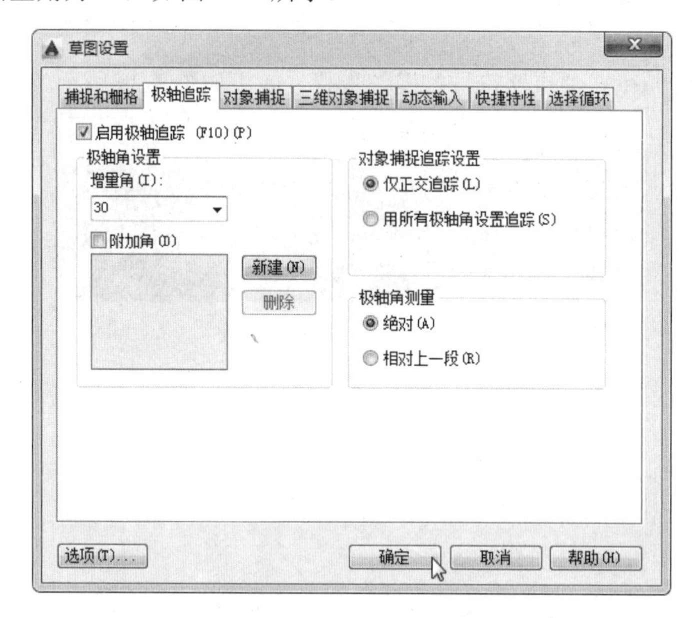

图 3-31 【草图设置】对话框

Step03：执行【直线】命令，以直线右端点为起点，向左移动指针，并输入 5，指定线段起点，如图 3-32 所示。

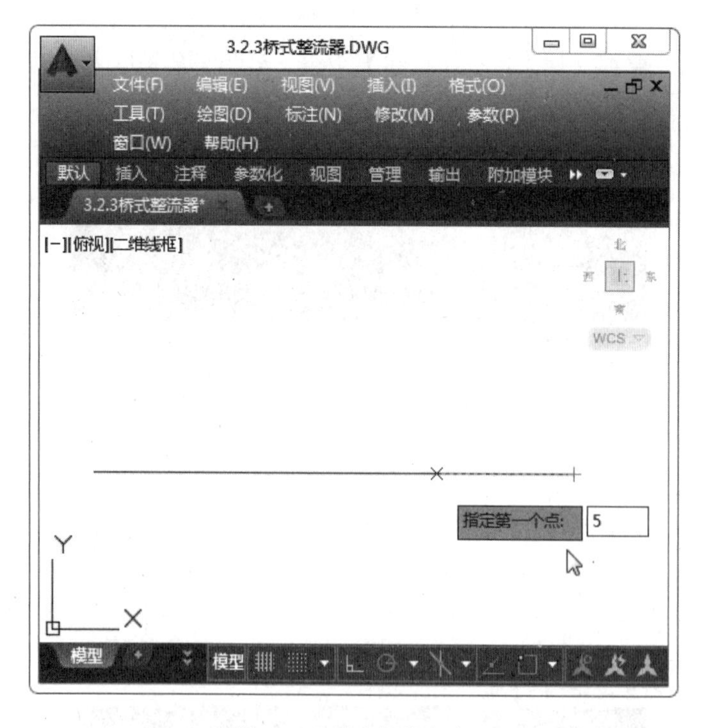

图 3-32 指定线段起点

Step04：然后根据极轴追踪绘制角度为 150°的直线，线段长度为 10，如图 3-33 所示。

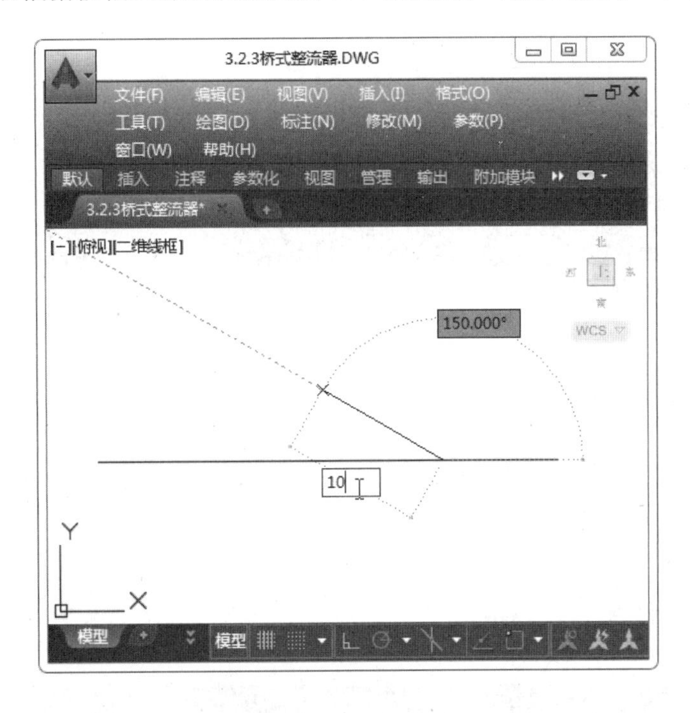

图 3-33　绘制斜线

Step05：继续执行【直线】命令，以斜线段的顶部端点为起点，向下绘制长度为 10 的垂线，如图 3-34 所示。

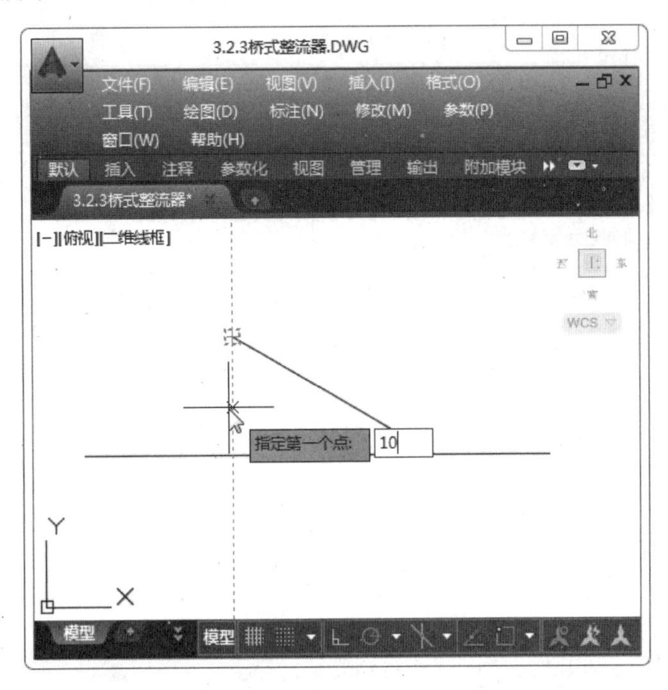

图 3-34　绘制垂线

Step06：以垂线底部端点为起点，用直线段连接斜线的底部端点，绘制三角形，如图 3-35 所示。

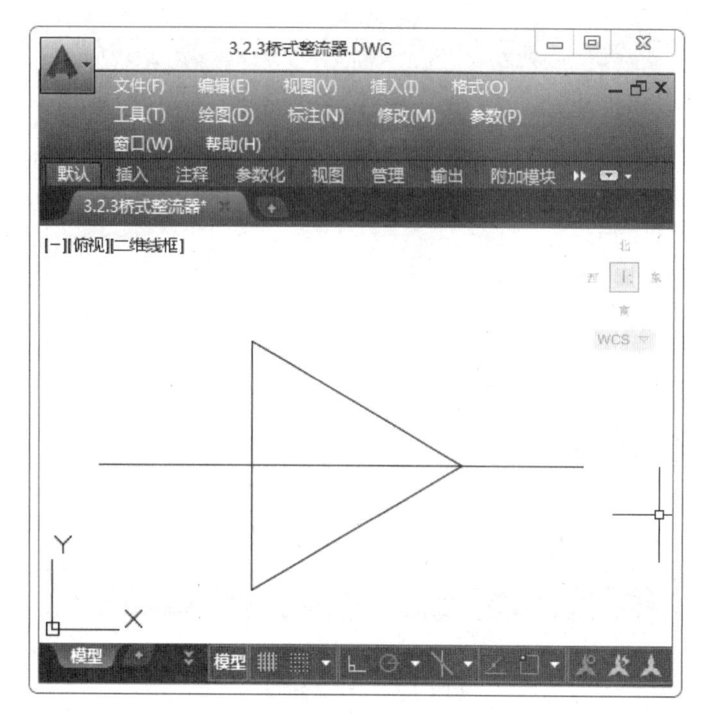

图 3-35　绘制三角形

Step07：以三角形的右端点为中点，绘制长度为 10 的竖线，如图 3-36 所示。

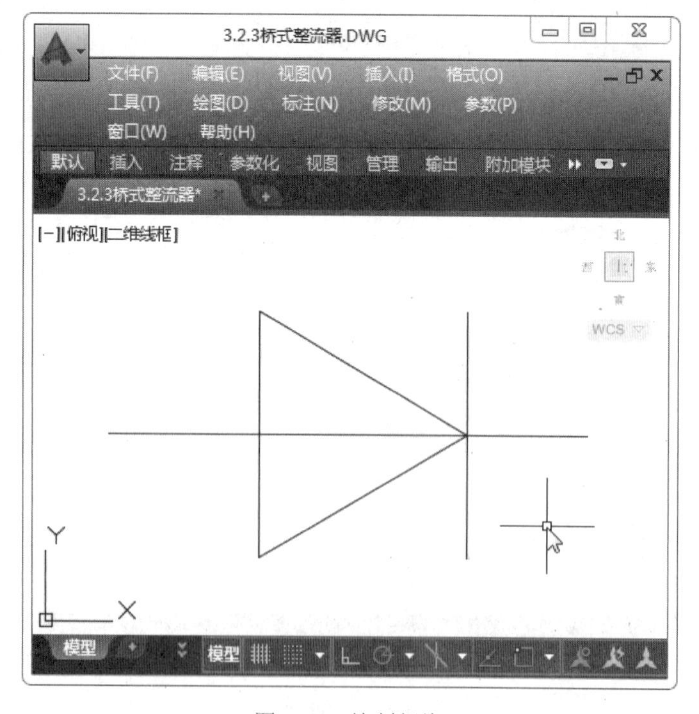

图 3-36　绘制竖线

Step08：以水平线段的中点为起点，分别向上、向下绘制长度为 14 的竖线，如图 3-37 所示。

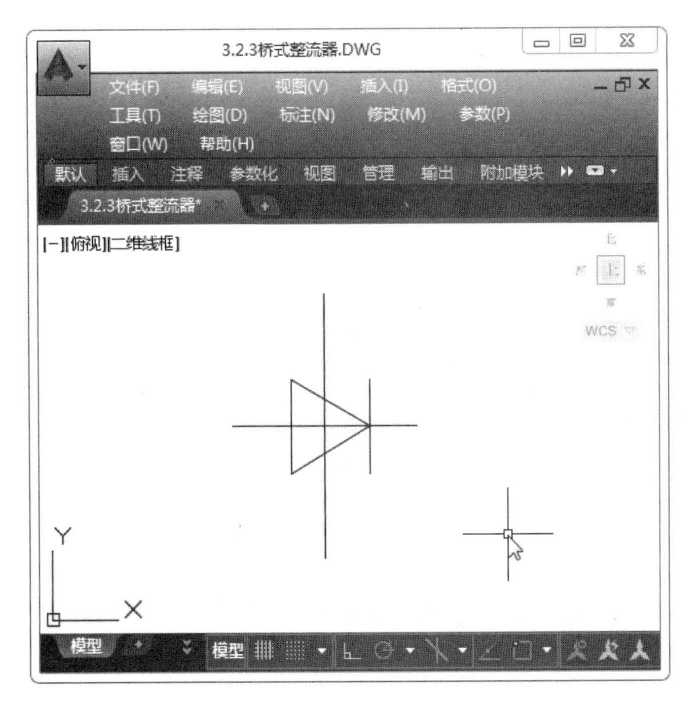

图 3-37　绘制竖线

Step09：执行【矩形】命令，以刚绘制的竖线的顶部端点为第一角点，如图 3-38 所示。

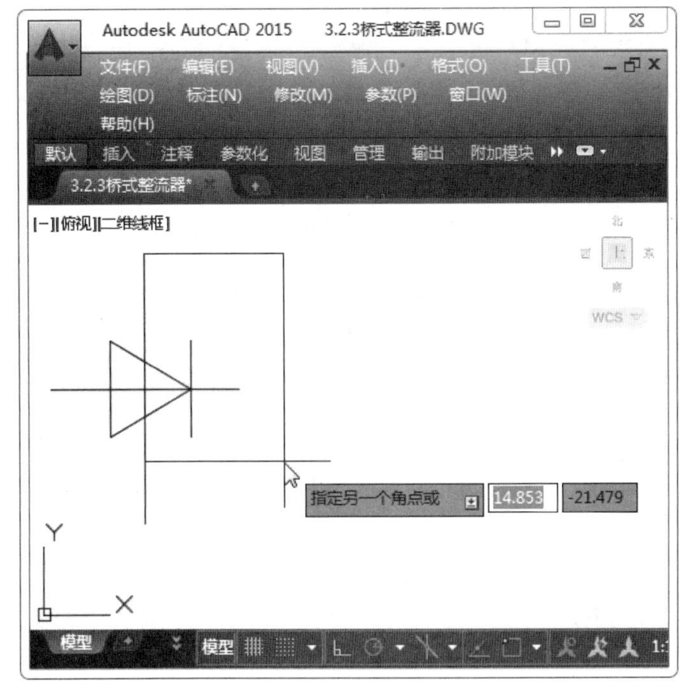

图 3-38　设置矩形第一角点

Step10：根据命令行的提示，输入“d”，指定矩形的长宽均为 20，如图 3-39 所示。

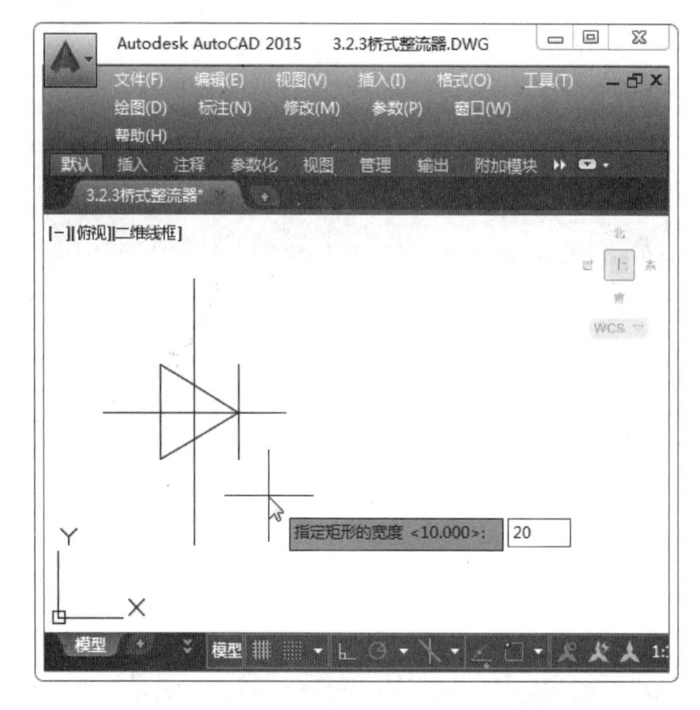

图 3-39　指定矩形长宽值

Step11：然后根据命令行的提示，输入“r”，并指定旋转角度为 45°，如图 3-40 所示。

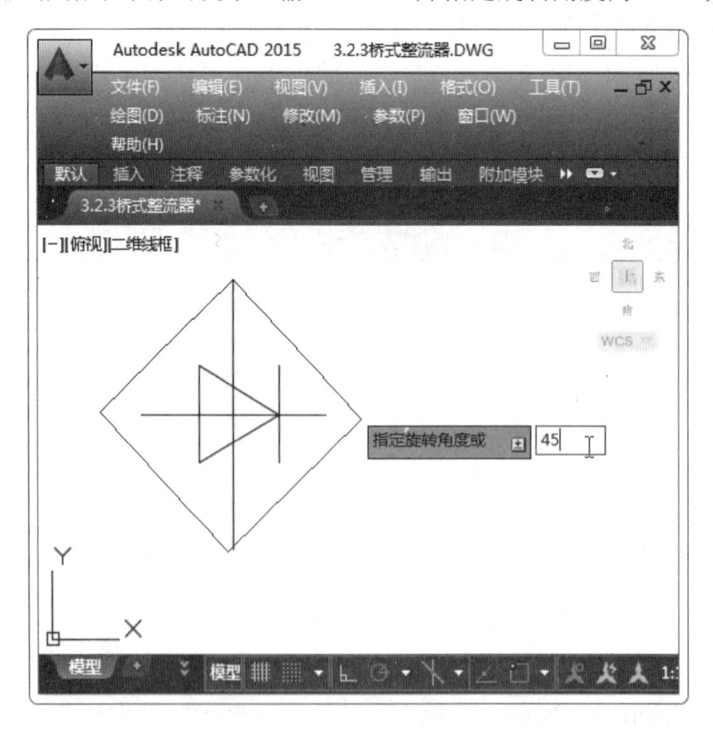

图 3-40　指定旋转角度

Step12：选择竖线底部端点为矩形的另一角点，矩形绘制完成。执行【删除】命令删除中心竖线，如图 3-41 所示。

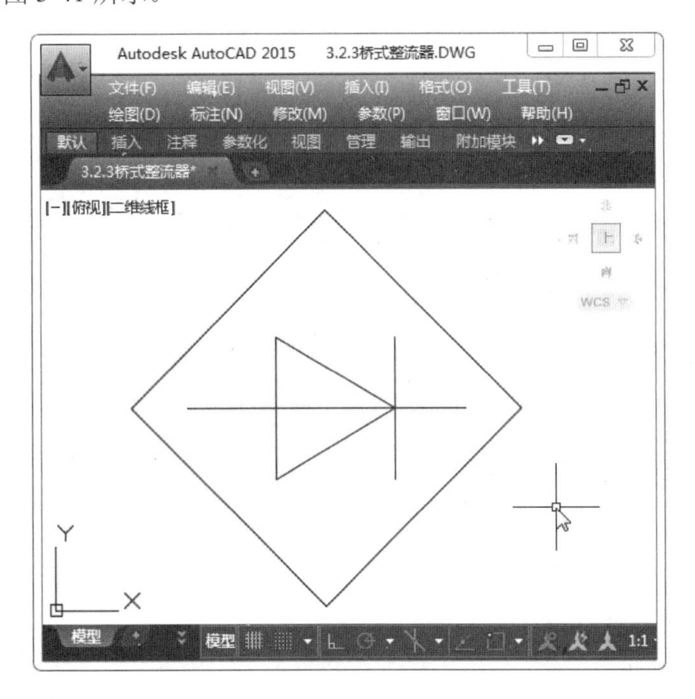

图 3-41　绘制矩形并删除中心竖线

Step13：以矩形左右两个端点为起点，执行【直线】命令，分别向左、向右各绘制长度为 10 的线段，如图 3-42 所示。

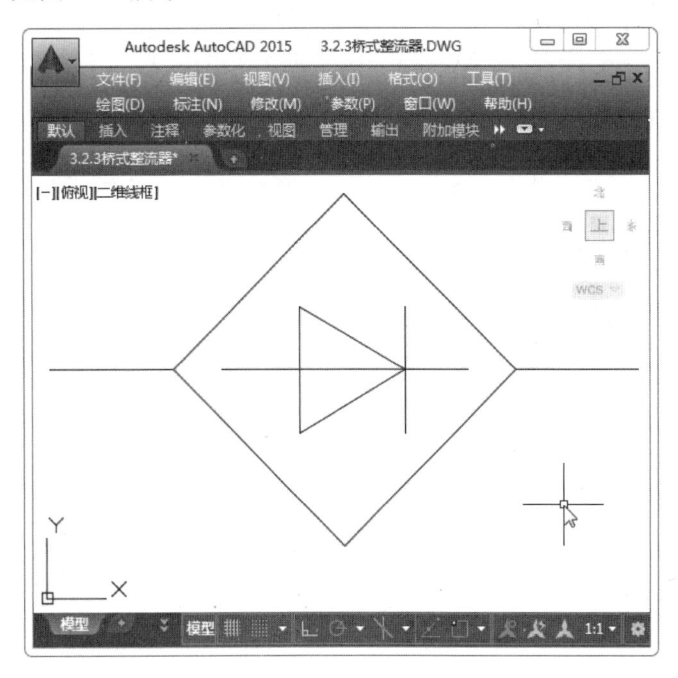

图 3-42　绘制线段

Step14：在【特性】面板中，指定线段颜色为红色，如图 3-43 所示。

Step15：执行【直线】命令，绘制长度为 3 的相交线段，桥式整流器符号绘制完成，如图 3-44 所示。

图 3-43　指定线段颜色

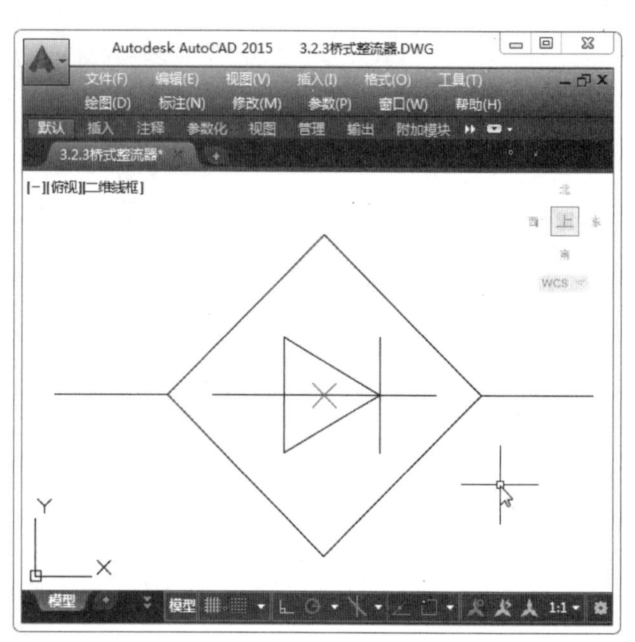

图 3-44　桥式整流器符号

3.3　绘制圆和圆弧

曲线图形对象根据用途的不同，可以分为圆、圆弧、椭圆和圆环等。

3.3.1　绘制圆

在 AutoCAD 中，【圆】命令有 6 种表现方法，分别是：【圆心，半径】、【圆心，直径】、【两点】、【三点】、【相切、相切、半径】以及【相切、相切、相切】。其中【圆心，半径】命令是系统默认方法。

执行菜单栏的【绘图】|【圆】命令，根据命令行的提示来绘制圆，如图 3-45 所示。下面分别介绍绘制圆的 6 种方法。

- 【圆心、半径】命令：该绘制方法是先确定圆心，然后输入圆的半径。
- 【圆心、直径】命令：该绘制方法与圆心、半径方法类似，只不过是在确定了圆心后，输入的是圆的直径，如图 3-46 所示。
- 【三点】命令：不在同一条线上的 3 个点可以唯一地确定一个圆。用该方法绘制圆时，要求输入圆周上的 3 个点来确定圆。

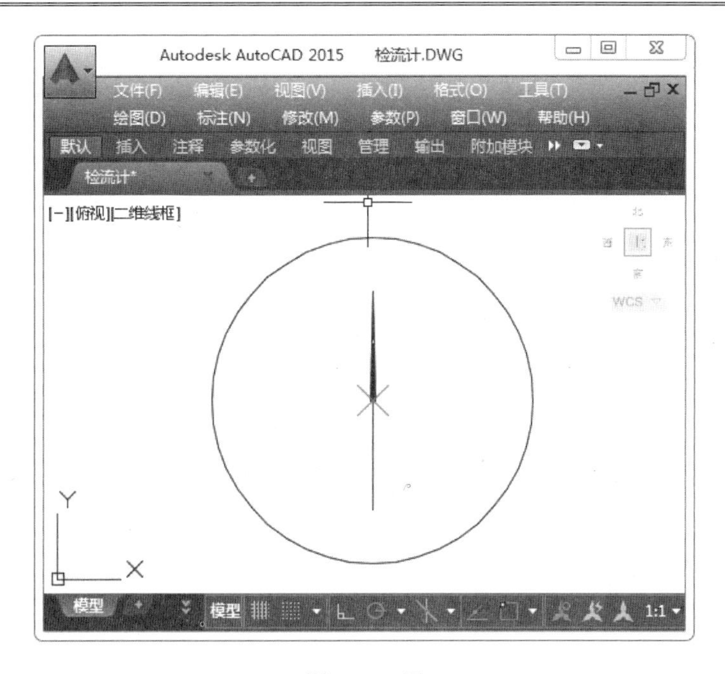

图 3-45　圆

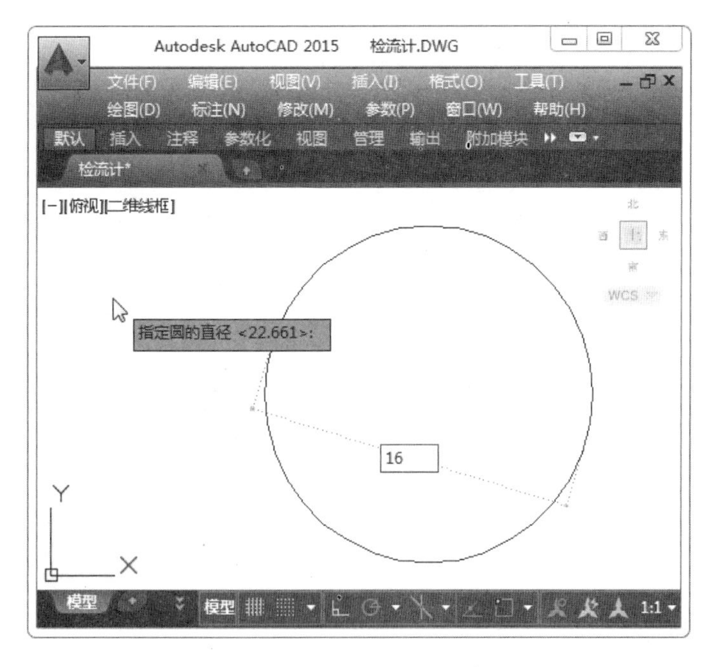

图 3-46 【圆心、直径】命令绘制方法

- 【两点】命令：该命令通过确定直径来确定圆的大小及位置，即要求确定直径上的两个端点。
- 【相切、相切、半径】命令：确定与圆相切的两个对象，并且要确定圆的半径。
- 【相切、相切、相切】命令：使用这种方法绘制圆时，要确定与圆相切的 3 个对象。

3.3.2 绘制圆弧

绘制圆弧除了要确定圆心和半径之外，还需确定起始角和终止角。单击【圆弧】下拉按钮，将显示 11 个绘制圆弧的命令，如图 3-47 所示。这里将介绍其中常用的 3 种。

- 【三点】命令：该方式是通过指定 3 个点来创建一条圆弧，第 1 个点和第 3 个点分别为圆弧上的起点和端点，且第 3 个点直接决定圆弧的形状和大小，第 2 个点可以确定圆弧的位置，如图 3-48 所示。

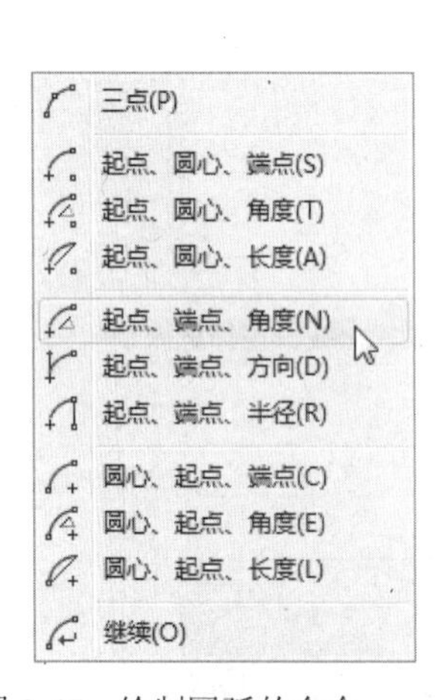

图 3-47 绘制圆弧的命令

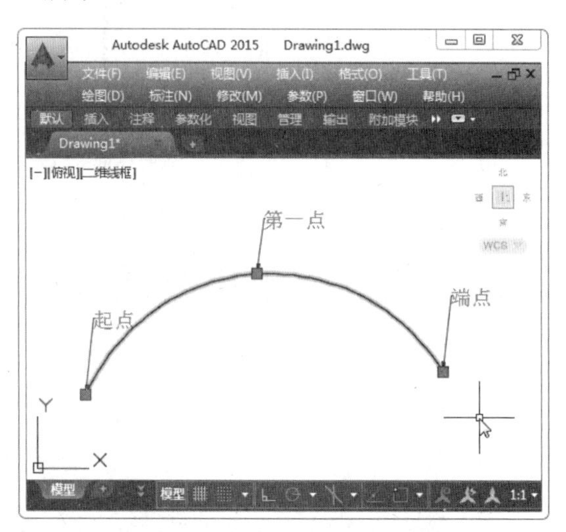

图 3-48 按三点方式绘制圆弧

- 【起点、圆心】命令：指定圆弧的起点和圆心。使用该方法绘制圆弧还需要指定它的端点、角度或长度。如图 3-49 所示，依次指定起点、圆心和长度（此处为 260），绘制圆弧。

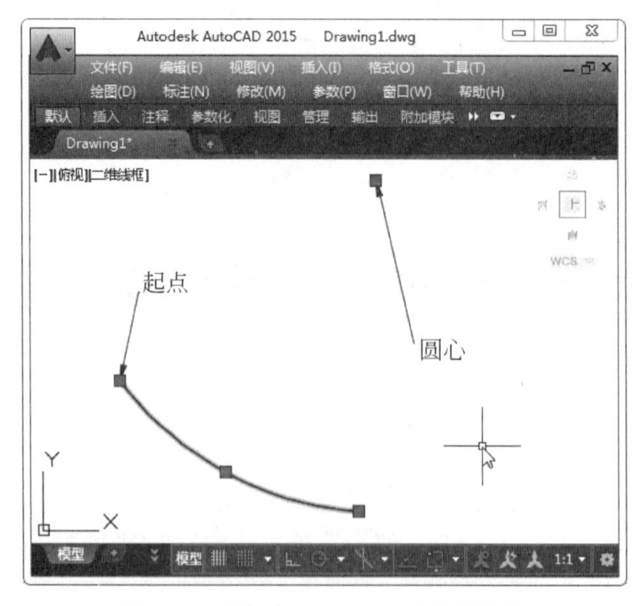

图 3-49 按起点、圆心和长度绘制圆弧

- 【起点、端点】命令：指定圆弧的起点和端点。使用该方法绘制圆弧还需要指定圆弧的半径、角度或方向。如图 3-50 所示，依次指定起点、端点和半径值（此处的150），绘制圆弧。

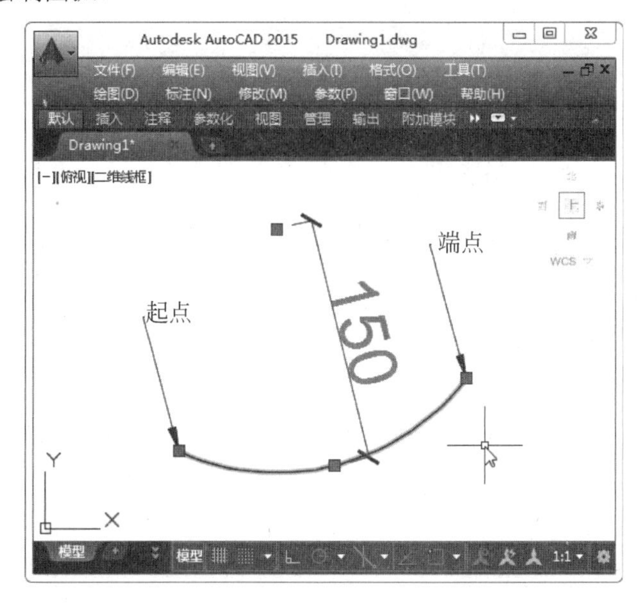

图 3-50　按起点、端点和半径绘制圆弧

3.3.3　案例——绘制保护接地符号

下面介绍绘制保护接地符号的操作步骤，效果如图 3-51 所示。

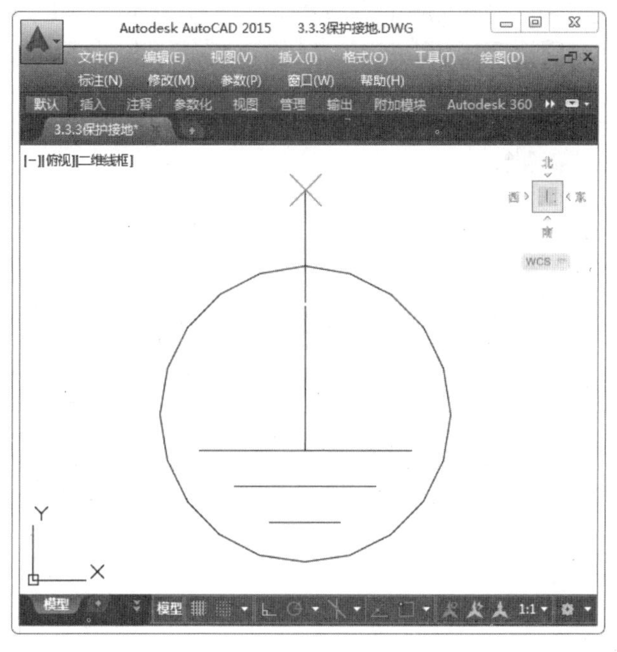

图 3-51　保护接地符号

Step01：新建一个文件，执行【圆】命令，绘制半径为 13 的圆，如图 3-52 所示。

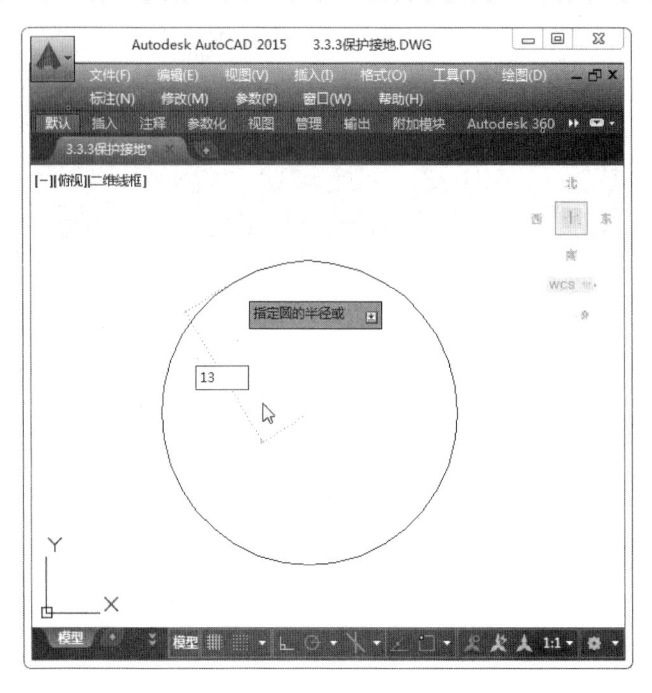

图 3-52　半径值为 13

Step02：打开【草图设置】对话框，在【对象捕捉】选项卡下，勾选【象限点】复选框，如图 3-53 所示。

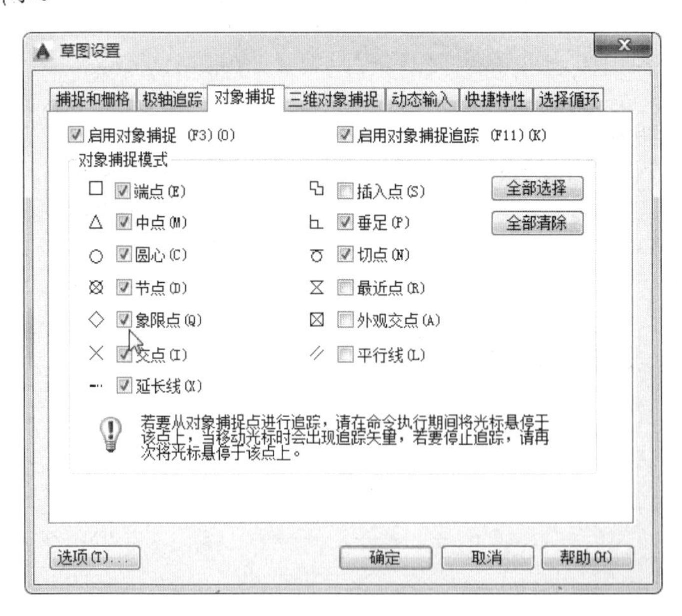

图 3-53　勾选【象限点】复选框

Step03：执行【直线】命令，沿圆的顶部象限点向下 3 个单位，指定直线端点，向上绘制线段长度为 10 的竖线，如图 3-54 所示。

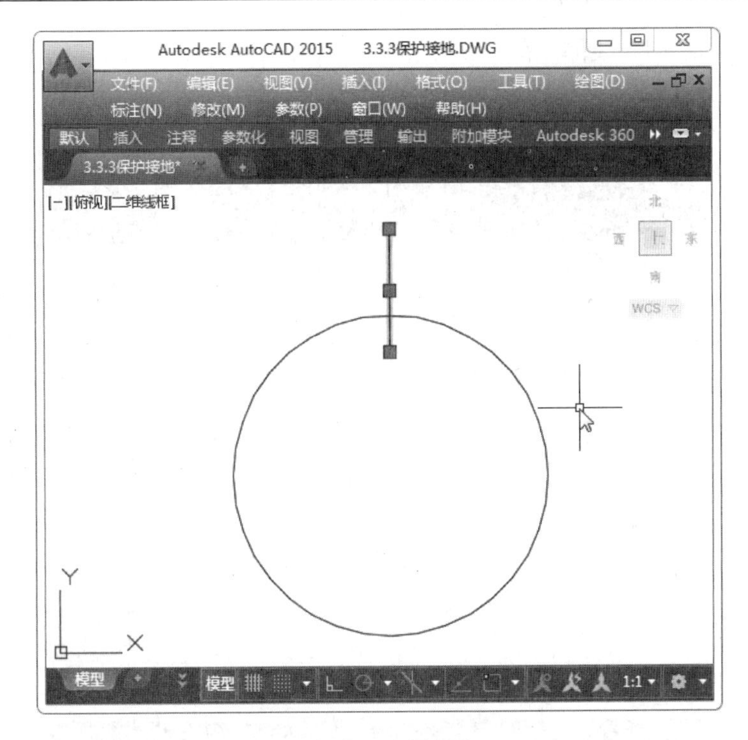

图 3-54　绘制直线

Step04：继续执行【直线】命令，沿直线向下绘制长度为 12 的直线，并使两条直线不相连，如图 3-55 所示。

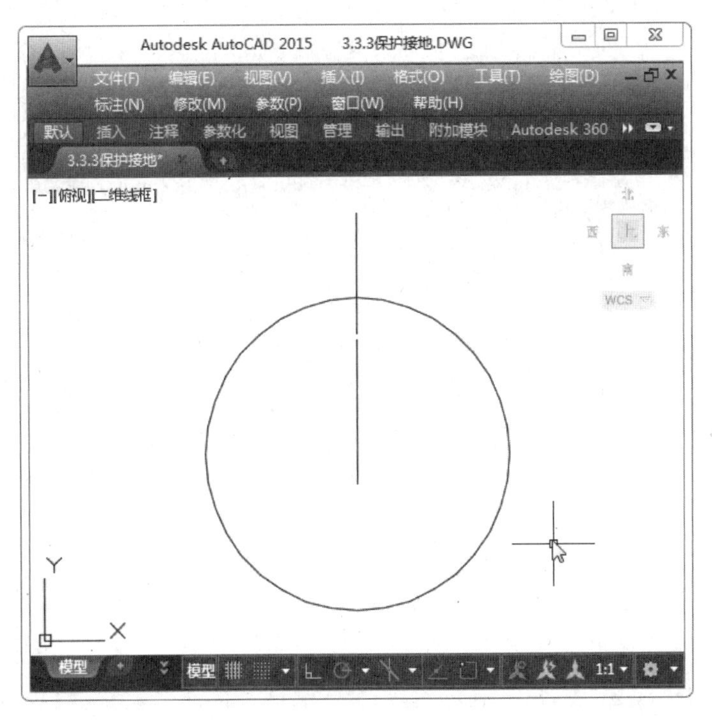

图 3-55　绘制竖线

Step05：以刚绘制直线的底部端点为中点，绘制长度为 18 的直线，如图 3-56 所示。

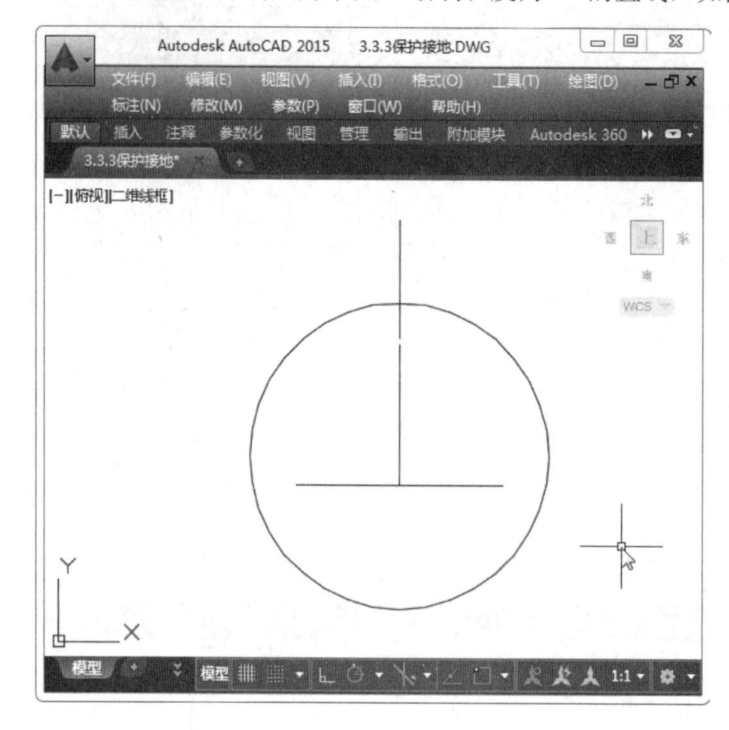

图 3-56　绘制水平直线

Step06：依次向下绘制长度为 12 和 6 的水平直线，如图 3-57 所示。

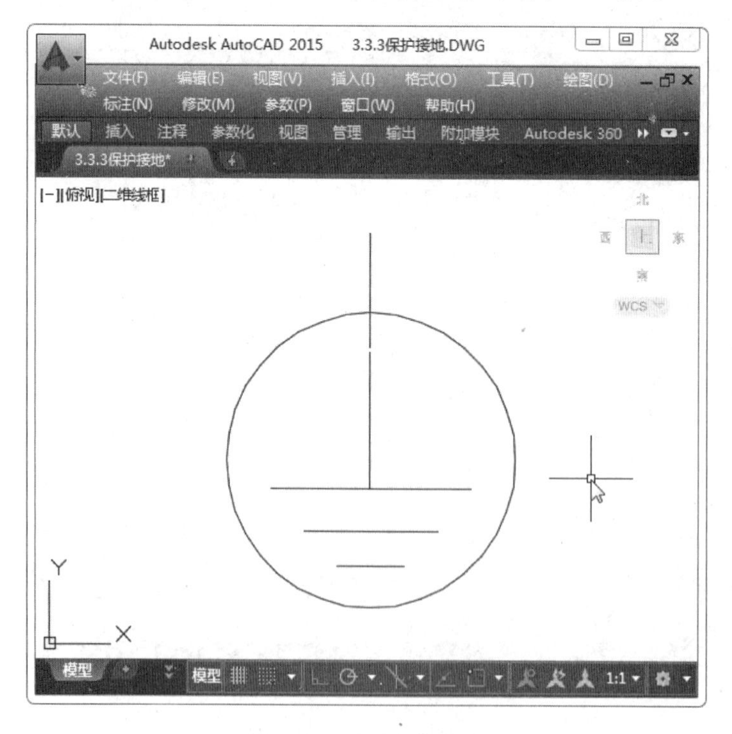

图 3-57　绘制水平直线

Step07：在【特性】选项下，设置对象颜色为红色，然后绘制两条交叉的线段，完成保护接地符号的绘制，如图 3-58 所示。

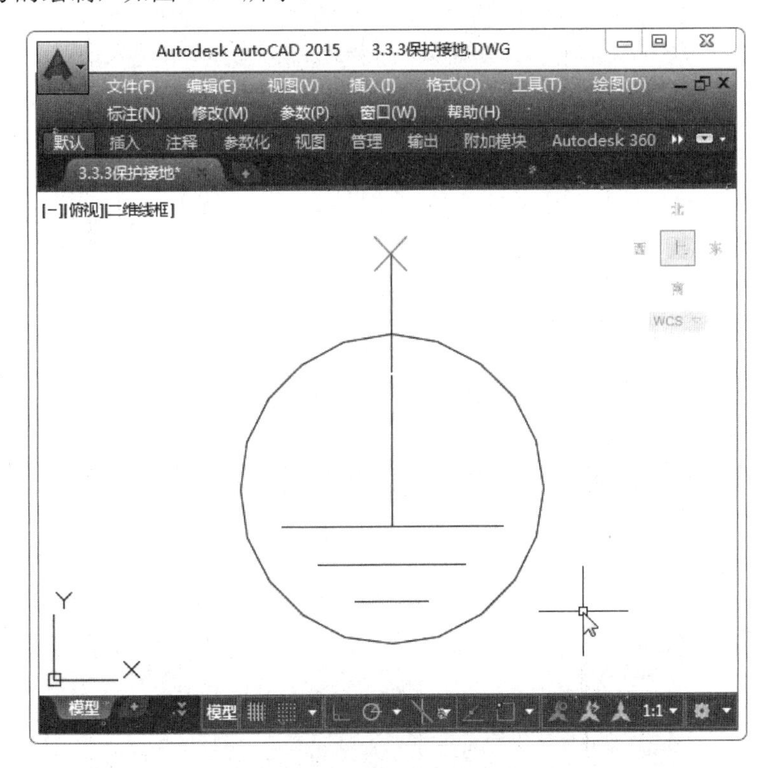

图 3-58　保护接地符号

3.4　绘制椭圆和椭圆弧

椭圆是由一条较长的轴和一条较短的轴定义而成。在 AutoCAD 中，绘制椭圆有 3 种形式：圆心；轴，端点；椭圆弧。其中“轴，端点”方式是系统默认的绘制方式。

- 【中心点】命令：指定中心点绘制椭圆，即通过指定椭圆中心点、长半轴的端点，以及短半轴的长来绘制椭圆。如图 3-59 所示，指定圆心为椭圆的中心点、长半轴端点和短半轴（此处为 100），按回车键即可绘制出椭圆。
- 【轴端点】命令：在绘图区域直接指定椭圆一轴的两个端点，再输入另一轴的半轴长来绘制椭圆。如图 3-60 所示，确定轴端点 a、b，然后确定另一轴的半轴长度为 230，按回车键即可绘制出椭圆。
- 【椭圆弧】命令：椭圆弧是椭圆的部分弧线。指定圆弧的起止角和终止角，即可绘制出椭圆弧。此外，在指定椭圆弧终止角时，可以通过在命令行输入数值，或直接在图形中指定位置点来定义终止角，还可以通过参数来确定椭圆弧的另一端点。

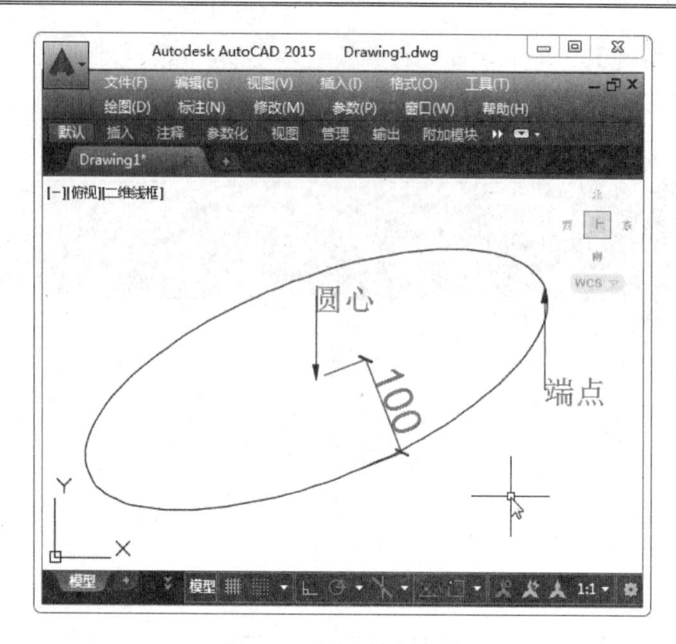

图 3-59 圆心绘制椭圆

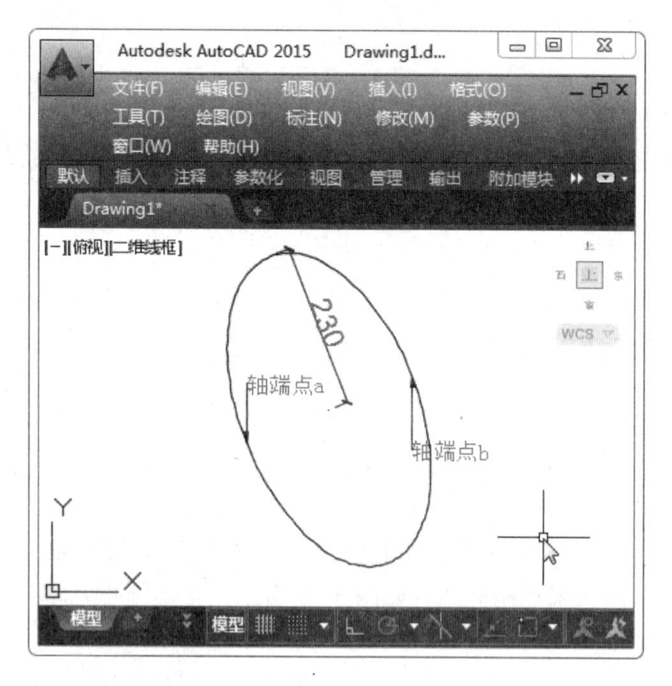

图 3-60 轴端点绘制椭圆

3.5 图案填充

图案填充是一种使用指定线条图案、颜色来充满指定区域的操作。图案填充的图形对象一般是圆、矩形、正多边形等围成封闭区域的图形。

3.5.1　图案填充的操作

执行菜单栏的【绘图】|【图案填充】命令，打开【图案填充创建】选项板，如图 3-61 所示。在该选项板中单击【图案填充图案】按钮，可选择填充的图案样式，设置填充比例值与颜色，再选中要填充的区域，即可完成填充。

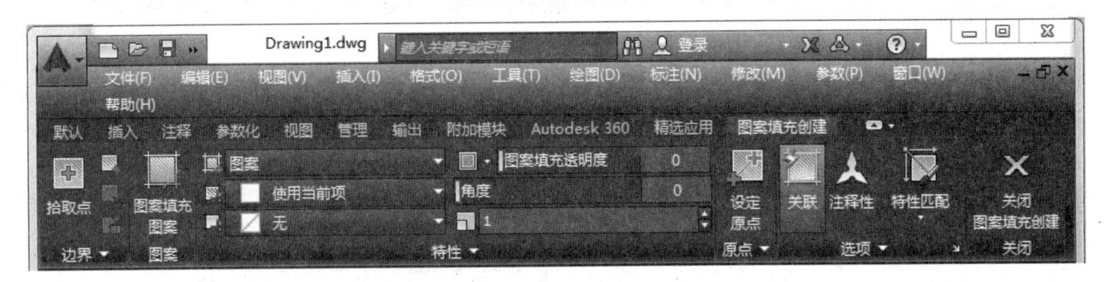

图 3-61　【图案填充创建】选项板

在该选项板中，一些主要选项说明如下。

- 边界：该功能主要用于选取当前对象的选取范围。单击【拾取点】按钮，可选取所要填充的范围。
- 图案：该功能主要是设置所要填充的图案样式。单击【图案填充】按钮，在打开的图案列表中，选择所需填充的图案。
- 特性：该功能主要是对当前填充图案的属性进行设置。其中包括填充图案的类型、填充图案的颜色、背景色、填充图案的透明度、填充图案的角度以及填充图案的比例等选项，用户可根据需要设置这些选项。

3.5.2　编辑填充的图案

在对图形对象进行图案填充后，还可以对填充过的图案进行编辑操作，如更改填充图案的类型、比例等。另外，还可以对图案填充的显示进行设置。

1．编辑图案填充

单击选中图案填充区域，将会自动显示【图案填充编辑器】选项板，如图 3-62 所示，在该选项板中即可进行图案的编辑设置。

也可以在菜单栏中单击【修改】|【对象】|【图案填充】命令，再选择图案填充对象，将弹出【图案填充编辑】对话框，如图 3-63 所示。在该对话框中，可重新设置对象的图案、角度以及比例等图案填充选项。

2．渐变色填充

渐变色填充是使用单一颜色或多种颜色的渐进变化来填充图形区域。图 3-64 所示为渐变色图案填充的选项。

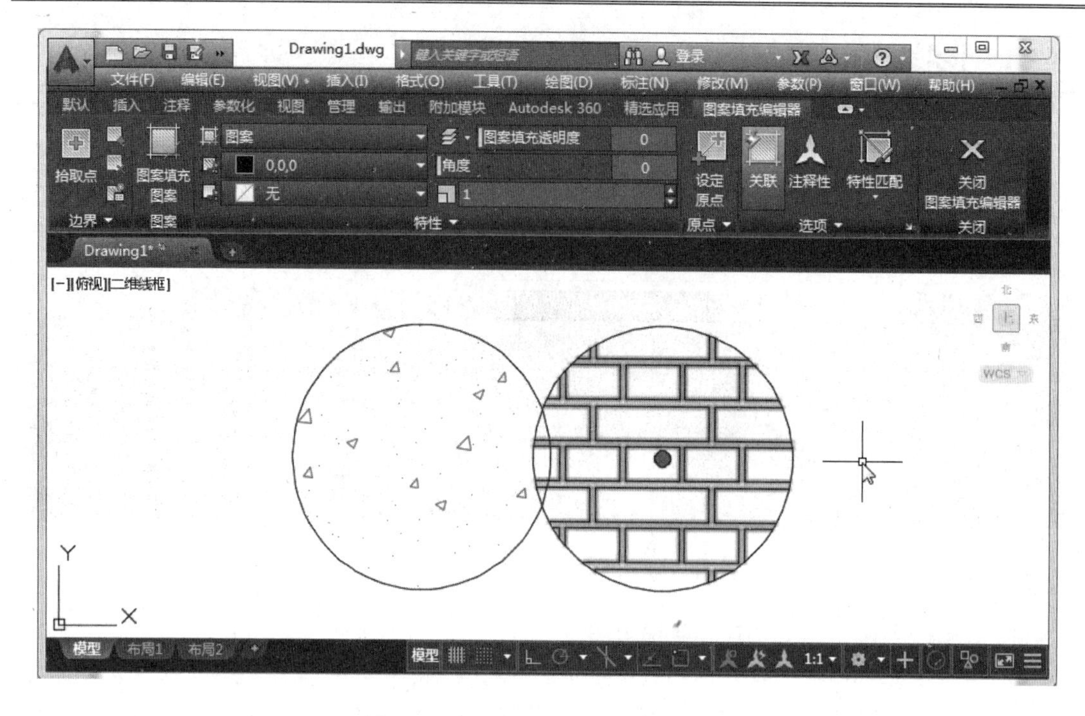

图 3-62 【图案填充编辑器】选项板

图 3-63 【图案填充编辑】对话框

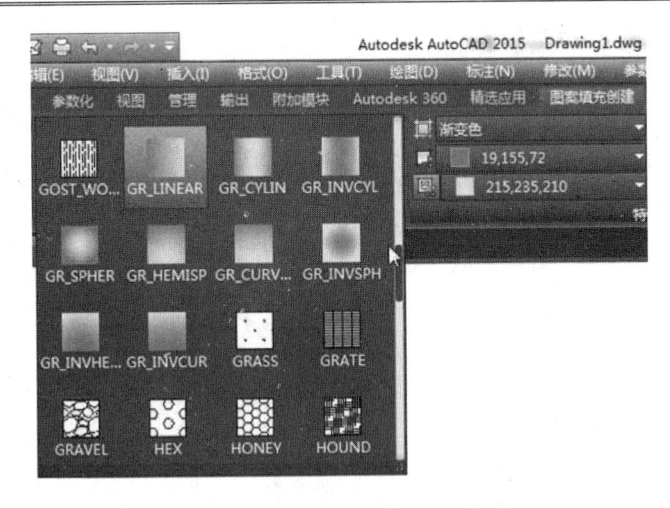

图 3-64　渐变色图案填充的选项

填充渐变色的方法是，在【图案填充创建】选项板的【特性】面板中，单击【渐变色 1】下拉按钮，在打开的颜色列表中，选择第一种渐变色，之后单击【渐变色 2】下拉按钮，选择第二种所需的渐变颜色即可，如图 3-65 所示。单击【渐变色 2】按钮，将禁用双色渐变填充的选项。

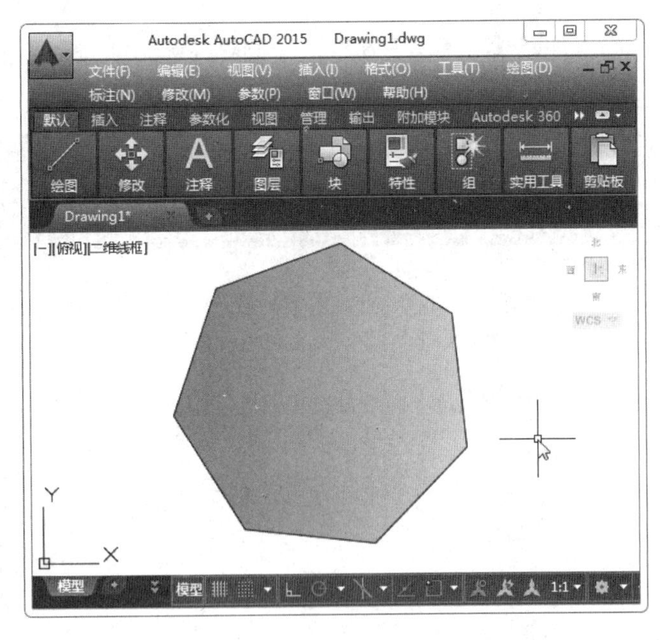

图 3-65　渐变色填充效果

3.6　应用案例——绘制三相交流串励电机符号

下面介绍绘制三相交流串励电机符号的操作步骤，效果如图 3-66 所示。

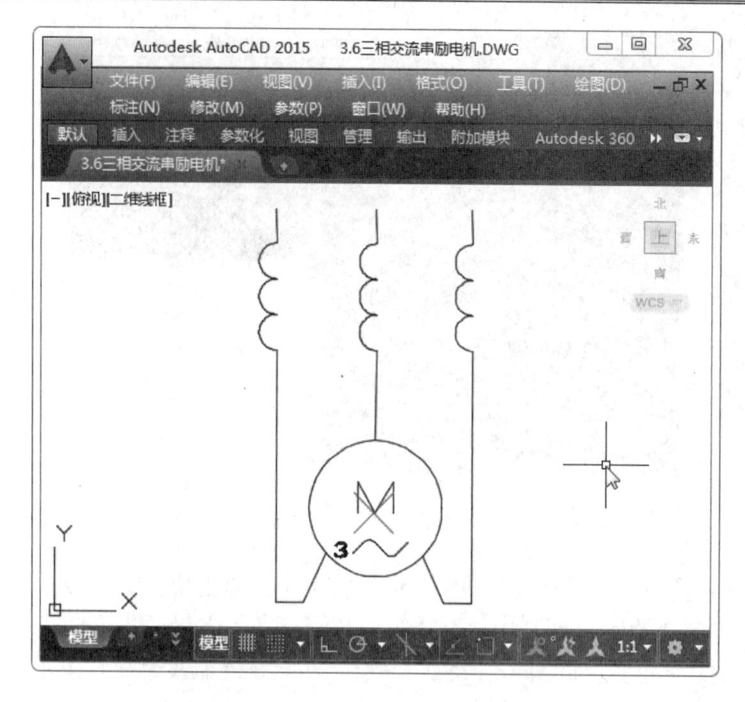

图 3-66　三相交流串励电机符号

Step01：新建一个文件，执行【圆】命令，绘制直径为 10 的圆，如图 3-67 所示。

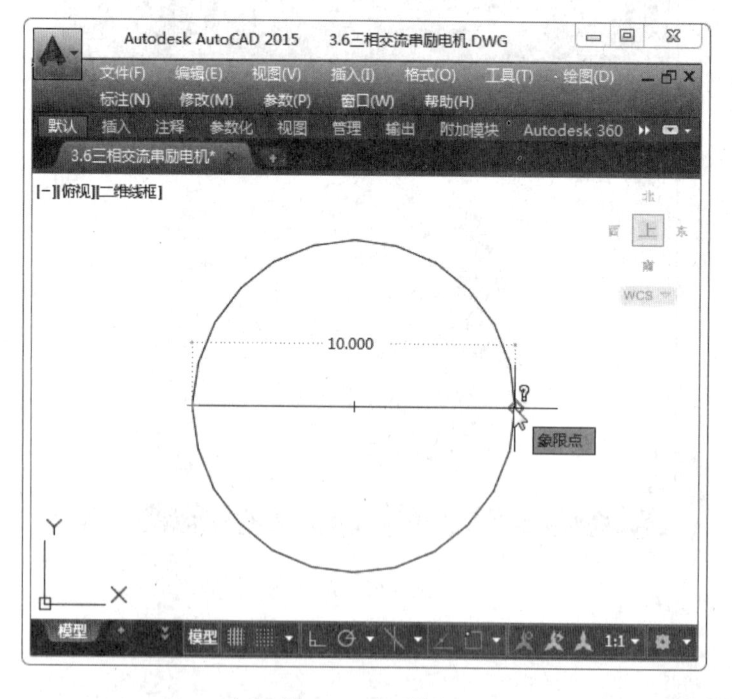

图 3-67　绘制圆

Step02：执行【注释】|【文字】命令，分别输入“3”和“M”（后面的章节将详细介绍【文字】命令），如图 3-68 所示。

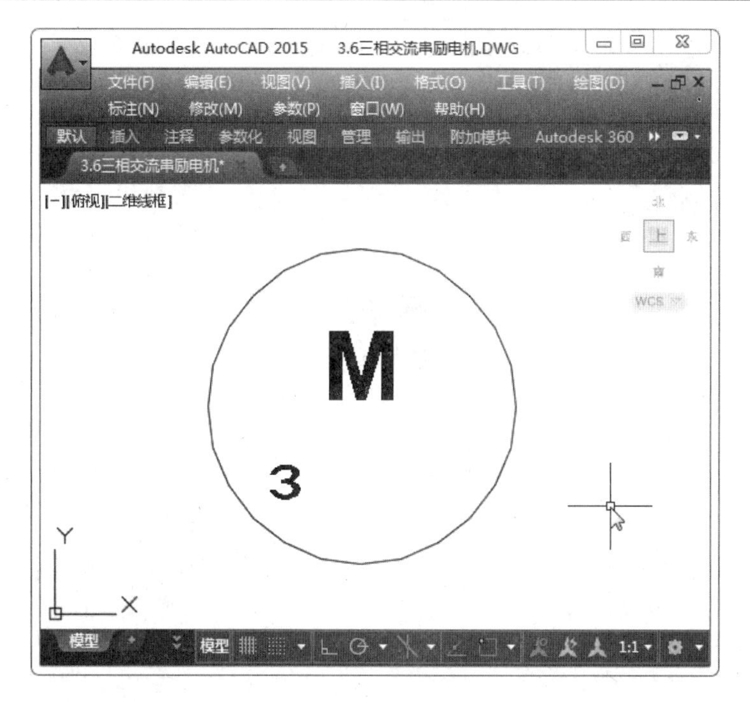

图 3-68　输入文字

Step03：执行【样条曲线】命令，选取点，完成曲线的绘制，如图 3-69 所示。

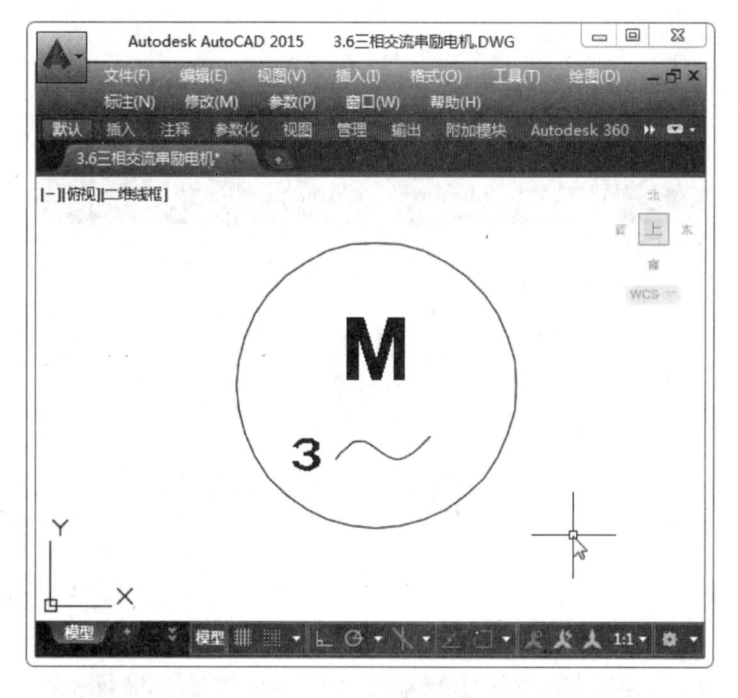

图 3-69　绘制样条曲线

Step04：执行【直线】命令，在圆的底端两边分别绘制两条短斜线，与圆相接，如图 3-70 所示。

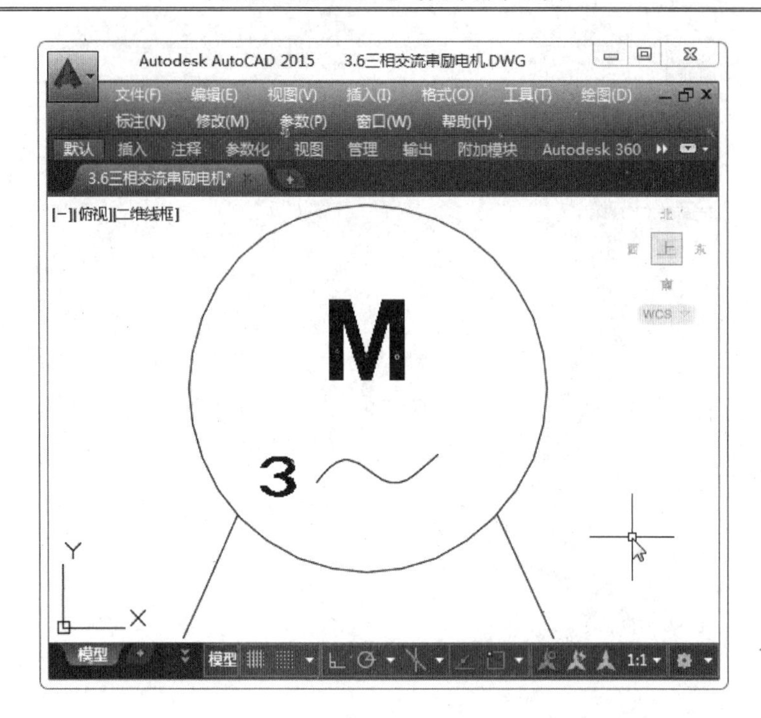

图 3-70　绘制斜线

Step05：以两条斜线的底部端点为起点，分别向左、向右绘制水平直线，长度为 2，如图 3-71 所示。

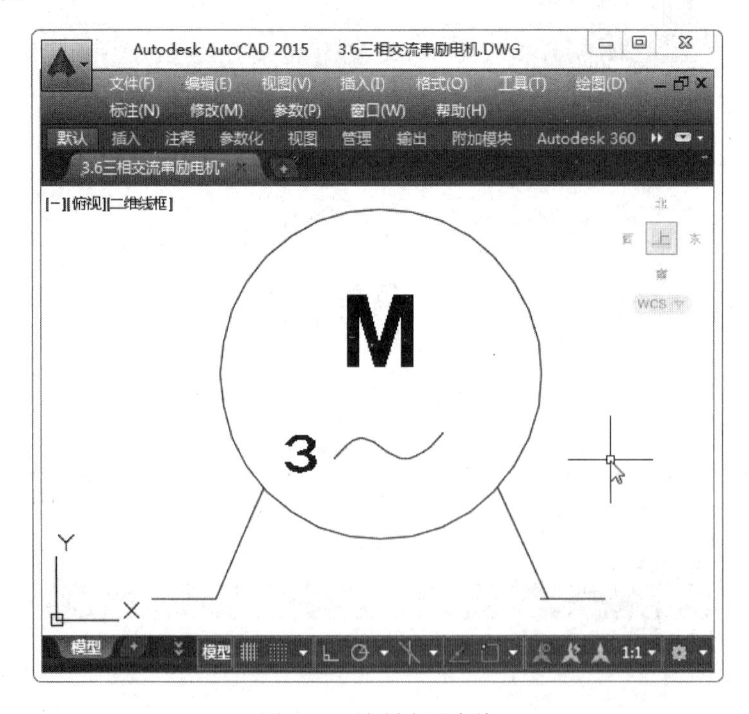

图 3-71　绘制水平直线

Step06：以左边线段的左端点为顶点，向上绘制长度为 17 的垂线，如图 3-72 所示。

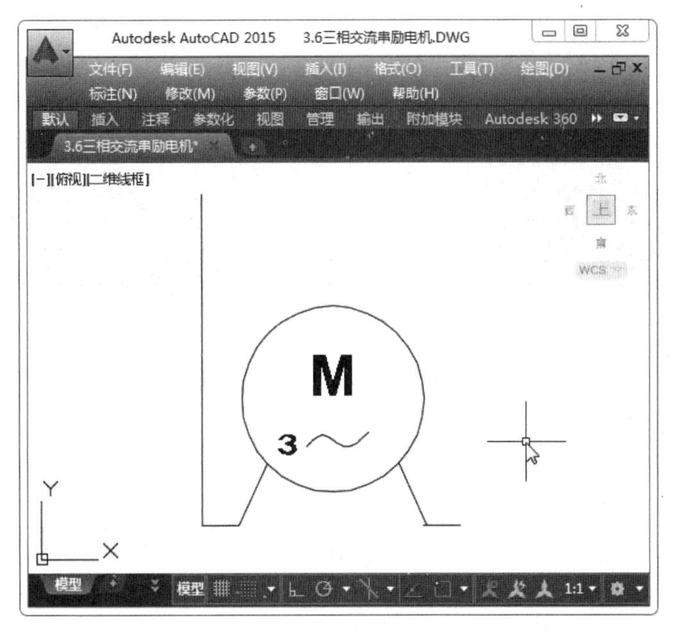

图 3-72　绘制垂线

Step07：执行【圆弧】命令，绘制半圆，命令行提示操作步骤如下。

```
命令： _arc
指定圆弧的起点或 [圆心(C)]:
指定圆弧的第二个点或 [圆心(C)/端点(E)]: c
指定圆弧的圆心: 1.5
指定圆弧的端点(按住 Ctrl 键以切换方向)或 [角度(A)/弦长(L)]: a
指定夹角(按住 Ctrl 键以切换方向): -180
```

Step08：根据命令行提示，绘制的半圆如图 3-73 所示。

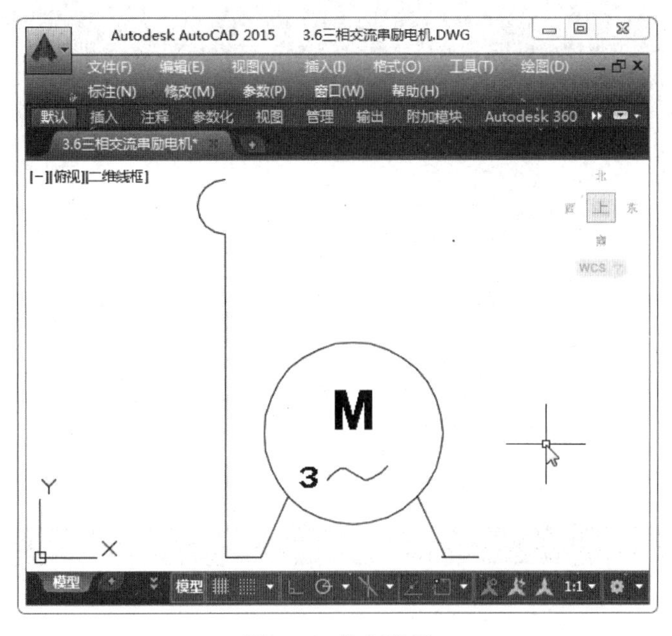

图 3-73　绘制半圆

Step09：按同样的操作方法，依次绘制两个半圆，位置如图 3-74 所示。

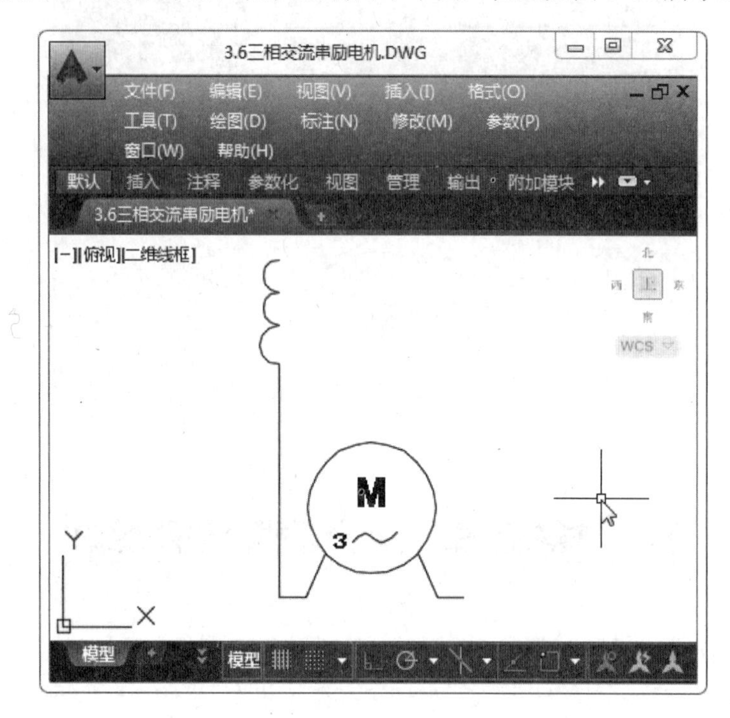

图 3-74 绘制半圆

Step10：以上部半圆的顶端点为起点，向上绘制短垂线，如图 3-75 所示。

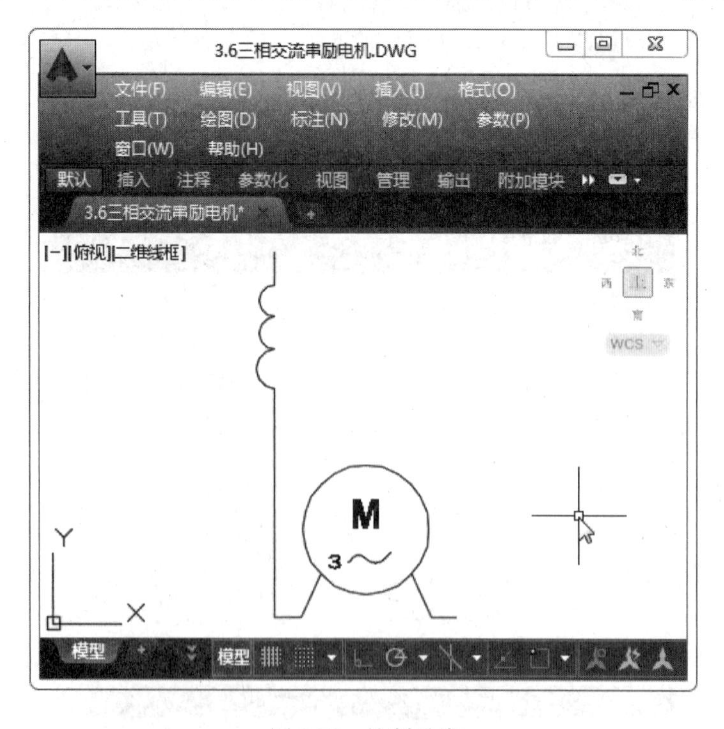

图 3-75 绘制垂线

Step11：按前面的操作方法，完成图形其余对象的绘制，三相交流串励电机符号绘制完成，如图 3-76 所示。

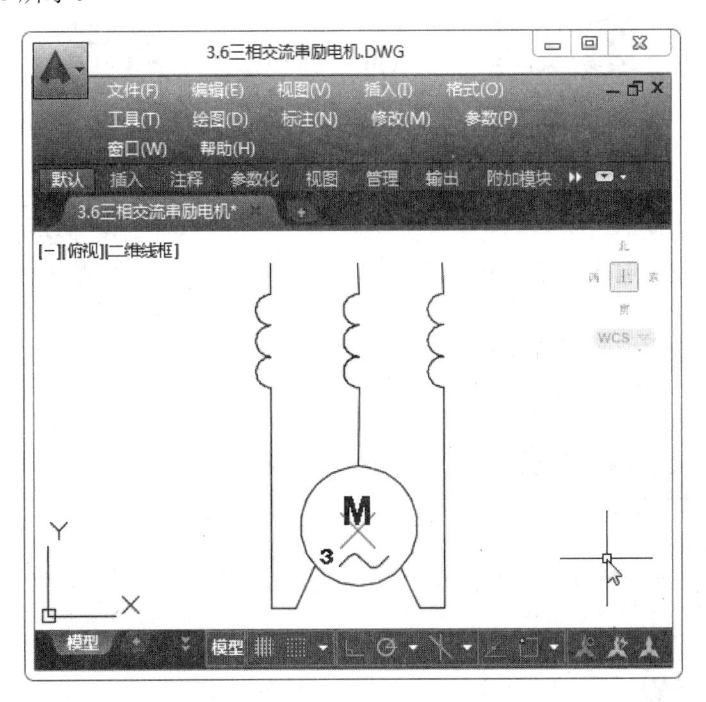

图 3-76　三相交流串励电机符号

第4章　编辑电气图形

在使用 AutoCAD 绘制图形时，很难一次性准确地绘制出复杂的图形，这时需要在绘制过程中进行编辑加工操作，才能得到想要的效果。AutoCAD 为用户提供了许多实用而有效的编辑命令，使用这些命令，用户可以很轻松地对图形对象进行编辑，从而制作出各种复杂的图形。各种编辑命令的应用，不但保证了绘图的准确性，而且减少了重复操作，提高了绘图效率。本章主要介绍编辑图形对象的基本命令，包括图形对象的选取、镜像、偏移、旋转、复制等操作。

4.1　编辑图形对象

可以对已有图形对象进行移动、旋转、缩放复制、删除等操作。本节将介绍这些编辑操作的方法和技巧。

4.1.1　选择对象

在编辑图形之前要对图形进行选择，然后才能进行操作。选中的对象由蓝色虚线亮显，这些对象便构成了选择集。选择集可包含单个对象，也可以包含多个对象。选择对象有以下几种方法。

- 直接选取。直接选取是平时最常用的一种选取方法，只需单击对象即可完成选取操作。被选取后的对象以蓝色虚线亮显，表示该对象已被选中。
- 使用【SEL】命令。在命令行中输入“SEL”，按空格键，然后输入“？”，再按回车键，根据命令行中的提示信息，选择相应的选项，即可以对应的方式来选择对象，如图 4-1、图 4-2 所示。

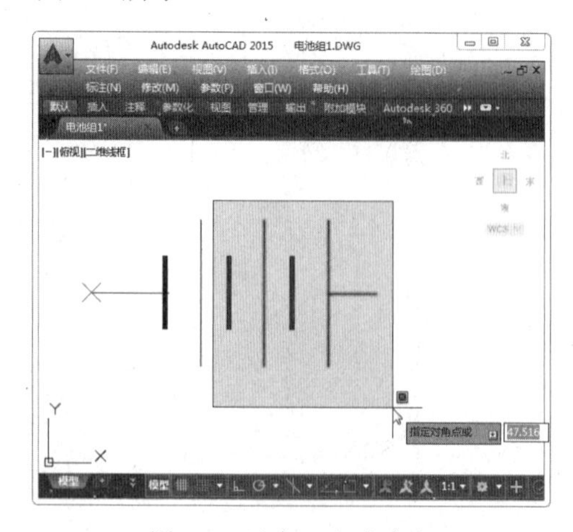

图 4-1　以窗口方式选取

- 编组选取。编组选取是将图形对象进行编组，以创建一种选择集，从而使编组图形对象显得更加灵活和方便。

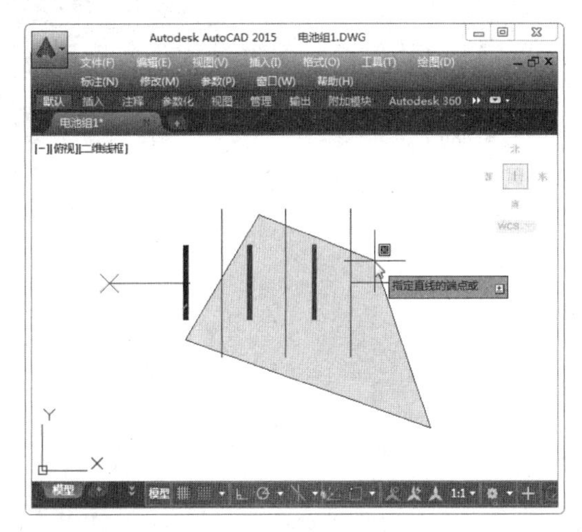

图 4-2　以围圈方式选取

提示：删除对象在编辑过程中，当有不需要的图形时，就可以执行删除命令将之删除。在【修改】选项板下执行【删除】命令，然后选择所要删除的图形对象，最后按回车键就完成了删除操作。

4.1.2　复制对象

复制对象，就是将指定对象复制到指定位置。该命令一般用在需要绘制多个相同形状的图形操作中。执行【默认】|【修改】|【复制】命令，选取要复制的对象，指定基点（如图 4-3 所示），然后移到要复制的目标位置即可，如图 4-4 所示。

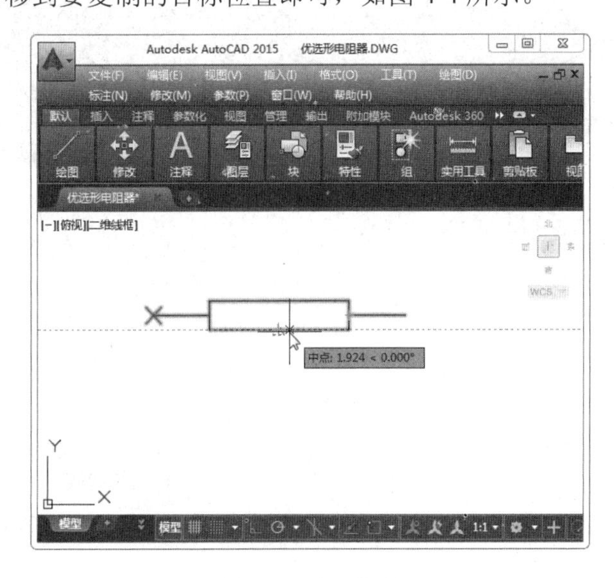

图 4-3　选取基点

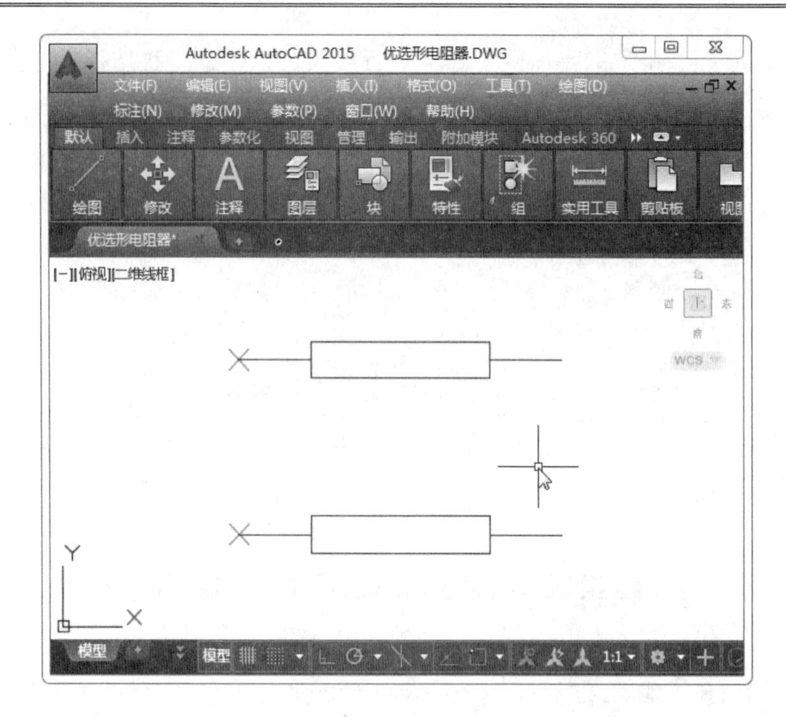

图 4-4　复制对象

4.1.3　移动对象

要移动对象时，可执行【修改】|【移动】命令，接着选择所要移动的对象，右击或按回车键，这时命令行将出现确定基点或位移的提示，如图 4-5 所示。在确定一点作为基点后，拖动鼠标，当将所选择对象移动到目标位置时，单击鼠标即可，如图 4-6 所示。

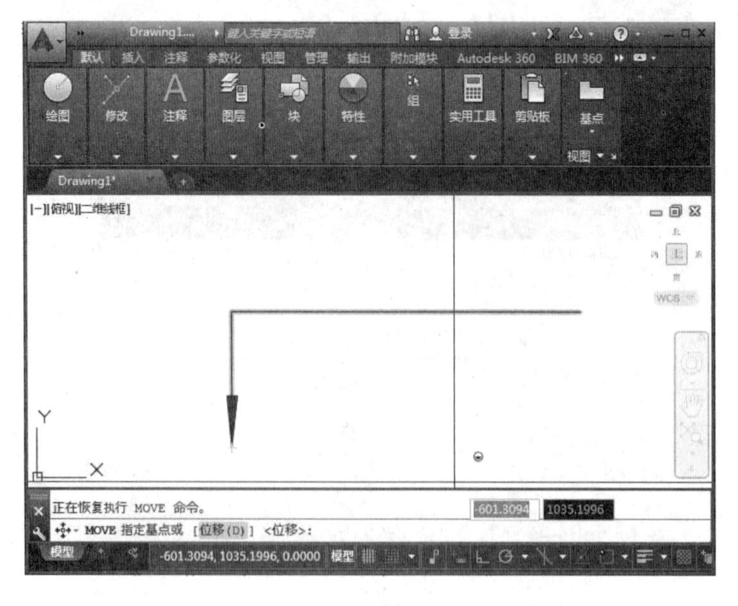

图 4-5　选取基点

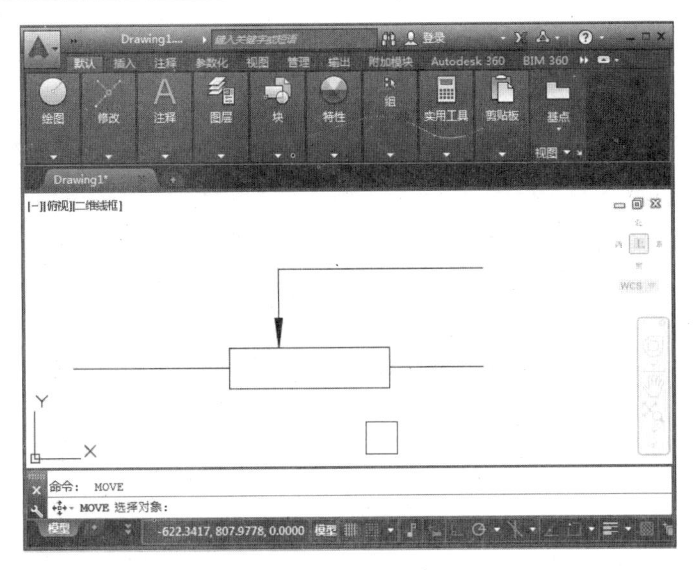

图 4-6　移动对象

4.1.4　偏移对象

偏移对象是对指定的线、圆等做同心偏移复制。对于线来说，执行偏移操作就是进行平行复制。执行【默认】|【修改】|【偏移】命令后，在命令行中将出现指定偏移距离的提示，在这里输入所要偏移的距离，如 5，然后单击所要进行偏移复制的对象（箭头多段线），最后在所要偏移到的一侧单击，这时程序将按照先前设置的偏移量进行偏移复制，如图 4-7、图 4-8 所示。

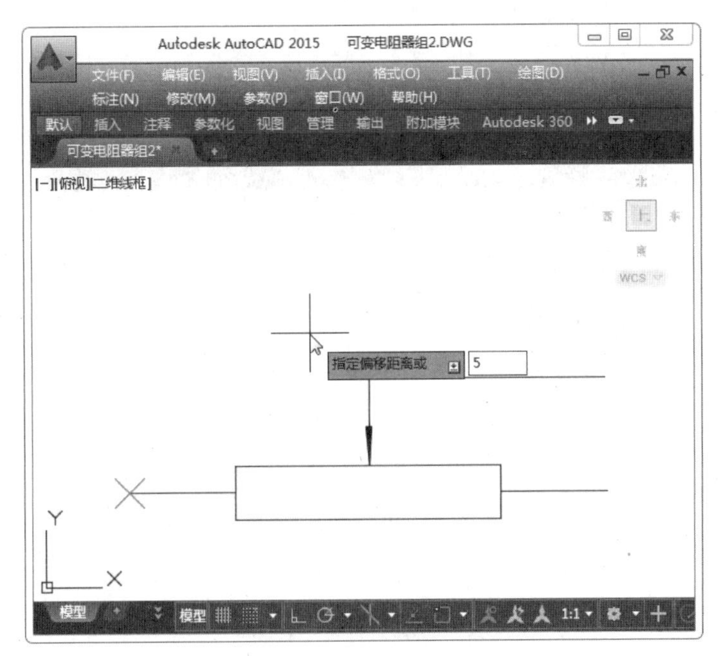

图 4-7　设置偏移距离值

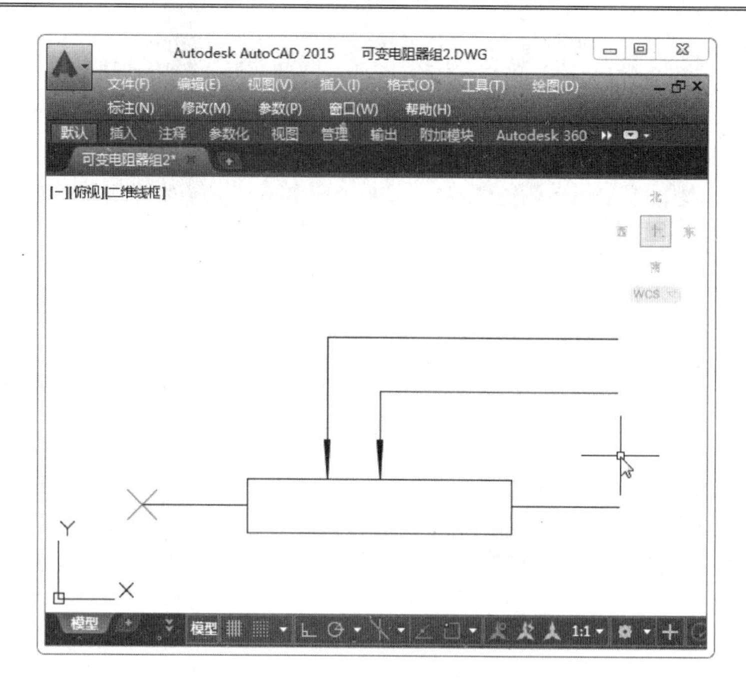

图 4-8 偏移复制对象

4.1.5 镜像对象

镜像对象是将指定对象按指定的镜像线做对称图。执行菜单栏中的【默认】命令，选择【修改】命令下的【镜像】命令，并选择要镜像的对象后，指定镜像中心线的两个端点，然后按回车键即可完成镜像操作，如图 4-9、图 4-10 所示。

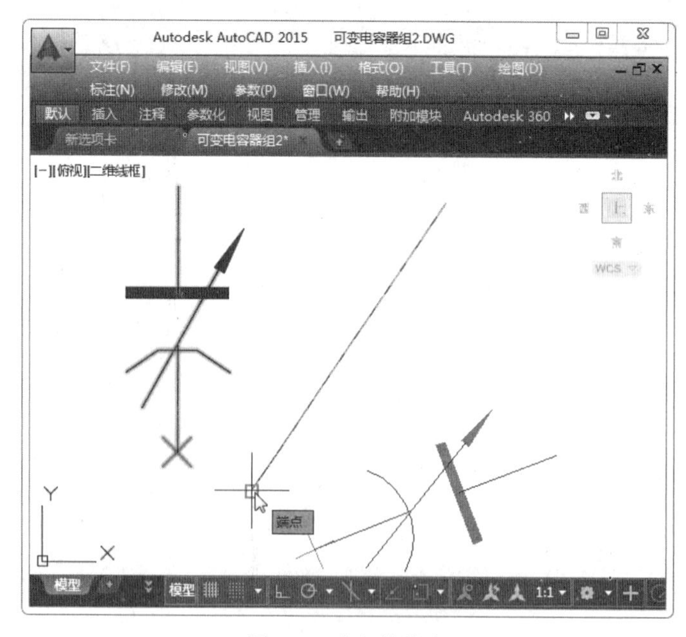

图 4-9 选取镜像点

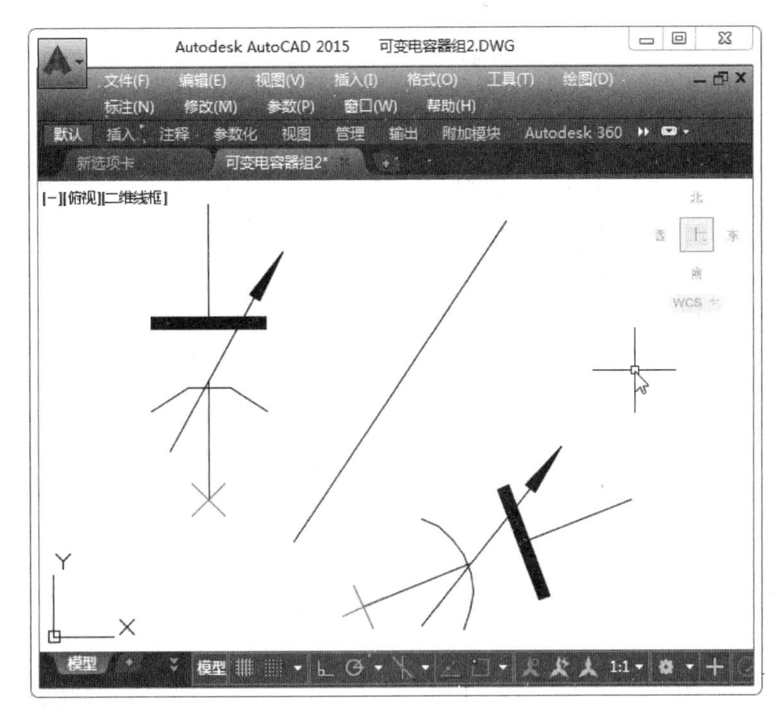

图 4-10　镜像对象

4.1.6　阵列对象

阵列是按照一定的角度和距离为一个对象创建多个副本，创建的副本与原对象是一样的。在 AutoCAD 2015 中，阵列有矩形、环形以及路径方式 3 种。

- 矩形阵列。矩形阵列是通过设置行数、列数、行偏移和列偏移来对选择的对象进行复制，如图 4-11 所示。
- 环形阵列。环形阵列是指阵列后的图形呈环形排列。使用环形阵列方式时也需要设定有关参数，如中心点、方法、项目总数和填充角度。与矩形阵列相比，环形阵列创建出的阵列效果更灵活，如图 4-12 所示。
- 路径阵列。路径阵列是根据指定的路径，例如曲线、弧线、折线等开放型线段，进行排列。

参数如下：

```
命令: AR
ARRAY
选择对象: 指定对角点: 找到 6 个
选择对象:  输入阵列类型 [矩形(R)/路径(PA)/极轴(PO)] <矩形>: r
类型 = 矩形  关联 = 是
选择夹点以编辑阵列或 [关联(AS)/基点(B)/计数(COU)/间距(S)/列数(COL)/行数(R)/层数
(L)/退出(X)] <退出>: COL
输入列数数或 [表达式(E)] <4>: 4
指定 列数 之间的距离或 [总计(T)/表达式(E)] <182.5057>: 180
选择夹点以编辑阵列或 [关联(AS)/基点(B)/计数(COU)/间距(S)/列数(COL)/行数(R)/层数
```

```
(L)/退出(X)] <退出>: r
    输入行数数或 [表达式(E)] <3>:
    指定 行数 之间的距离或 [总计(T)/表达式(E)] <209.5048>: 200
    指定 行数 之间的标高增量或 [表达式(E)]
```

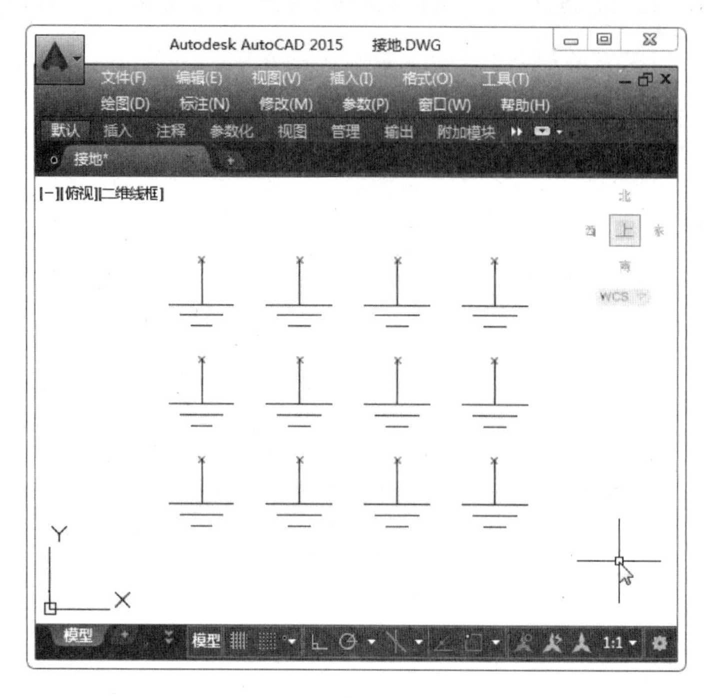

图 4-11　矩形阵列

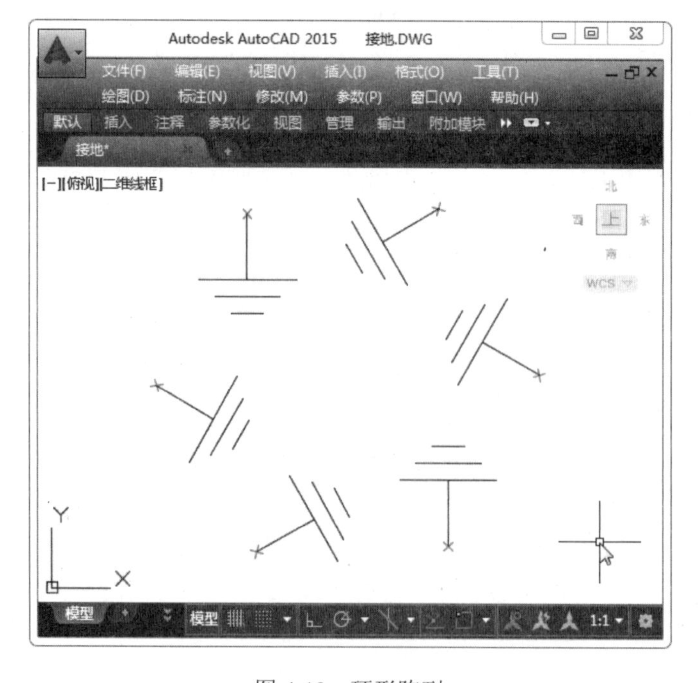

图 4-12　环形阵列

4.1.7　案例——绘制按钮开关控制电路图（一）

此案例中，将使用到【矩形】、【直线】、【圆】以及【修剪】等命令，操作步骤如下。最终效果如图 4-13 所示。

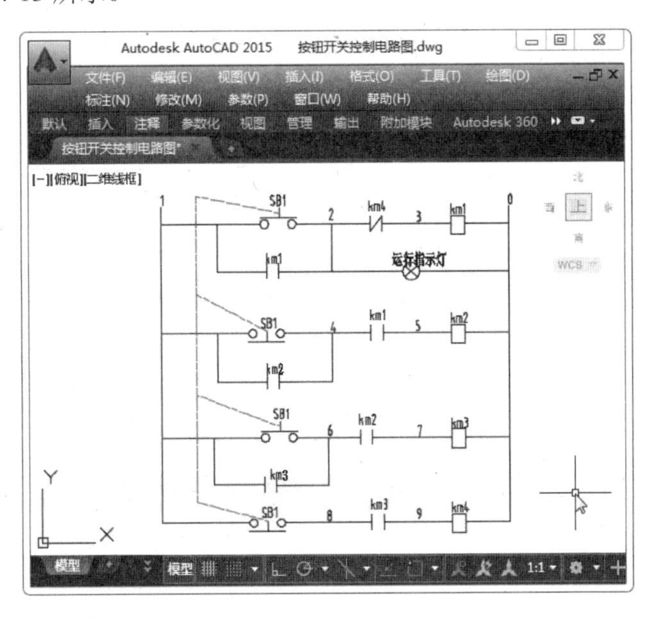

图 4-13　按钮开关控制电路图

Step01：新建一个文件，执行【矩形】命令，绘制长、宽分别为 640、540 的矩形，如图 4-14 所示。

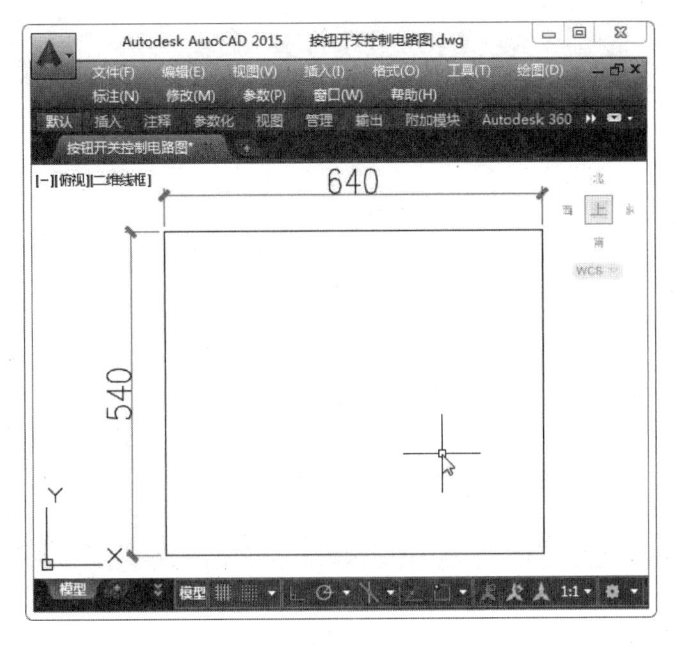

图 4-14　绘制矩形

Step02：执行【分解】命令，将矩形分解，如图 4-15 所示。

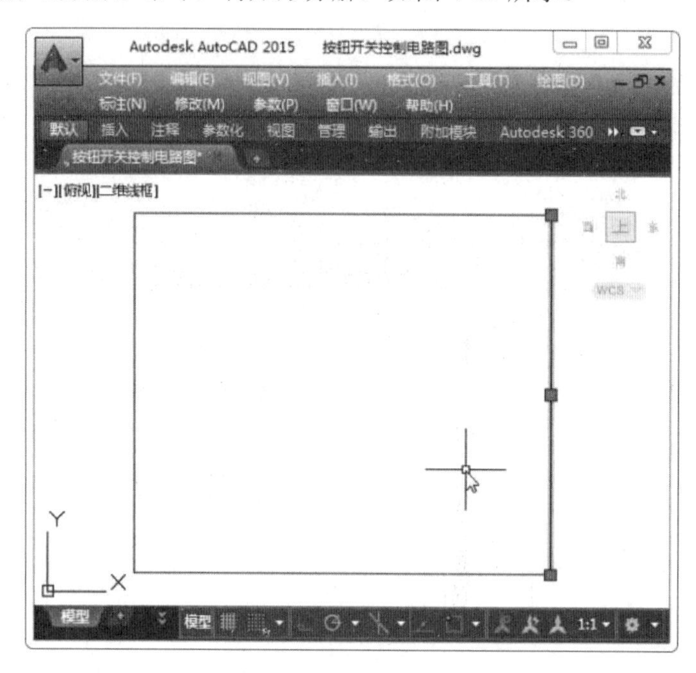

图 4-15　分解矩形对象

Step03：执行【圆】命令，在顶部水平直线上选取两点作为圆心，绘制直径为 15 的两个圆，如图 4-16 所示。

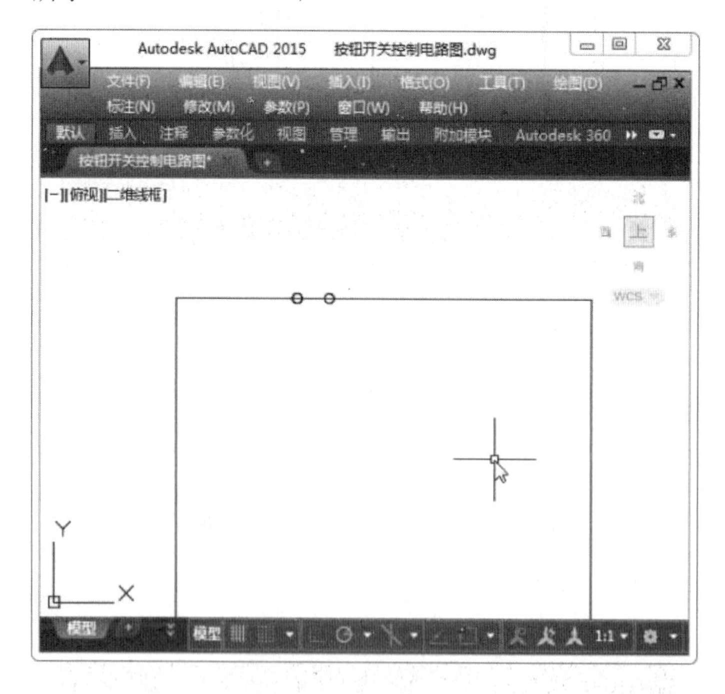

图 4-16　绘制两个圆

Step04：执行【直线】命令，与水平线段垂直，绘制长度为 26 的水平线，并进行连接，如图 4-17 所示。

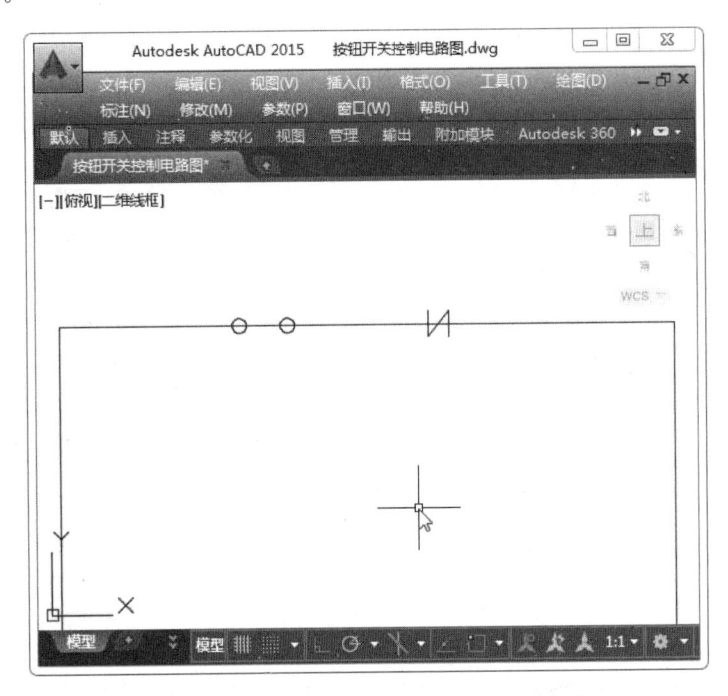

图 4-17　绘制线段

Step05：执行【矩形】命令，在水平线处添加矩形对象，如图 4-18 所示。

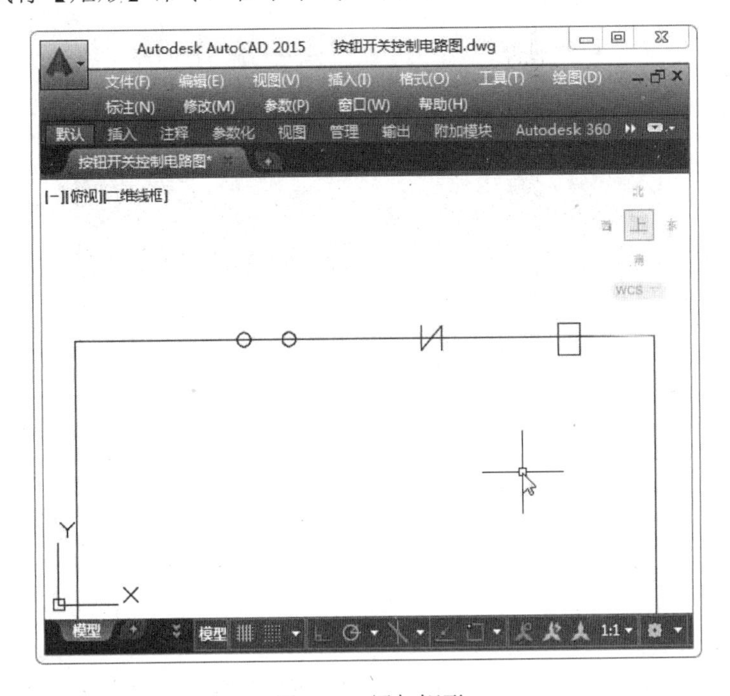

图 4-18　添加矩形

Step06：执行【修剪】命令，在绘图区空白处右击，从快捷菜单中选择【全部选择】

命令，修剪掉多余的部分，如图 4-19 所示。

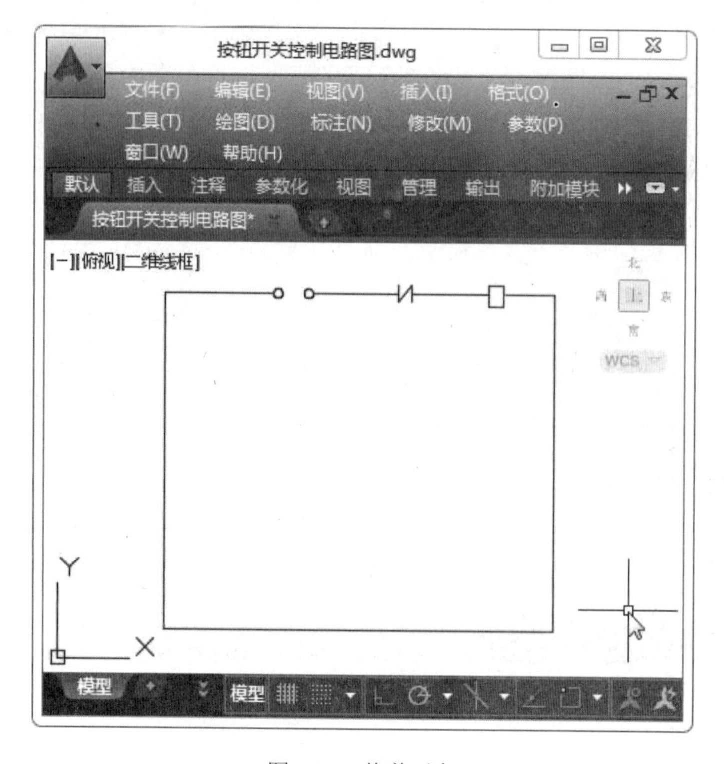

图 4-19　修剪对象

Step07：执行【直线】和【修剪】命令，继续绘制线段并修剪图形，如图 4-20 所示。

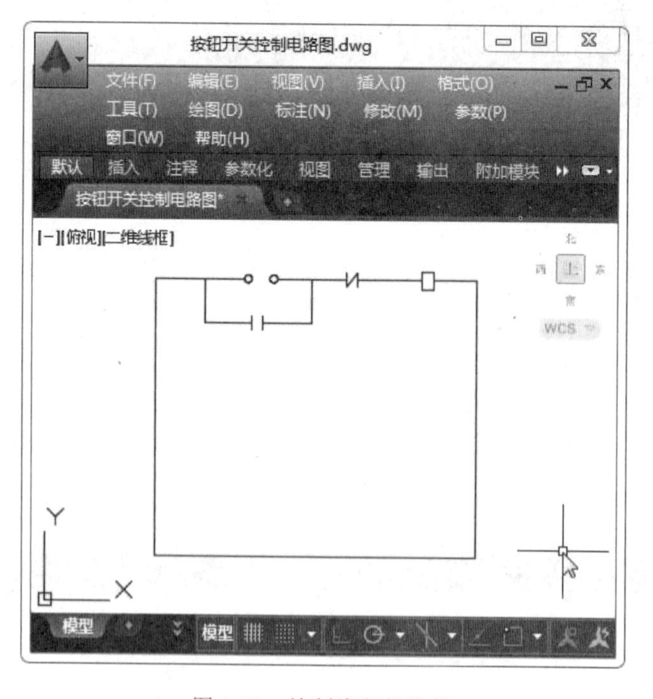

图 4-20　绘制线段并修剪

Step08：执行【复制】命令，将刚绘制的图形对象向下进行复制，如图 4-21 所示。

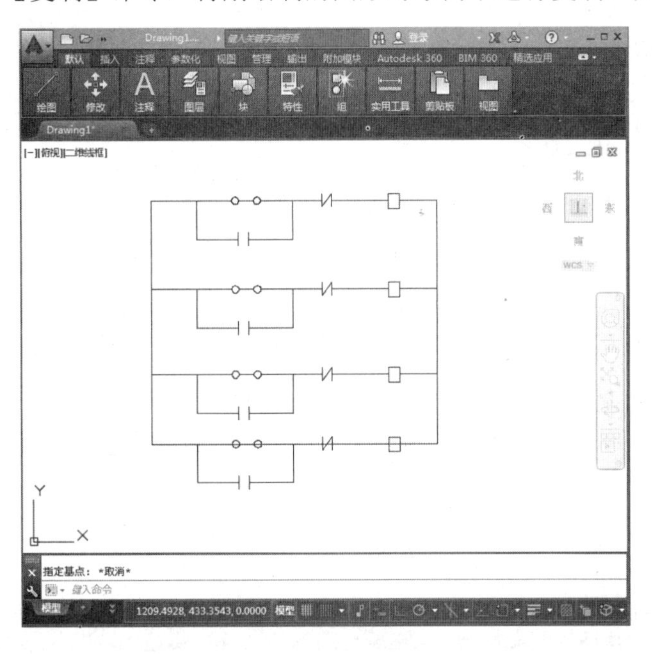

图 4-21　复制对象

Step09：执行【删除】命令，删除最下方多余的图形，如图 4-22 所示。

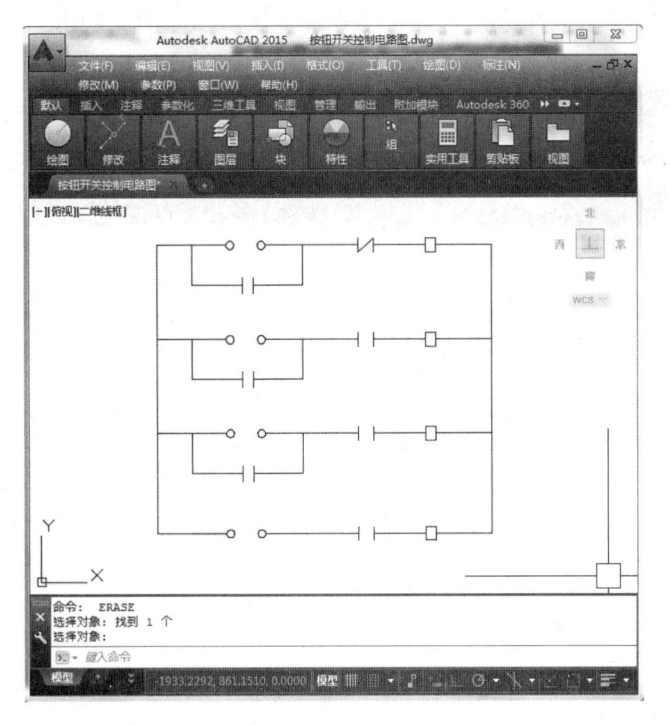

图 4-22　删除对象

Step10：执行【直线】和【圆】命令，继续绘制信号灯符号，如图 4-23 所示。

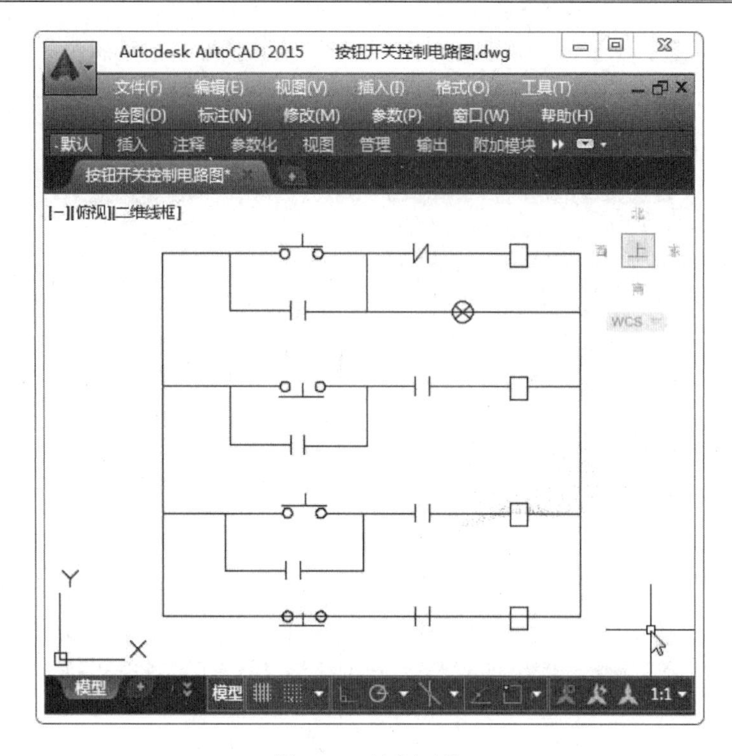

图 4-23 绘制对象

Step11：执行【修剪】命令，对多余部分进行修剪，如图 4-24 所示。

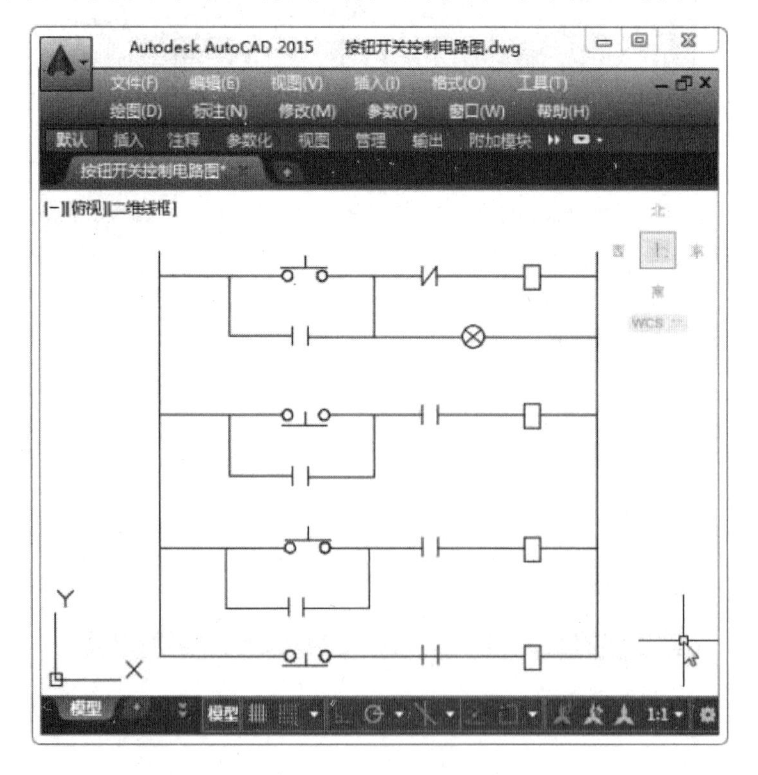

图 4-24 修剪对象

Step12：执行【直线】命令，绘制直线和斜线，然后执行【复制】命令，依次在需要的位置复制出线段，最后执行【直线】命令，连接直线，如图 4-25 所示。

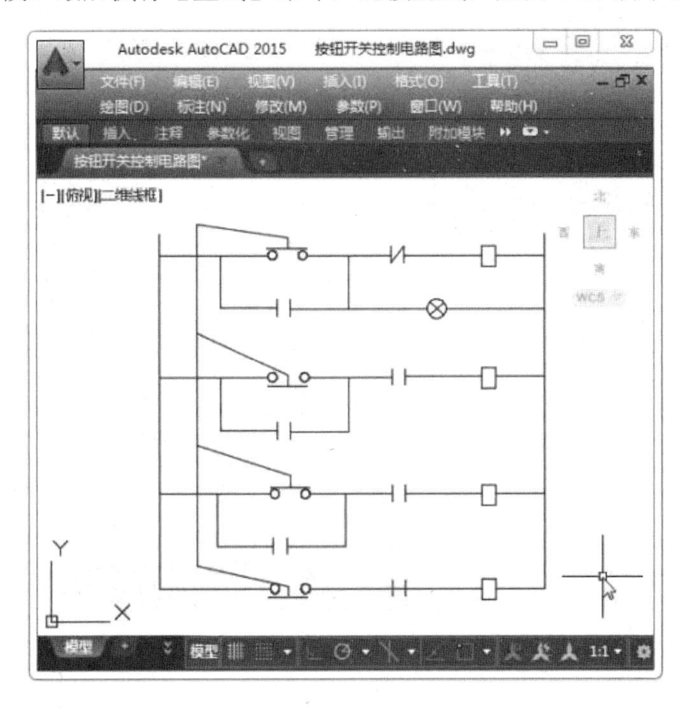

图 4-25　绘制线段

Step13：选取刚绘制的线段，在【特性】面板内，将其颜色特性改为“红色”，如图 4-26 所示。

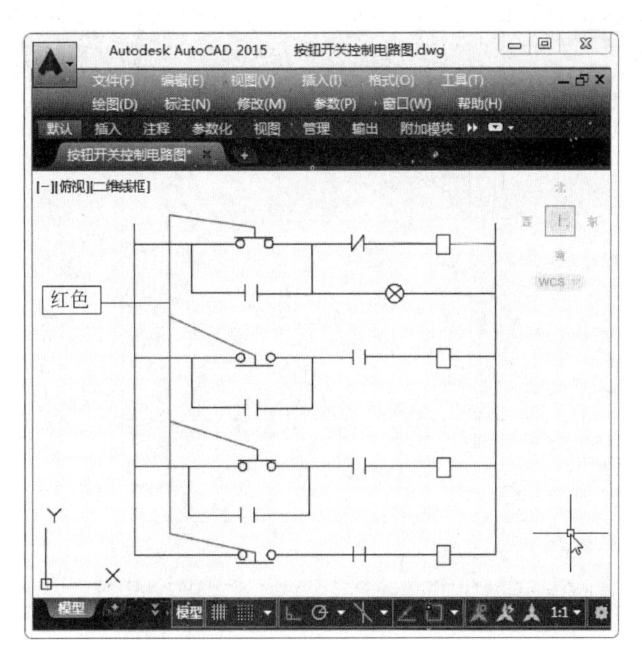

图 4-26　修改特性

Step14：继续选取线段，然后在【特性】面板内选择虚线类型，如图 4-27 所示。

图 4-27　选择虚线类型

Step15：修改线型后，效果如图 4-28 所示。

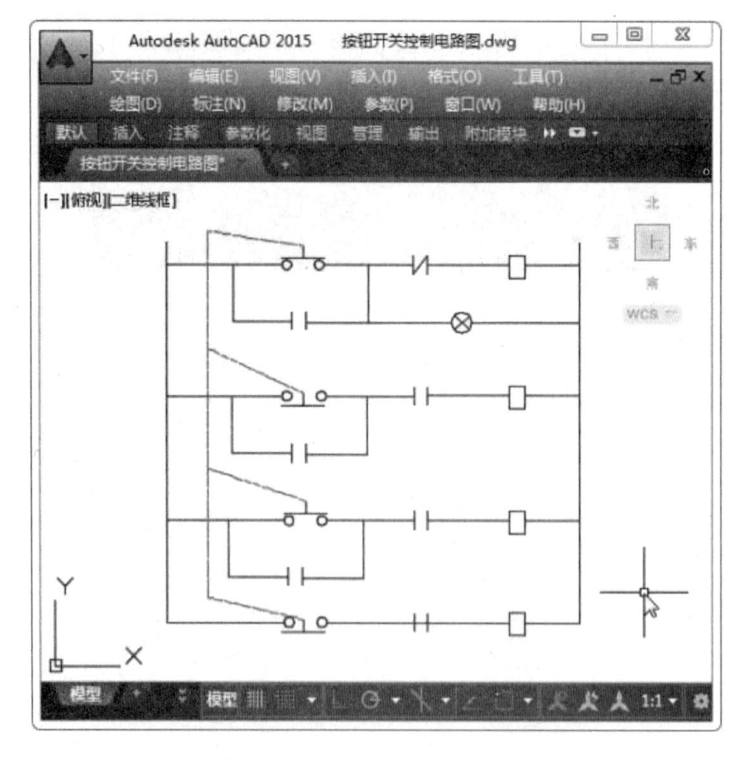

图 4-28　修改线型后的效果

Step16：执行【注释】|【多行文字】命令，添加电路图说明，最终效果如图 4-29 所示。

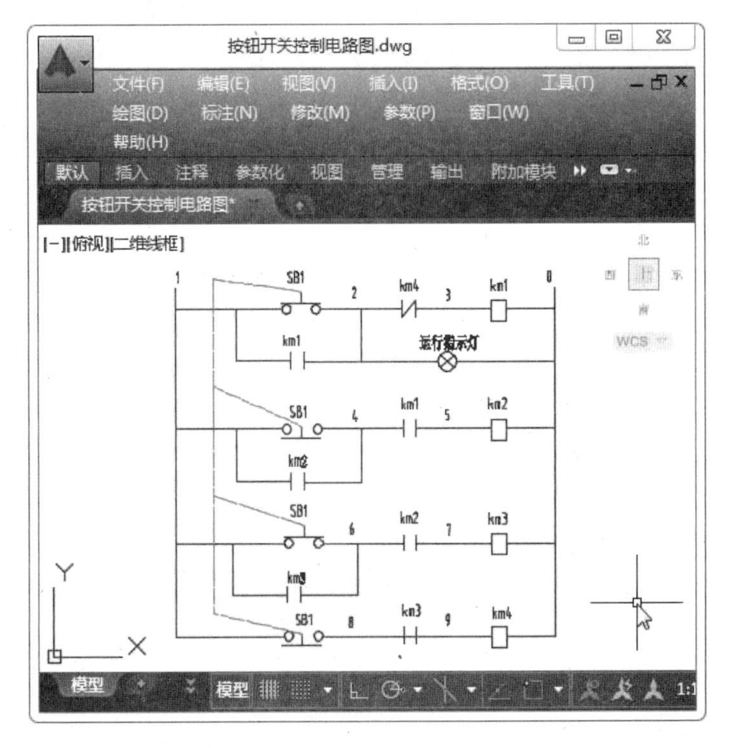

图 4-29　按钮开关控制电路图

4.2　修改电气图形

在图形的绘制过程中，为了使图形更加标准，并且更快、更好地完成图形的绘制，通常会用到编辑命令，如对图形进行拉伸、倒圆角、分解、合并及旋转等操作。

4.2.1　拉伸与延伸

拉伸和延伸是两种不同的图形修改方法，下面分别介绍具体的操作方法。

1．拉伸对象

要拉伸对象，首先应指定一个基点，然后指定两个位移点。也可以用交叉选择框选择对象，并借助对象捕捉、夹点捕捉、栅格捕捉等方法来精确拉伸对象。

拉伸对象的方法是，执行【拉伸】命令，选取要拉伸的对象，并指定拉伸基点，然后再选择一点作为第二点。系统将按照这两点的距离进行图形的拉伸，如图 4-30、图 4-31 所示。

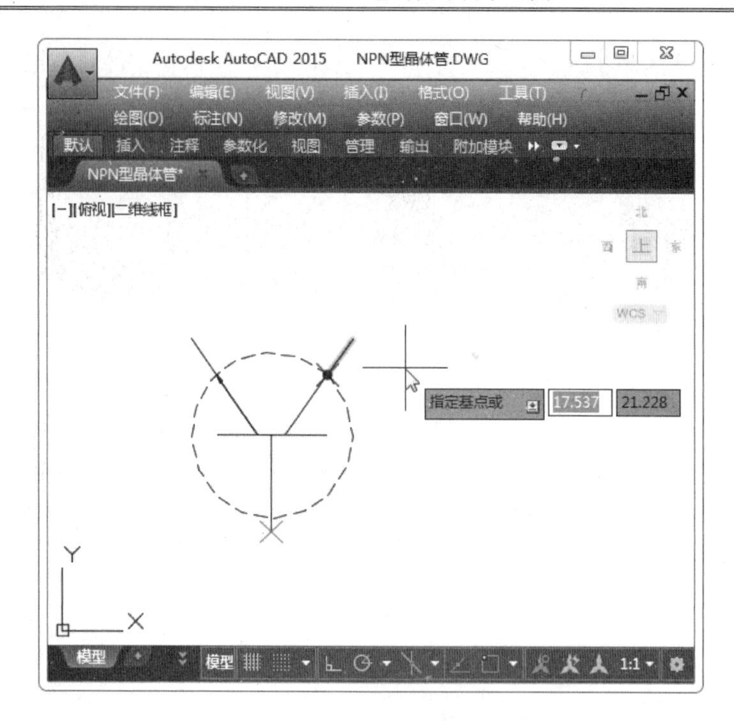

图 4-30 选择拉伸基点

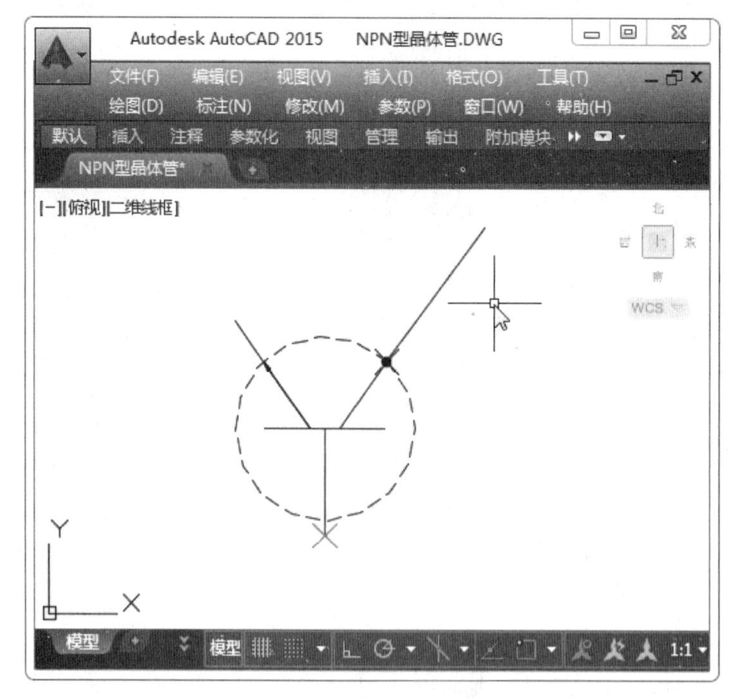

图 4-31 拉伸对象

2. 延伸对象

【延伸】命令可以将对象延伸到由选定对象定义的边界上。延伸对象的方法是，执行【延伸】命令，选取延伸边界后单击右键，然后选取需要延伸的对象。系统将自动将该对象延伸至指定的边界上，如图 4-32、图 4-33 所示。

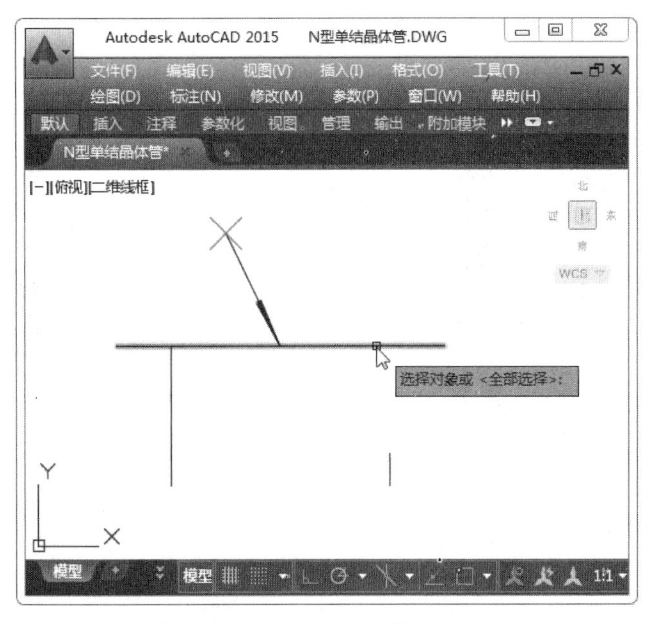

图 4-32　选择要延伸边界

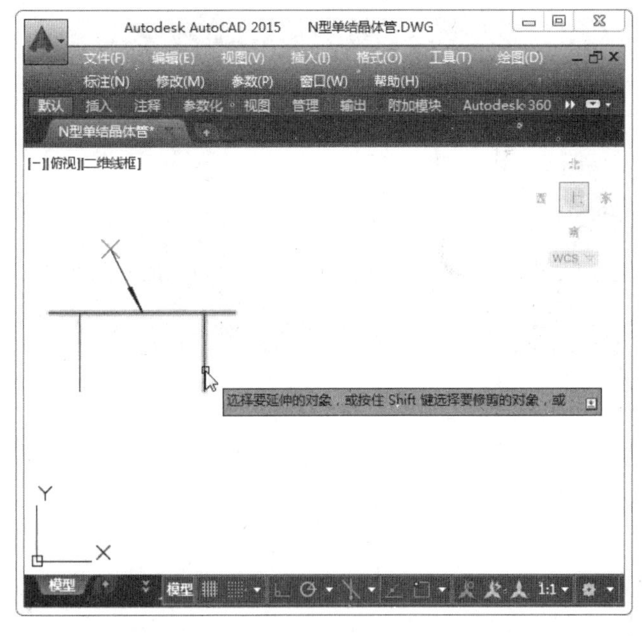

图 4-33　延伸效果

4.2.2　旋转与缩放

旋转和缩放是必须要掌握的图形编辑操作，下面将对这两种操作进行详细介绍。

1. 旋转对象

旋转对象是将指定对象绕基点旋转一定的角度。旋转对象的方法是，执行【旋转】命令，在绘图区中选择要旋转的图形对象，指定基点，然后在命令行输入需要旋转的角度，如-30°，即可完成旋转操作，如图 4-34、图 4-35 所示。

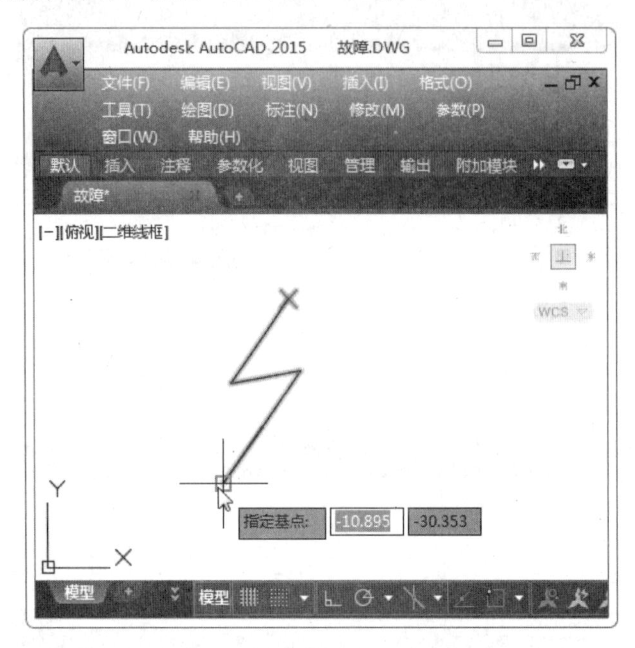

图 4-34 指定基点

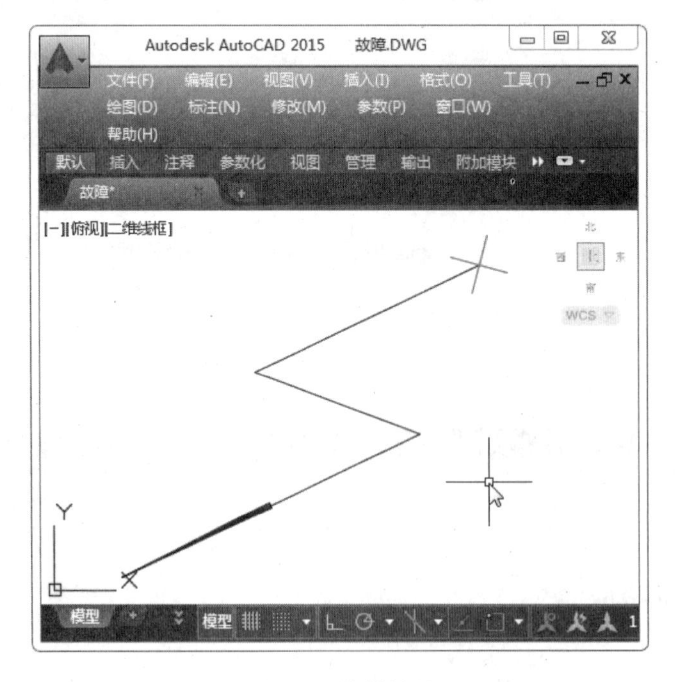

图 4-35 旋转效果

2．缩放对象

利用 AutoCAD 的比例缩放功能，可分为指定比例因子缩放和指定参照方式缩放两种方法。

指定比例因子缩放可在 X 轴或 Y 轴方向使用相同的比例因子进行缩放，在不改变对象宽高比的前提下改变对象的尺寸。

指定参照方式缩放对象方法是参照物体长、宽进行比例缩放。执行【缩放】命令，选择缩放对象后，并指定缩放基点 A，选择参照 R 命令，指定参照长度 A 点、C 点，如图 4-36、图 4-37 所示。

图 4-36　指定缩放点 A　　　　图 4-37　指定参照长度

选择基点 B，指定新的长度，缩放结果如图 4-38、图 4-39 所示。

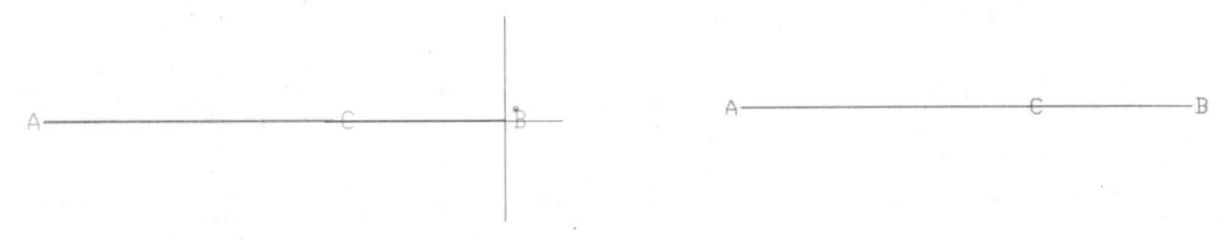

图 4-38　指定新的长度基点 B　　　　图 4-39　缩放结果

执行【缩放】命令，选择缩放对象后，指定缩放基点，此时拖动鼠标，图形将按指针移动的幅度放大或缩小。然后在命令行中输入比例因子，如 0.5，按回车键即可确定缩放操作，如图 4-40、图 4-41 所示。

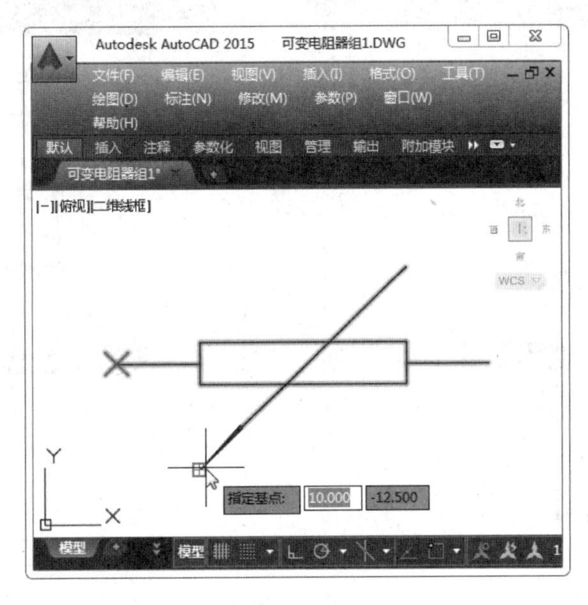

图 4-40　指定基点

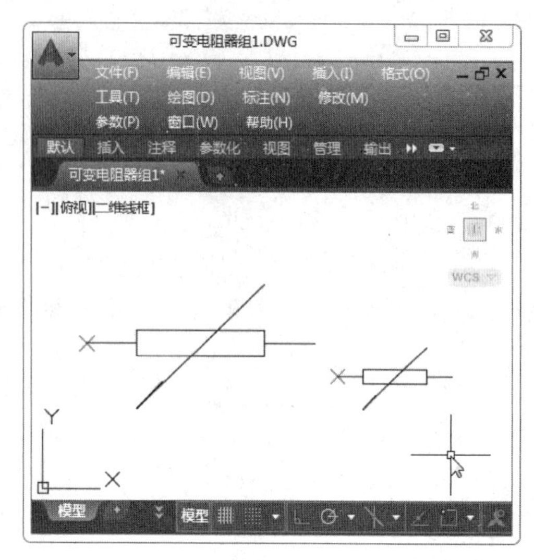

图 4-41 缩放对比效果

4.2.3 分解对象

对于由矩形、多段线、块等多个对象组成的组合对象，如果需要对其中某个对象进行编辑，需要先进行分解。

分解对象的方法是，执行【分解】命令，然后选取所要分解的对象，然后按回车键即可完成分解操作。分解后各条边将成为单独对象，如图 4-42、图 4-43 所示。

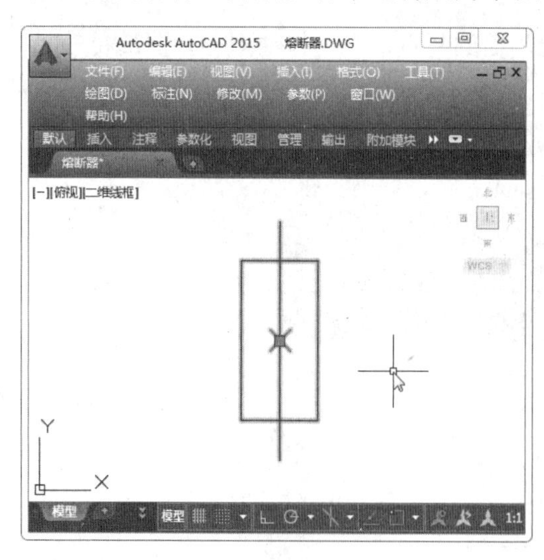

图 4-42 块对象

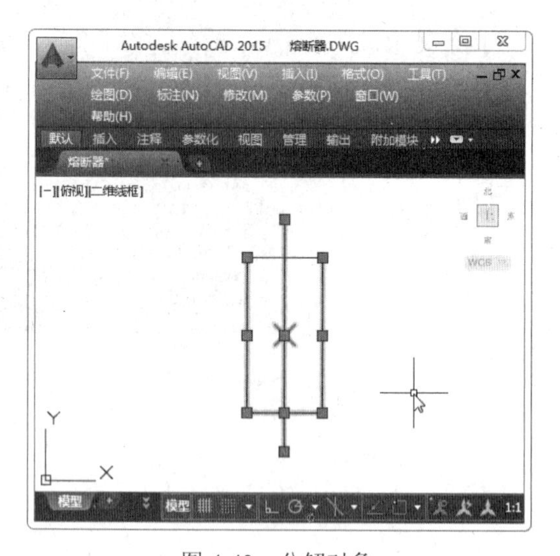

图 4-43 分解对象

4.2.4 打断与合并

下面将对打断和合并这一对编辑操作进行详细介绍。

1. 打断对象

打断是指删除部分对象或将对象分解成两部分，这些对象可以是直线、圆、圆弧、椭圆、参照线等。在打断对象时，既可以将第一个选择点作为第一个断点，也可以重新设置个打断点；还可以先选择整个对象，然后指定两个打断点。

打断对象的方法是，执行【打断】命令，选择要打断的对象，程序会以选取对象时的选取点作为第一个打断点，然后指定另一打断点，即可去除两点之间的线段，如图 4-44、图 4-45 所示。

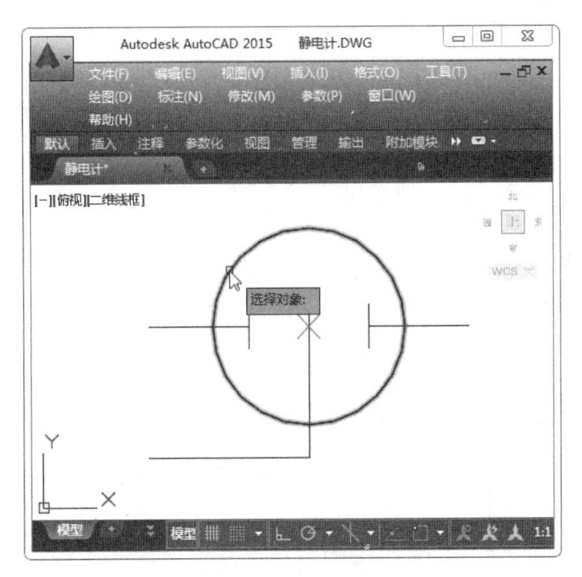

图 4-44　选择打断点

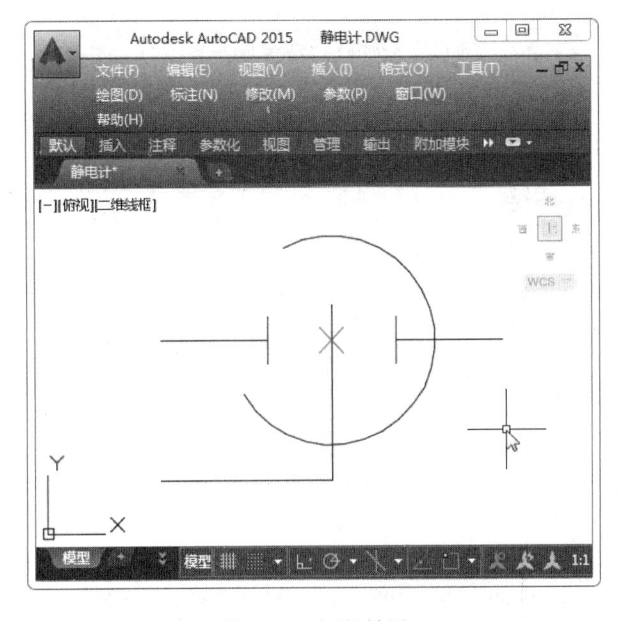

图 4-45　打断效果

2．合并对象

合并对象是指将相似的对象合并为一个对象，要将相似的对象与之合并的对象称为源对象，要合并的对象必须位于相同的平面上。合并的对象可以为圆弧、椭圆弧、直线、多段线和样条曲线。

合并对象的方法是，执行【合并】命令，按照命令行提示选取源对象，然后选取对象的另一部分，按回车键即可将这两部分合并。如在命令行中输入“L”，源对象为椭圆弧，系统将创建完整的椭圆，如图 4-46、图 4-47 所示。

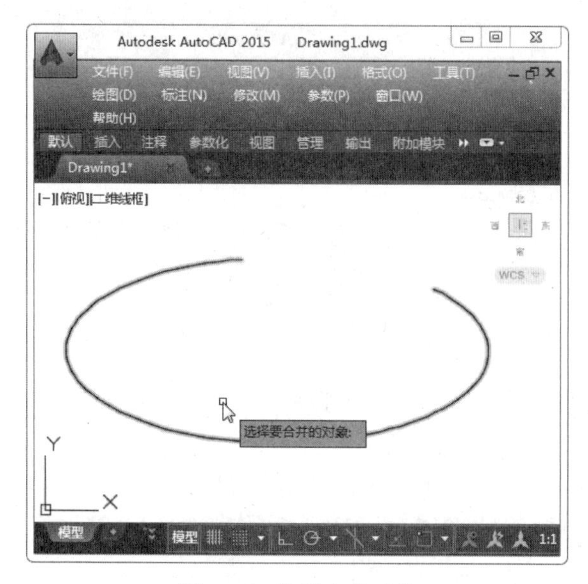

图 4-46　选择合并对象

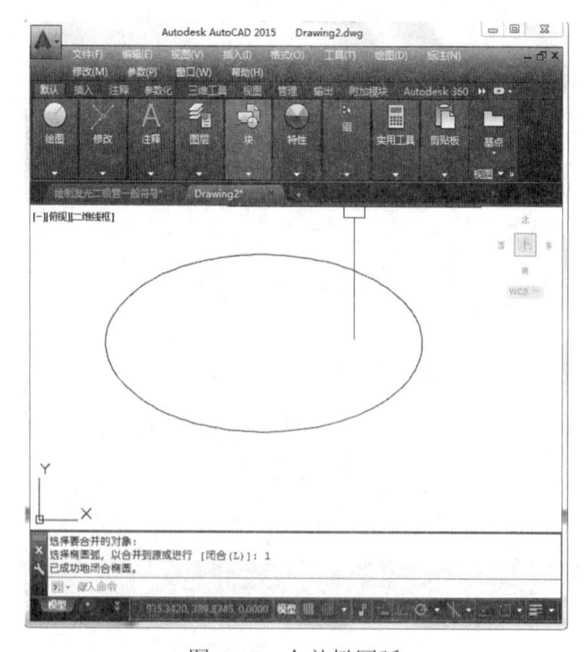

图 4-47　合并椭圆弧

4.2.5　倒角与圆角

倒角和圆角操作也是非常重要的图形编辑方法，下面详细介绍这两种方法。

1．倒角

使用倒角命令可以将两个非平行的直线以直线连接。在实际绘图中，使用此命令可以对直线或锐角进行倒角处理。

倒角的方法是，执行【倒角】命令，根据命令行的提示，选择【距离】选项，输入第一条直线的倒角距离，如此处为 200，再输入第二条直线的倒角值，如 200，最后选择两条需要进行倒角的直线，即可完成倒直角的操作，如图 4-48、图 4-49 所示。

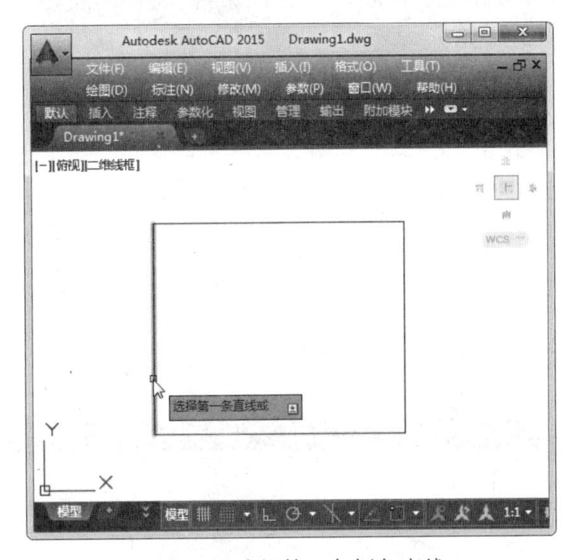

图 4-48　选择第一条倒角直线

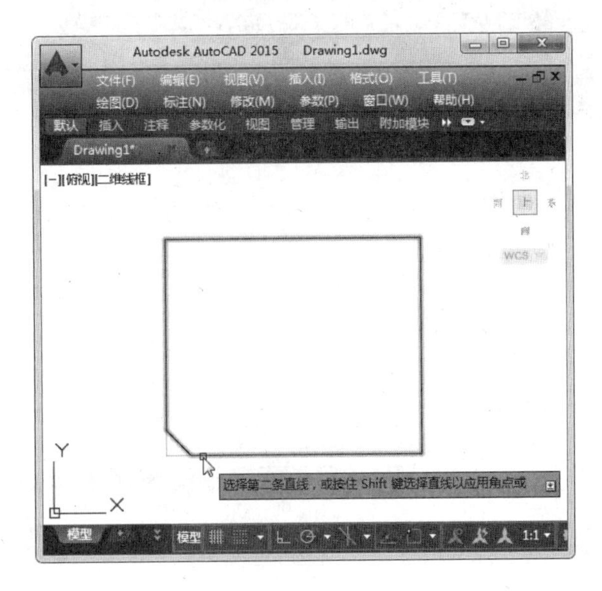

图 4-49　倒角效果

2．圆角

圆角命令可将两个相交的线段使用弧线连接，并且该弧线与两条线段相切。可以倒圆角的对象有圆、直线、圆弧等。另外，直线、构造线和射线在相互平行时也可倒圆角，此时圆角半径为平行直线距离的一半。

绘制圆角的方法是，单击【圆角】命令，在命令行中输入“R”，设置圆角半径值，例如此处为 200，然后选择需要倒圆角的线段即可，如图 4-50、图 4-51 所示。

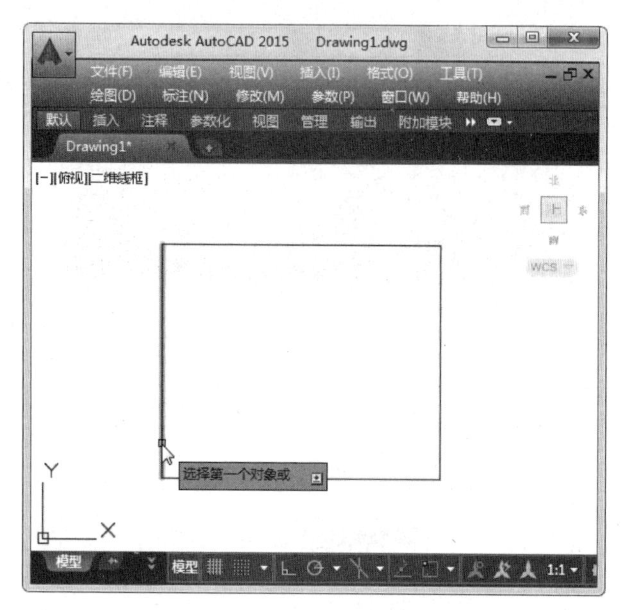

图 4-50　选择线段

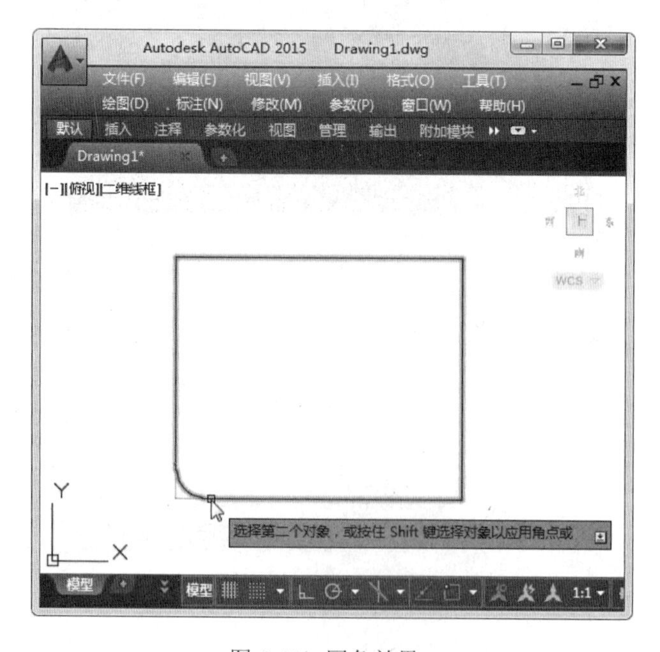

图 4-51　圆角效果

4.2.6　案例——绘制按钮开关控制电路图（二）

按钮开关控制电路图有很多种，本案例仅向大家介绍其中一种绘制方法，最终的效果如图 4-52 所示。操作步骤如下。

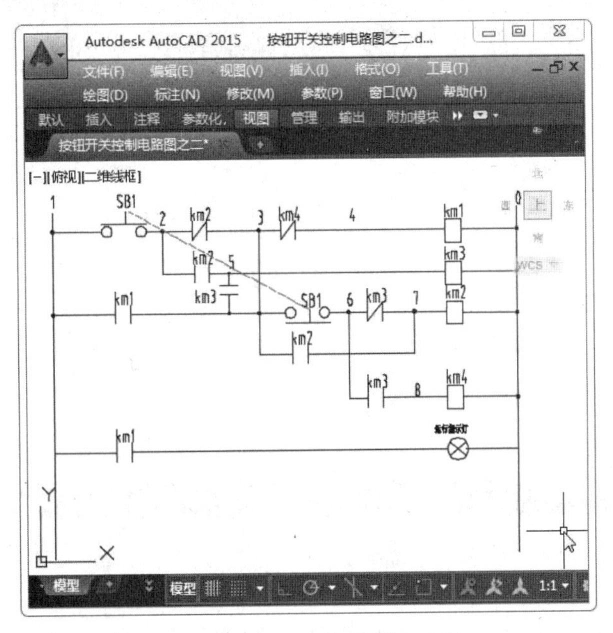

图 4-52　按钮开关控制电路图

Step01：执行【直线】和【复制】命令，绘制一条长度为 500 的竖线，并向右在距其 680 处进行复制，如图 4-53 所示。

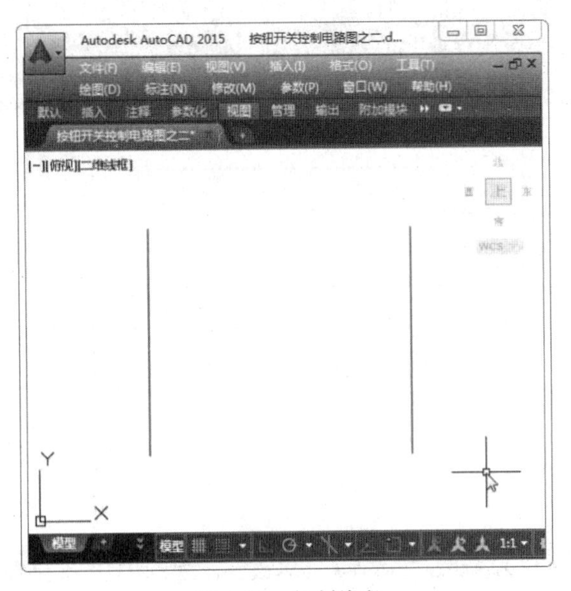

图 4-53　复制线段

Step02：执行【直线】命令，以左边线段的顶部端点向下 30 单位处，作为水平直线的起点，绘制一条长 680 的水平线段，如图 4-54 所示。

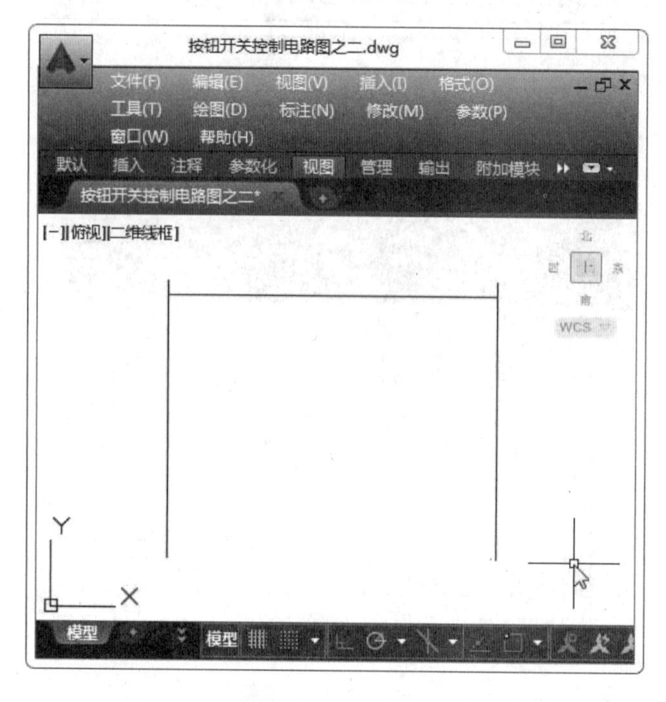

图 4-54　绘制线段

Step03：执行【偏移】命令，将水平线段依次向下偏移 60 单位，复制 5 条水平线段，如图 4-55 所示。

图 4-55　复制水平线段

Step04：执行【圆】和【复制】命令，完成在第一条水平线上取圆心，绘制适当大小的圆，并向右复制的操作，如图 4-56 所示。

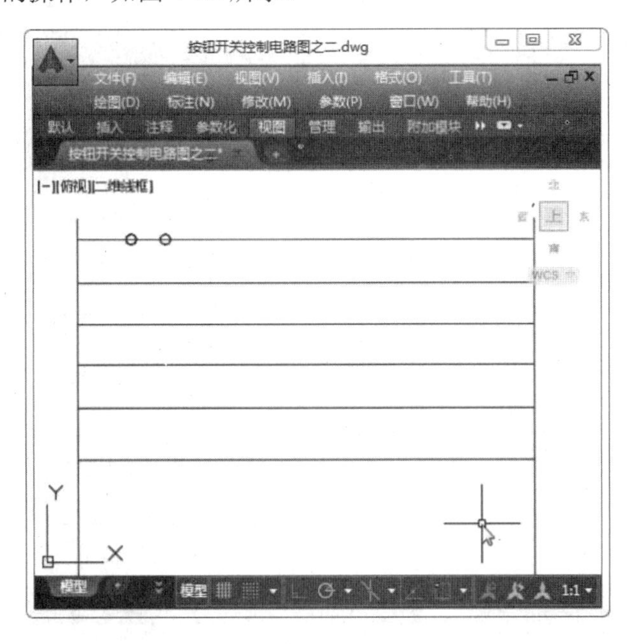

图 4-56　绘制圆

Step05：执行【直线】命令，在合适位置绘制如图 4-57 所示的符号对象。

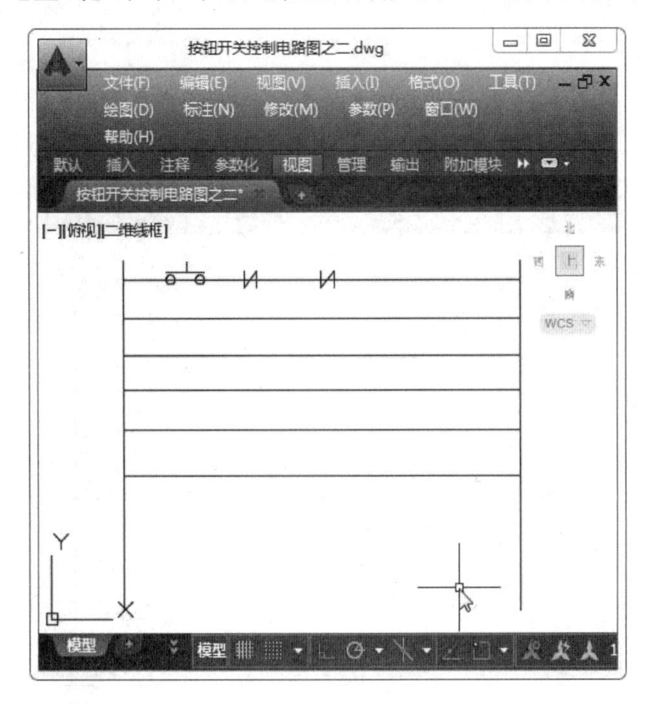

图 4-57　绘制电气符号

Step06：执行【矩形】和【修剪】命令，绘制矩形并对第一条水平线上的对象进行修剪，如图 4-58 所示。

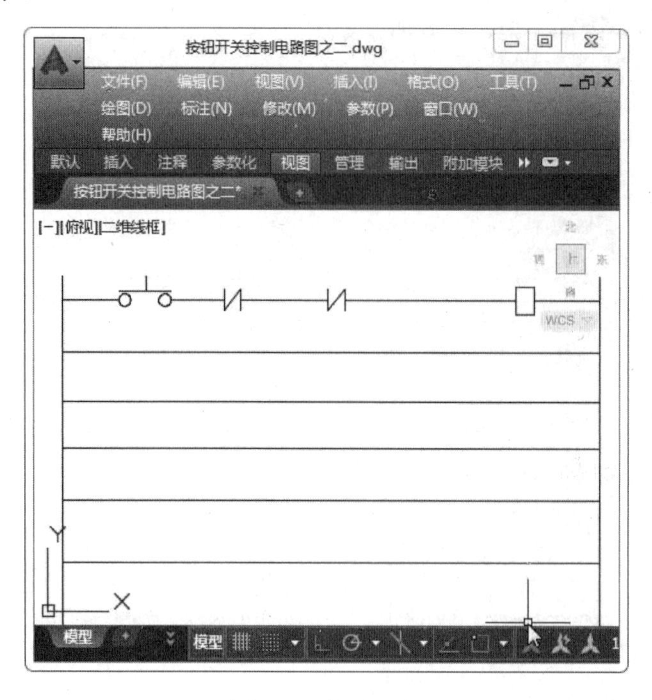

图 4-58　修剪对象

Step07：执行【直线】和【矩形】命令，在第二条水平线上绘制需要的对象，如图 4-59 所示。

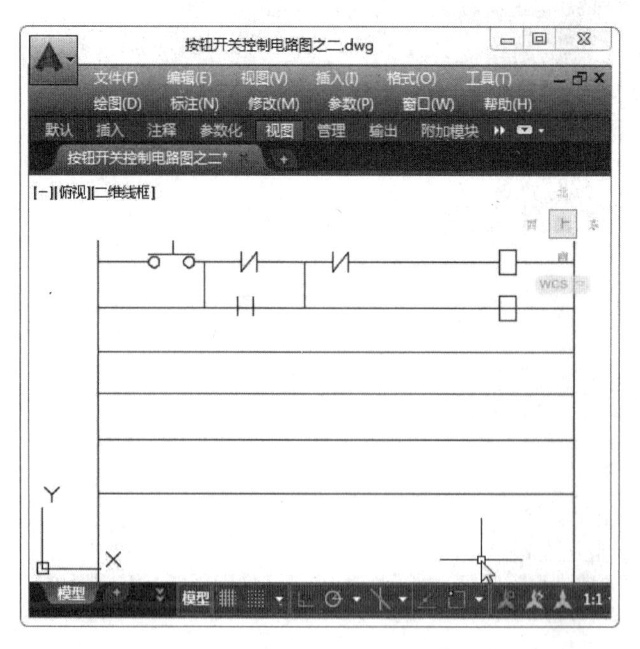

图 4-59　绘制对象

Step08：继续执行【直线】和【圆】等命令，依次在水平线上绘制如图 4-60 所示的图形。

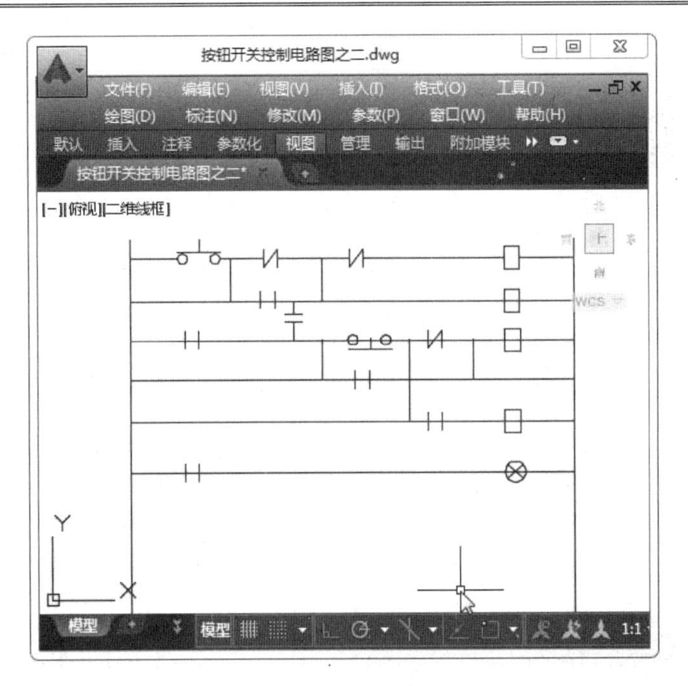

图 4-60　绘制对象

Step09：执行【修剪】命令，对绘制的线段进行修剪，如图 4-61 所示。

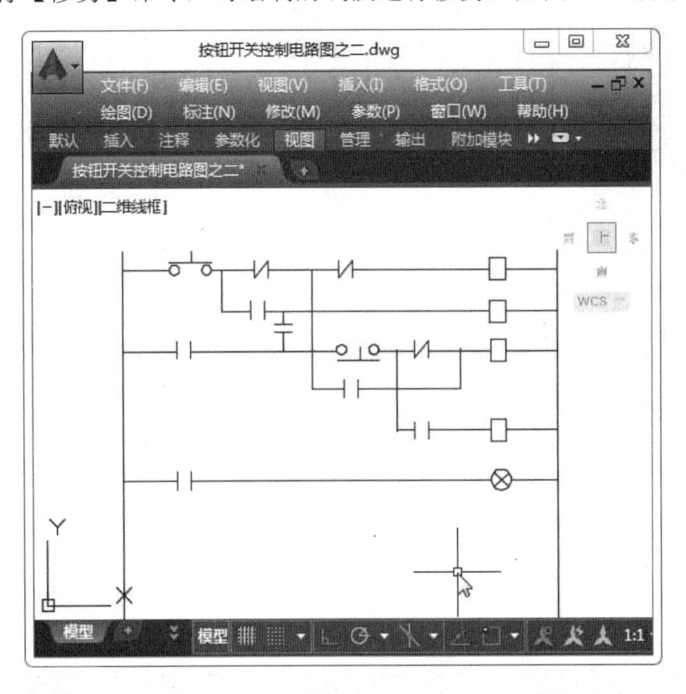

图 4-61　修剪水平线段

Step10：执行【圆】命令，在线段交接处，绘制直径为 4 的圆，如图 4-62 所示。

Step11：执行【图案填充】命令，选择“SOLID”图案样式，对刚绘制的圆进行填充，如图 4-63 所示。

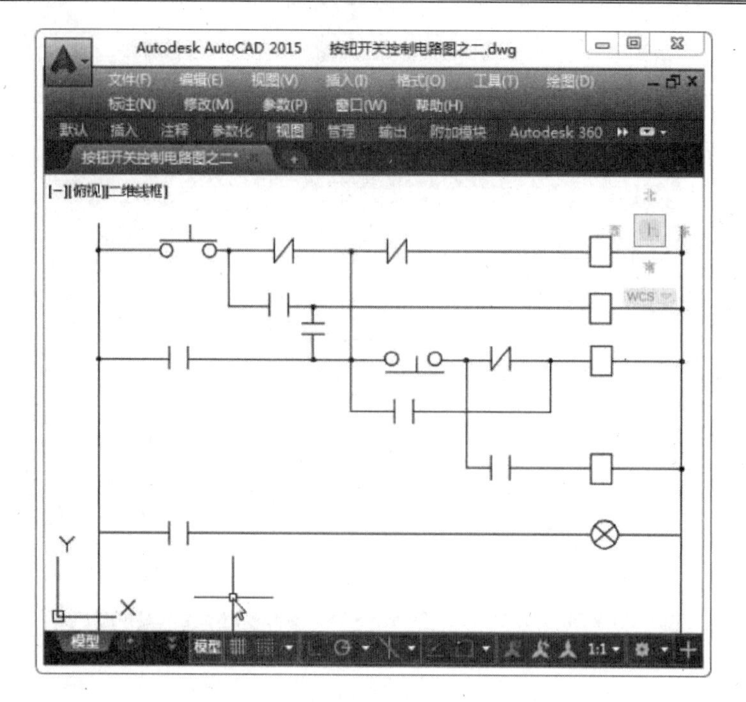

图 4-62　绘制线段交接处的圆

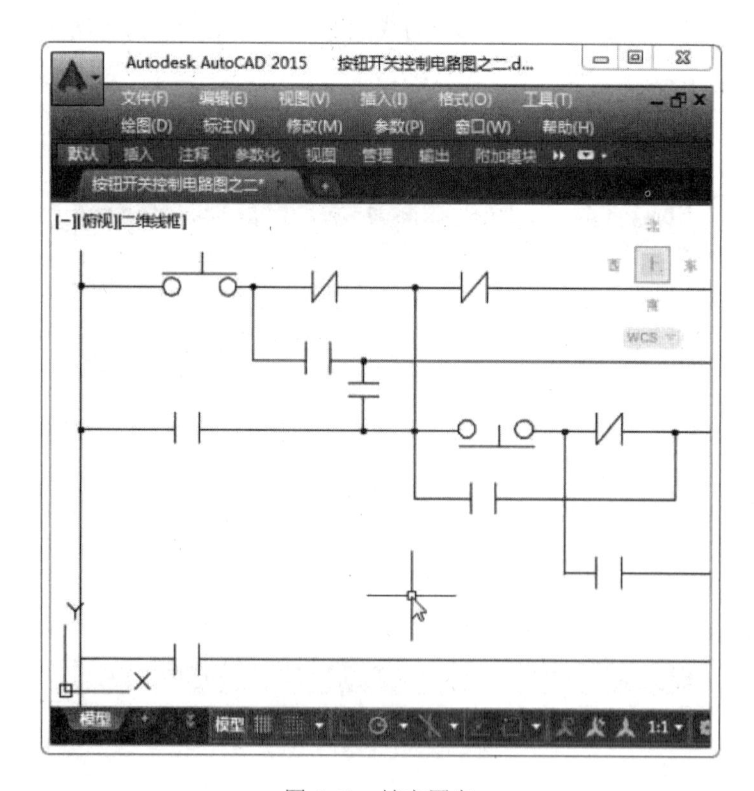

图 4-63　填充图案

Step12：执行【直线】命令，绘制一条斜线，并更改其颜色和线型，如图 4-64 所示。

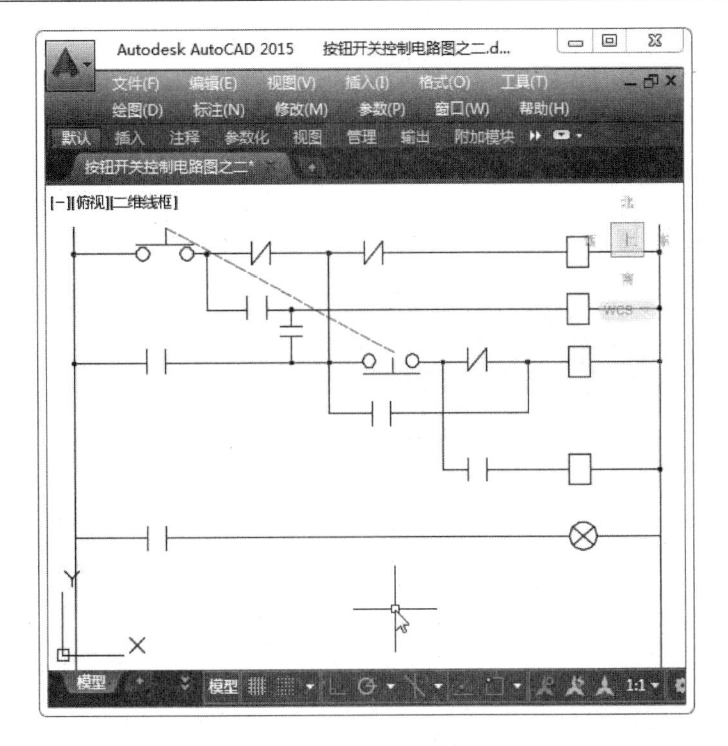

图 4-64　绘制斜线

Step13：执行【多行文字】命令，添加电路图的文字注释，如图 4-65 所示。

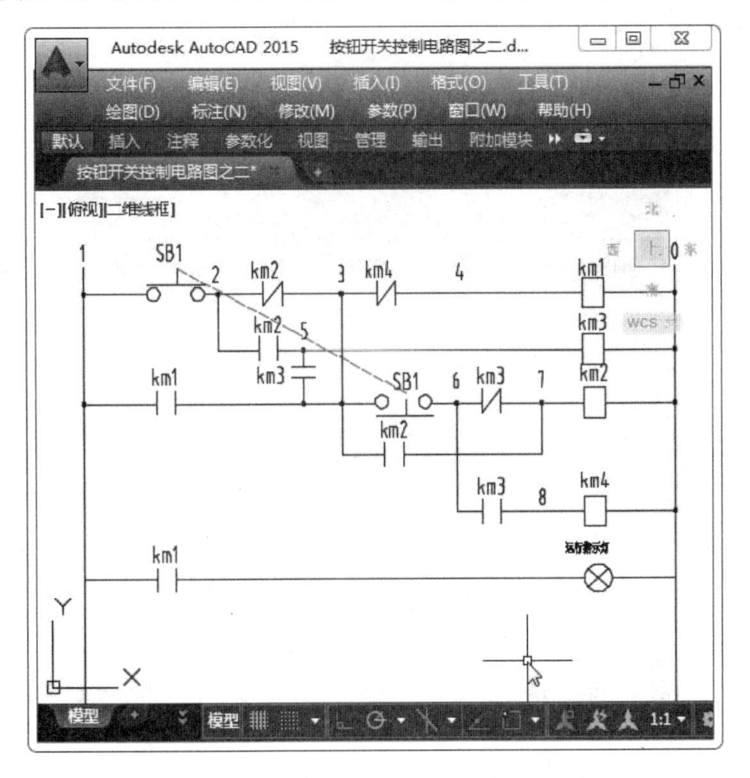

图 4-65　电路图

4.3 应用案例——绘制直流伺服测速机组电气符号

下面将绘制直流伺服测速机组电气符号，效果如图 4-66 所示。在此案例中，主要用到的命令有【直线】、【圆】、【修剪】等。

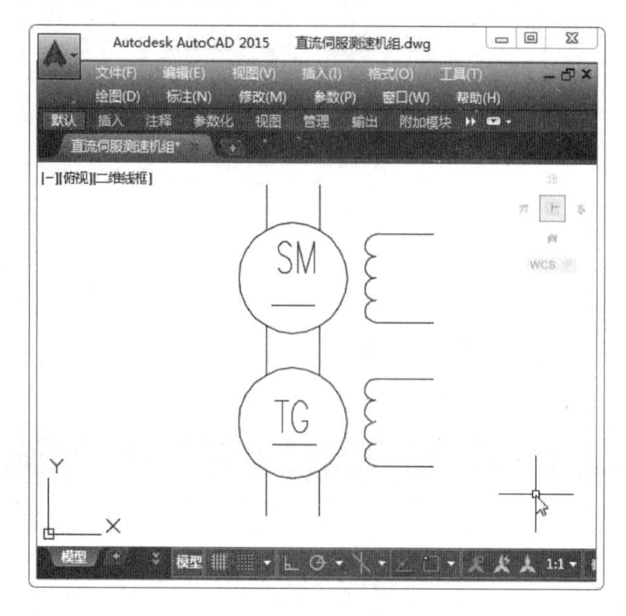

图 4-66 直流伺服测速机组电气符号

Step01：新建一个文件，执行【圆】命令，绘制半径为 6 的圆，如图 4-67 所示。

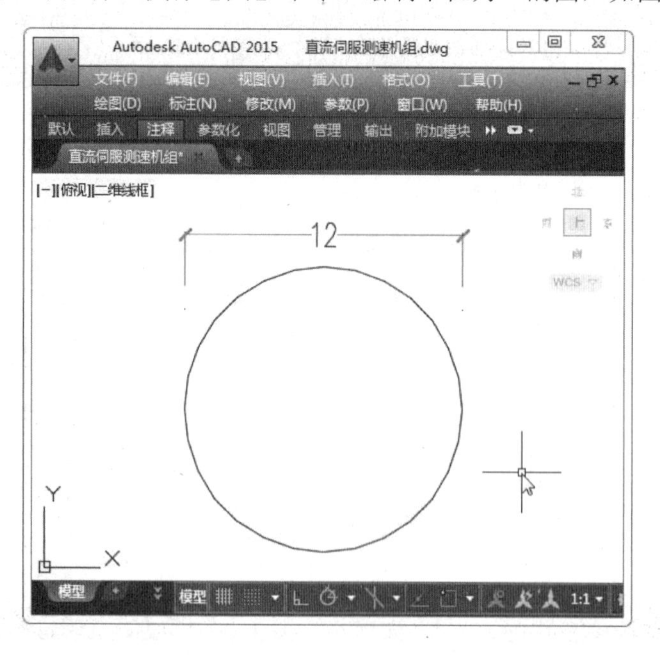

图 4-67 绘制圆

Step02：执行【复制】命令，选取圆心为基点，如图 4-68 所示。

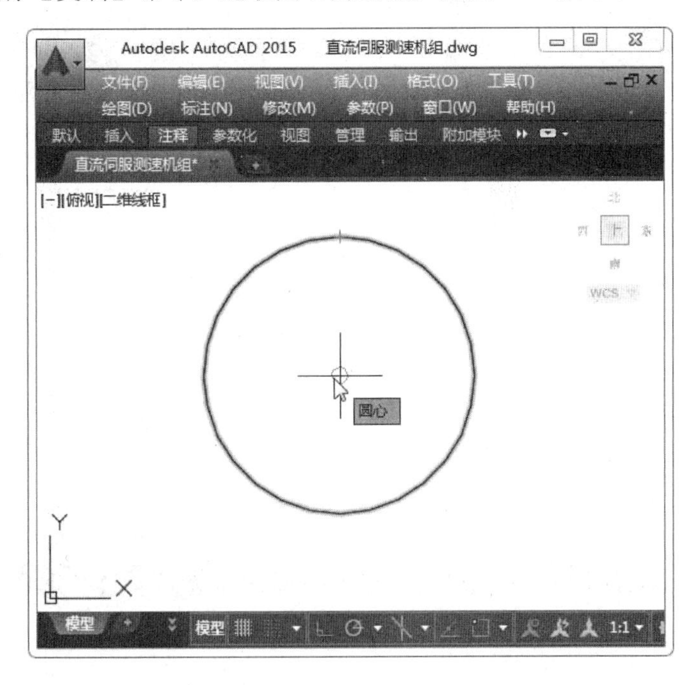

图 4-68　指定圆心

Step03：指定基点后，向下偏移距离 16 个单位并复制，如图 4-69 所示。

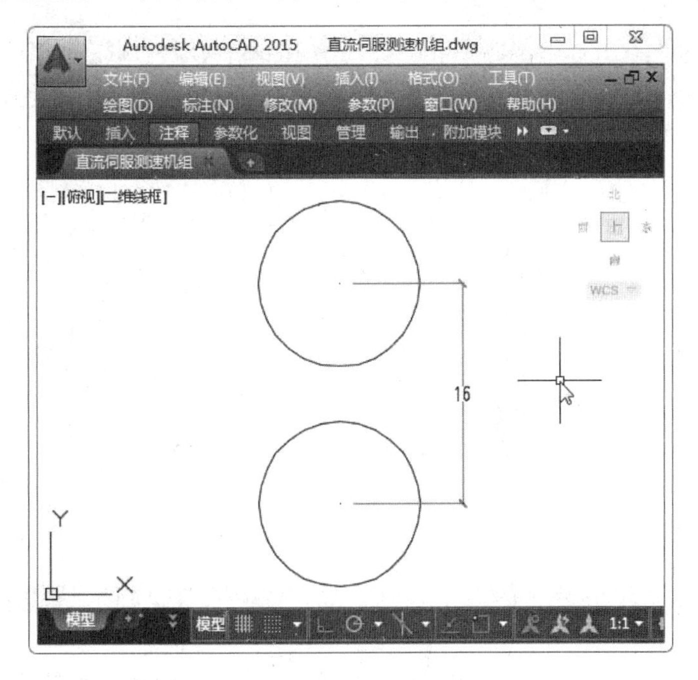

图 4-69　复制圆

Step04：执行【直线】命令，绘制长度为 40 的竖线，与圆心相交，如图 4-70 所示。

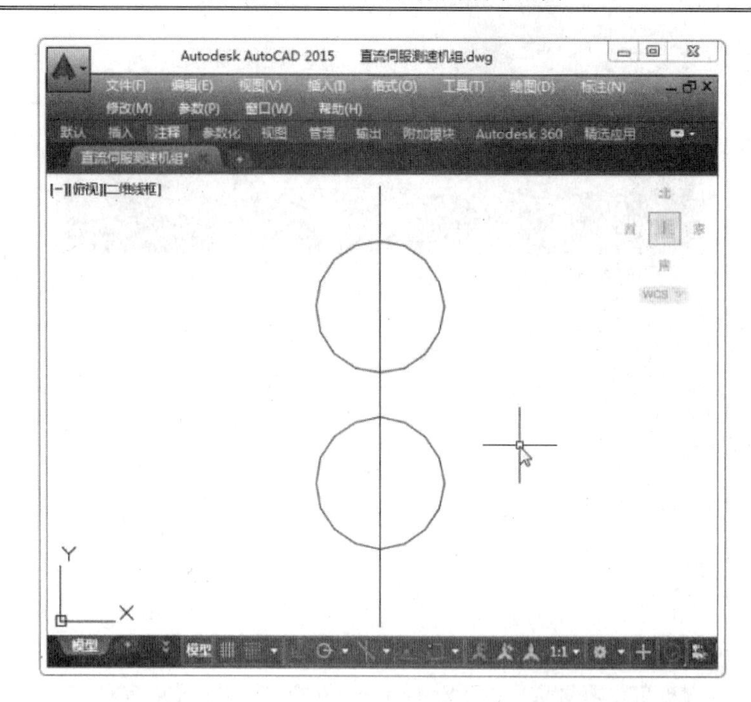

图 4-70　绘制直线

Step05：执行【偏移】命令，指定偏移距离为 3，如图 4-71 所示。

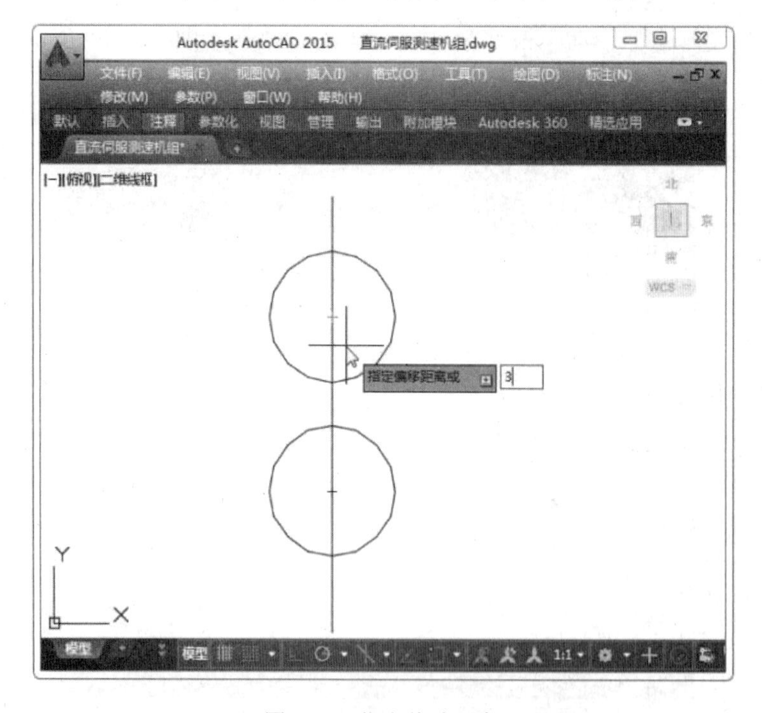

图 4-71　指定偏移距离

Step06：输入偏移距离值后，将直线各向左右进行偏移，然后将原直线删除，如图 4-72 所示。

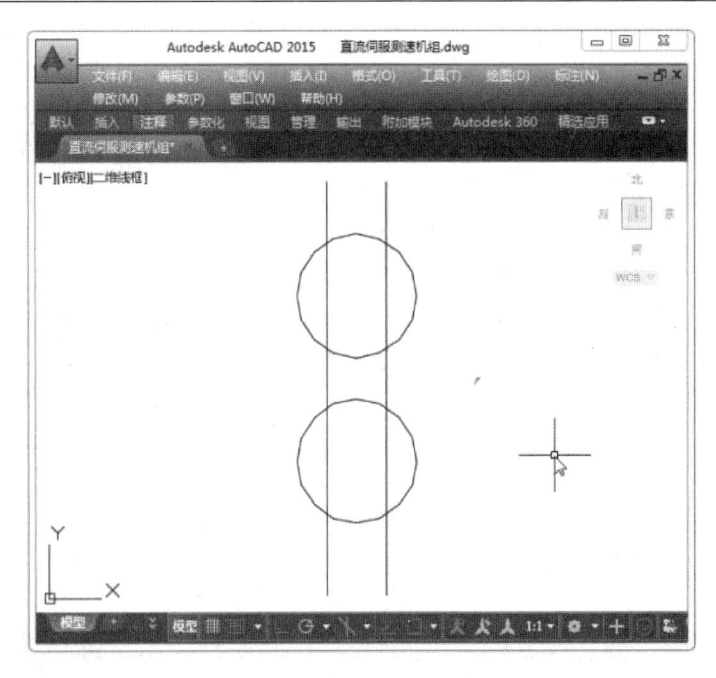

图 4-72　偏移直线

Step07：执行【修剪】命令，根据命令行提示，选择用来剪切的对象右击确定，如图 4-73 所示。

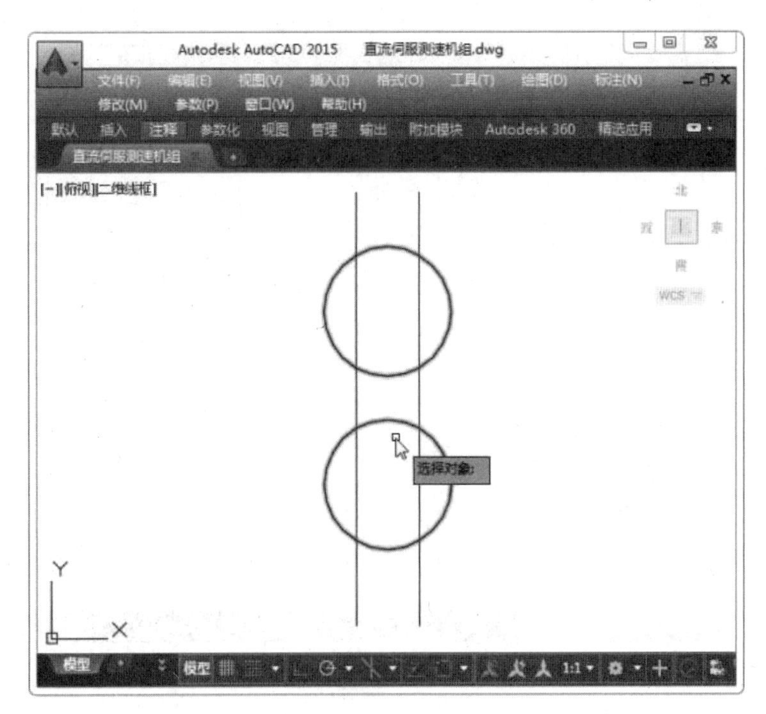

图 4-73　选择用来修剪的对象

Step08：然后选择要修剪的对象，如图 4-74 所示。

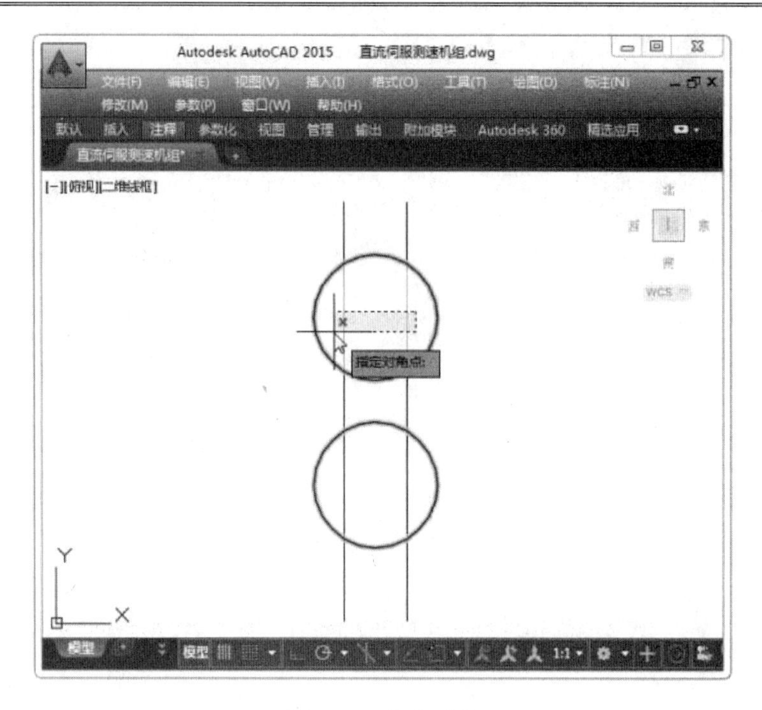

图 4-74　修剪对象

Step09：继续修剪多余的部分，如图 4-75 所示。

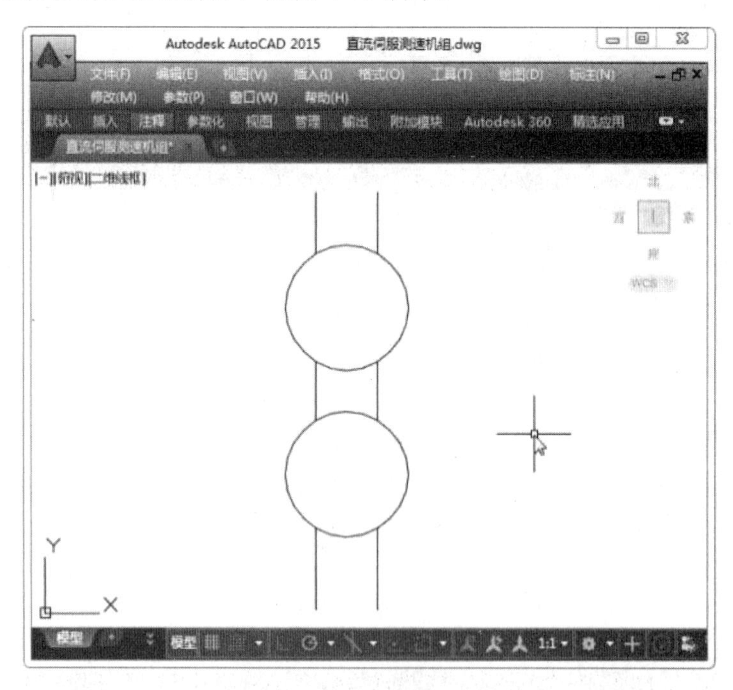

图 4-75　修剪对象

Step10：执行【直线】和【偏移】命令，完成绘制长度为 7 的水平直线，然后向下偏移 10 个单位的距离，进行偏移复制等操作，如图 4-76 所示。

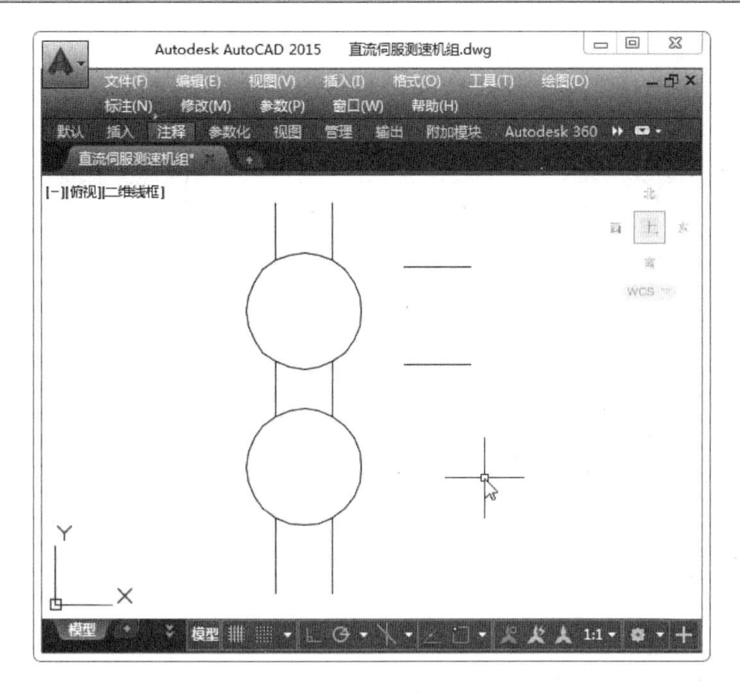

图 4-76　复制直线

Step11：执行【圆弧】|【起点、端点、半径】命令，以顶部直线的左端点为起点，绘制直径为 2.5 的圆弧，如图 4-77 所示。

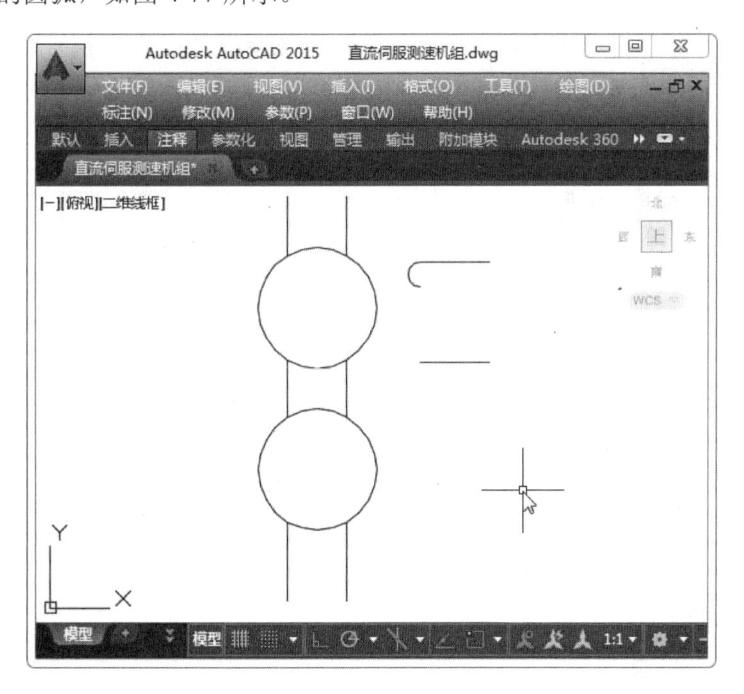

图 4-77　绘制圆弧

Step12：执行【复制】命令，单击圆弧的端点为复制基点，将圆弧依次向下复制 3 个，如图 4-78 所示。

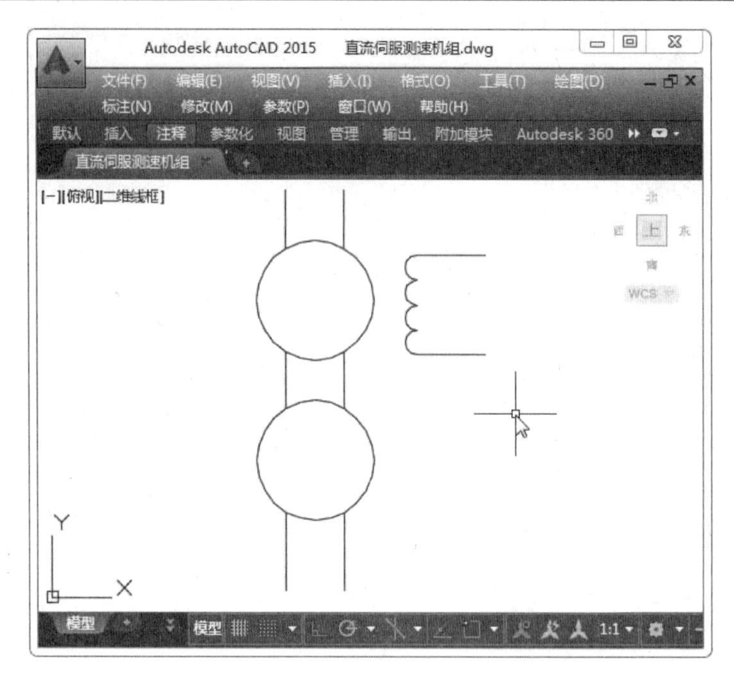

图 4-78 复制圆弧

Step13：继续执行【复制】命令，单击左边圆心作为复制基点，将刚绘制的水平线段和圆弧进行向下复制，如图 4-79 所示。

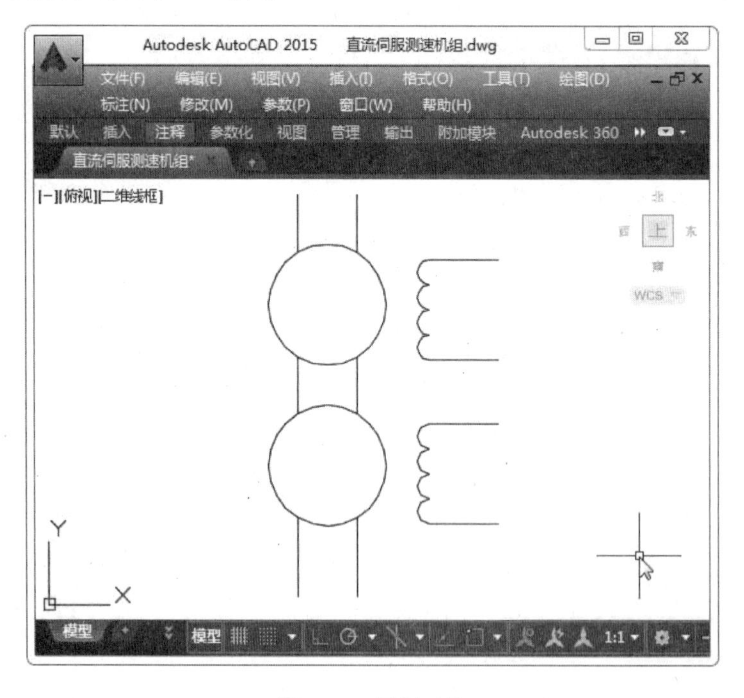

图 4-79 复制对象

Step14：执行【多行文字】命令，输入文字，如图 4-80 所示。

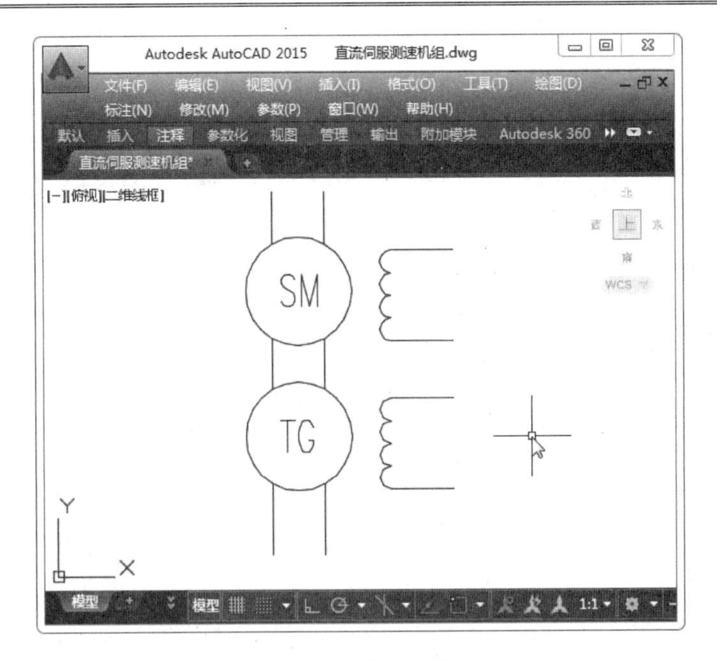

图 4-80　输入文字

Step15：执行【直线】命令，将其他部分绘制完整，最终效果如图 4-81 所示。

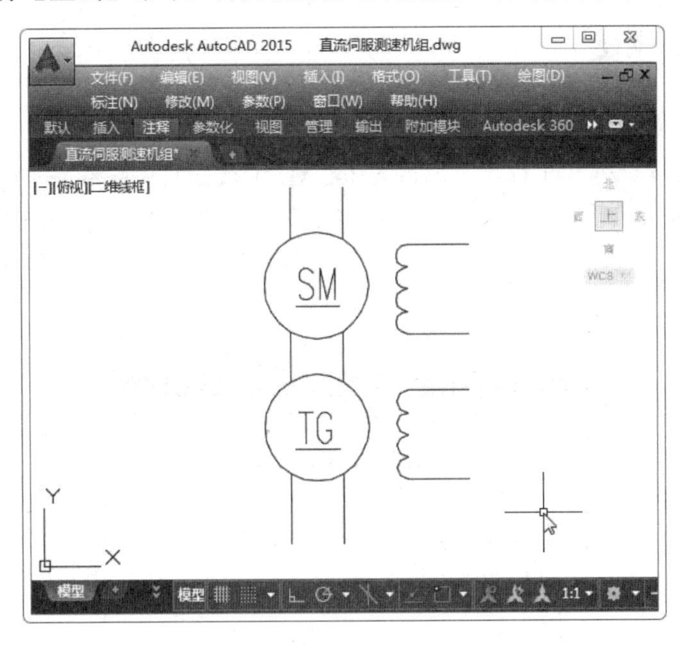

图 4-81　最终效果

第 5 章　精确绘制电气图形

使用 AutoCAD 绘制图形时，综合利用各种辅助工具，如对象捕捉、正交模式、极轴追踪和对象捕捉追踪等功能，可以更快捷、轻松地完成操作。本章将为读者详细介绍使用对象捕捉、极轴追踪，栅格、正交、夹点等编辑功能，以及查询对象等辅助功能绘制图形的方法和技巧，学习参数化工具的使用。

5.1　使用坐标系

任何图形对象的位置都是通过坐标系进行定位的，坐标系是 AutoCAD 绘图中不可缺少的元素，它是确定对象位置的基本方法。在绘图之前，了解各种坐标系的概念，以及掌握正确的坐标数据输入方法是很重要的。

5.1.1　坐标系概述

在 AutoCAD 中坐标系分为两种：世界坐标系和用户坐标系。

世界坐标系也称 WCS 坐标系，它是 AutoCAD 中默认的坐标系。一般情况下，世界坐标系与用户坐标系是重合在一起的，世界坐标系是不能更改的。在二维图形中，世界坐标系的 X 轴为水平方向，Y 轴为垂直方向，世界坐标系的原点位于 X 轴与 Y 轴的交点位置，如图 5-1 所示。

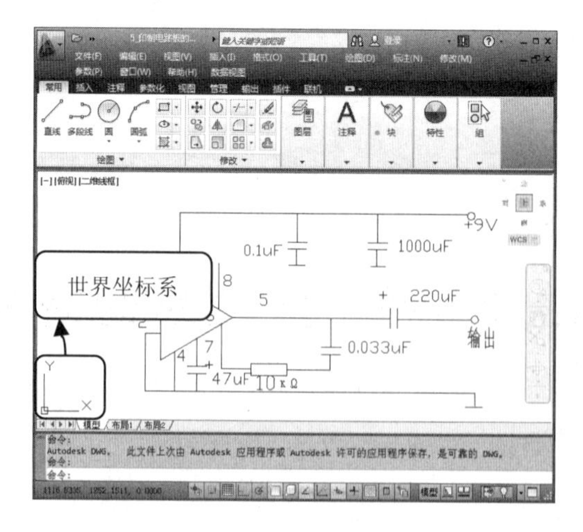

图 5-1　世界坐标系

用户坐标系也称为 UCS 坐标系，用户坐标系是可以进行更改的，主要为绘制图形时提供参考。创建用户坐标系可以通过在菜单栏中执行相关命令来创建，也可以通过在命令窗口中输入命令 UCS 来创建，如图 5-2 所示。

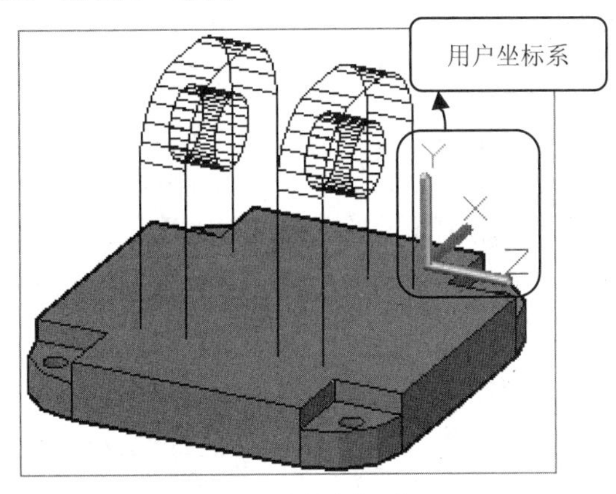

图 5-2　用户坐标系

5.1.2　输入坐标

在 AutoCAD 2015 中绘制图形对象时，经常需要以输入点的坐标值来确定线条或图形的位置、大小和方向。坐标值可以是绝对直角坐标、相对直角坐标、绝对极坐标、相对极坐标等。

1. 绝对直角坐标

绝对坐标是以坐标原点（0,0,0）为基点来定位其他所有的点。用户可以输入（X,Y,Z）坐标值来确定点在坐标系中的位置，如（2,7,0）。

X 值表示此点在 X 方向与原点间的距离；Y 值表示此点在 Y 方向与原点间的距离；Z 值表示此点在 Z 方向与原点间的距离。如果输入的点是二维平面上的点，则可省略 Z 坐标值。

2. 相对直角坐标

相对直角坐标是以某点为参考点，通过相对位移坐标的值来确定点。相对直角坐标与坐标系的原点无关，只是相对于参考点进行位移，其输入方法是在绝对直角坐标前添加“@”符号，如（@30,80）。

3. 绝对极坐标

绝对极坐标以指定点与原点之间的距离和角度来确定线段，距离和角度之间用小于号“<”分开，如（70<45）。

4. 相对极坐标

相对极坐标与绝对极坐标类似，不同的是，绝对极坐标的距离是相对于原点的距离，而相对极坐标的距离则是指定点到参考点之间的距离。在相对极坐标值前要加上“@”符号，如（@70<45）。

5.1.3 更改坐标样式

用户坐标系的样式是可根据需要进行更改的，具体操作步骤是：在菜单栏中执行【视图】|【显示】|【UCS 图标】|【特性】命令，如图 5-3 所示；在【UCS 图标】对话框中的【UCS 图标样式】选项组中，选中【二维】或【三维】单选按钮，然后设置图标大小和图标颜色，在【预览】区域会显示出坐标的设置效果，如图 5-4 所示。

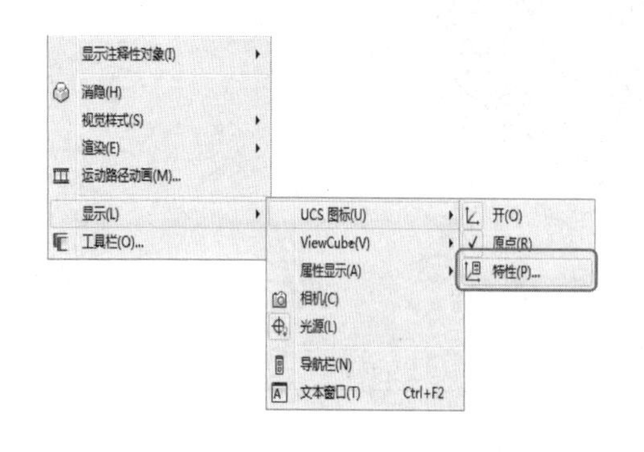

图 5-3 单击【特性】命令

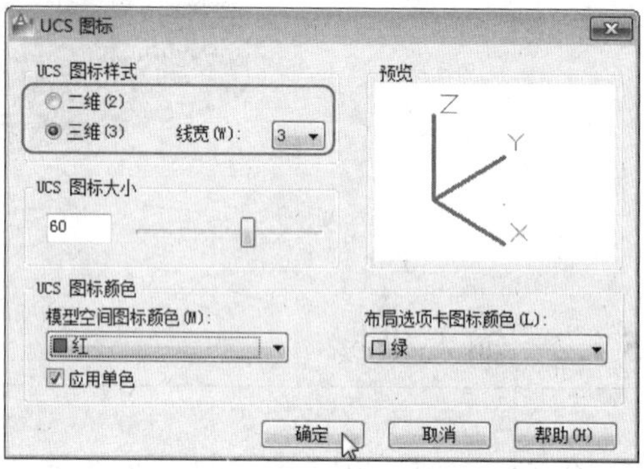

图 5-4 更改坐标样式

5.1.4 案例——绘制电阻（一般）符号

下面将介绍绘制电阻（一般）符号的操作步骤，最终的效果如图 5-5 所示。

Step01：新建一个文件，执行【矩形】命令，指定对角点，输入“D”，指定长度为 20，宽度为 5，如图 5-6 所示。

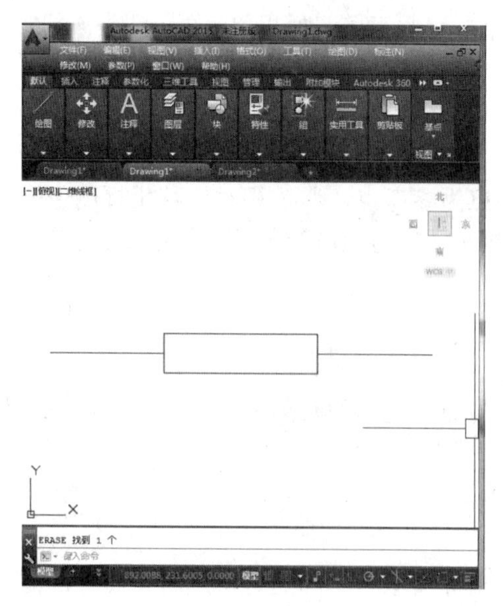

图 5-5 电阻符号

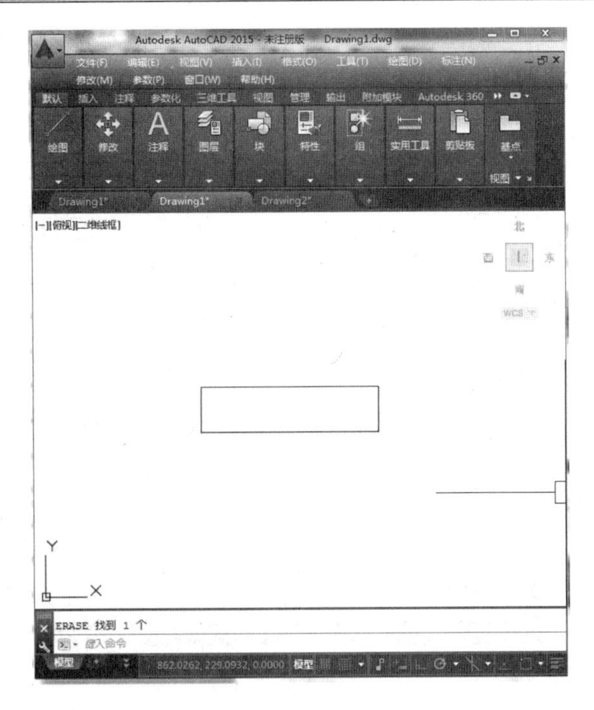

图 5-6　绘制矩形

Step02：执行【直线】命令，从矩形左边中点处向左绘制直线，如图 5-7 所示。

Step03：执行【镜像】命令，以矩形中心为镜像点，沿垂直方向镜像直线，完成电阻符号的绘制，如图 5-8 所示。

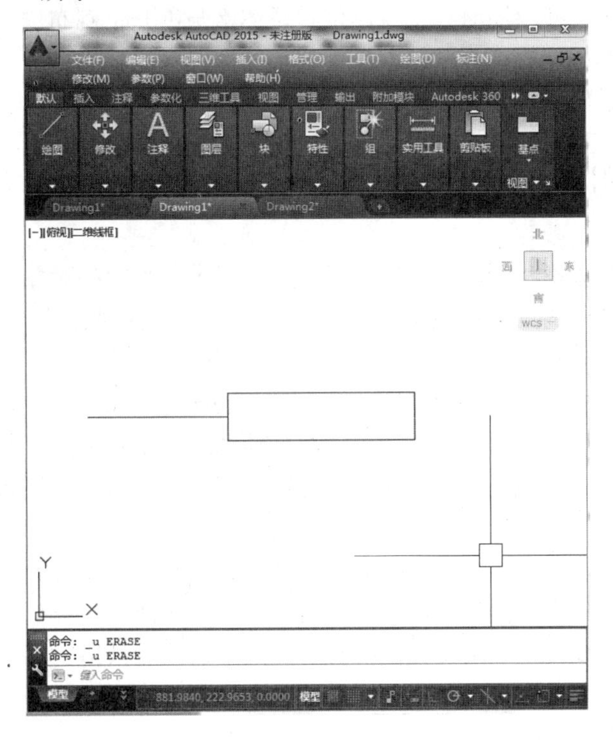

图 5-7　绘制直线

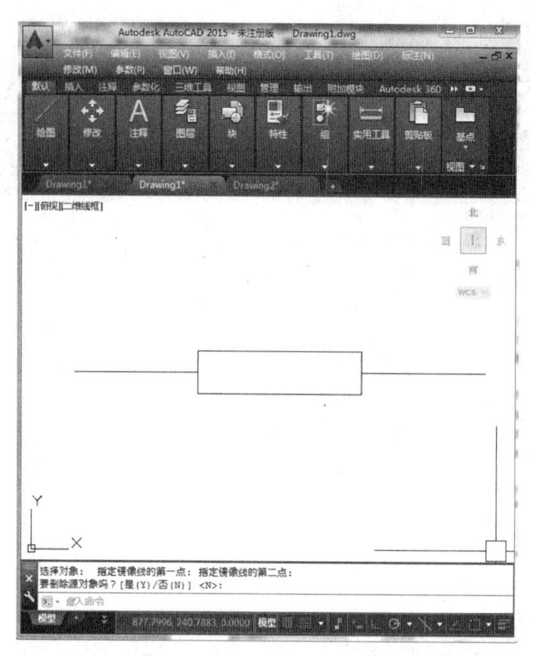

图 5-8 镜像直线

5.2 精确定位工具

精确定位工具用于在绘图时校正绘图位置及图纸与纸张位置布局。捕捉和栅格功能主要在绘图时起到辅助捕捉栅格点作用，打开捕捉命令时只能捕捉到栅格点，而捕捉不到其他点，所以画图时最好关闭。正交功能对于绘制直线有很大影响。

5.2.1 捕捉和栅格

在绘图中，使用栅格和捕捉功能有助于创建和对齐图形中的对象。栅格是按照设置的间距显示在图形区域中的点，它能提供直观的距离和位置的参照，类似于坐标纸中的方格。栅格只在图形界限以内显示。

捕捉是使光标只能停留在图形中指定的点上，这样就可以很方便地将图形放置在特殊点处，便于以后的编辑工作。栅格和捕捉这两个辅助绘图工具之间有着密切的联系，尤其是两者间距的设置。有时为了方便绘图，可将栅格间距设置为与捕捉间距相同，或者使栅格间距为捕捉间距的倍数。

单击状态栏中的“栅格”按钮▦，屏幕上将显示出在当前图形界限内均匀分布的点和线，即栅格，如图 5-9 所示。启用状态栏中的“捕捉”功能，在屏幕上移动鼠标指针，该指针将沿着栅格点或线移动。要设置栅格和捕捉间距，或者栅格的行为方式和捕捉类型，可以右击状态栏中的“栅格”按钮，选择【设置】选项，然后在打开的【草图设置】对话框中设置对应的参数，如图 5-10 所示。

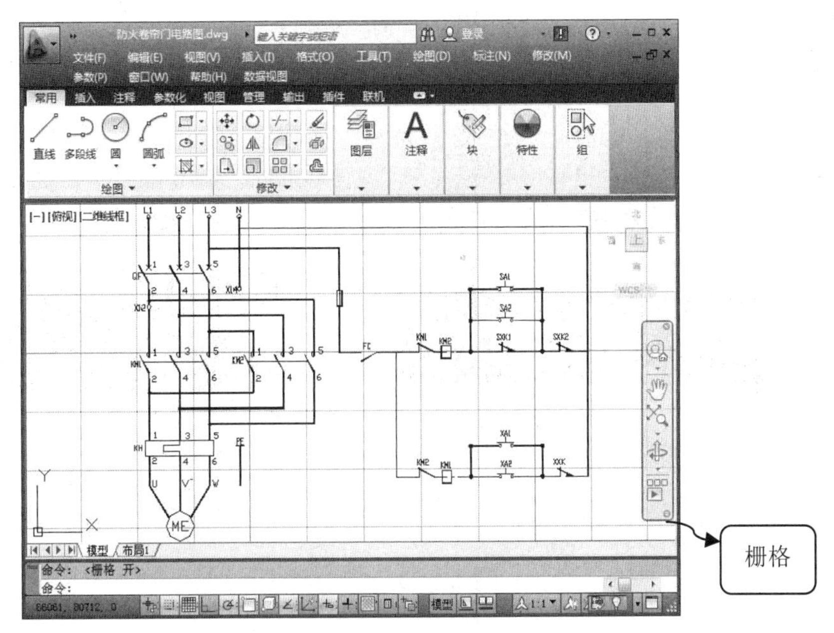

图 5-9　启用“栅格”功能

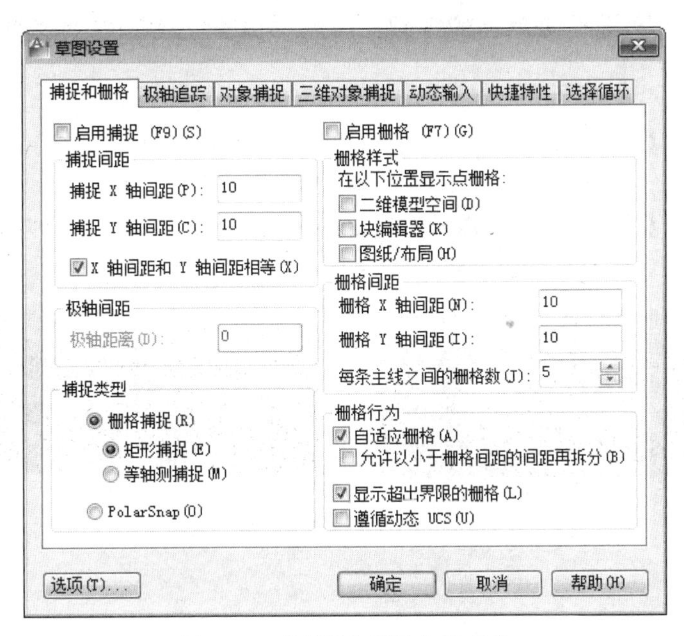

图 5-10　【捕捉和栅格】选项卡

5.2.2　正交模式

在绘图过程中启用正交模式，可以将指针限制为沿水平或垂直方向移动，以便于精确地创建和修改对象。

单击状态栏中的“正交”按钮，即可启用正交模式。这样在绘制和编辑图形对象时，拖动鼠标指针将仅能沿水平或垂直方向移动。

5.2.3 案例——绘制电容器（一般）符号

下面将以绘制电容器（一般）符号为例，对前面所学的知识进行温习与巩固。

Step01：执行【直线】命令，沿垂直方向绘制长度为 10 的直线，如图 5-11 所示。

Step02：执行【偏移】命令，指定偏移距离为 5，单击直线并向右偏移，如图 5-12 所示。

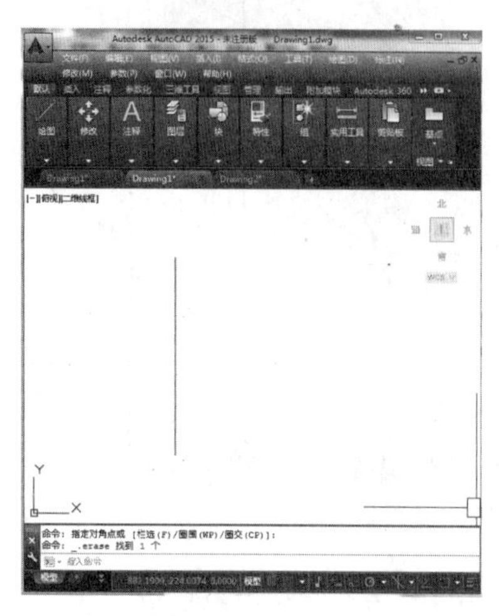

图 5-11 绘制直线

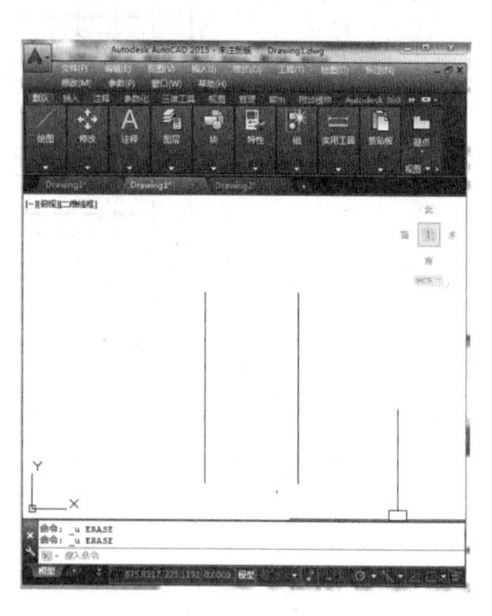

图 5-12 执行偏移命令

Step03：执行【直线】命令，沿着左边直线的中心点向左绘制长度为 15 的直线，如图 5-13 所示。

Step04：执行【直线】命令，沿着左边直线的中心点向右绘制长度为 15 的直线，电容器符号绘制完成，如图 5-14 所示。

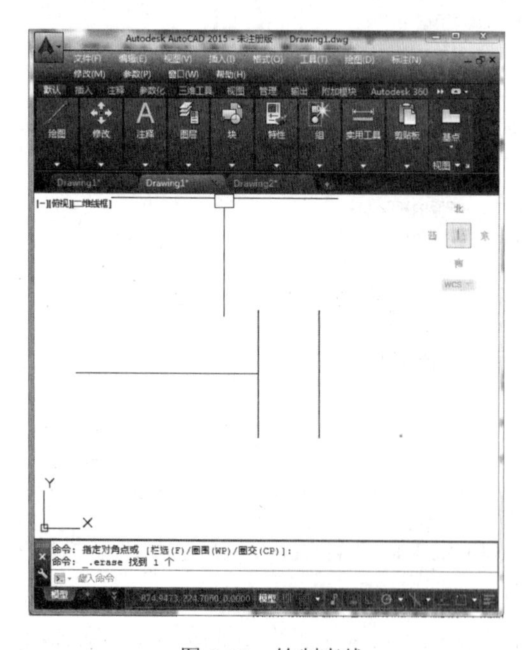

图 5-13 绘制直线

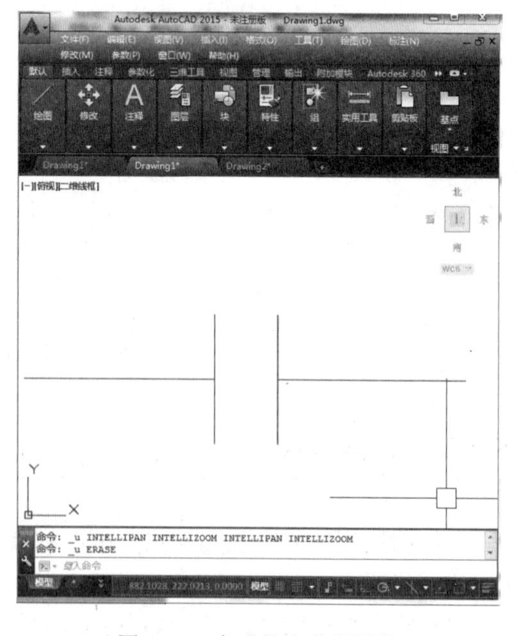

图 5-14 完成的电容器符号

5.3　对象捕捉与极轴追踪

对象捕捉功能可用来捕捉对象上的精确位置，启用时可以捕捉到对象的中点、端点、圆心等顶点，有利于更精确地绘制图纸。极轴追踪功能与正交功能类似，有助于捕捉对象精确的位置和角度。

5.3.1　对象捕捉功能

几何图形都有一定的几何特征点，如中点、端点、圆心、切点和象限点等，通过捕捉几何图形的特征点，可以快速、准确地绘制图形对象。

要执行对象捕捉操作，首先需要指定捕捉点的类型。系统将进入自动捕捉模式，该捕捉模式是常规绘图过程中最常用的捕捉模式。右击状态栏中的“对象捕捉”按钮，选择【设置】选项，然后打开【草图设置】对话框中的【对象捕捉】选项卡，如图 5-15 所示。

在该选项卡中可以选择对象捕捉的方式，例如要捕捉圆心，可启用【圆心】复选框。这样在进行之后的绘图过程中，鼠标指针移动到图形对象的圆心附近时，将自动捕捉该对象的圆心点，如图 5-16 所示。

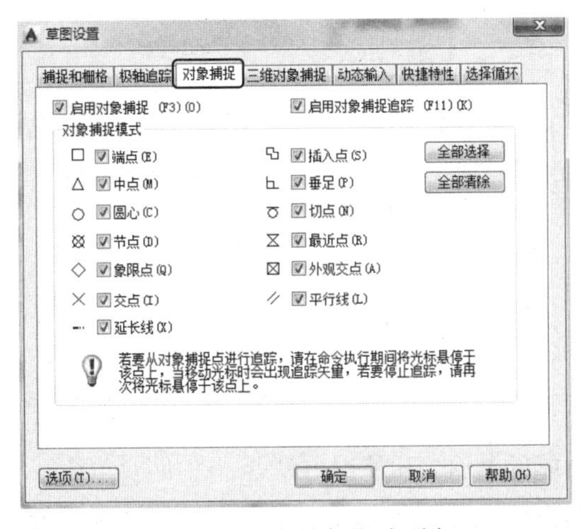

图 5-15　【对象捕捉】选项卡

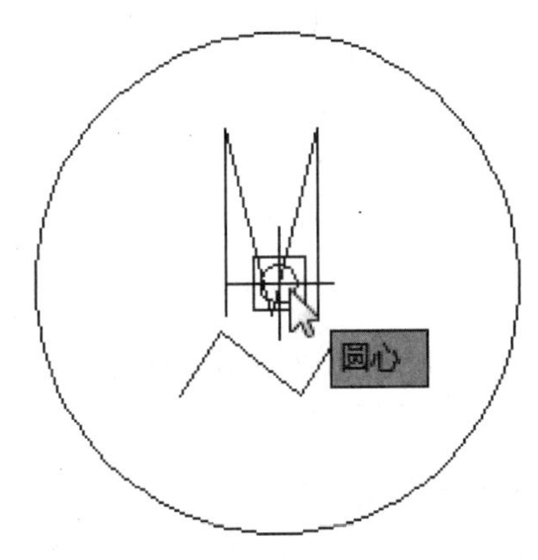

图 5-16　圆心捕捉标记

提示： 右击状态栏中的“对象捕捉”按钮，在打开的快捷菜单中包含所有对象捕捉模式。在草图设置对话框中同样可设置捕捉模式。其中各选项前方如果显示未选取状态，将会捕捉不到相应顶点，选择后可捕捉到相应顶点。例如未选择之前交点捕捉显示效果为 交点，选择后效果为 交点。

5.3.2　极轴追踪功能

使用极轴追踪功能，可以在绘图区中根据用户指定的角度，绘制具有一定角度的直线。

单击状态栏中的“极轴追踪”按钮，可开启或关闭极轴追踪功能。在使用极轴追踪功能绘制图形时，首先应设置极轴角度。在状态栏上右击“极轴追踪”按钮，在弹出的快捷菜单中选择【设置】选项，打开【草图设置】对话框，选择【极轴追踪】选项卡，如图 5-17 所示。

例如，利用极轴追踪功能绘制一条角度为 45°、长度为 40 的直线，可在【极轴追踪】选项卡中，勾选【启用极轴追踪】复选框，在【极轴角设置】选项组的【增量角】下拉列表卡中选择 15，单击【确定】按钮，完成极轴角设置。单击【直线】命令，完成倾斜直线的绘制，如图 5-18 所示。

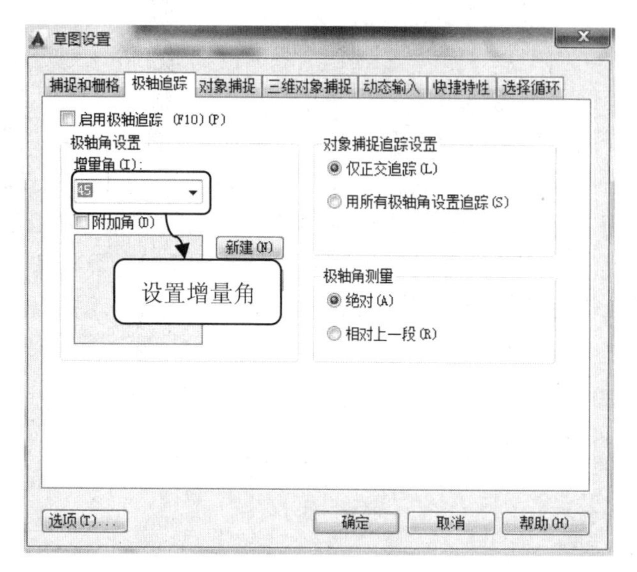

图 5-17　【极轴追踪】选项卡

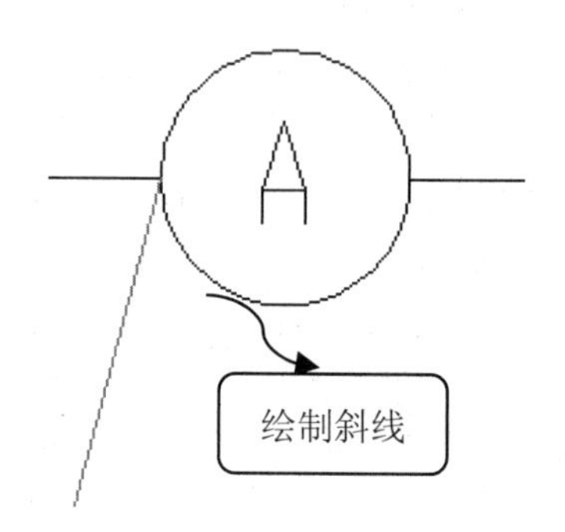

图 5-18　绘制斜线

5.3.3　对象捕捉追踪功能

对象捕捉追踪功能是对象捕捉与追踪功能的结合，其使用方法是：在执行绘图命令后，将十字光标移动到图形对象的特征点上，当出现对象捕捉标记时，移动十字光标，将出现对象追踪线，此时即可将拾取的点锁定在该追踪线上。

对象捕捉追踪功能主要有两种方式，即仅正交追踪和极轴角追踪，其设置方法是：在【草图设置】对话框的【极轴追踪】选项卡中，选择【对象捕捉追踪设置】选项组的相应选项。两个选项的含义如下。

- 仅正交追踪：选中该单选按钮，启用对象捕捉追踪时将显示获取对象捕捉点的正交（水平/垂直）对象捕捉追踪路径，如图 5-19 所示。
- 用所有极轴角设置追踪：选中该单选按钮，启用对象捕捉追踪时，将从对象捕捉点起，沿极轴对齐角度进行追踪，如图 5-20 所示。

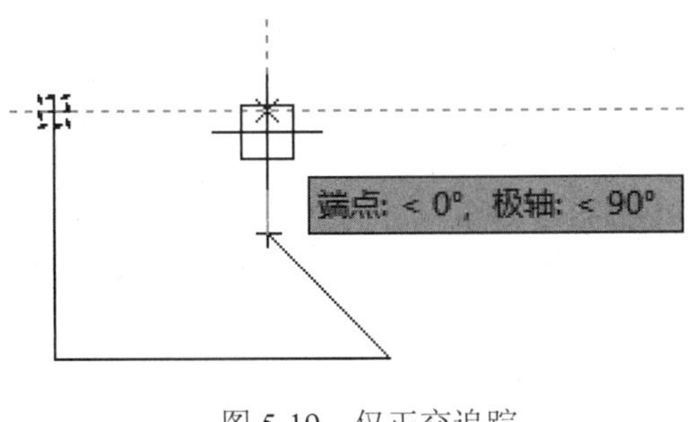

图 5-19　仅正交追踪

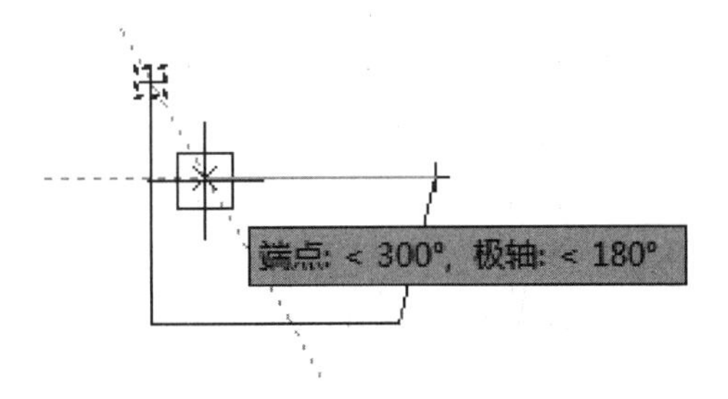

图 5-20　用所有极轴角设置追踪

5.3.4　案例——绘制气缸供气系统图

本案例绘制气缸供气系统图，过程中将会涉及多种线型模块的绘制，一般是先将模块绘制好后再进行组装，操作步骤如下。

Step01：新建一个文件，单击【默认】|【图层】|【图层特性】命令，打开【图层特性管理器】选项板。将“0”图层的线宽设置为 0.30 毫米，如图 5-21 所示。然后启动【显示线宽】模式。

Step02：执行【多段线】命令，右击“极轴追踪”按钮，在【草图设置】对话框的【极轴追踪】选项卡下，将增量角设置为 30，单击【确定】按钮。绘制边长为 25 的等边三角形，如图 5-22 所示。此时命令行提示内容如下。

命令: _pline

```
指定起点:                                                        （指定一点）
当前线宽为 0.0000
指定下一个点或 [圆弧(A)/半宽(H)/长度(L)/放弃(U)/宽度(W)]: 25            （绘制竖线）
指定下一点或 [圆弧(A)/闭合(C)/半宽(H)/长度(L)/放弃(U)/宽度(W)]: 25  （利用极轴追
                                                      踪绘制夹角为 30 的斜线）
指定下一点或 [圆弧(A)/闭合(C)/半宽(H)/长度(L)/放弃(U)/宽度(W)]: c    （选择【闭合】
                                                                  选项）
```

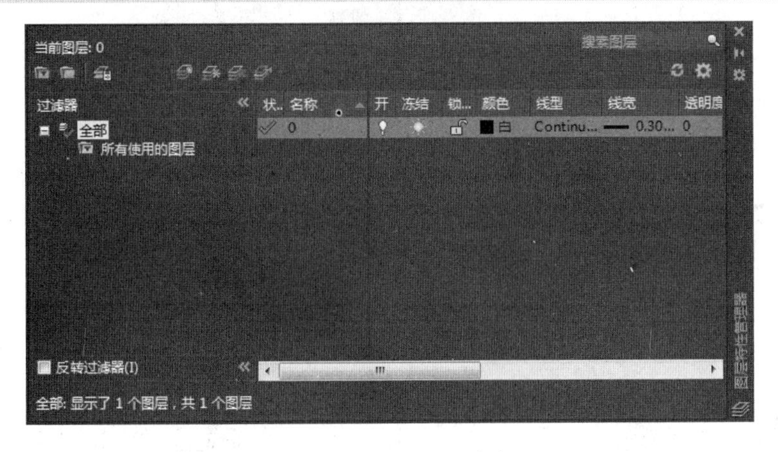

图 5-21　设置线宽

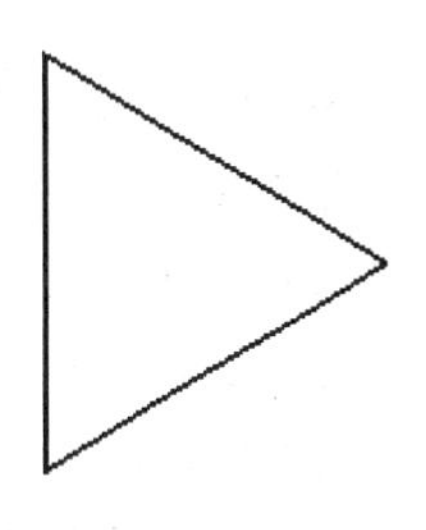

图 5-22　绘制三角形

Step03：执行【直线】命令，以三角形右边的端点为起点，向右绘制一个长度为 10 的水平线段，如图 5-23 所示。

Step04：选取整个气源图形对象，执行【创建】命令，打开【块定义】对话框。在【名称】文本框中将其命名为【气源】，单击【拾取点】按钮，指定一点，然后单击【确定】按钮即可创建气源块对象，如图 5-24 所示。

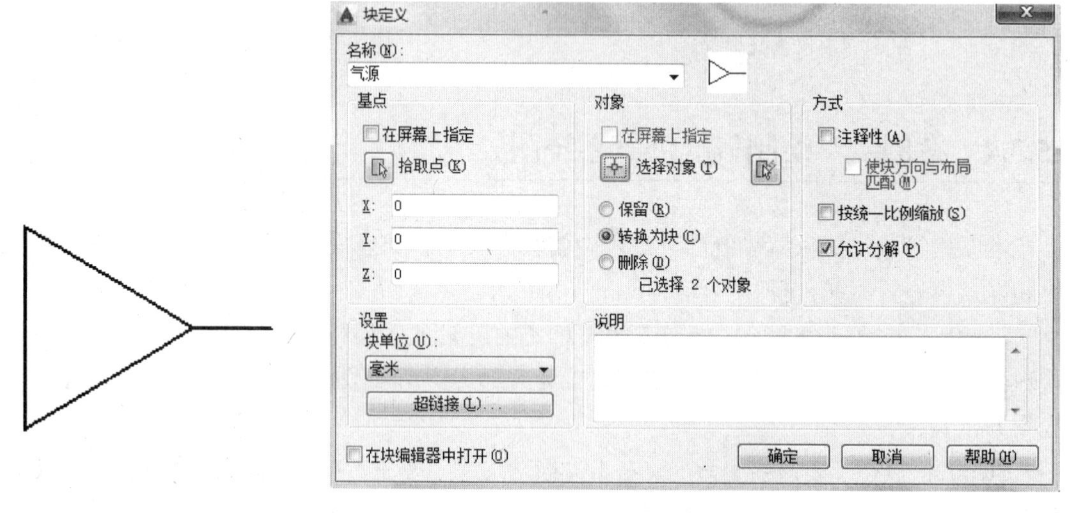

图 5-23　绘制直线

图 5-24　气源块参数

Step05：执行【矩形】命令，绘制一个边长为 30 的正方形，如图 5-25 所示。

Step06：执行【旋转】命令，将正方形旋转 45°。执行【直线】命令绘制直线并连接下面两边的中点，如图 5-26 所示。

图 5-25　绘制正方形

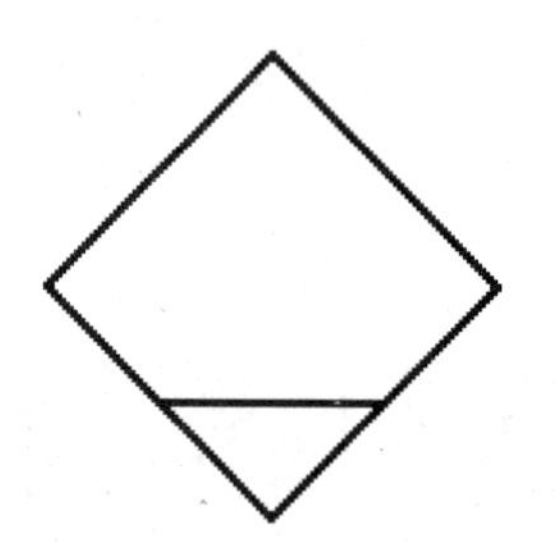

图 5-26　绘制直线

Step07：单击【默认】|【特性】|【线宽】下拉按钮，选择【其他】选项，打开【线型管理器】对话框。单击【加载】按钮，打开【加载或重载线型】对话框，选择所需线型，单击【确定】按钮，如图 5-27 所示。

Step08：返回上一对话框，选择刚加载的线型，依次单击【当前】、【确定】按钮即可，如图 5-28 所示。

Step09：执行【直线】命令，以水平线段的中点为端点绘制一条垂直线段，如图 5-29 所示。

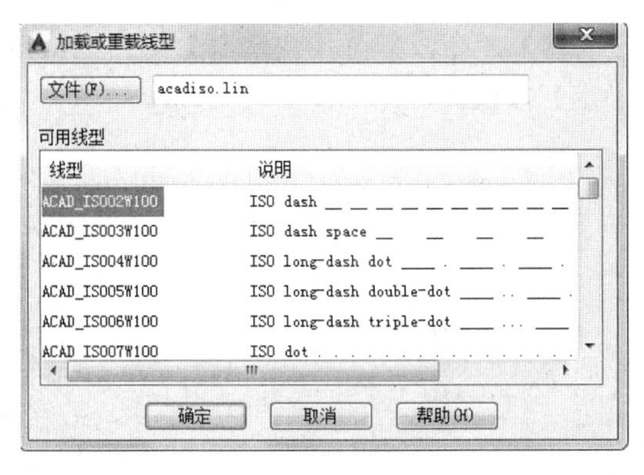

图 5-27　选取线型

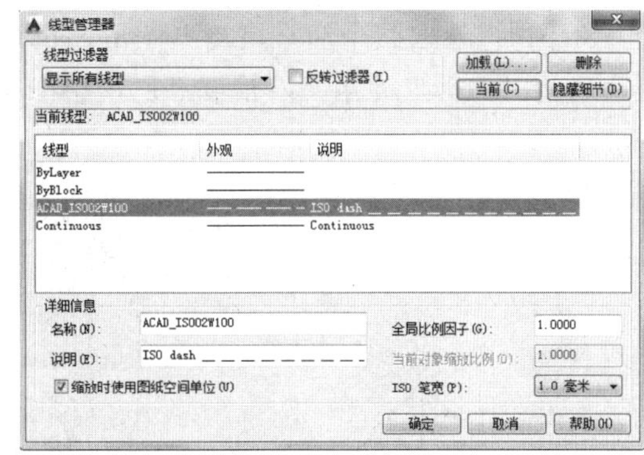

图 5-28　加载线型

Step10：单击【默认】|【特性】|【线宽】下拉按钮，选择【ByLayer】选项，然后执行【直线】命令，为过滤器两端分别添加长度为 15 的水平线段，如图 5-30 所示。这样水雾过滤器符号就绘制完成了。

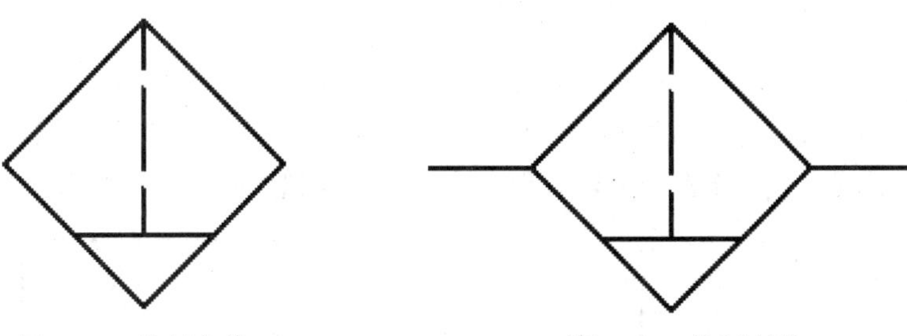

图 5-29　绘制直线　　　　图 5-30　绘制直线

Step11：选取整个水雾过滤器图形，执行【创建】命令，打开【块定义】对话框，将其命名为“水雾过滤器”，拾取点后，单击【确定】按钮即可，如图 5-31 所示。

Step12：执行【矩形】命令，绘制一个边长为 30 的正方形。执行【旋转】命令将正方形旋转 45°，如图 5-32 所示。

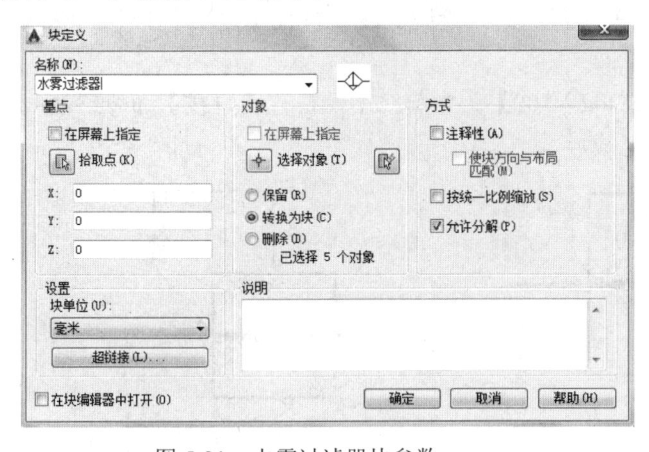

图 5-31　水雾过滤器块参数

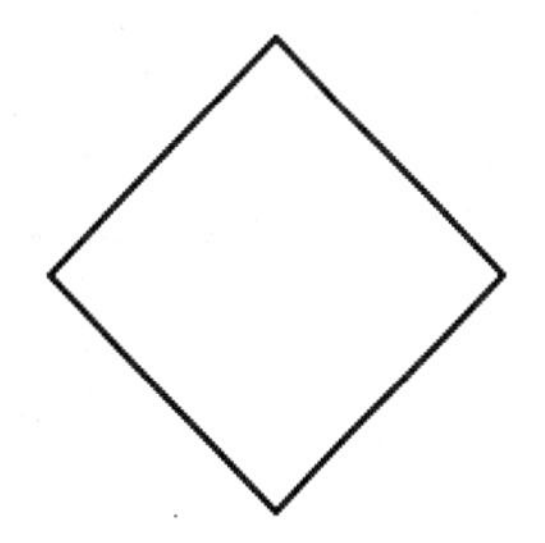

图 5-32　旋转正方形

Step13：执行【直线】命令，绘制一个长为 10 的垂直线段，然后在正方形的两边添加长为 15 的水平直线，如图 5-33 所示。油雾过滤器符号完成。

Step14：选取整个油雾过滤器图形，执行【创建】命令，打开【块定义】对话框，将其命名为“油雾过滤器”，拾取点后，单击【确定】按钮即可，如图 5-34 所示。

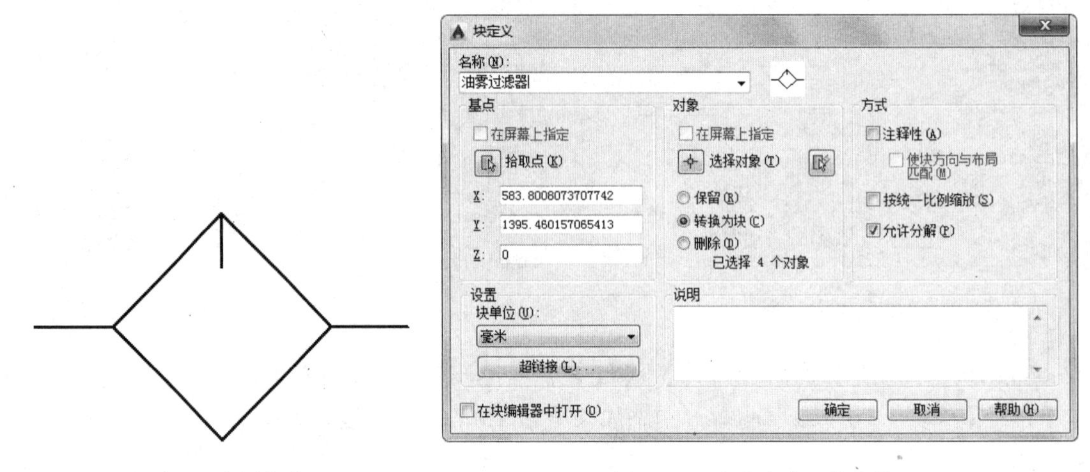

图 5-33　绘制直线　　　　图 5-34　油雾过滤器块参数

Step15：执行【矩形】命令，绘制一个边长为 30 的方形。执行【直线】命令经过方形左右边的中点绘制 3 条线段，长度依次为 15、30 和 15，如图 5-35 所示。

Step16：执行【多段线】命令，以方形右边的中点为起点向左绘制箭头，如图 5-36 所示。

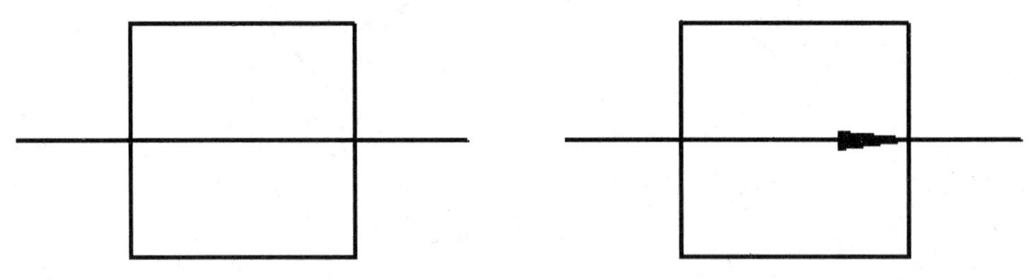

图 5-35　绘制直线　　　　图 5-36　绘制箭头

Step17：执行【直线】命令，关闭正交模式绘制斜线。执行【复制】命令，向下复制底部线段，如图 5-37 所示。

Step18：选择线型【ACAD_ISO02W100】为当前线型，执行【直线】命令绘制线段，如图 5-38 所示。减压阀符号绘制完成。

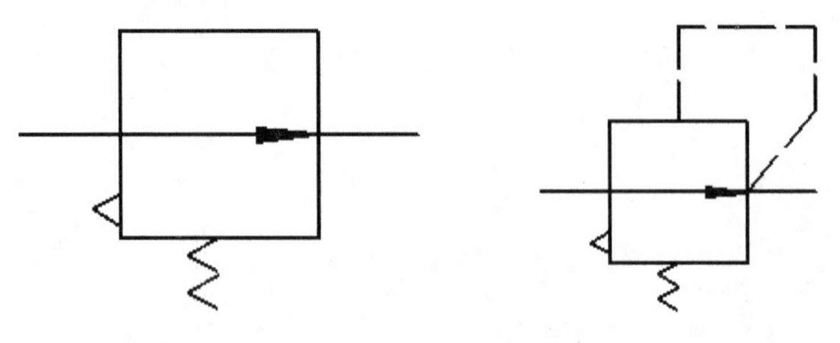

图 5-37　绘制线段　　　　图 5-38　绘制虚线

Step19：选取整个减压阀图形，执行【创建】命令，打开【块定义】对话框，将其命名为“减压阀”，拾取点后，单击【确定】按钮即可。

Step20：执行【移动】命令，将绘制好的模块进行连接，如图 5-39 所示。

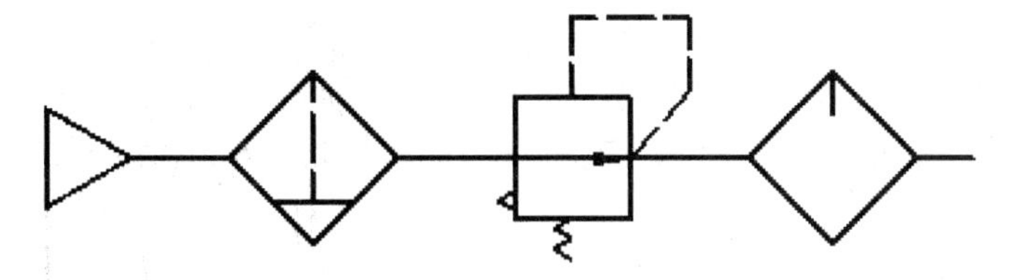

图 5-39　连接各个块

Step21：执行【插入】|【块】命令，打开【插入】对话框，选择常开二位二通电磁阀，插入到当前图形中，并放置于合适的位置。然后执行【多段线】命令，为气路系统添加方向，如图 5-40 所示。

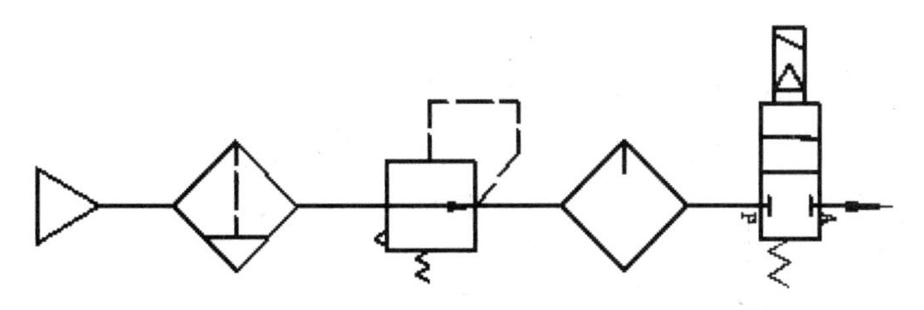

图 5-40　添加方向

Step22：打开【文字样式】对话框，将字体设为宋体，字高为 6，依次单击【应用】、【置为当前】、【关闭】按钮即可。执行【多行文字】命令，为气路系统添加文字说明，如图 5-41 所示。气缸供气系统图绘制完成，如图 5-42 所示。

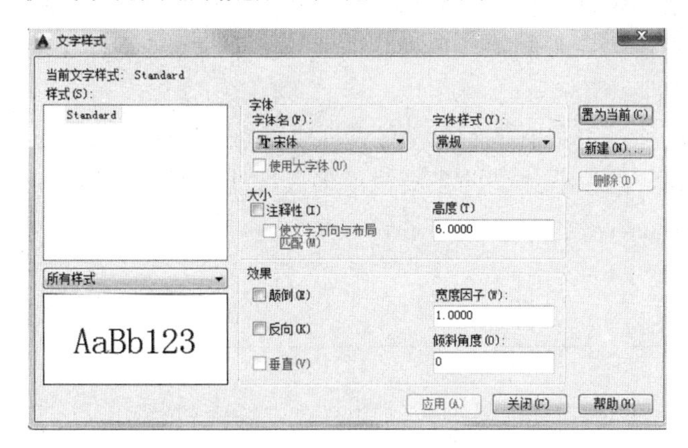

图 5-41　文字样式

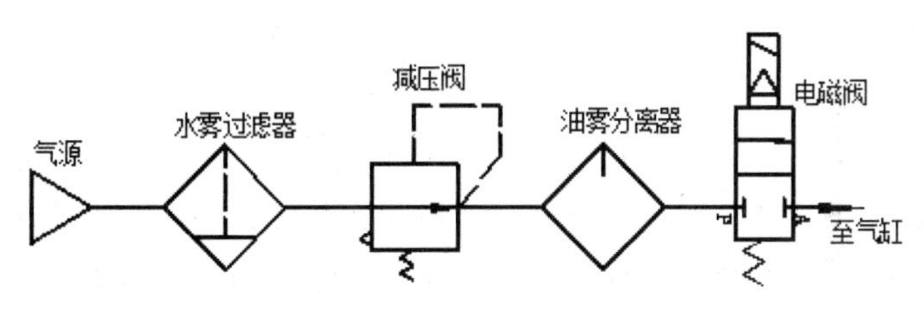

图 5-42　气缸供气系统图

5.4 对象约束

参数化绘制图形，即利用几何约束方式绘制图形，如将线条限制为水平、垂直、同心以及相切等特性，从而可以快速对图形对象进行编辑处理，更好地完成图形的绘制。

5.4.1 几何约束

几何约束即几何限制条件。在动能区选项板处选择【参数化】选项卡，在【几何】面板中单击相应的几何约束命令即可对图形对象进行限制。各命令的作用如下。

- 重合：在绘图区中分别选择图形的两个特征点，即可将选择的两个点进行重合。
- 共线：共线约束强制使两条直线置于同一无限长的直线上。
- 同心：同心约束强制使选定的圆、圆弧或椭圆保持同一中心点。
- 固定：固定约束使一个点或一条曲线固定到相对于世界坐标系（WCS）的指定位置和方向上。
- 平行：平行约束强制使两条直线保持相互平行。
- 垂直：垂直约束强制使两条直线或多段线线段的夹角保持 90°。
- 水平：水平约束强制使两条直线保持平行。
- 竖直：竖直约束强制使一条直线或一对点与当前 UCS 的 X 轴保持平行。
- 相切：相切约束强制使两条曲线保持相切或与其延长线保持相切。
- 平滑：平滑约束强制使一条样条曲线与其他样条曲线、直线、圆弧或多段线保持几何连续性。
- 对称：对称约束强制使对象上的两条曲线或两个点关于选定直线保持对称。
- 相等：相等约束强制使两条直线或多段线线段具有相同长度，或强制使圆弧具有相同半径值。

5.4.2 标注约束

标注约束主要用于对所选对象进行约束。通过约束尺寸可以达到移动线段位置的目的。标注约束的操作方法与尺寸标注大致相同，需要指定对象上的两个点，然后输入约束尺寸，程序即可对所选线段进行约束。

1. 线性约束

线性约束可以将对象沿水平方向或竖直方向进行约束。如果所选对象的两个参考点是在同一直线上，那么只能沿水平或竖直方向进行移动；只有所选对象的两个点不在同一直线上，尺寸线的方向才能沿水平和竖直方向移动，如图 5-43、图 5-44 所示。

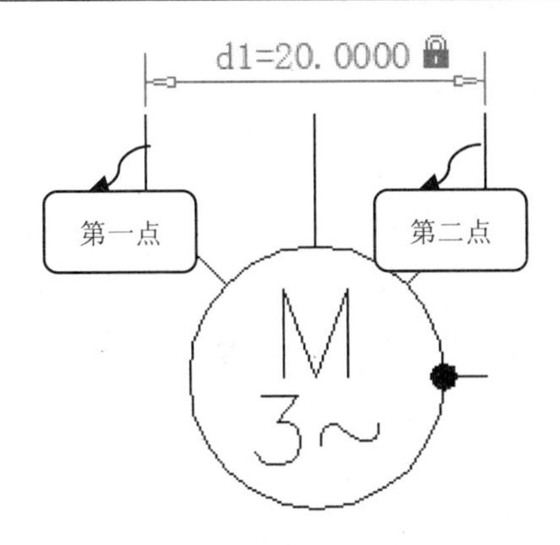

图 5-43 参考点在同一直线上

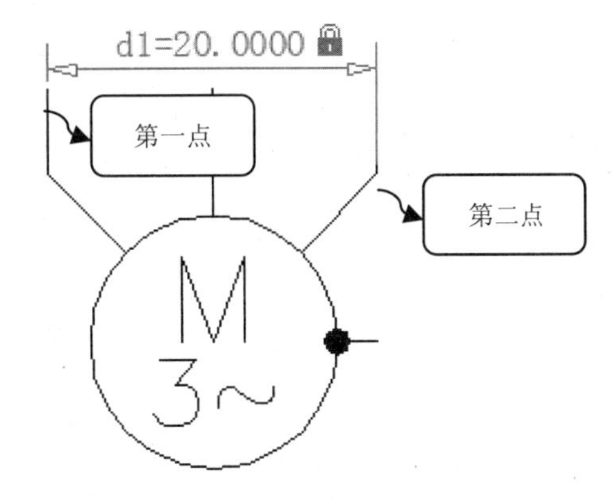

图 5-44 参考点不在同一直线上

在选择约束对象的两个点后，指定一个方向作为尺寸线的放置方向，此时尺寸为可编辑状态，并显示当前测量出的值，如图 5-45 所示。重新输入尺寸值后按回车键，程序自动将选择的对象进行锁定，并将对象按指定的距离值进行移动，如图 5-46 所示。

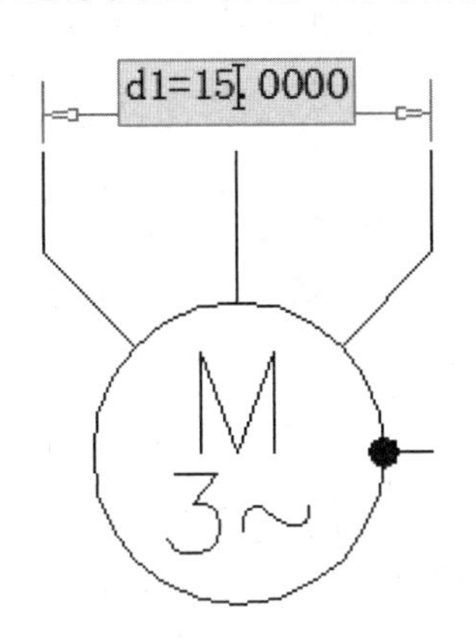

图 5-45 显示数值

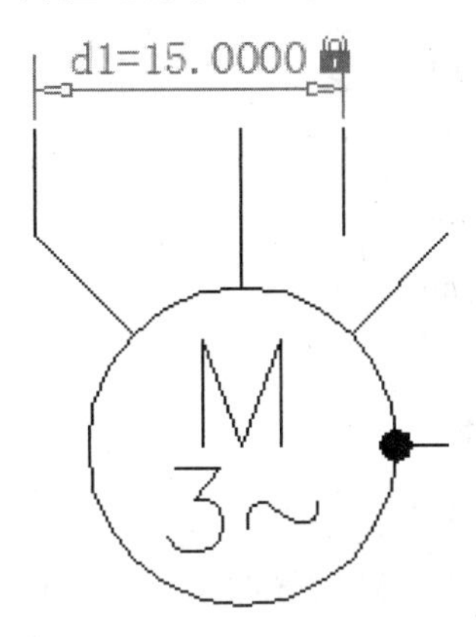

图 5-46 线性约束标注

2. 水平约束

水平约束可以将所选对象的尺寸线沿水平方向进行移动，而不能沿竖直方向移动。

3. 竖直约束

竖直约束只能将约束对象的尺寸线沿竖直方向进行移动，而不能沿水平方向进行移动。

4. 对齐约束

用于对不在同一直线上的两个点对象进行约束，如图 5-47、图 5-48 所示。

5. 半径、直径约束

半径约束用于对圆的半径进行约束，如图 5-48 所示。直径约束则是对圆或圆弧的直径值进行约束，如图 5-49 所示。

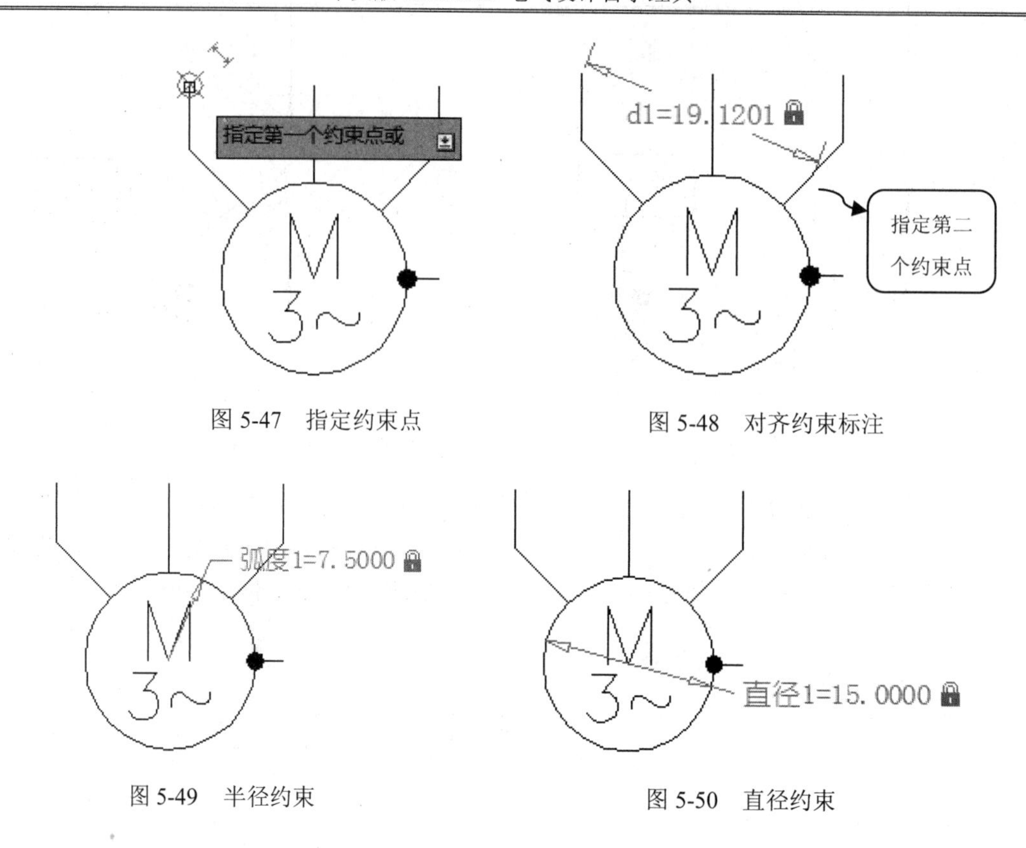

图 5-47　指定约束点

图 5-48　对齐约束标注

图 5-49　半径约束

图 5-50　直径约束

6. 角度约束

角度约束用于对两条直线之间的角度进行约束。在【标注】面板中单击【角度】按钮，然后在绘图窗口中分别选择两条直线，程序将自动对两条直线之间的角度进行约束，如图 5-51、图 5-52 所示。

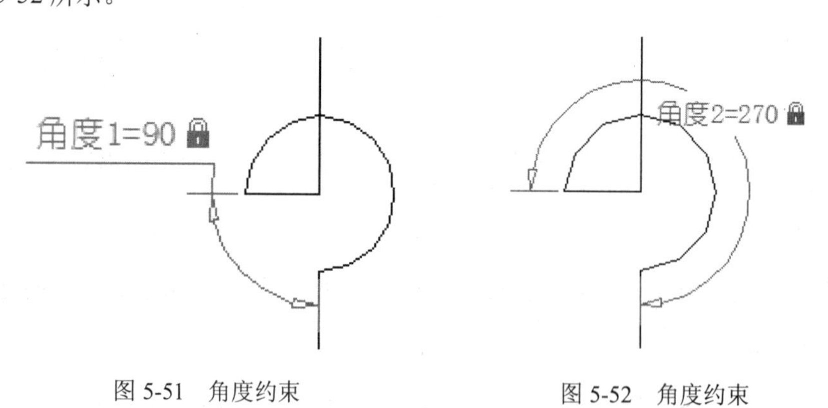

图 5-51　角度约束

图 5-52　角度约束

7. 转换

可以将已经标注的尺寸转换为标注约束。在【参数化】选项卡下的【标注】面板中单击【转换】按钮，然后在绘图窗口中选择一个要进行转换的尺寸，此时该尺寸为可编辑状态。输入新尺寸后，按回车键，即可完成标注尺寸的约束，如图 5-53、图 5-54 所示。

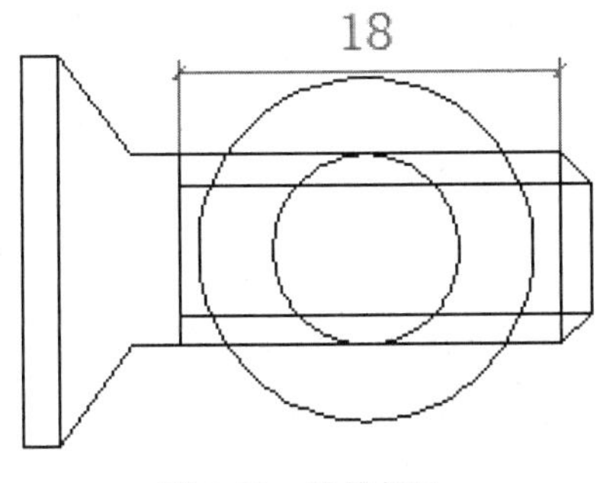

图 5-53　转换标注

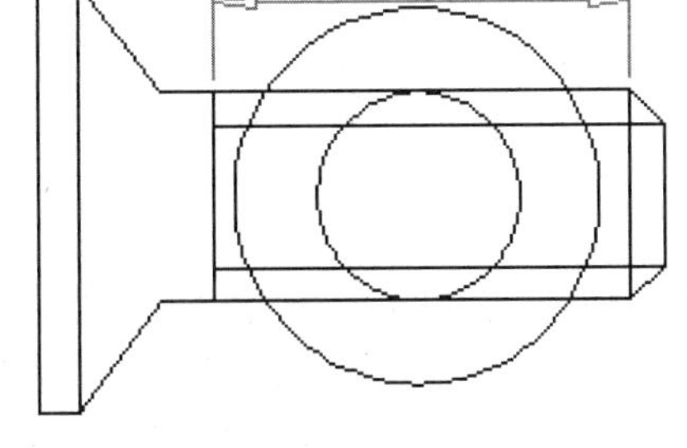

图 5-54　转换标注效果

5.5　缩放与平移

在 AutoCAD 中绘制比较大的图形时，需要对其局部进行放大，才能更好地进行编辑。在完成编辑后，要观察绘图的整体效果，这时应将图形缩小以使其能全部显示。

5.5.1　缩放视图

缩放视图可以增加或减少图形对象的屏幕显示尺寸，以便观察图形的整体结构和局部细节。缩放视图不改变对象的真实尺寸，只改变显示的比例。执行缩放命令主要有以下几种方法。

- 执行【视图】|【缩放】命令下的子命令。
- 在功能区选项板中执行【视图】面板的【二维导航】|【范围】命令以及下拉按钮中的命令。
- 在绘图区单击鼠标右键，选择快捷菜单的【缩放】命令。
- 在命令行中执行“ZOOM”或“Z”命令。

在使用“ZOOM”命令对图形进行缩放的过程中，命令提示行中各选项的含义如下。

- 全部：在当前窗口中显示全部图形。如果绘制的图形超出了图形界限以外，则以图形的边界所包括的范围进行显示。
- 中心：以指定的点为中心进行缩放，然后相对于中心点指定比例缩放视图。
- 动态：对图形进行动态缩放。将鼠标指针移动到所需位置，单击并拖动鼠标缩放当前视区框，按回车键即可将当前视区框内的图形以最大化显示。
- 范围：将当前窗口中的所有图形尽可能大地显示在屏幕上。
- 上一个：返回前一个视口。当使用其他选项对视图进行缩放后，需要还原前一个视图时，可直接选择此选项。
- 比例：根据输入的比例值缩放图形。
- 窗口：选择该选项后，可以使用鼠标指定一个矩形区域，在该范围内的图形对象将最大化地显示在绘图区。
- 对象：选择该选项后，再选择需要显示的图形对象，则选择的图形对象将尽可能大地显示在屏幕上。
- 实时：为默认选择的选项，执行“ZOOM”命令后即使用该选项。选择该选项后将在屏幕上出现一个🔍形状的光标，按住鼠标左键不放向上移动则放大视图，向下移动则缩小视图，按退出或回车键可以退出该命令工作状态。

5.5.2 平移视图

使用 AutoCAD 2015 在绘制图形的过程中，由于某些图形比较大，在放大进行绘制及编辑时，其余图形对象将无法显示。如果要显示绘图区边上或绘图区外的图形对象，但是不想改变图形对象的显示比例时，则可以使用平移视图功能，移动视图窗口内的可见区域。执行此命令的主要方法有如下几种。

- 执行【视图】|【平移】命令下的子命令。
- 在功能区选项板中执行【视图】面板的【二维导航】|【平移】命令。
- 在绘图区单击鼠标右键，从快捷菜单中选择【平移】命令。
- 在命令行中执行“PAN”或“P”命令。

在执行【视图】|【平移】命令时，又可分为【实时平移】和【定点平移】两种，其各自的含义如下。

- 实时平移：光标形状变成为手形，按住鼠标左键拖动可使图形的显示位置随鼠标向同一方向移动。
- 定点平移：通过指定平移起始基点和目标点的方式进行平移。

5.6 查询图形对象信息

通过查询命令查询对象的面积、周长和距离等信息，有助于用户了解图形对象之间的距离、位置以及图形的面积和周长等图形特征，继而进行编辑操作。

5.6.1 距离查询

距离查询用于测量两个点之间的最短长度值。距离查询是最常用的查询方式。在使用距离查询工具时候，只需指定要查询距离的两个端点，程序将自动显示出两点之间的距离。执行【工具】|【查询】|【距离】命令，在需查询图形上选择要测量距离的起点和终点，如两个圆的圆心点，程序将自动显示出此两点间的距离，如图 5-55、图 5-56 所示。

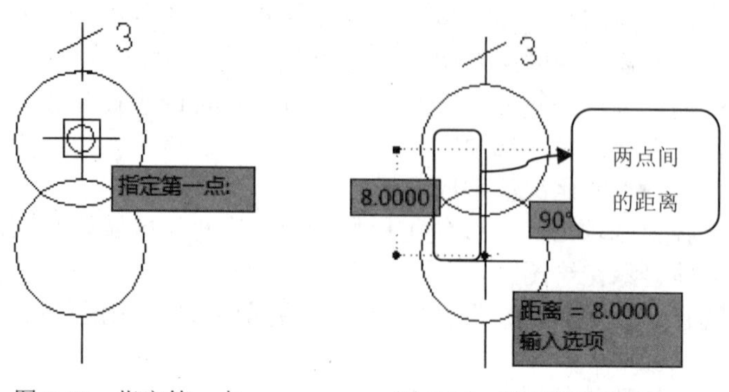

图 5-55　指定第一点　　　　图 5-56　两点间的距离

5.6.2　半径查询

半径查询主要用于查询圆或圆弧的半径或直径值。执行【工具】|【查询】|【半径】命令，在绘图窗口中，选择要进行查询的圆，此时程序将自动查询出圆或圆弧的半径和直径值，如图 5-57、图 5-58 所示。

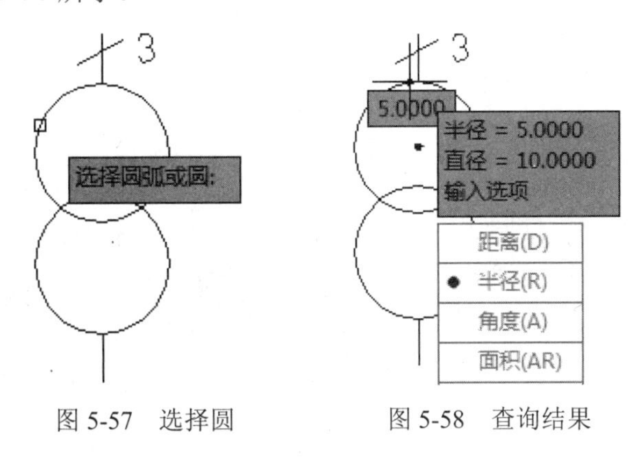

图 5-57　选择圆　　　　图 5-58　查询结果

5.6.3　角度查询

角度查询用于测量两条线段之间的夹角度数。执行【工具】|【查询】|【角度】命令，在绘图区中，选择所要查询角度的弧线，此时程序将自动测量出弧线的夹角度数，如图 5-59、图 5-60 所示。

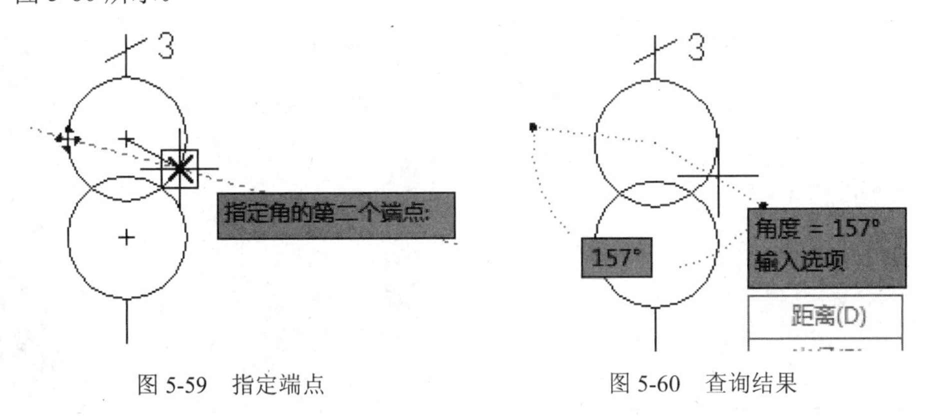

图 5-59　指定端点　　　　图 5-60　查询结果

5.6.4　面积/周长查询

执行【面积】命令，可求以若干个点为顶点的多边形区域，或由指定对象所围成区域的面积与周长，还可以进行面积的加、减运算。在菜单栏中执行【工具】|【查询】|【面积】命令，根据命令行的提示，选择所需测量图形面的 4 个顶点，按回车键，即可显示面积值，如图 5-61、5-62 所示。

在执行【面积】命令并选择对象时，用户可选择圆、椭圆、二维多段线、矩形、样条曲线、面域等。对于带有宽度的多段线，其面积按多段线的中心线计算。对于非封闭的多段区域或样条曲线，在执行命令后，AutoCAD 会先假设用一条直线将其首尾相连，然后再求所围成区域的面积，但计算出来的长度是该多段线或样条曲线的实际长度。

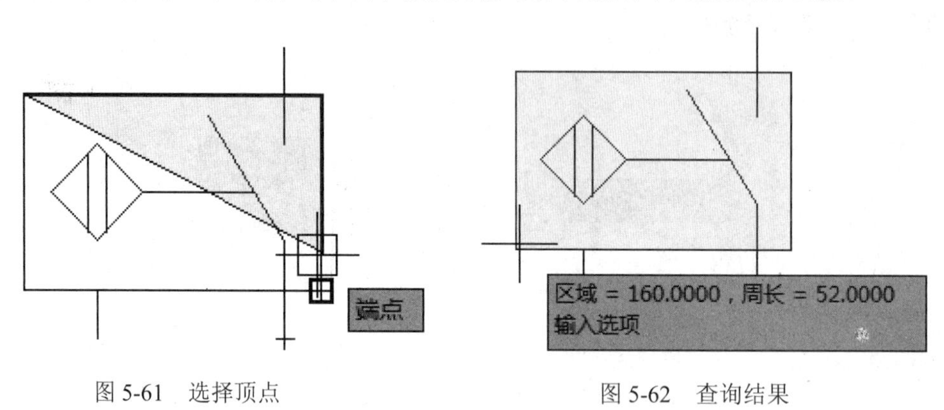

图 5-61　选择顶点　　　　图 5-62　查询结果

5.6.5　面域/质量查询

在菜单栏中，执行【工具】|【查询】|【面域/质量特性】命令，根据命令行的提示，选择图形对象，如图 5-63 所示，按回车键，将弹出【AutoCAD 文本窗口】，显示图形对象的质量特性，如图 5-64 所示。输入“Y”并按回车键，可将其结果保存。

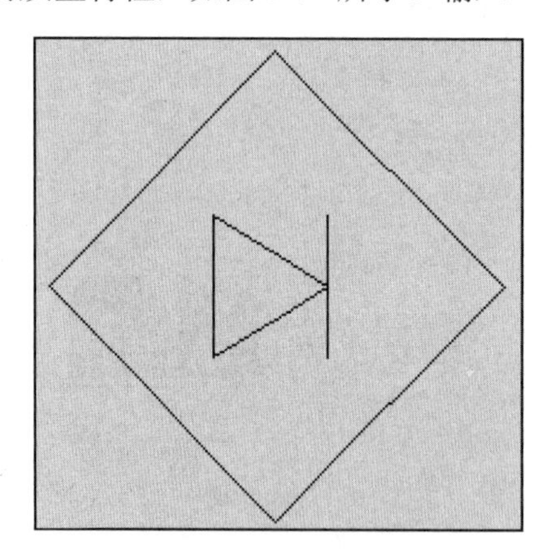

图 5-63　选择图形对象

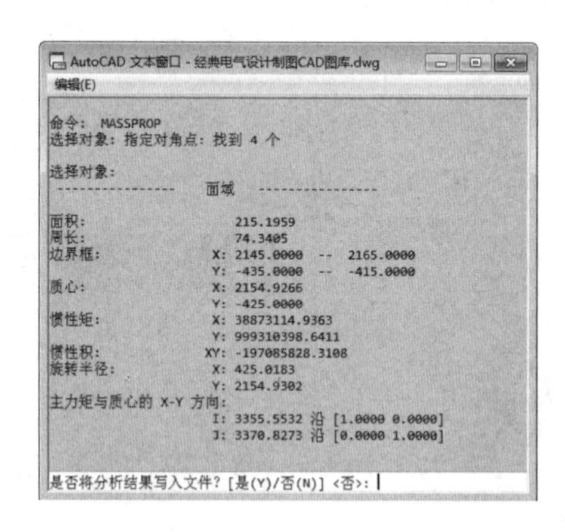

图 5-64　AutoCAD 文本窗口

5.7　案例——绘制蜂鸣器符号

此案例将绘制一个蜂鸣器符号，其具体的绘制步骤如下。

Step01：新建文件，执行【直线】命令，开启正交模式，水平方向绘制长度为 15 的直线。如图 5-65 所示。

Step02：执行【圆弧】|【起点、端点、角度】命令，以左边顶点为起点向右绘制角度为 180° 圆弧，如图 5-66 所示。

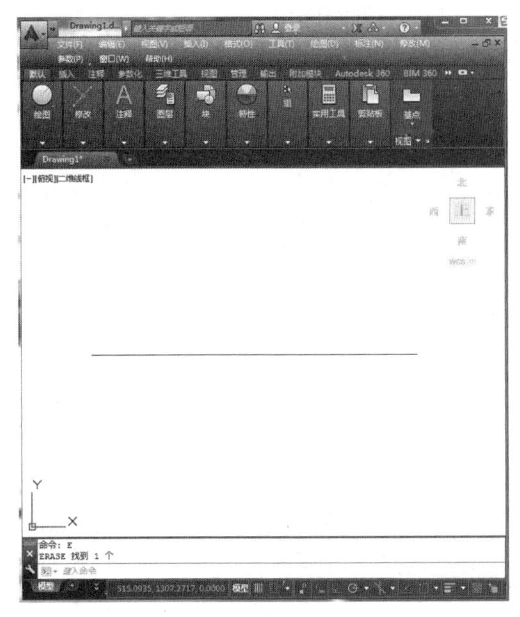

图 5-65　绘制直线

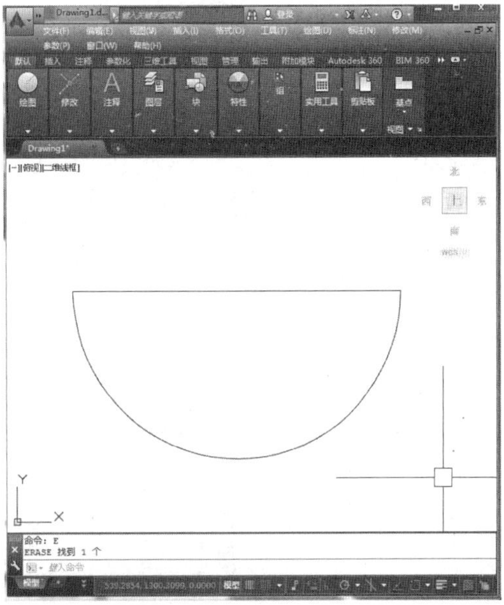

图 5-66　绘制圆弧

Step03：执行【直线】命令，沿着圆弧中心点向下绘制长度为 15 的直线，如图 5-67 所示。

Step04：执行【偏移】命令，将直线分别向左和向右偏移 4，并删除中间直线，如图 5-68 所示。

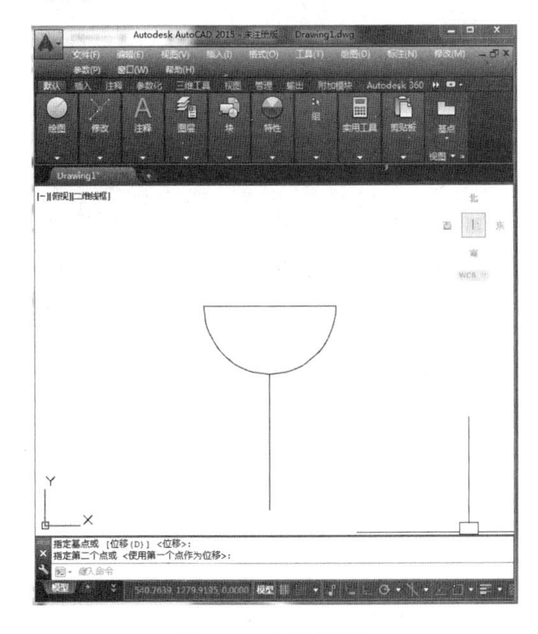

图 5-67　绘制直线

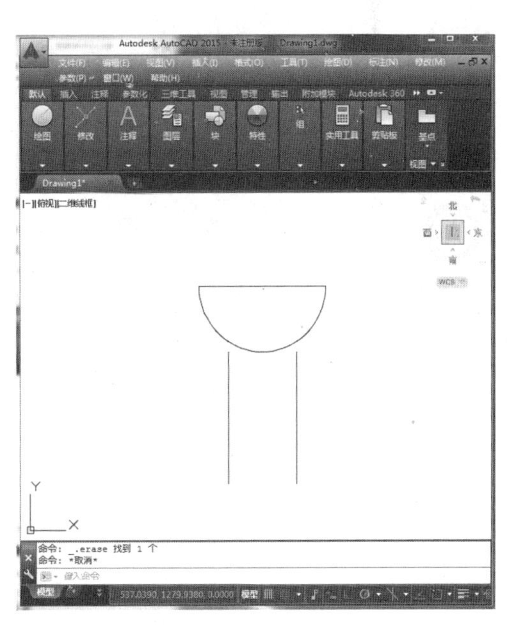

图 5-68　偏移直线

Step05：执行【延伸】命令，选择圆弧作为边界，选择直线上端延伸直线，如图 5-69 所示。蜂鸣器符号绘制完成。

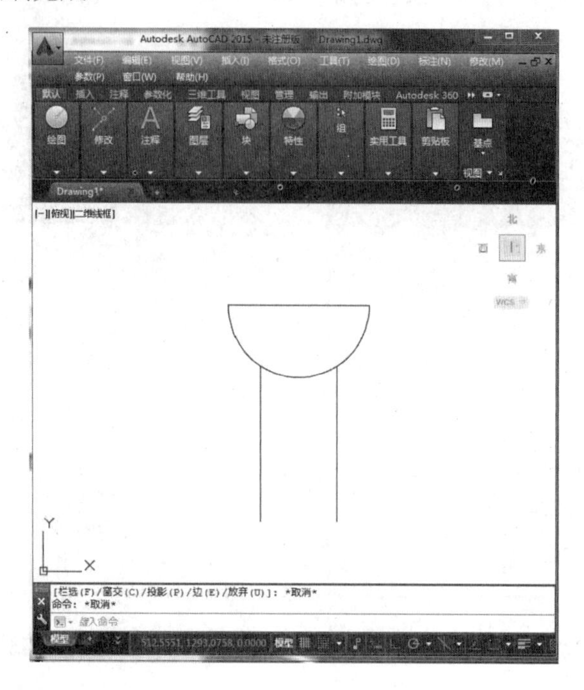

图 5-69　延伸直线

第6章　图块、设计中心与外部参照

在绘制图形的过程中，常常需要绘制相同的图形。绘制这些相同图形时，如果是在一个文件中，可以使用复制等编辑命令；如果在不同的文件中，则可以先将其定义为图块，再通过插入图块的方法快速地完成相同或相似图形的绘制。本章主要介绍图块的插入、属性编辑，以及使用外部参照、设计中心和设置图块等内容。

6.1　插入图块

图块是一个或多个图形对象组成的对象集合，它是一个整体，多用于绘制重复或复杂的图形。将几个对象组合成图块后，就可根据绘图的需要将这组对象插入到绘图区中，并可对图块进行缩放和旋转等操作。

6.1.1　创建图块

创建图块包括创建内部图块和创建外部图块两类。

1. 创建内部图块

使用【块定义】工具创建的图块将保存在定义该块的图形文件中，只能是在定义块的文件中使用，而其他文件无法调用该块。也就是说，将一个或多个对象整体定义为新的对象，定义的这个对象即为块。块保存在图形文件中，故又称内部块。

单击【默认】|【块】|【创建】命令，打开【块定义】对话框，如图6-1、图6-2所示。

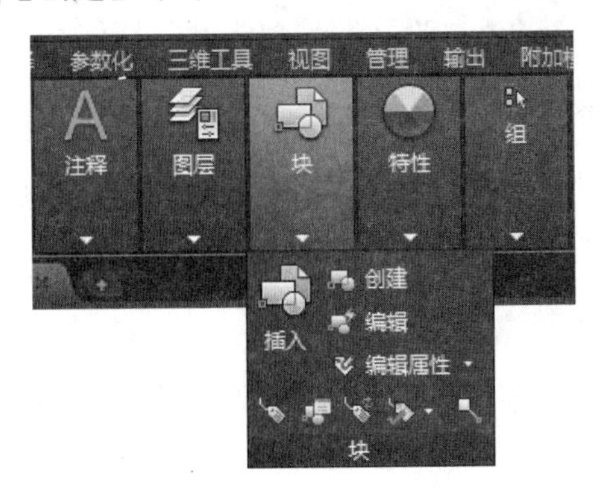

图6-1　单击【创建】命令

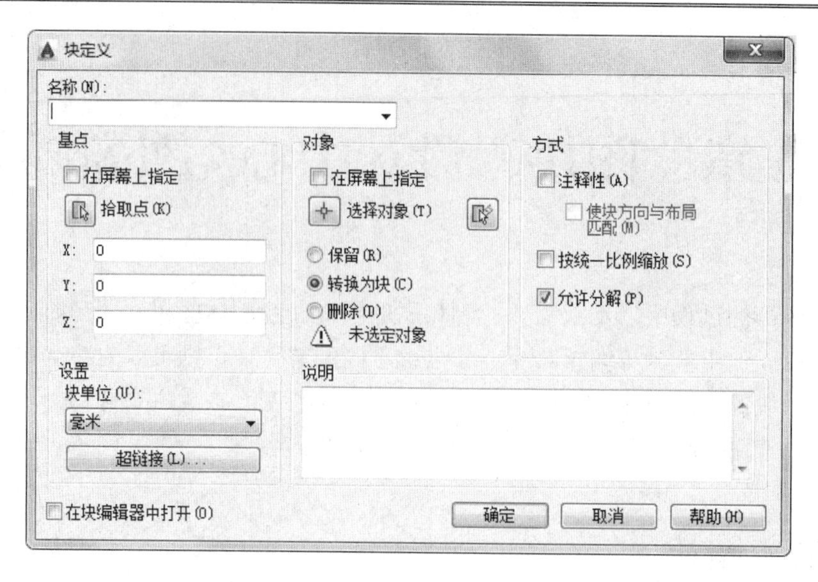

图 6-2 【块定义】对话框

在【块定义】对话框中，各主要选项组含义如下。

- 名称：该选项组用于指定块的名称。用户可以在下拉列表框中输入图块的名称，名称最多可以包含 255 个字符，可输入的字符包括字母、数字、空格等。当图形中包含多个图块时，还可以在下拉列表框中选择已有的图块。
- 基点：该选项组用于指定图块的插入基点。系统默认的图块插入基点值为（0,0,0）。用户可直接在 X、Y 和 Z 数值框中输入坐标相对应的数值，也可以单击【拾取点】按钮，切换到绘图区中指定基点。
- 对象：该选项组用于指定新块中要包含的对象，以及创建块之后如何处理这些对象，如是否保留选定的对象，是否将它们转换成块等。
- 设置：该选项组用于指定图块的单位等设置。
- 方式：该选项组中可以设置插入后的图块是否允许被分解、是否按统一比例缩放等。
- 在块编辑器中打开：勾选该复选框，则当创建图块后，进入块编辑器窗口中可进行【参数】、【参数集】等选项的设置。
- 说明：该选项组用于指定图块的文字说明。在文本框中可以直接输入当前图块的说明。

创建块是将已有的图形定义成块的过程。用户可以创建自己的块，也可以使用设计中心和工具选项板提供的块。

2．创建外部图块

创建外部图块是将块、对象或者某些图形文件保存到独立的图形文件中，又称为外部块。它与内部图块的区别是，创建的图块作为独立文件保存，可以插入到任何的图形文件中去，并可以对图块进行打开和编辑。

在命令行中输入“WBLOCK”或“W”，并按回车键，将打开【写块】对话框，如图

6-3 所示。

该对话框提供了 3 种指定源文件的方式。选择【块】单选按钮，表示选择新图形文件由块创建，此时需在右侧下拉列表框中指定块，并在【目标】选项组指定一个图形名称及其具体位置；若选择【整个图形】单选按钮，则表示程序将使用当前的全部图形创建一个新的图形文件；如果选择【对象】单选按钮，则选择一个或多个对象以输出到新的图形中。

6.1.2　插入图块

创建图块之后，便可以根据情况调入图块，以加快图形绘制的速度。通过插入命令可以插入内部及外部图块。在中文版 AutoCAD 2015 中，插入图块有如下 3 种方法。

- 在命令行中输入“INSERT”并按回车键。
- 在菜单栏中执行【插入】|【块】命令。
- 单击【默认】|【块】|【插入】按钮。

使用以上任何一种方法，均可打开【插入】对话框，如图 6-4 所示。在该对话框中可以选择要插入的内部图块和外部图块。该对话框中的主要选项说明如下。

图 6-3 【写块】对话框

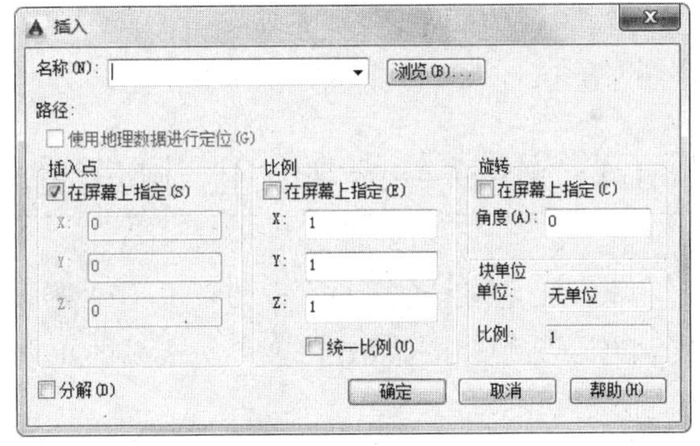

图 6-4 【插入】对话框

- 名称：在该下拉列表框中可选择或直接输入要插入的图块名称。
- 插入点：勾选【在屏幕上指定】复选框，由绘图光标在当前图形中指定图块插入位置；取消该复选框的勾选，可分别在 X、Y、Z 文本框中指定图块插入点的具体坐标。
- 比例：勾选【在屏幕上指定】复选框，插入图块时，将在命令提示行中出现提示信息后，指定各个方向上的缩放比例；取消该复选框的勾选，则在该组的 3 个文本框中输入图块 X、Y、Z 方向上的缩放比例。勾选【统一比例】复选框，则将图块进行等比例缩放。

- 旋转：勾选【在屏幕上指定】复选框，可以在插入图块时，根据命令提示行的提示设置旋转角度；取消该复选框的勾选，则【角度】文本框可用，用于设置图块插入到绘图区时的旋转角度。
- 分解：该复选框用于指定插入图块时，是否将其分解为原有的组合实体，而不再作为一个整体。

6.1.3 修改图块

若插入的图块不符合用户需要，可对该图块进行修改。通常在插入图块后，需将图块分解开来进行操作。因为在图形中使用的图块，是作为整体对象处理的，如果要进行修改，只能对整个块进行修改，所以必须用【分解】命令，将图块分解后，再进行单个的编辑和修改。

在 AutoCAD 2015 中，若想分解图块，可通过以下两种方法操作。

1. 在【插入】对话框中进行操作

在【插入】对话框中，勾选【分解】复选框，并单击【确定】按钮后，此时所插入的块仍保持原来的形式，但可对其中某个对象进行修改。

2. 使用【分解】命令

单击【修改】|【分解】命令，或在命令行中输入“X”并按回车键，即可将块分解为多个对象，可进行修改和编辑操作。

6.1.4 案例——绘制电压表测量线路图

电压表是固定在电力、电信、电子设置面板上的仪表，用来测量交、直流电路中的电压。电压表有 3 个接线柱，一个负接线柱，两个正接线柱。下面介绍电压表测量线路图的绘制步骤。

Step01：新建文件，执行【矩形】命令，绘制一个宽度为 3 的矩形，如图 6-5 所示。命令行内容如下。

```
命令： RECTANG
指定第一个角点或 [倒角(C)/标高(E)/圆角(F)/厚度(T)/宽度(W)]: w      （选择【宽度】选项）
指定矩形的线宽 <0.0000>: 3                                          （指定线宽）
指定第一个角点或 [倒角(C)/标高(E)/圆角(F)/厚度(T)/宽度(W)]:          （指定一点）
指定另一个角点或 [面积(A)/尺寸(D)/旋转(R)]: @65,32                  （输入“@65,32”）
```

Step02：执行【直线】命令，启动对象捕捉模式，捕捉矩形左边的中点向左 21 单位处为起点，经过矩形两端中心点绘制直线，然后捕捉矩形右边的中点，向右绘制长度为 21 的水平直线，如图 6-6 所示。将所绘图形创建成块，块名称为“电阻”。

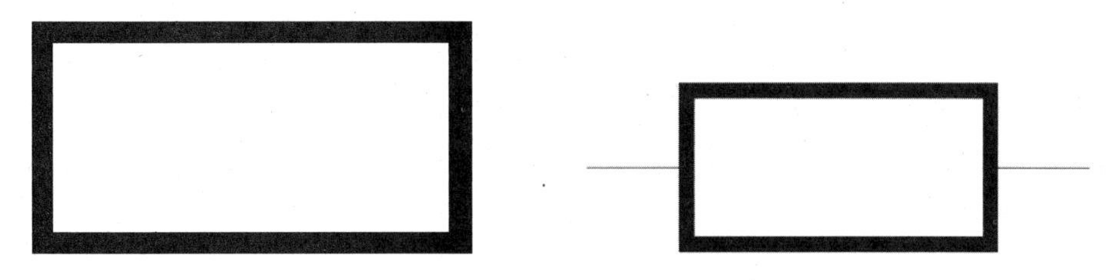

图 6-5　绘制矩形　　　　图 6-6　绘制直线

Step03：单击【块】|【创建】命令，打开【块定义】窗口，选择对象，选择转换为块，命名为电阻，如图 6-7 所示。

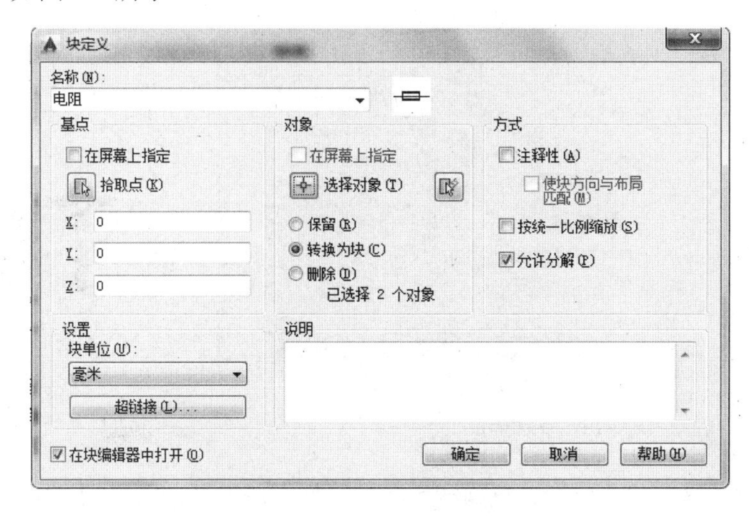

图 6-7　创建块

Step04：单击【注释】|【文字】选项，在相应面板单击右下角的按钮，打开【文字样式】对话框，新建“数字字母”和“宋体”两个样式，设置对应的字体分别为 Arial 和宋体，将“数字字母”样式置为当前样式，如图 6-8 所示。

Step05：执行【圆】命令，绘制一个半径为 21 的圆，如图 6-9 所示。

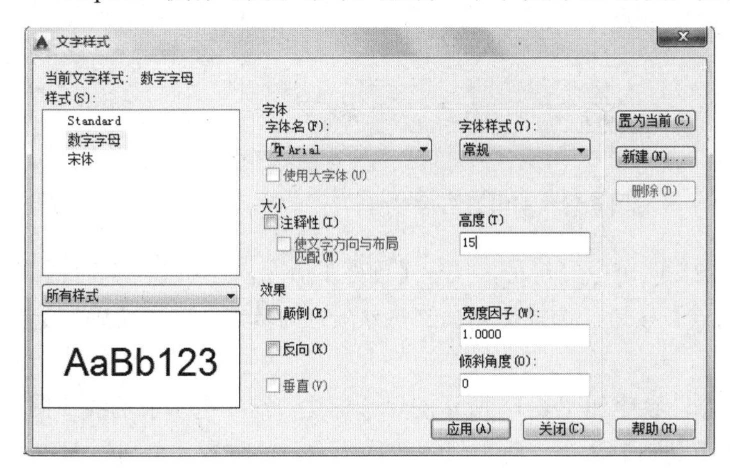

图 6-8　设置文字样式

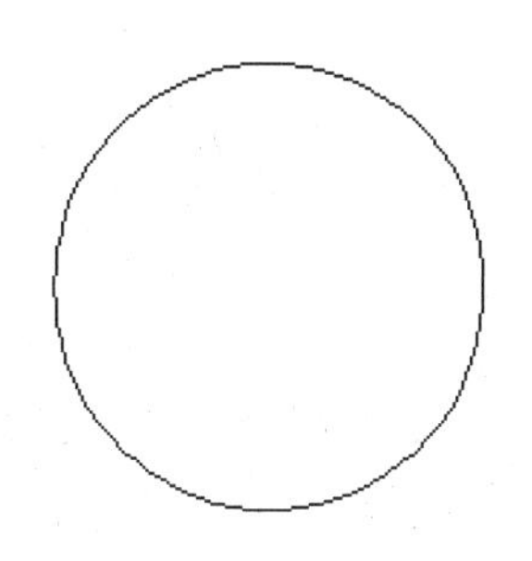

图 6-9　绘制圆

Step06：单击【插入】|【块定义】|【定义属性】命令，打开【属性定义】对话框，进行属性参数设置，然后单击【确定】按钮，如图 6-10 所示。

Step07：返回绘图区，根据命令行的提示，捕捉半径为 21 的圆的圆心作为起点，指定定义的属性，如图 6-11 所示。

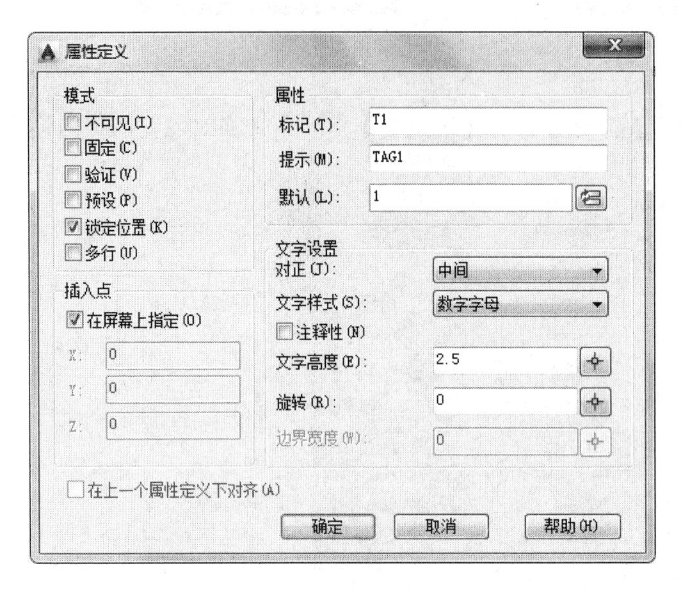

图 6-10　设置属性

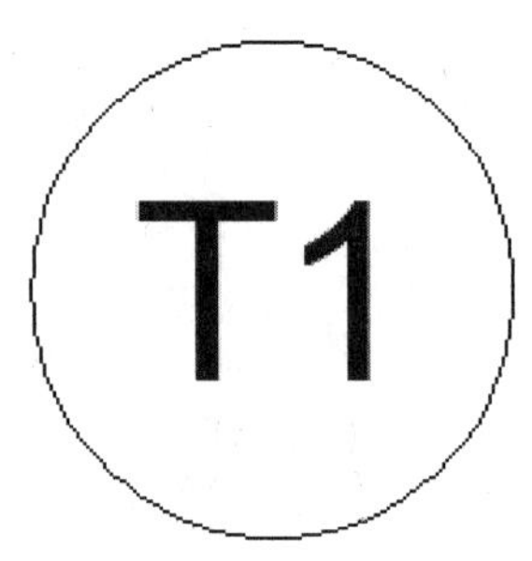

图 6-11 指定定义的属性

Step08：执行【复制】命令，将圆和定义的属性组成的开关符号向右移动 65 个单位进行复制，然后双击复制后的“T1”，弹出相应的对话框，如图 6-12 所示。修改对话框中的参数，如将“T1”改成“T2”，之后单击【确定】按钮即可。

图 6-12　编辑属性

Step09：选取“T1”和“T2”两个电气符号，执行【创建】命令，打开【块】对话框，命名为“TAG”，单击【拾取点】按钮，选择左侧圆的左象限点为基点，单击【确定】按钮，如图 6-13 所示。

Step10：执行【直线】命令，参照如图 6-14 所示的尺寸标注，绘制电压表的线路图。

Step11：执行【移动】和【复制】命令，将电阻图块移至合适的位置，并进行复制，如图 6-15 所示。

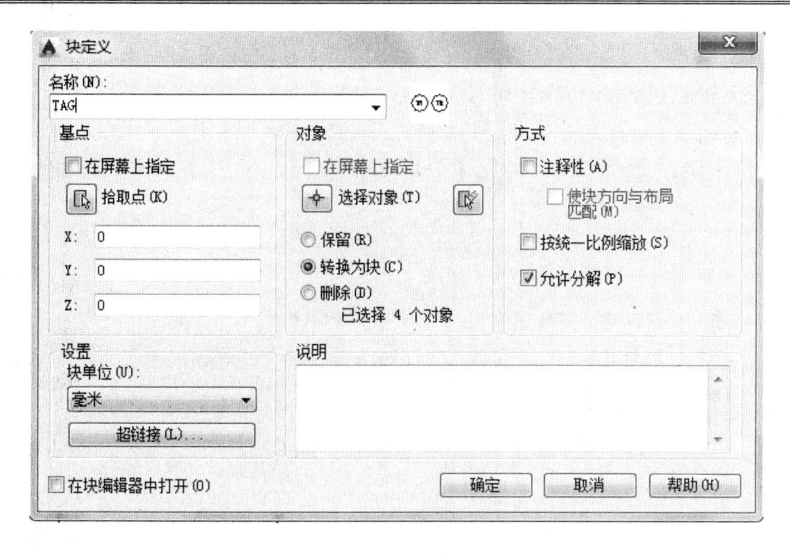

图 6-13　创建块

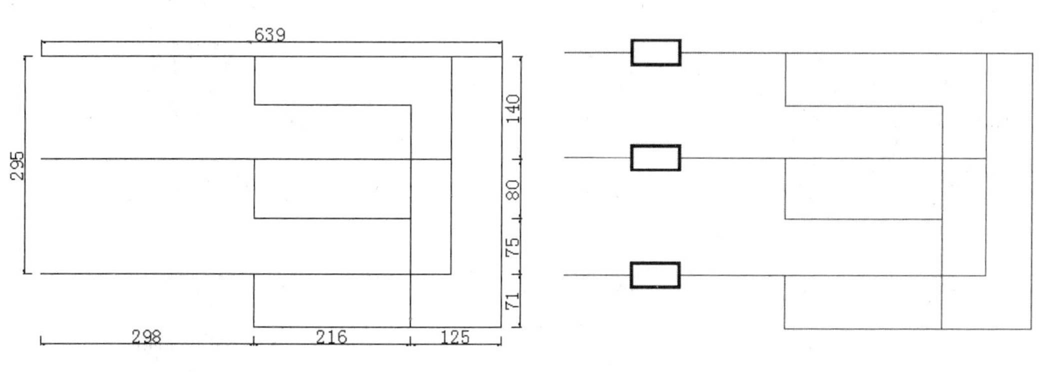

图 6-14　绘制线路图　　　　图 6-15　添加电阻

Step12：将绘制好的转换开关符号添加至线路图中，双击块弹出【增强属性编辑器】对话框，修改图块的属性值，如图 6-16 所示。

Step13：执行【复制】命令，将转换开关符号向下复制多个，并依次修改图块，如图 6-17 所示。

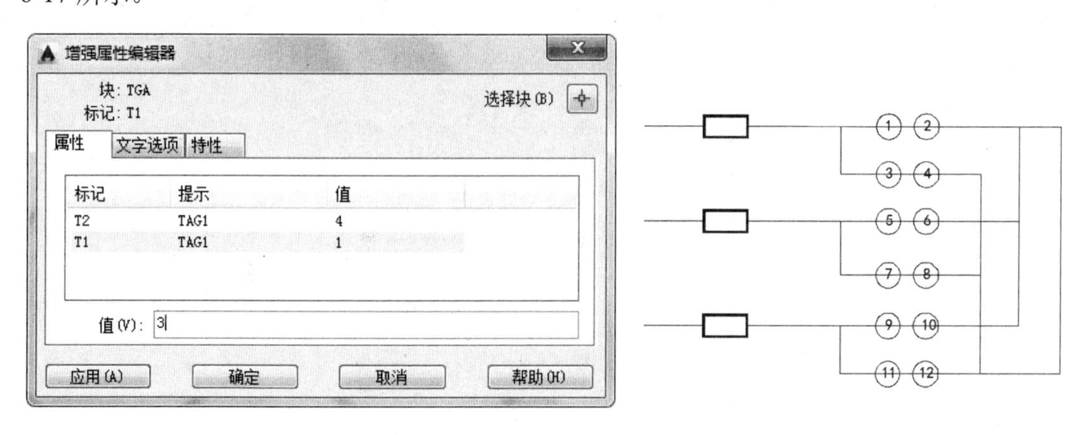

图 6-16　【增强属性编辑器】对话框　　　　图 6-17　添加转换开关符号

Step14：执行【圆环】命令，圆环内、外径的值分别设置为 0 和 20，然后在线路图中捕捉交点，并绘制圆点接头，如图 6-18 所示。

Step15：执行【插入】命令，打开【插入】对话框，将电压表图块插入到当前图形文件中，将 X 轴的比例设置为 3.5，勾选【分解】复选框，单击【确定】按钮如图 6-19 所示。

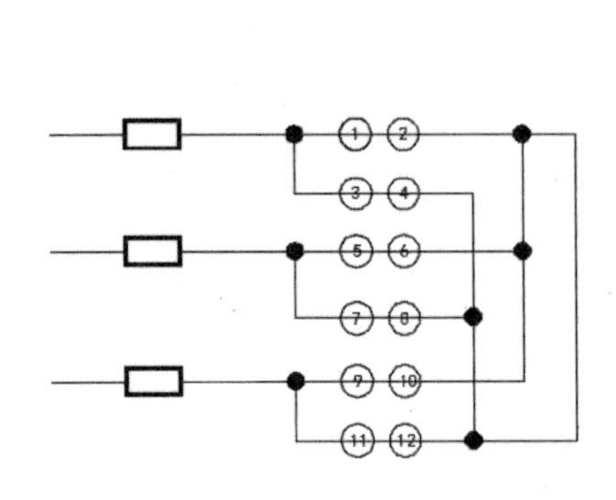

图 6-18　绘制圆环

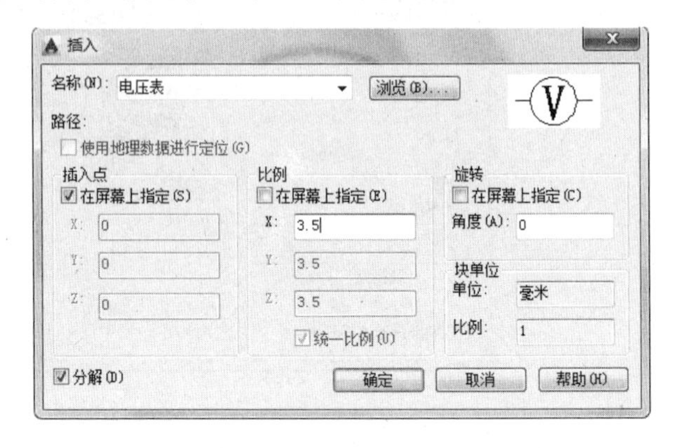

图 6-19　插入块

Step16：执行【修剪】和【删除】命令，将多余的线段删除掉，如图 6-20 所示。

Step17：执行【多行文字】命令，对电压表测量线路图进行文字说明，如图 6-21 所示。

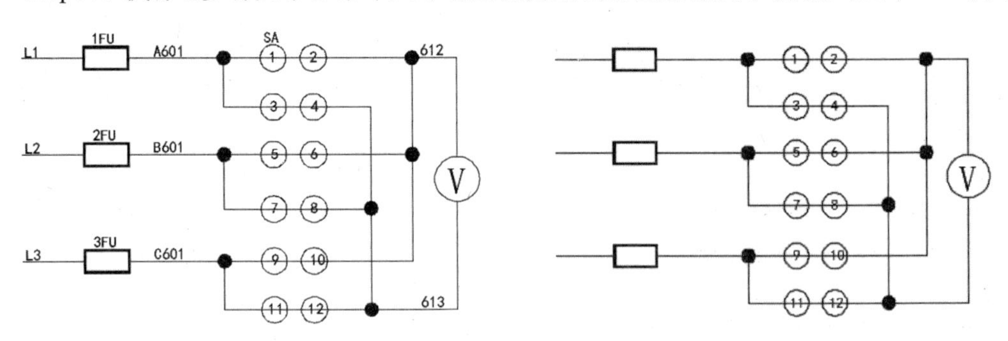

图 6-20　修剪直线　　　　图 6-21　添加文本

Step18：打开【文字样式】对话框，将“宋体”样式置为当前样式。执行【多行文字】命令，在线路图的右侧创建“电压测量”垂直文本。执行【矩形】命令，绘制一个矩形，将“电压测量”字样框住。至此，电压表测量线路图绘制完毕，如图 6-22 所示。

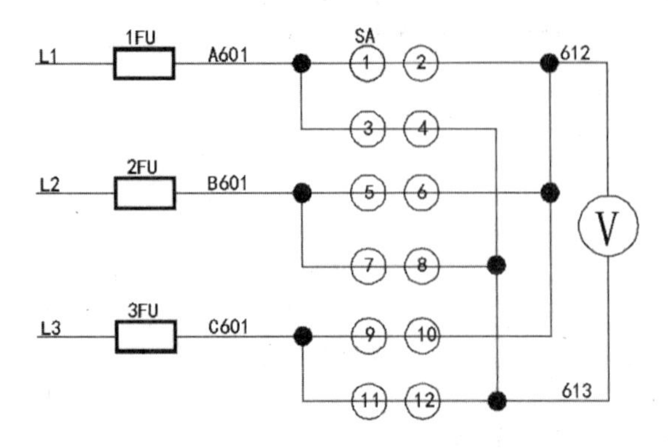

图 6-22　电压表测量线路图

6.2　编辑图块属性

图块的属性是图块的一个组成部分，它是块的非图形附加信息，包含在块中的文字对象中。可以将类似的图形定义成一个图块，通过改变属性来调整图块的显示，文字信息又可以说明图块的类型、数目等。

6.2.1　创建与附着属性

在绘图过程中，为图块指定了属性，并将属性与图块重新定义为一个新的图块后，则该块特征将成为属性块。创建块的属性需要定义属性模式、标记、提示、属性值、插入点和文字设置。

1．属性定义

在定义一个图块时，属性必须预先定义而后再被选定。可创建几个不同的属性，在定义之后将它们加入到一个图块中。

创建图块后，单击【插入】|【块定义】|【定义属性】命令，将打开【属性定义】对话框，如图 6-23 所示其主要属性选项说明如下。设置完成后指定要插入的位置，并将其标记插入到当前视图中。使用相同的方法可设置多个块属性。

- 模式：该选项组用于定义块属性模式，其中【不可见】复选框用于确定插入块后是否显示其属性值；【固定】复选框用于设置属性是否为固定值；【验证】复选框用于验证所输入的属性是否正确；【预设】复选框用于确定是否将属性值直接预置成默认值；【多行】复选框可使用多段文字来标注块的属性值。
- 属性：要使块属性成为图形中的一部分，就需要在此选项组中定义这 3 个选项。【标记】文本框用于定义属性标记。属性标记实际上是属性定义的标识符，并显示在属性的插入位置处。【提示】文本框用于定义块属性提示。块属性提示是在插入带有可变的或预置的属性值的块参照时显示的提示信息。【默认】文本框用于指定属性经常使用的数值或固定使用的数值。
- 插入点：该选项组用于指定图块属性的显示位置。勾选【在屏幕上指定】复选框，可以直接用鼠标在图形上指定属性值的位置。取消该复选框的勾选，可以直接输入决定属性值在图块上位置的坐标值。
- 在上一个属性定义下对齐：启用该复选框表示该属性将继承前一次定义的属性的部分参数，如插入点、对齐方式、字体、字高及旋转角度等。该复选框仅在当前图形文件中已有属性设置的情况下有效。
- 文字设置：该选项组主要用来定义属性文字的对正方式、文字样式和高度，以及是否旋转文字等参数。在【文字样式】下拉列表中选择属性所要采用的文字样式；在【文字高度】文本框中指定属性的高度，也可单击文本框右侧的按钮，在绘图区以拾取两点的方式来指定属性高度。此外，在文字设置中指定属性的旋转角度，也可单击文本框右侧的按钮，以拾取两点的方式来指定属性旋转角度。

2. 创建属性块

在定义属性后，接着利用【创建块】工具框选标记及相关的线性对象并创建为块，也就是将块和块属性定义为一个图块，即可完成属性块的创建。

定义属性块后，将打开【编辑属性定义】对话框，此时直接在文本框中输入参数值，单击【确定】按钮后，即可获得由新定义的文本信息替代原来文本信息的属性块，如图 6-24 所示。

图 6-23 【属性定义】对话框

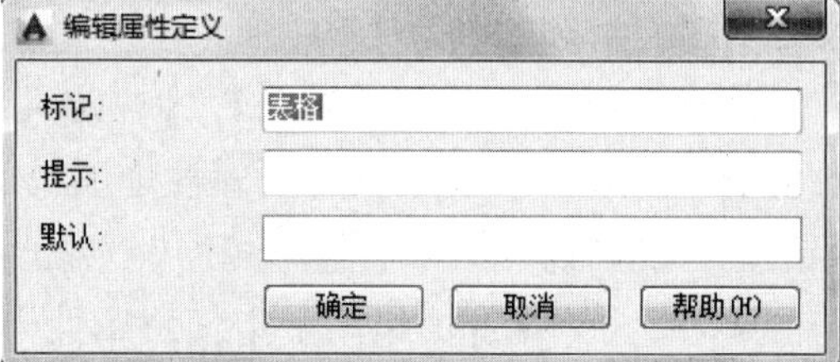

图 6-24 【编辑属性定义】对话框

6.2.2 编辑块的属性

当图块中包含属性定义时，属性将作为一种特殊的文本对象也一同被插入。此时即可使用【块属性管理器】工具编辑之前定义的块属性，然后使用【增强属性管理器】工具为属性标记赋予新值，使之符合相似图形对象的设置要求。

1. 块属性管理器

当编辑图形文件中多个图块的属性定义时，可以使用【块属性管理器】对话框重新设置属性定义的构成、文字特性和图形特性等属性。

单击【插入】|【块定义】|【管理属性】命令，将打开【块属性管理器】对话框，如图 6-25 所示。在该对话框中可进行以下操作。

● 编辑块属性

在对话框中单击【编辑】按钮，将打开【编辑属性】对话框，允许编辑块的各个可显示标记的属性、文字和对象特性，如图 6-26 所示。

图 6-25 【块属性管理器】对话框

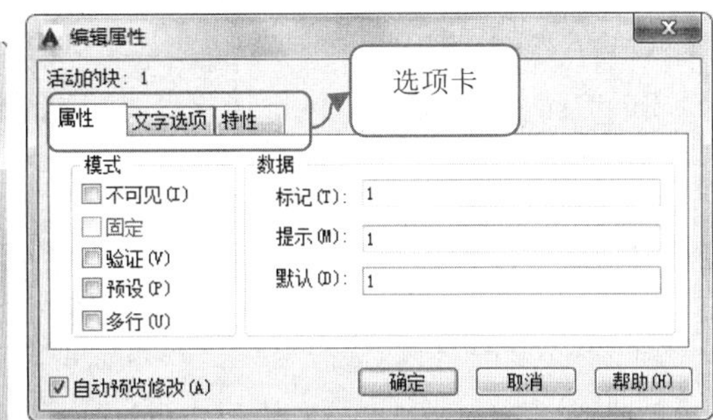

图 6-26 【编辑属性】对话框

● 设置块属性

如果单击【设置】按钮，则打开【块属性设置】对话框，通过【在列表中显示】选项组中的复选框来设置【块属性管理器】对话框中的属性显示内容，如图 6-27 所示。

2．增强属性编辑器

增强属性编辑器功能主要用于编辑块中定义的标记和值属性，与【块属性管理器】设置方法基本相同。

单击【默认】|【块】|【编辑单个属性】命令，然后选择属性块，或者直接双击属性块，都将打开【增强属性编辑器】对话框。此时可指定属性块标记，在【值】文本框中为属性块标记赋予值，如图 6-28 所示。

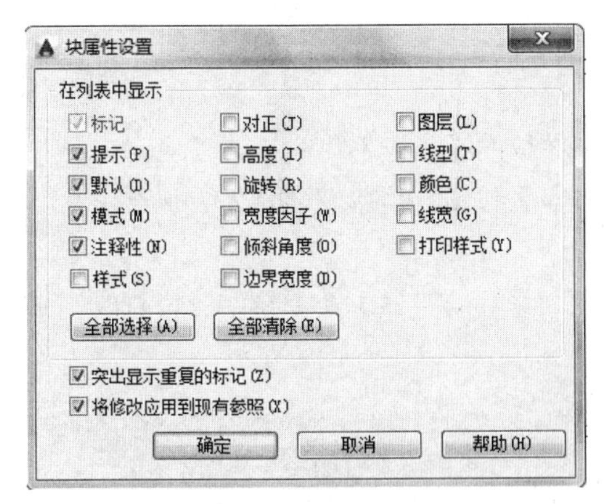

图 6-27 【块属性设置】对话框

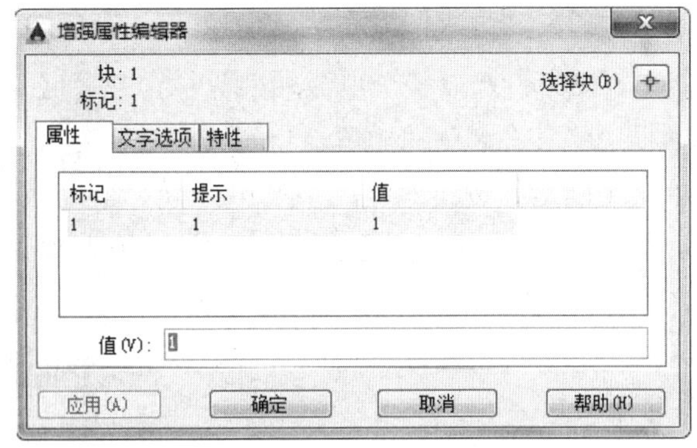

图 6-28 【增强属性编辑器】对话框

编辑块属性除了包括上述的属性定义外，还包括文字的格式、文字的图层、线宽以及颜色等属性。在【增强属性编辑器】对话框中可分别利用【文字选项】和【特性】选项卡设置图块不同的文字格式和特性。

6.2.3 案例——绘制电流表测量线路图

电流表又称安培表，指固定安装在电力、电信、电子设备面板上使用的仪表，用来测量交、直电路中的电流。在电路图中，电流表的符号为Ⓐ。

Step01：新建文件，执行【直线】和【圆】命令，绘制圆和直线，如图 6-29 所示。命令行内容如下。

```
命令: _circle 指定圆的圆心或[三点(3P)/两点(2P)/切点、切点、半径(T)]:  (指定圆心)
指定圆的半径或 [直径(D)]: 15                          (输入“15”，按回车键)
命令: _line 指定第一点:                               (捕获圆的左象限点)
指定下一点或 [放弃(U)] : <正交 开> 36                 (向左移动光标，输入“36”)
指定下一点或 [放弃(U)]:                               (按回车键)
命令: LINE 指定第一点:                                (捕获圆的左象限点)
指定下一点或 [放弃(U)]: 36                            (向左移动光标，输入“36”)
指定下一点或 [放弃(U)]:                               (按回车键)
```

Step02：执行【直线】命令，以圆心为起点，绘制一条与 X 轴成 45°，长度为 29 的直线。执行【拉长】命令将直线的下端点拉长至 29，如图 6-30 所示。电流端口符号绘制完毕。

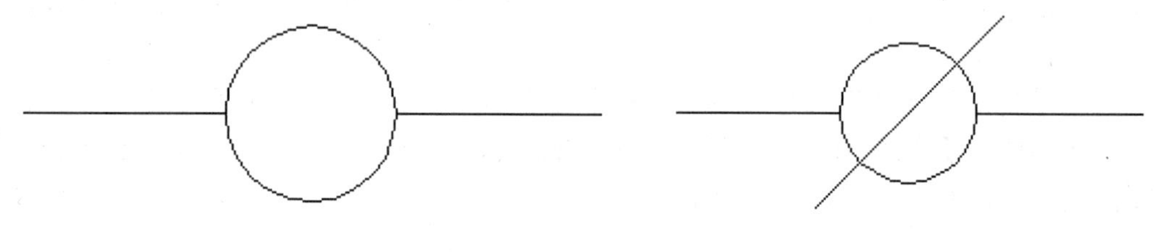

图 6-29　绘制直线和圆　　　　图 6-30　绘制斜线

Step03：选取整个电流端口符号，执行【块】面板的【创建】命令，在【块定义】对话框中将其命名为“电流端口符号”，单击【拾取点】按钮，拾取左端点作为基点，然后单击【确定】按钮即可，如图 6-31 所示。

Step04：执行【圆】命令，绘制直径为 31 的圆。执行【直线】命令绘制三段直线，如图 6-32 所示。命令行提示内容如下。

```
命令: _circle 指定圆的圆心或 [三点(3P)/两点(2P)/切点、切点、半径(T)]:(指定一点)
指定圆的半径或 [直径(D)] <15.0000>: d                 (选择【直径】选项)
指定圆的直径 <30.0000>: 31                            (输入“31”)
命令: _line 指定第一点:                               (捕获圆的右象限点)
指定下一点或 [放弃(U)]: 41                            (向左移动光标，输入“41”)
指定下一点或 [放弃(U)]:                               (按回车键)
命令: LINE 指定第一点:                                (捕获圆的左象限点)
指定下一点或 [放弃(U)]: 10                            (向下移动光标，输入“10”)
指定下一点或 [放弃(U)]:                               (按回车键)
命令: LINE 指定第一点:                                (捕获上一段直线的下端点)
指定下一点或 [放弃(U)]: 20                            (向左移动光标，输入“20”)
指定下一点或 [放弃(U)]:                               (按回车键)
```

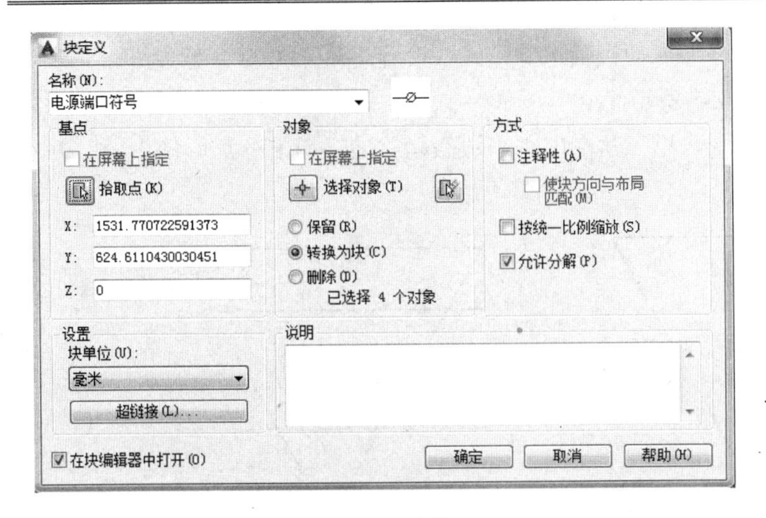

图 6-31　创建块

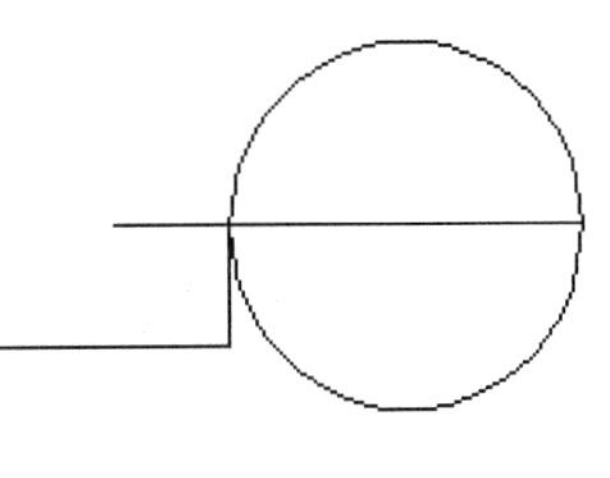

图 6-32　绘制圆和直线

Step05：执行【修剪】命令，将圆的下半部分修剪掉。执行【镜像】命令将图像进行水平镜像，如图 6-33 所示。电流互感器符号绘制完毕。

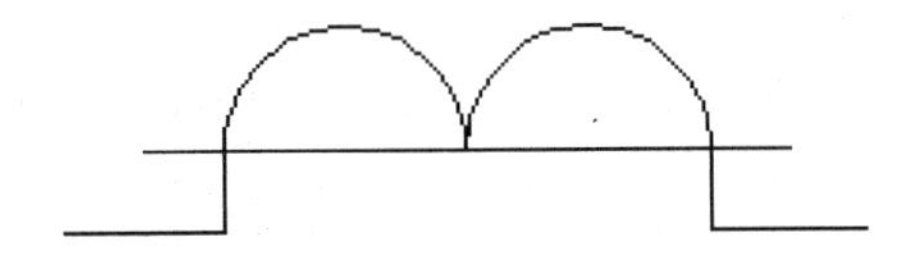

图 6-33　绘制电流互感器

Step06：选取整个电流互感器图形，执行【块】面板的【创建】命令，打开【块定义】对话框，指定其名称为“电流互感器”，单击【拾取点】按钮，拾取图形的左端点为基点，然后单击【确定】按钮即可，如图 6-34 所示。

图 6-34　创建电流互感器块

Step07：执行【直线】命令，启动极轴追踪模式，设置增量角为 60，绘制一个边长为 52 的倒立等边三角形，如图 6-35 所示。

Step08：执行【偏移】命令，以三角形的水平边为起始边，向下分别偏移 10 和 20 单位绘制直线，如图 6-36 所示。

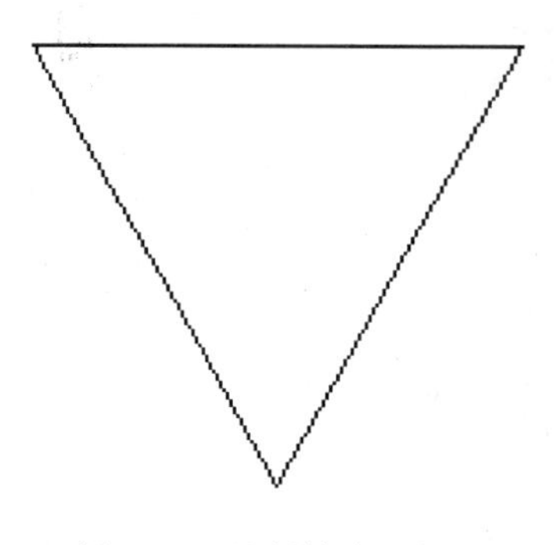

图 6-35　绘制等边三角形

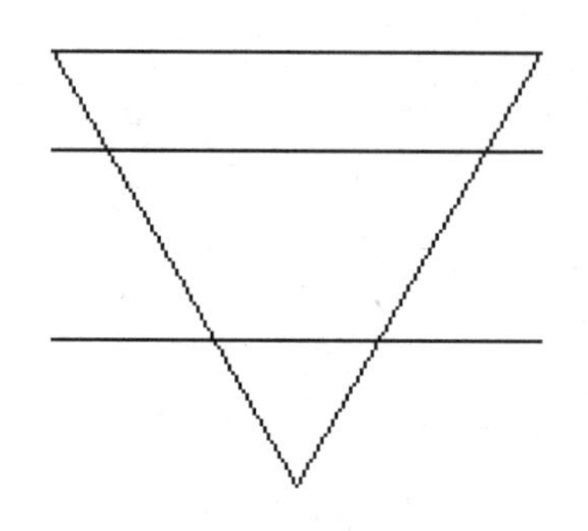

图 6-36　绘制直线

Step09：执行【多段线】命令，在水平直线上绘制三段宽度分别为 3、2 和 1 的多段线，如图 6-37 所示。

Step10：执行【直线】命令，捕捉最上方水平边的中点，并向上绘制长度为 28 的垂直直线。然后将三角形的三条边和偏移后的线段删除掉，如图 6-38 所示。执行【块】|【创建】命令将绘制完成的“接地符号”创建成块。

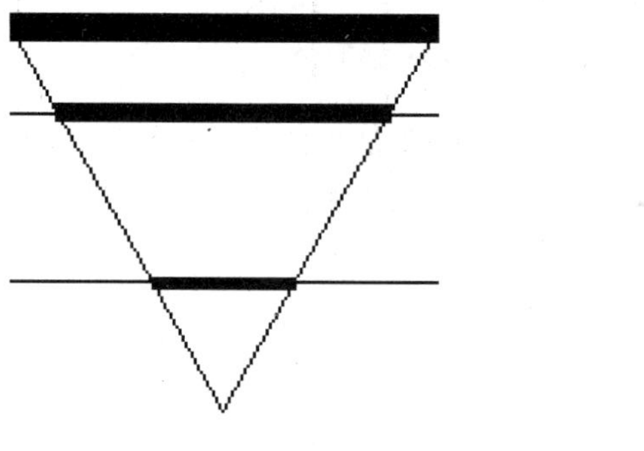

图 6-37　绘制多段线

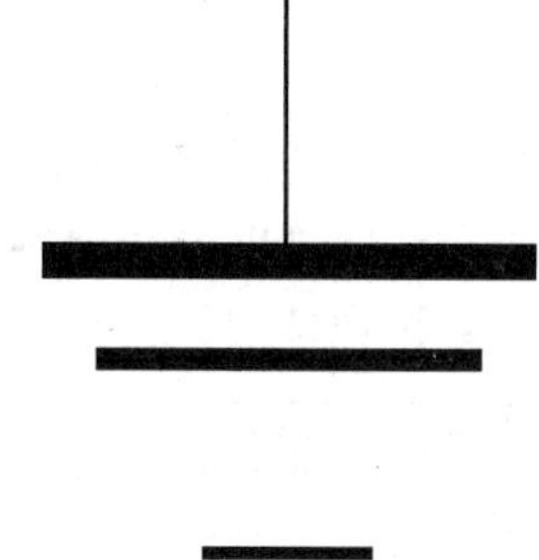

图 6-38　接地符号

Step11：单击【注释】|【文字】选项，单击相应面板右下角的按钮，打开【文字样式】对话框，新建“数字字母”和“宋体”样式，设置对应的字体分别为 Arial 和宋体，将“数字字母”样式置为当前样式，如图 6-39 所示。

Step12：执行【圆】命令，绘制半径为 40 的圆。然后单击【插入】|【块定义】|【定义属性】命令，弹出【属性定义】对话框，设置参数后，单击【确定】按钮，如图 6-40 所示。

Step13：返回到绘图区域，捕获半径为 40 的圆的圆心为起点，完成定义属性操作，如图 6-41 所示，完成电流表符号的绘制。

Step14：执行【直线】命令，绘制电流表测量线路图，如图 6-42 所示。

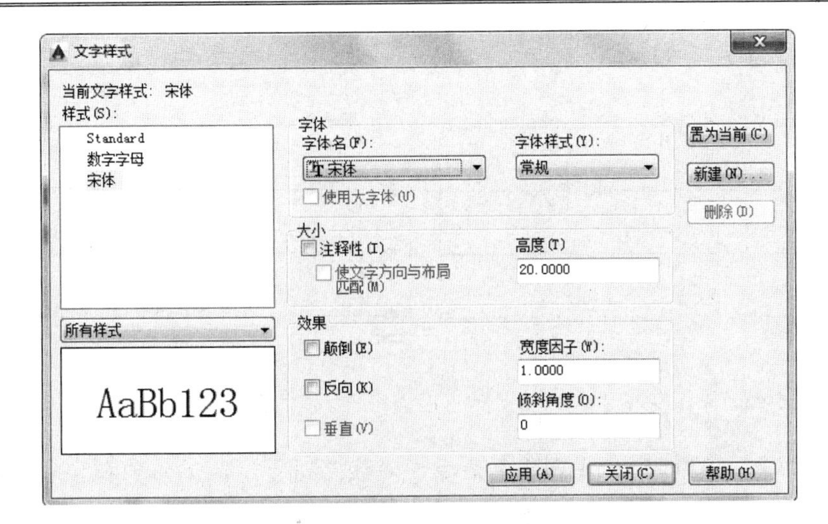

图 6-39　设置文字样式

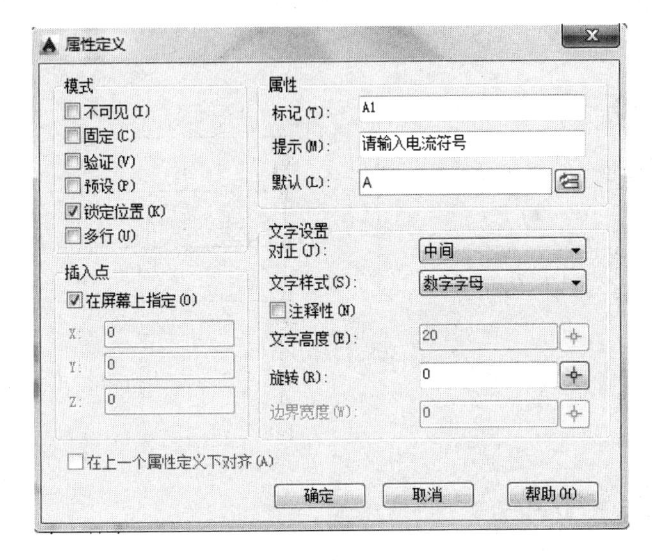

图 6-40　设置属性定义

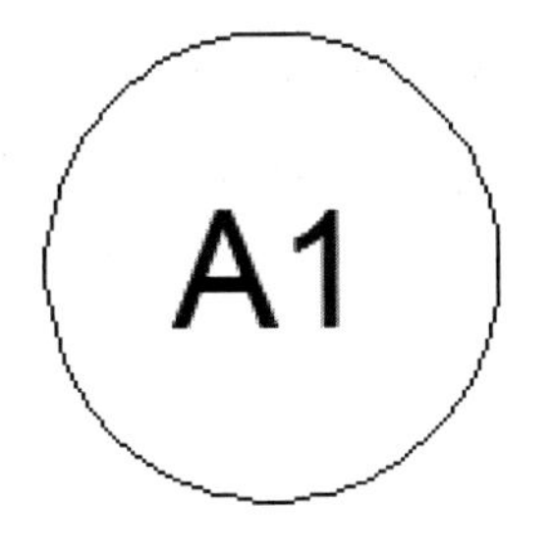

图 6-41　电流表符号

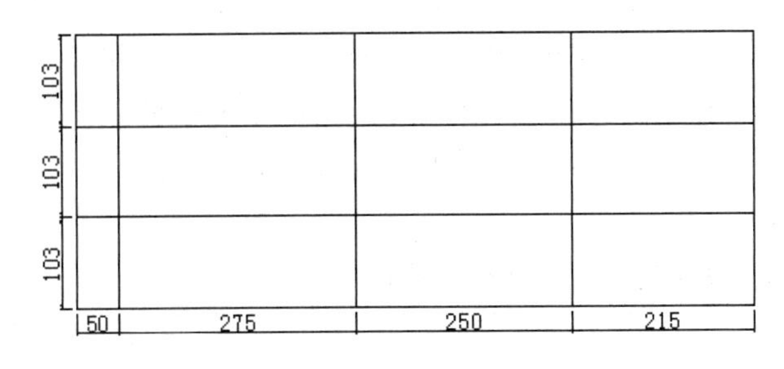

图 6-42　绘制电流表测量线路图

Step15：执行【移动】和【复制】命令，将电流端口符号、电流互感器、接地符号和电流表符号分布在电流表测量线路图中，如图 6-43 所示。

Step16：执行【圆环】命令，设置内、外径分别为 0 和 20，然后在线路图中捕捉交点，绘制圆点接头，如图 6-44 所示。

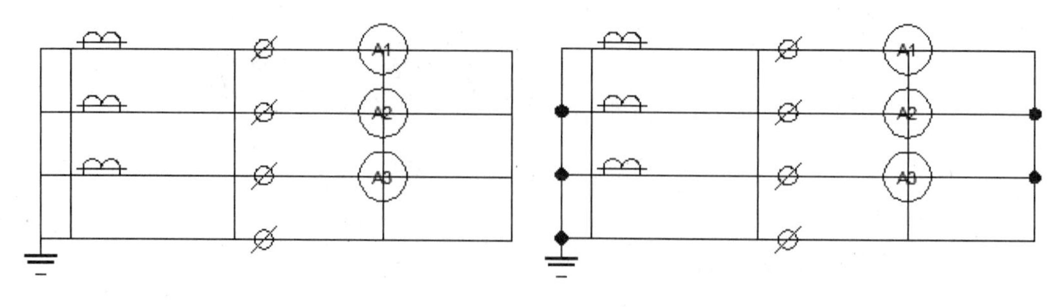

图 6-43　添加电气符号　　　　图 6-44　绘制圆环

Step17：执行【修剪】和【删除】命令，对线路进行适当的修剪和删除，如图 6-45 所示。

Step18：执行【多行文字】命令，为线路图添加文本信息，如图 6-46 所示。电流表测量线路图绘制完成。

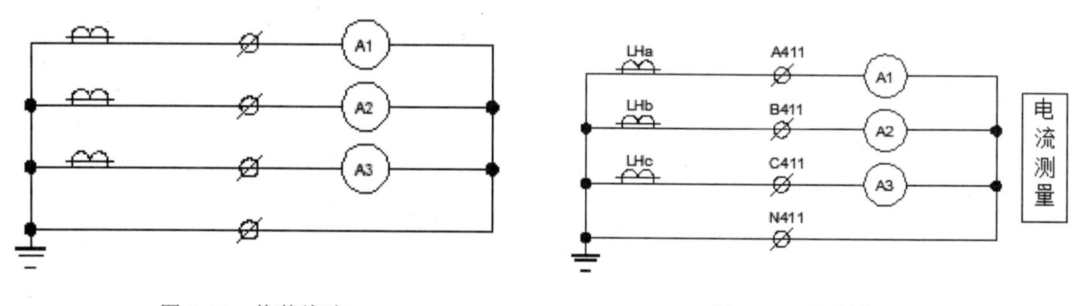

图 6-45　修剪线路　　　　图 6-46　绘制完成

6.3　使用设计中心

设计中心是 AutoCAD 提供的一个直观、高效的工具，它同 Windows 资源管理器相似。利用设计中心，用户不仅可以浏览、查找、预览和管理 AutoCAD 图形、图块、外部参照及光栅图形等资源文件，还可以通过简单的拖放操作，将位于本计算机、局域网或因特网上的图块、图层、外部参照等内容插入到当前图形文件中。

6.3.1　启动设计中心功能

在菜单栏中单击【工具】|【选项板】|【设计中心】选项，或在功能区中单击【视图】|【选项板】|【设计中心】命令，均可打开【设计中心】选项板，如图 6-47 所示。

在默认状态下，设计中心有两部分组成，左侧为文件夹列表，用于显示或查找指定项目的根目录；右侧为内容区域，当在文件夹列表中选择一个文件夹、图形或其他项目后，右侧内容区域将显示文件夹、图形或项目所包含的所有内容。若在内容区域中选择一个项目，下方的预览区中将显示该项目的预览效果。

设计中心由 3 个选项卡组成，分别为【文件夹】、【打开的图形】和【历史记录】。

- 文件夹：该选项卡可用于方便地浏览本地磁盘或局域网中所有的文件夹、图形和项目内容。
- 打开的图形：该选项卡显示了所有打开的图形，以便查看或复制图形内容。
- 历史记录：该选项卡主要用于显示最近编辑过的图形名称及目录。

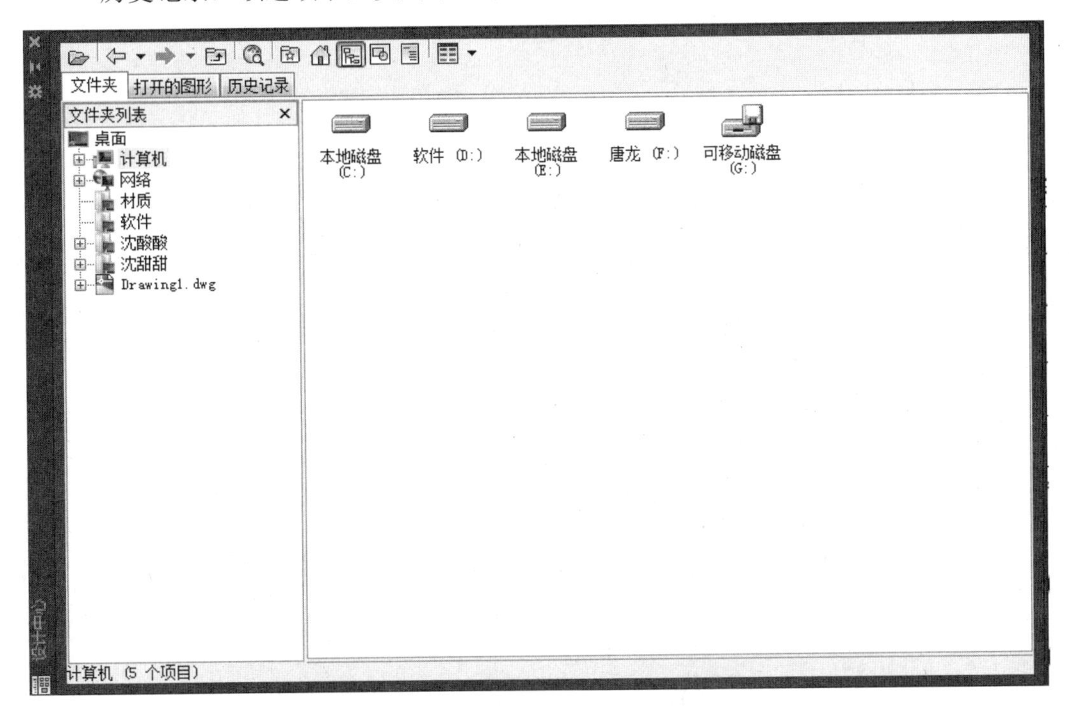

图 6-47 【设计中心】选项板

6.3.2　图形内容的搜索

利用 AutoCAD 的设计中心，除了可以在文件夹列表中查找图形，还可以利用【搜索】命令搜索计算机中保存的其他图形或图形内容（例如块、图层和文字样式等）。在查找过程中，可以通过指定图形的修改日期、图形包含的内容以及图形大小来缩小搜索的范围。

在【设计中心】选项板中，单击“搜索”按钮，在弹出的【搜索】对话框的【搜索】下拉列表框中，选中【图形】选项，在【于】下拉列表框中，选择要搜索的位置，即可搜索图形文件，如图 6-48 所示。

在【搜索】文本框中，输入要查找的名称，其后在【修改日期】和【高级】选项卡中设置文件名、修改日期和高级搜索条件。设置好后，单击【立即搜索】按钮开始搜索，搜索结果将显示在对话框下部的列表框中，如图 6-49 所示。

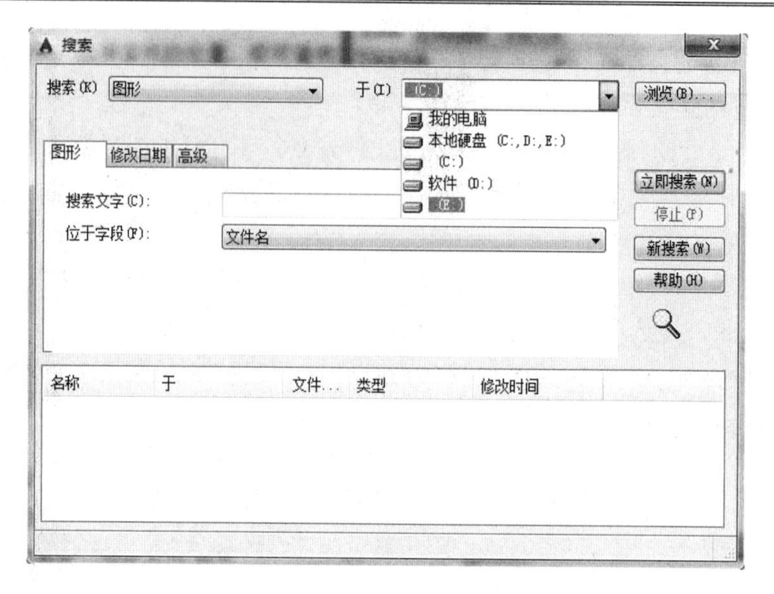

图 6-48　选择【搜索】类型

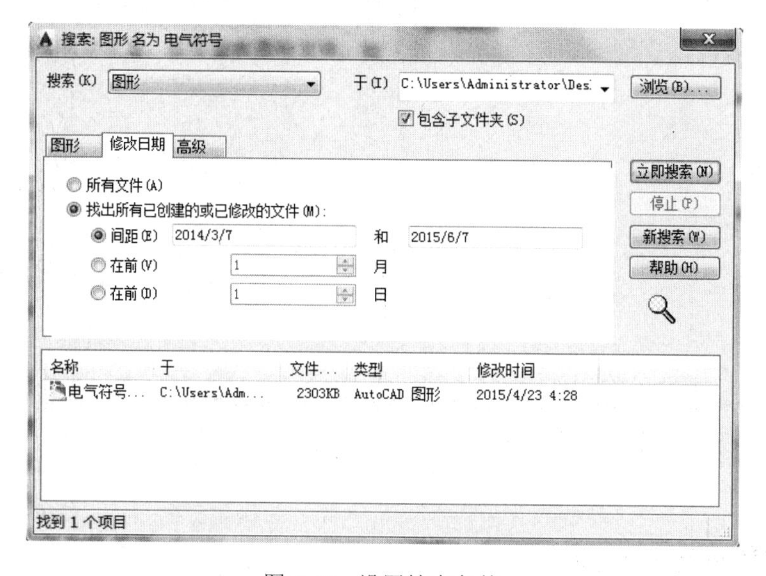

图 6-49　设置搜索条件

6.3.3　插入图形内容

设计中心不仅可以用来打开已有的图形，而且还可以将图形作为外部图块插入到当前图形文件中。在 AutoCAD 2015 中，插入外部图块的方法有以下两种。

1. 使用快捷菜单

打开【设计中心】选项板，在【文件夹列表】中，查找文件的保存目录，并在内容区域选择需要插入为块的图形；单击鼠标右键，在打开的快捷菜单中选择【插入块】命令，如图 6-50 所示。在打开的【插入】对话框中进行需要的设置，然后单击【确定】按钮即可插入图形，如图 6-51 所示。

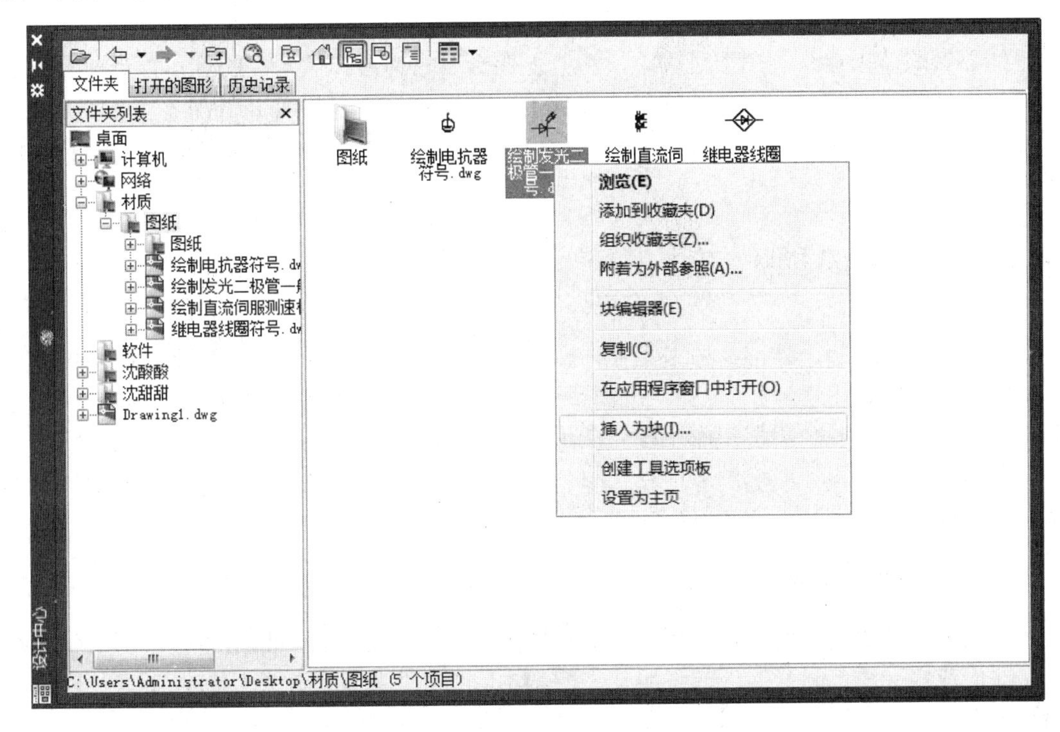

图 6-50　选择【插入块】命令

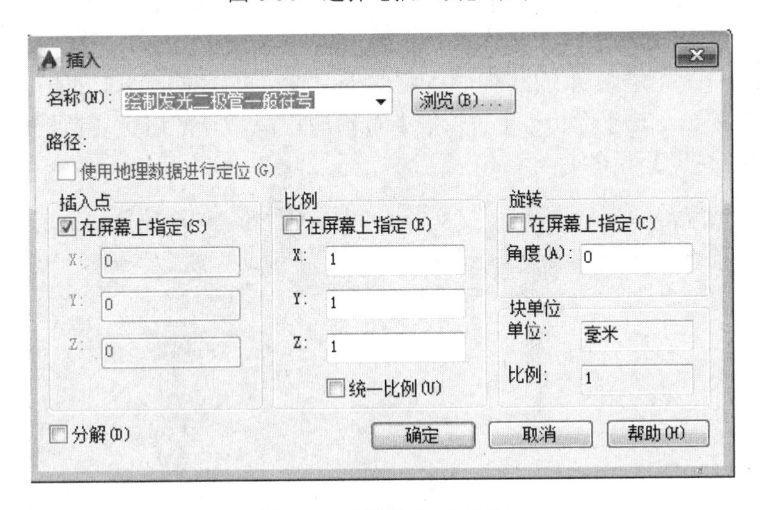

图 6-51　【插入】对话框

2. 使用鼠标拖曳

打开【设计中心】选项板，在【文件夹列表】中，选择需要插入的外部图块所在的文件夹，然后在右侧的内容区域中，选中要插入的图块，按住鼠标左键，将其拖曳至绘图区中，放开鼠标按键，即可完成插入图形的操作。

6.4 使用外部参照

外部参照是指在绘制图形过程中，将其他图形以块的形式插入，并且作为当前图形的一部分。外部参照和块不同，外部参照提供了一种更为灵活的图形引用方法。使用外部参照可以将多个图形链接到当前图形中，并且作为外部参照的图形会随着原图形的修改而更新。

6.4.1 附着外部参照

在 AutoCAD 中，外部参照是指在一幅图形中对外部图块或其他图形文件的引用。外部参照有两种基本用途，其一是在当前图形中引入不必修改的标准元素的一个高效率途径；其二是提供用户在多个图形中应用相同图形数据的一种手段。

要使用外部参照辅助绘图，前提是将外部图形附着至当前操作环境。允许的图形对象格式是 DWG、DWF、DGN、PDF 以及图像文件。

1. 附着常规外部参照文件

使用外部参照的目的是帮助用户用其他图形来补充当前图形，如附着一个新的外部参照文件，或将一个已附着的外部参照文件的副本附着在当前文件中。可将以下 5 种格式的图形附着至当前文件。

（1）附着 DWG 文件

执行【插入】|【参照】|【附着】命令，打开【选择参照文件】对话框，并选择参照文件。之后在【附着外部参照】对话框中，将图形文件以外部参照的形式插入到当前的图形中，如图 6-52 所示。该对话框与【插入块】对话框相似，只是在该对话框中增加了【参照类型】和【路径类型】两个选项组。

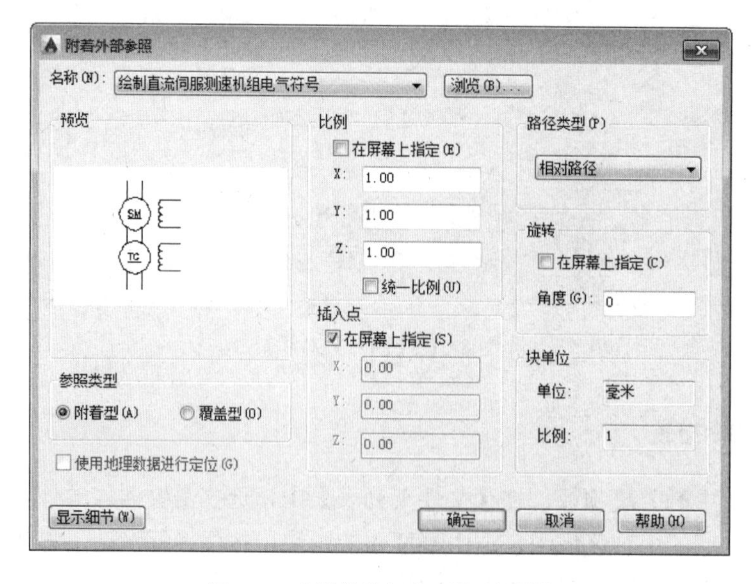

图 6-52 【附着外部参照】对话框

- 参照类型：该选项组用于选择外部参照类型，即指定是否显示嵌套的内容。选择【附着型】单选按钮，若参照图形中仍包含外部参照，则在执行该操作后，都将附着在当前图形中，即显示嵌套参照中的嵌套内容；选择【覆盖型】单选按钮，将不显示嵌套参照中的嵌套内容。
- 路径类型：该选项组在指定图形作为外部参照附着到当前主图形时，可以使用选项区中的 3 种路径类型来附着该图形。如果选择【完整路径】列表框，外部参照的精确位置将保存到该图形中；选择【相对路径】列表框，附着外部参照将保存相当于当前图形的位置，该选项的灵活性最大；选择【无路径】选项可直接查找外部参照，该操作适合外部参照和当前图形位于同一个文件夹的情况。

完成上述操作后，可直接在绘图区指定该参照文件的相对位置，然后按照命令行提示信息分别指定该参照相对于 X、Y 轴的比例系数，即可将参照文件添加到当前对象中。

（2）附着图像文件

使用【附着图像】工具能够将图形文件附着到当前文件中，并且可对当前图形进行辅助的说明或讲解。

单击【附着】按钮，并在打开的对话框中选择文件类型为【所有图像文件】。指定图像路径将打开【附着图像】对话框，此时可指定路径类型，如图 6-53 所示。

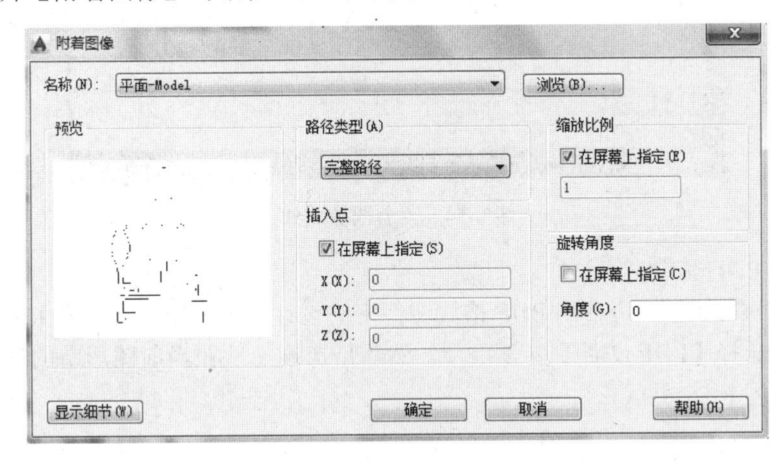

图 6-53　【附着图像】对话框

指定附着图像在当前图形的插入点和插入比例，即可将其附着在当前文件中，如图 6-54 所示。

（3）附着 DWF 文件

DWF 格式文件是一种由 DWG 格式文件创建的高度压缩的文件格式，DWF 文件易于在 Web 上发布和查看。DWF 文件是基于矢量格式创建的压缩文件，它支持实时平移和缩放，以及对图层显示和命名视图显示的控制。

单击【附着】按钮，然后按照附着 DWG 和图像的方法指定该格式的附着文件，并指定该文件在当前图形的插入点和插入比例即可。

（4）附着 DGN 文件

DGN 格式文件是由 Micro Station 绘图软件生成的文件格式，DGN 文件格式对精度、层数以及文件和单元的大小是不限制的，其中的数据经过快速优化、校验并压缩到 DGN 格式的文件中，这样更有利于节省网络宽带和存储空间。附着 DGN 文件的方法与附着 DWG

文件的方法基本相同，用户可参照前面介绍过的方法创建。

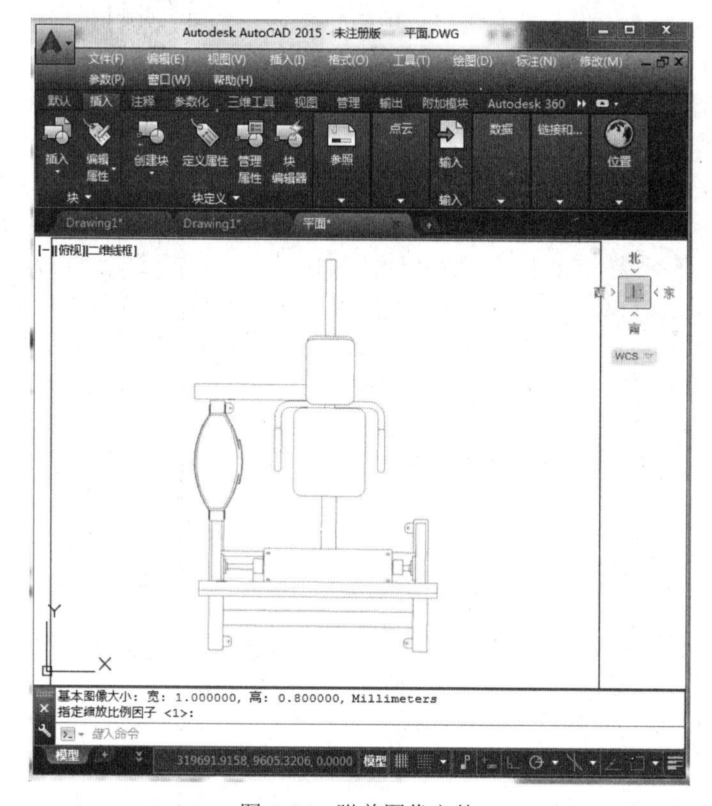

图 6-54　附着图像文件

（5）附着 PDF 文件

在 AutoCAD 2015 中可使用 PDF 格式文件中的设计数据。单击【附着】命令，并在打开的对话框中选择【PDF 文件】文件类型，然后指定该文件在当前图形中的插入点和插入比例即可，如图 6-55 所示。

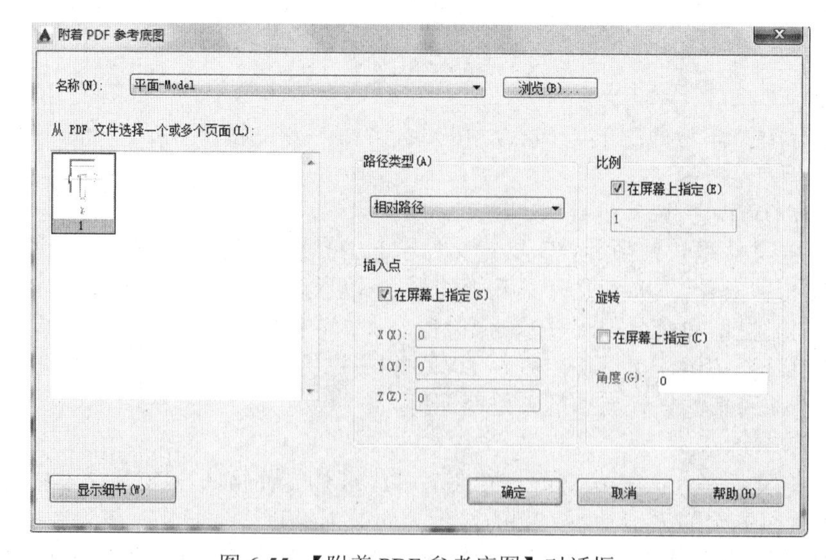

图 6-55 【附着 PDF 参考底图】对话框

使用 PDF 文件作为底图，与其他格式文件的底图作用相同。如果 PDF 文件中的几何图形是矢量的，甚至可以利用对象捕捉来捕捉 PDF 文件中几何体的关键点。

2. 使用【外部参照】选项板附着底图

使用【外部参照】选项板可查看各个参照的详细信息，并且可附着各种类型的外部参照文件，便于用户快速、有效地管理和编辑外部参照对象。单击【插入】|【参照】选项右侧下拉按钮，可以打开【外部参照】选项板，如图 6-56 所示。图 6-57 为其右键快捷菜单。

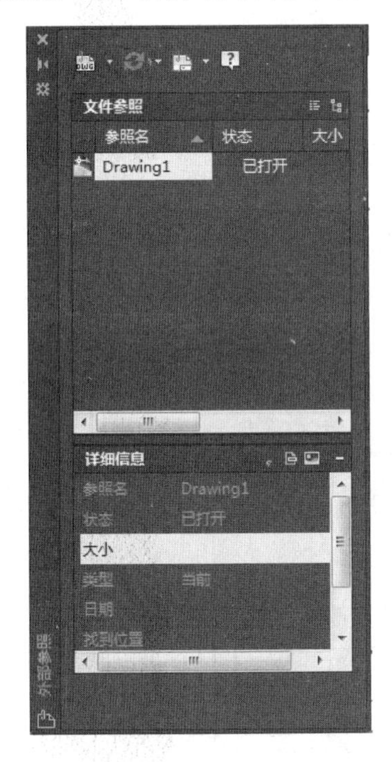

图 6-56　显示信息

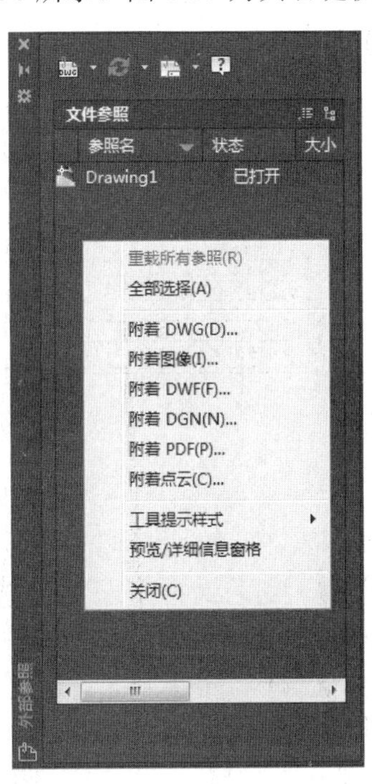

图 6-57　右键快捷菜单

6.4.2　管理外部参照

在【插入】选项卡下的【参照】选项板中提供了附着和修改外部参照文件的工具，可用于剪裁选定的参照，调整褪色度、对比度和亮度，控制图层的可见性，显示参照边框，捕捉参照底图的几何体，以及调整参照对象的淡化程度。

1. 剪裁外部参照

在【参照】选项板中提供了多种裁剪工具，其中包括剪裁外部参照、图像、参考底图等。通过这些剪裁工具，可以控制所需信息的显示。进行剪裁操作并非真正修改这些参照对象，而是将其隐藏显示，同时可根据设计需要，定义前向剪裁平面或是后向剪裁平面。

单击【插入】|【参照】|【剪裁】命令，根据命令行的提示，选择默认的【新建边界】选项，创建剪裁边界。之后，命令行将继续显示提示信息，选择【矩形】选项，根据设计

需要选择裁剪方式和指定区域，如图 6-58、图 6-59 所示。

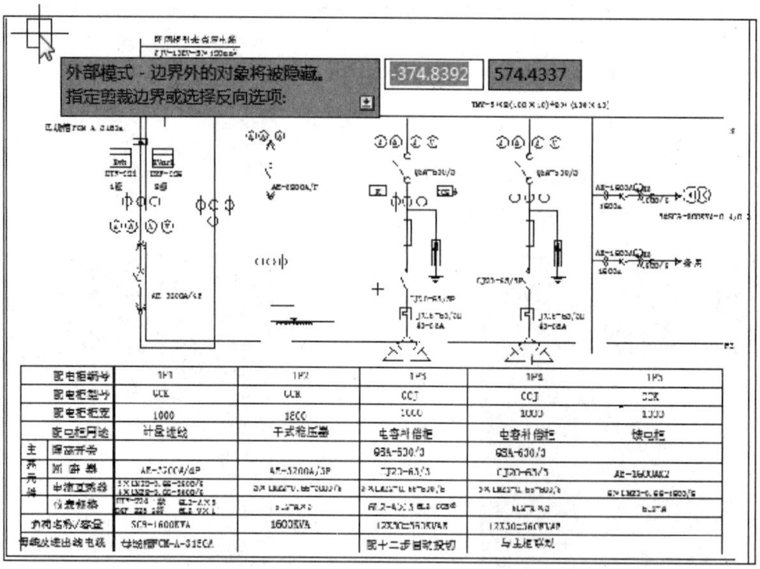

图 6-58　指定剪裁边界

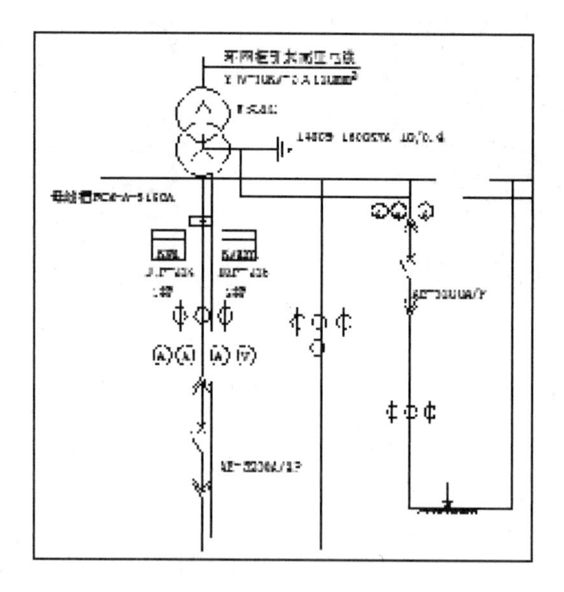

图 6-59　剪裁效果

2. 调整外部参照

利用 AutoCAD 2015 提供的【调整】功能可针对外部参照进行对比度、亮度和淡化程度的调整，从而改变外部参照的显示方式。

在【参照】选项板中单击【调整】按钮，系统将提示【选择图像或参考底图】，此时选取参照后，根据命令行的提示信息，选择【对比度】选项，即可调整参照对象的对比度，如图 6-60、图 6-61 所示。

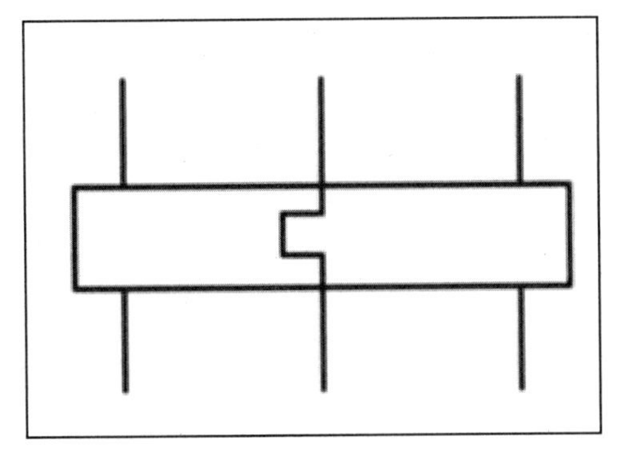

图 6-60　对比度 50

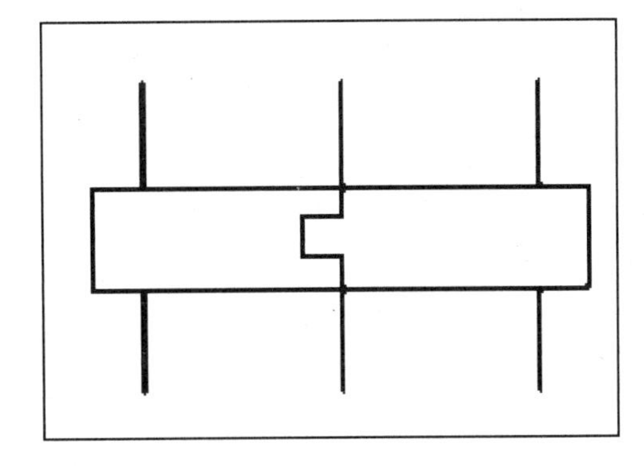

图 6-61　对比度 100

提示：在 AutoCAD 2015 中，针对不同种类的外部参照将设立对应的选项卡，即在该选项卡中可设置某类外部参照的裁剪、调整和在线编辑等操作，避免反复切换工具来进行调整和修改。

6.5　应用案例——绘制变频控制电路图

本节所要绘制的某变频控制电路，是由 3 个回路组成的，下面将详细介绍此电路图的绘制步骤。

Step01：新建文件，执行【直线】命令，绘制一条长度为 28 的水平直线，然后以直线的左端点为起点，向上绘制长度为 4 的垂直直线，如图 6-62 所示。

Step02：执行【移动】命令，将垂直线段向右移动 12 个单位。执行【直线】命令捕获水平直线的右端点向左，以其为起点绘制一条与 X 轴方向成 160° 角，长度为 11.5 的直线，如图 6-63 所示。

图 6-62　绘制直线　　　　图 6-63　绘制斜线

Step03：执行【移动】命令，将斜线向左水平移动 6 个单位，如图 6-64 所示。

Step04：执行【修剪】命令，将多余的部分修剪掉，如图 6-65 所示。动断触头开关符号绘制完毕。

图 6-64　移动直线　　　　图 6-65　动断触头开关符号

Step05：执行【矩形】命令，绘制边长为 60 的正方形。执行【圆】命令以正方形的左上角点为圆心，绘制一个半径为 1 的圆，如图 6-66 所示。

Step06：执行【阵列】命令，将圆进行矩形阵列，如图 6-67 所示。命令行提示内容如下。

```
命令: _arrayrect
选择对象: 指定对角点: 找到 1 个                                    (选取圆)
选择对象:                                                          (按回车键)
类型 = 矩形  关联 = 是
为项目数指定对角点或 [基点(B)/角度(A)/计数(C)] <计数>:              (按回车键)
输入行数或 [表达式(E)] <4>: 1                                      (输入"1")
输入列数或 [表达式(E)] <4>: 7                                      (输入"7")
指定对角点以间隔项目或 [间距(S)] <间距>: 39                        输入"39")
按 Enter 键接受或 [关联(AS)/基点(B)/行(R)/列(C)/层(L)/退出(X)]<退出>:(按回车键)
```

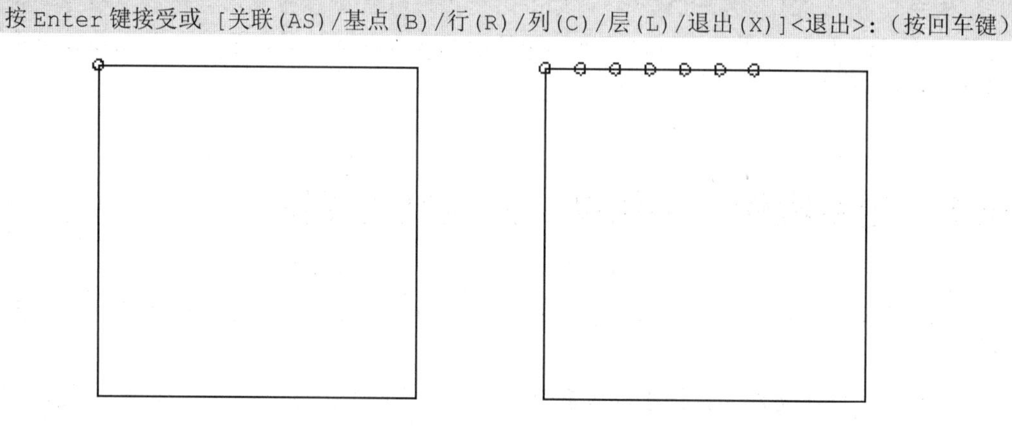

图 6-66　绘制矩形和圆　　　　图 6-67　阵列圆

Step07：执行【圆】命令，捕获矩形右边的中点，以其为圆心绘制半径为 1 的圆，如图 6-68 所示。

Step08：执行【复制】命令，将刚绘制的圆向上平移 7 个单位复制，向下分别平移 7 和 14 个单位复制，如图 6-69 所示。

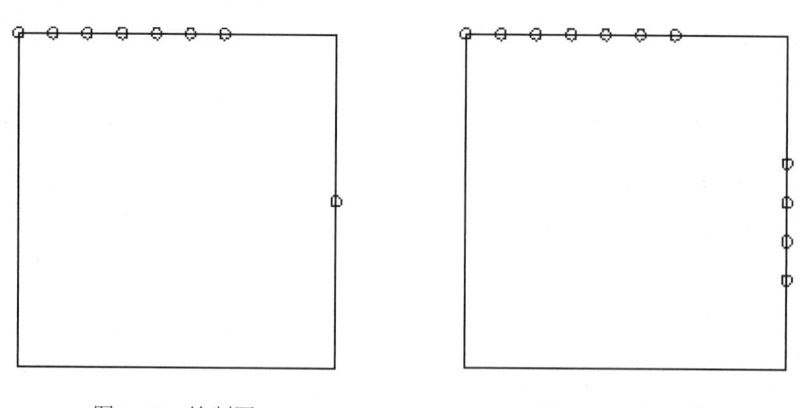

图 6-68　绘制圆　　　　图 6-69　复制圆

Step09：执行【圆】命令，以矩形右下角点为圆心，分别绘制半径为 1 和 1.6 的圆，如图 6-70 所示。

Step10：执行【复制】，将这两个圆向左依次平移并复制到 4.5、14.5、24.5、36.5、46.5 和 56.5 处，然后删除源对象，如图 6-71 所示。

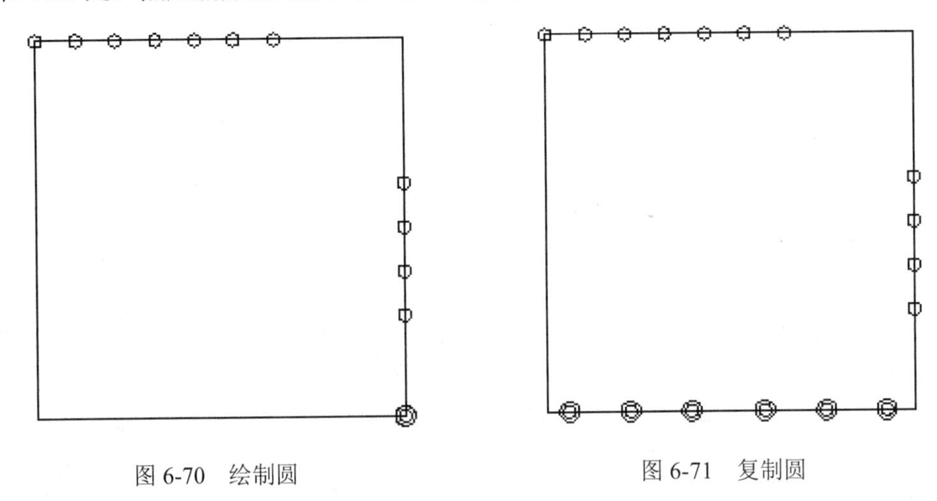

图 6-70　绘制圆　　　　图 6-71　复制圆

Step11：执行【修剪】命令，对圆内正方形的边进行修剪，如图 6-72 所示。变频器符号绘制完成。

Step12：执行【直线】命令，绘制 3 条长度均为 10 的首尾相连的水平直线。然后以中间线段的右端点为基点，执行【旋转】命令将该条线段旋转 30°，完成按钮开关符号的绘制，如图 6-73 所示。

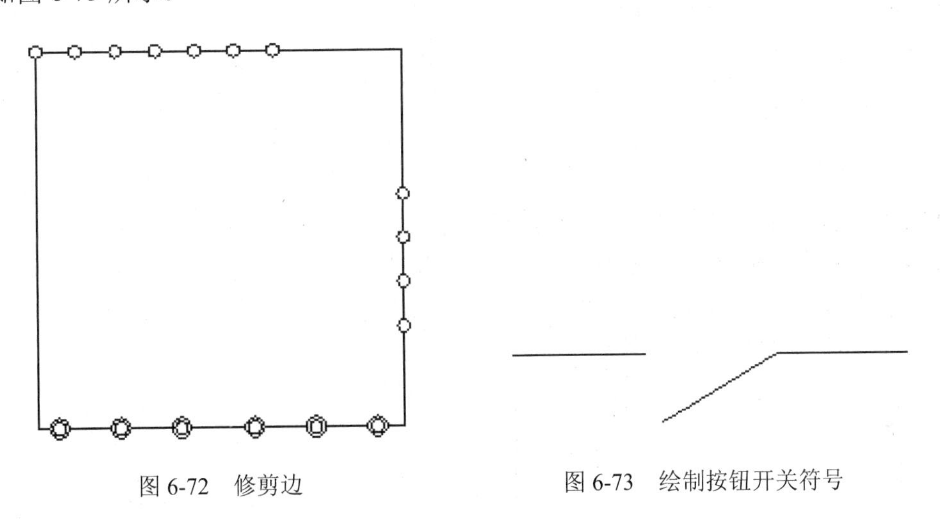

图 6-72　修剪边　　　　图 6-73　绘制按钮开关符号

Step13：执行【直线】命令，绘制一条长度为 20 的竖线。执行【偏移】命令将其向左依次复制并偏移 10 个单位，如图 6-74 所示。

Step14：绘制模块 1。执行【插入】命令，打开对话框，单击【浏览】按钮，在打开的对话框中选择【多极开关】电气符号，然后单击【确定】按钮。将插入的对象与刚绘制的线段相连接，如图 6-75 所示。模块 1 绘制完成。

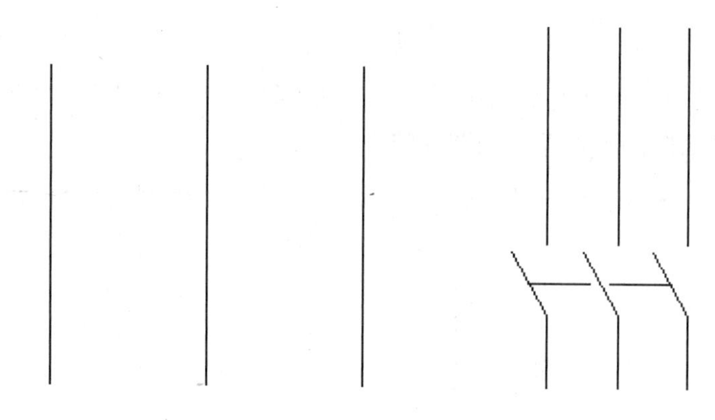

图 6-74　绘制直线　　　　图 6-75　模块 1

Step15：执行【移动】命令，将绘制好的按钮开关和动断触头开关进行连接，然后将按钮开关向下并移动 12 个单位复制，如图 6-76 所示。

Step16：执行【直线】和【移动】命令，在组合好的按钮开关和动断触头开关的合适位置绘制连接导线，如图 6-77 所示。

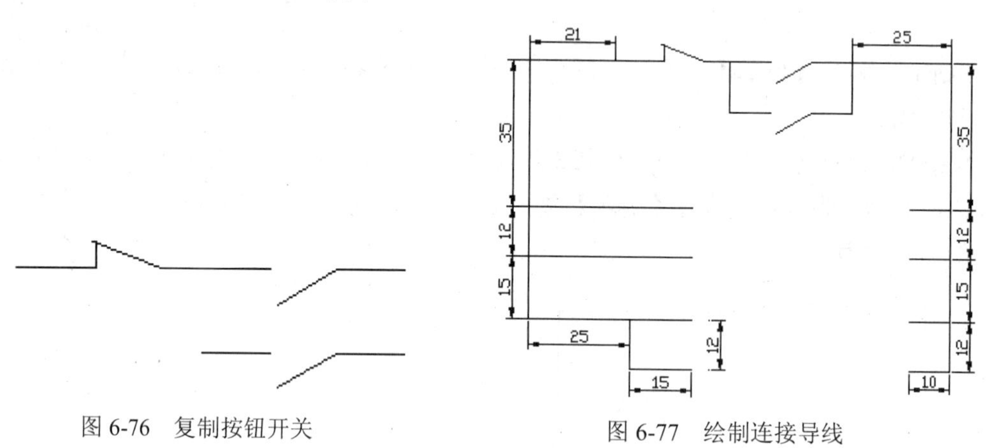

图 6-76　复制按钮开关　　　　图 6-77　绘制连接导线

Step17：执行【复制】命令，继续向连接导线内添加图形符号，如图 6-78 所示。

Step18：执行【矩形】、【圆】和【多行文字】等命令，分别绘制长宽分别为 4 和 6 的矩形，然后绘制半径为 4 的圆，并在圆内添加文本“M”。设置字体为宋体，字高为 2.5，将文字放置在导线上合适的位置处，如图 6-79 所示。

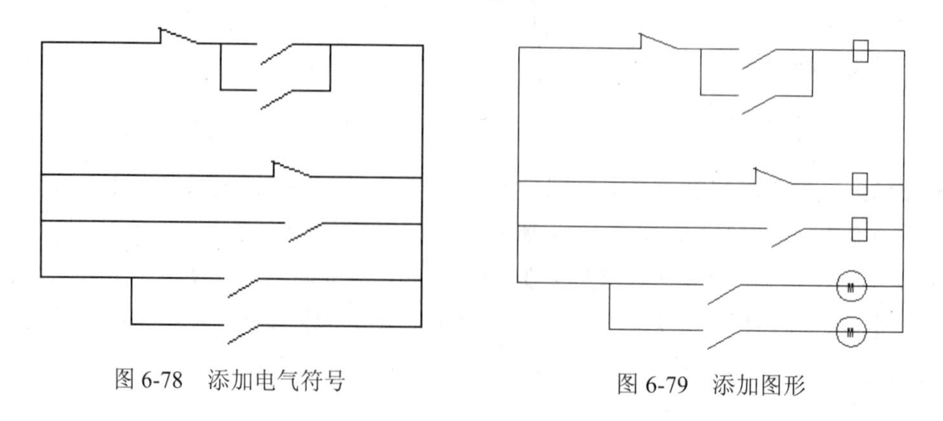

图 6-78　添加电气符号　　　　图 6-79　添加图形

Step19：分别使用【矩形】和【圆】命令，添加导线和圆，然后执行【修剪】命令修剪掉多余的部分，如图 6-80 所示。

Step20：执行【插入】命令，将电阻符号插入当前图形中，插入比例为 0.2。然后执行【旋转】命令将电阻符号进行旋转复制，最后执行【直线】命令绘制长度为 35 和 10 的水平直线，如图 6-81 所示。模块 2 绘制完成。

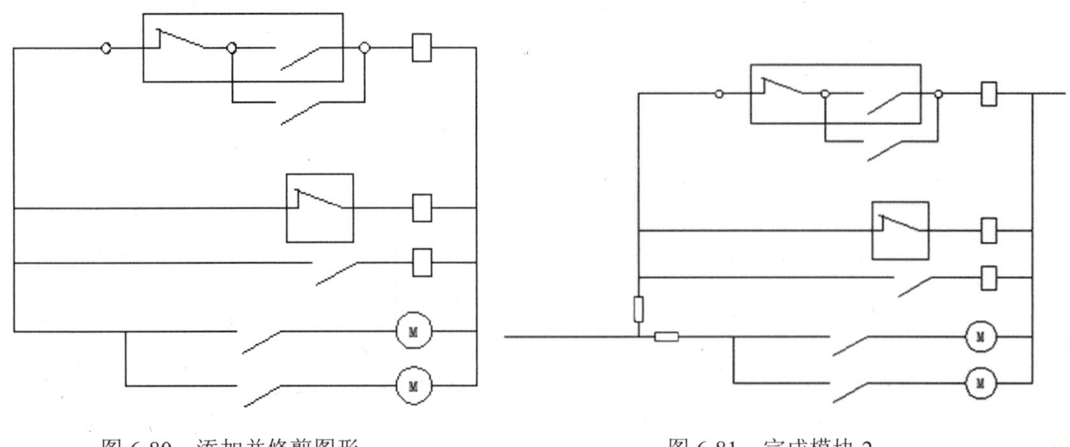

图 6-80　添加并修剪图形　　　　图 6-81　完成模块 2

Step21：执行【直线】命令，以变频器图形中对应圆的圆心为起点，依次绘制各条直线。执行【修剪】命令修剪掉圆内的多余部分，如图 6-82 所示。

Step22：执行【插入】命令，将电动机、电感、按钮开关和接触器等电气符号插入当前图形中，根据情况调整块的比例，如图 6-83 所示。

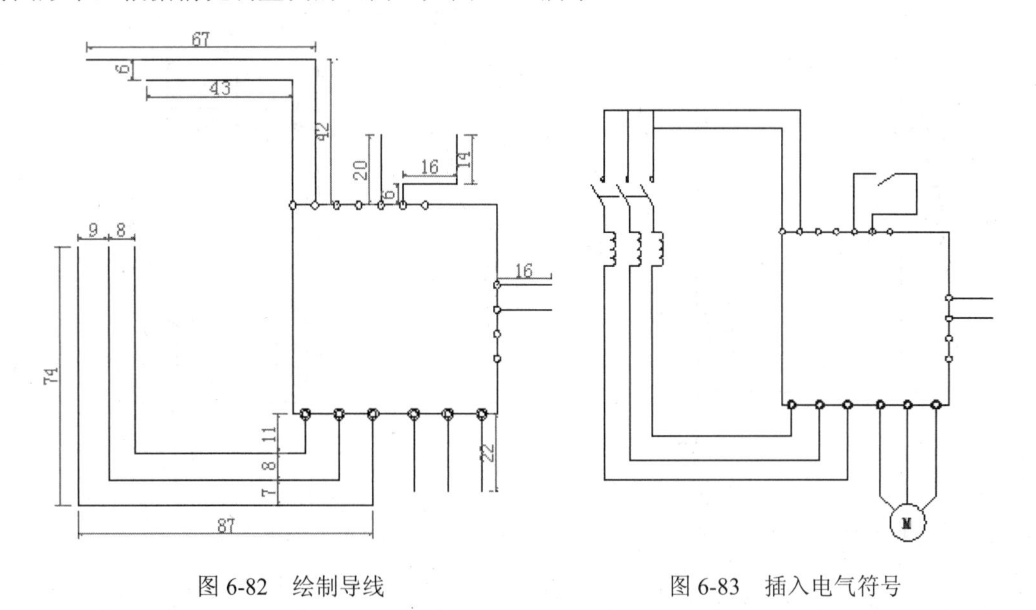

图 6-82　绘制导线　　　　图 6-83　插入电气符号

Step23：执行【直线】命令，绘制导线，长度如图 6-84 所示。

Step24：执行【插入】命令，将电感和电流表符号插入图形中，并设置插入比例，如

图 6-85 所示。

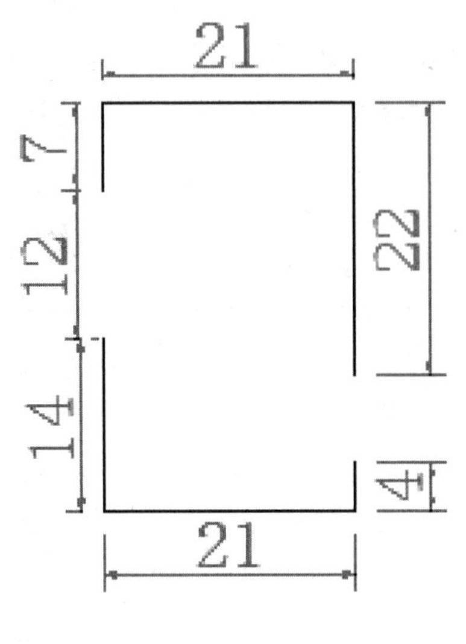

图 6-84 绘制导线

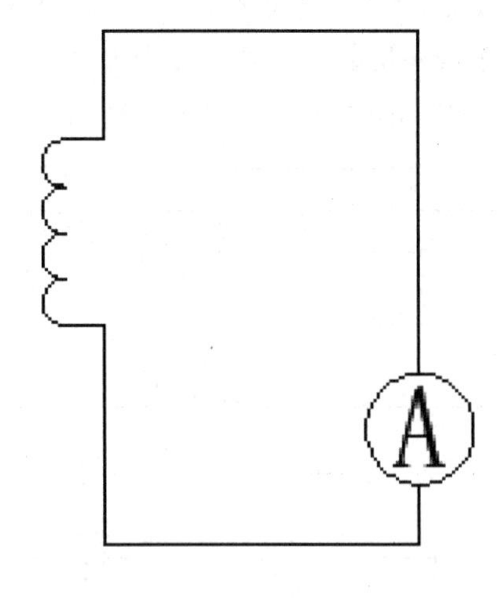

图 6-85 插入电感和电流表符号

Step25：执行【直线】命令，在刚绘制的图形右下端绘制一条长度为 5 的竖线，以及 3 条长度分别为 4、2、1 的水平线作为接地线符号，如图 6-86 所示。

Step26：执行【移动】命令，将图 6-86 中的图形移至图 6-83 中，完成模块 3 的绘制，如图 6-87 所示。

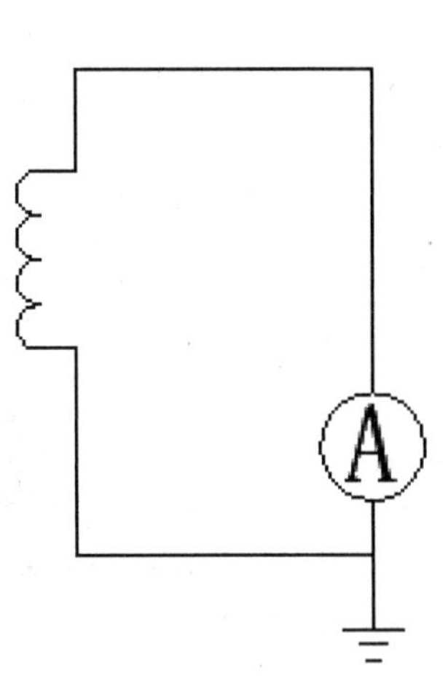

图 6-86 绘制接地线

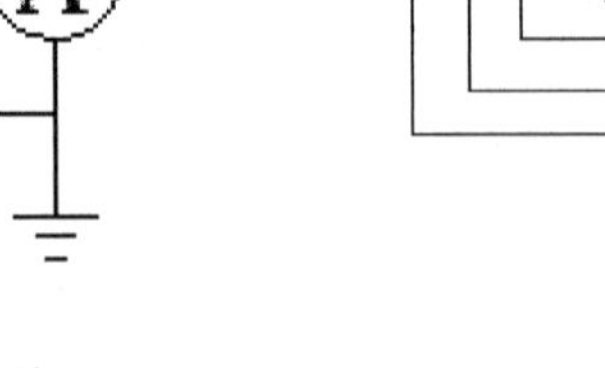

图 6-87 模块 3

Step27：执行【移动】命令，将创建好的模块 1~3 组合起来，如图 6-88 所示。

Step28：执行【多行文字】命令，在需要的位置添加相应的文字，如图 6-89 所示。变频控制电路图绘制完成。

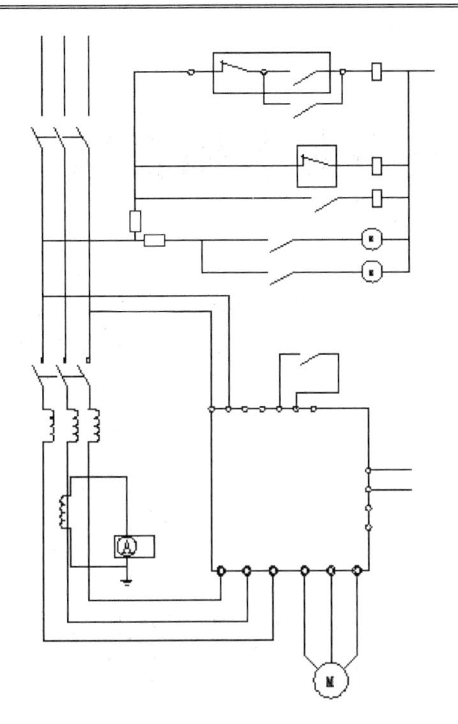

图 6-88　组合图形

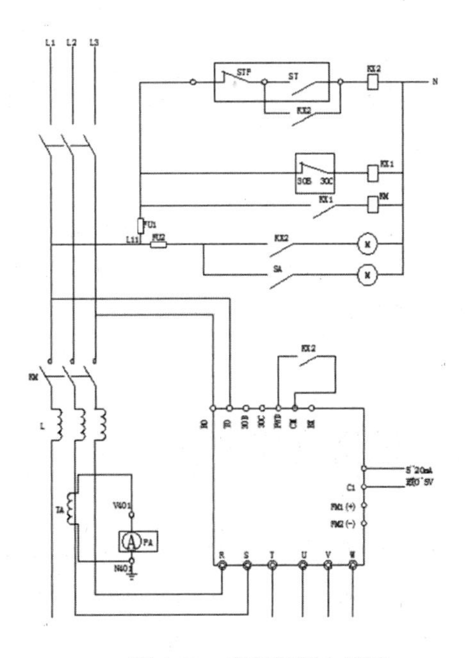

图 6-89　变频控制电路图

第 7 章　电气制图中的文本和表格

使用 AutoCAD 2015 中的文字和表格功能，可以对图形以文字及表格的形式进行说明，从而表达出用图形不好表示的内容。在对图形进行文字及表格说明之前，应创建并设置好文字样式和表格样式，主要包括设置单行文字、多行文字、表格等内容。本章主要介绍设置文字样式、添加单行文本和多行文本、使用字段、添加表格等操作。

7.1　设置文字样式

在对绘图进行文字标注之前，应先对文字样式进行设置，以便方便、快捷地标注出统一、标准、美观的文字注释。另外，设置文字样式还有助于对文字格式进行统一修改和管理。

7.1.1　设置文字样式

通常在创建文字注释和尺寸标注时所使用的文字样式为当前的文字样式。用户可以根据具体要求重新设置文字样式和创建新的样式。文字样式包括文字的字体、字体样式、大小、高度、效果等。在 AutoCAD 2015 中，可通过以下 3 种方法创建文字样式。

- 选择【注释】|【文字】，单击相应面板右侧的箭头按钮。
- 执行菜单栏中的【格式】|【文字样式】命令。
- 在命令行中输入“ST”命令。

使用以上任何一种方式执行文字样式命令，将打开【文字样式】对话框，如图 7-1 所示。单击【新建】按钮，打开【新建文字样式】对话框，在【样式名】文本框中输入样式的名称，单击【确定】按钮，如图 7-2 所示。返回上一层对话框后，在【样式】列表中会显示刚创建的样式名，并可以设置相关属性。

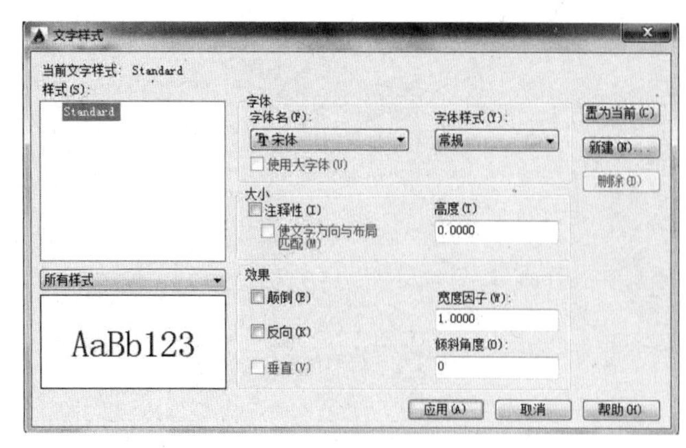

图 7-1 【文字样式】对话框

图 7-2　输入新建文字样式名称

【文字样式】对话框中各选项的含义如下。

- 当前文字样式：在该选项后列出了当前正在使用的文字样式。
- 样式：该列表框中显示当前图形文件中所有文字样式，并默认选择当前文字样式。
- 样式列表过滤器：在该下拉列表框中，可以选择显示所有样式还是正在使用的所有文字样式。
- 预览：该窗口中显示的样式文字随着字体的改变和效果的修改而动态更改。
- 字体名：列出 Fonts 文件夹中所有注册的 TrueType 字体和所有编译的 SHX 字体的字体族名。
- 字体样式：在该下拉列表框中可以选择字体的样式，一般选择【常规】选项。
- 使用大字体：当在【字体名】下拉列表框中选择后缀名为 SHX 的字体时，该复选框可用。当选中该复选框后，【字体样式】选项将变为【大字体】选项，可在该选项中选择大字体样式。
- 高度：该文本框用于输入字体的高度。
- 颠倒：选中该复选框可将文字进行上下颠倒显示。该选项只影响单行文字。
- 反向：选中该复选框可将文字进行首尾反向显示。该选项只影响单行文字。
- 垂直：选中该复选框可将文字沿竖直方向反向显示。该选项只影响单行文字。
- 宽度因子：设置字符间距。输入小于 1 的值将紧缩文字，输入大于 1 的值将加宽文字。
- 倾斜角度：该选项用于指定文字的倾斜角度。角度值为正时，向右倾斜；角度值为负时，向左倾斜。
- 置为当前：选中【样式】列表框中的文字样式后，单击该按钮，即可将选择的文字样式设置为当前文字样式。
- 新建：单击该按钮，可以打开【新建文字样式】对话框，输入样式名即可创建文字样式。
- 删除：选中【样式】列表框中的文字样式后，单击该按钮，即可将选择的文字样式删除。

7.1.2 修改样式

对于已创建的文字样式，如果不符合要求或不满意，还可以进行修改。在 AutoCAD 2015 中，修改文字样式的方法与创建新文字样式的方法相同，都是在【文字样式】对话框中进行的。

打开【文字样式】对话框，在【样式名】下拉列表框中选择要修改的文字样式，然后按照要求进行设置，修改完成后单击【应用】按钮，使其生效，最后单击【关闭】按钮关闭对话框，即可完成样式的修改。

7.1.3 管理样式

创建文字样式后，用户可以按照需要更改文字样式的名称，以及删除多余的文字样式等，此类操作也是在【文字样式】对话框中进行的。

打开【文字样式】对话框，在【样式】列表框右击需更改名称的文字样式，在打开的快捷菜单中，选择【重命名】命令，如图 7-3 所示。在编辑方框中，输入新的文字样式名称后，单击【置为当前】按钮，即可更改文字样式名称并将其置为当前样式，如图 7-4 所示。

选中所要删除的样式，单击该对话框右侧的【删除】按钮即可将其删除。在操作过程中，程序无法删除已经被使用了的文字样式、默认的 Standard 样式以及当前文字样式。

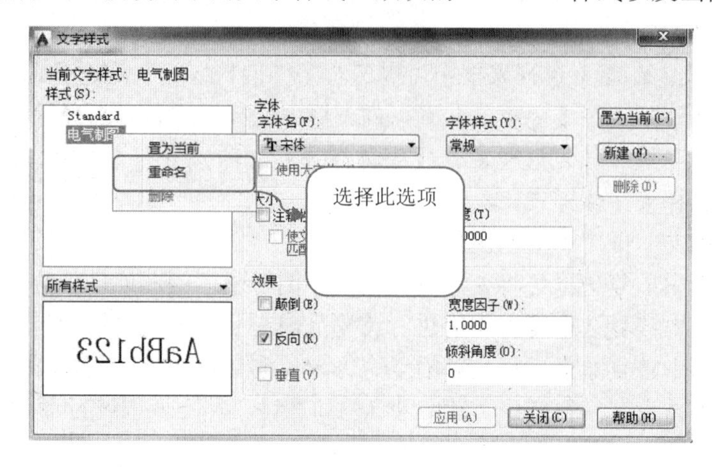

图 7-3　选择【重命名】选项

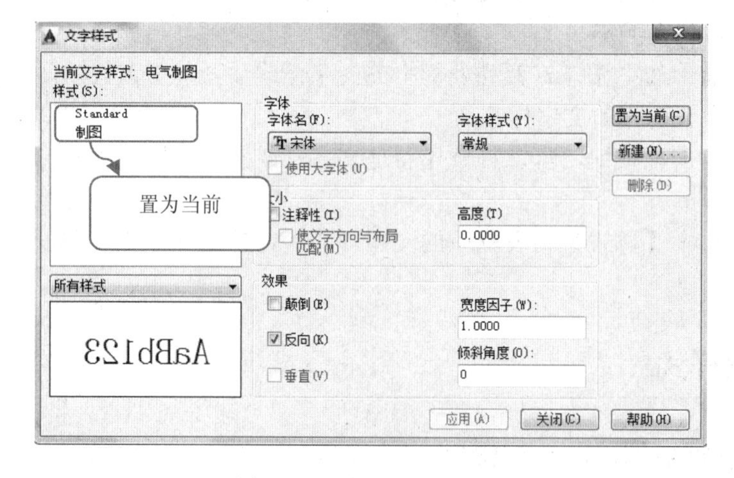

图 7-4　置为当前文字样式

7.2　添加单行文本

单行文字就是将每一行文字作为一个文字对象，一次性地在图纸中的任意位置添加所需的文本内容，并且可对每个文字对象进行单独修改。该输入方式适用于标注一些不需要多种字体样式的简短内容。

7.2.1　创建单行文本

单击【注释】|【文字】|【单行文字】命令，命令行将提供多个选项供用户选择。下面将介绍单行文本的设置方法。

1．起点

默认情况下，所指定的起点位置即是文字行基线的起点位置。在指定起点位置后，可按照命令行提示输入文字高度和旋转角度，也可使用默认的高度和角度，按回车键确认操作即可输入文字，如图 7-5 所示。

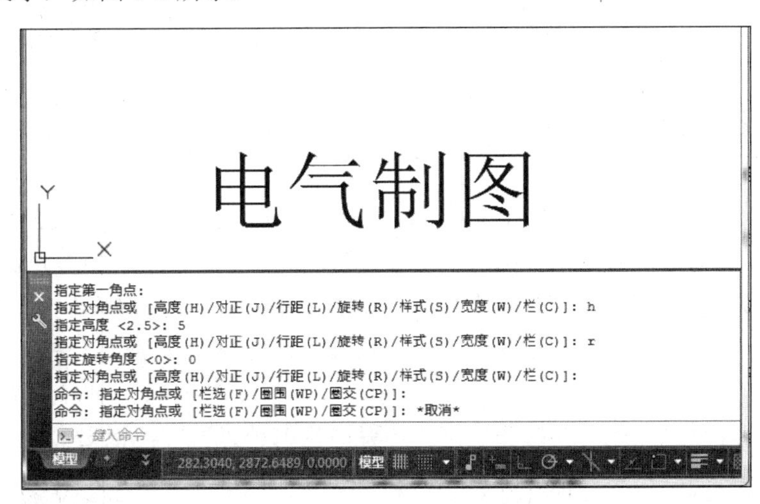

图 7-5　创建单行文本

2．对正

通过该选项选择文字的自定义对正方式。在指定起点之前输入“J”，然后根据命令行的提示信息在各选项中任选其一来指定文字的对正方式。各选项的含义如下。

- 对齐：指定输入文本基线的起点和终点，使输入的文本在起点和终点之间重新按比例设置文本的字高并均匀放置在两点之间。
- 布满：指定输入文本的起点和终点，文本高度保持不变，使输入的文本在起点和终点之间均匀排列。
- 居中：指定一个坐标点，确定一个文本的高度和文本的旋转角度，把输入的文本中心放在指定的坐标点处。
- 中间：指定一个坐标点，确定一个文本的高度和文本的旋转角度，把输入的文本中心和高度中心放在指定坐标点处。
- 右对齐：将文本右对齐，起始点在文本的右侧。
- 左上：指定标注文本左上角点。
- 中上：指定标注文本顶端中心点。
- 右上：指定标注文本右上角点。

- 左中：指定标注文本左端中心点。
- 正中：指定标注文本中央的中心点。
- 右中：指定标注文本右端中心点。
- 左下：指定标注文本左下角点，确定与水平方向的夹角为文本的旋转角，则过该点的直线就是标注文本中最低字符的基线。
- 中下：指定标注文本底端的中心点。
- 右下：指定标注文本右下角点。

3．样式

通过定义文字样式，可将当前图形中已定义的某种文字样式设置为当前文字样式。在命令行中输入字母“S”，然后输入文字样式的名称，则输入的单行文字将按照该样式显示。

7.2.2　编辑修改单行文本

单行文字的编辑包括文字的内容、对正方式以及缩放比例。执行菜单栏中【修改】|【对象】|【文字】命令，即可进行相应的设置。

在【文字】扩展列表中有【编辑】、【比例】和【对正】3 种修改命令，其含义如下。

- 编辑：选择该命令，在绘图区中，单击要编辑的单行文字，当进入文字编辑状态后，即可重新输入文本内容。
- 比例：选择该命令，在绘图区中单击要编辑的单行文字，根据命令行中的提示，选择缩放的基点以及指定高度、匹配对象或缩放比例等。例如选择基点为中上，指定新模型高度为 140，然后按回车键即可，如图 7-6、图 7-7 所示。
- 对正：选择该命令，在绘图区中单击要编辑的单行文字，之后在命令行中选择文字的对正模式。

图 7-6　高度为 200 的单行文字

图 7-7　高度为 140 的单行文字

7.2.3　输入特殊字符

输入单行文字时，用户可能会需要在文字中输入一些特殊字符，如直径符号“Φ”、百分号“%”、正负公差符号“±”以及文字的上划线、下划线等，但是这些特殊符号一般不能由键盘直接输入，因此，AutoCAD 提供了相应的控制符，以实现这些标注要求。常见字符代码如下。

- %%O：打开或关闭文字上划线
- %%U：打开或关闭文字下划线
- %%D：标注度（°）符号
- %%P：标注正负公差（±）符号
- %%C：直径（Ø）符号
- %%%：百分号（%）符号
- \U+2220：角度（∠）
- \U+2260：不等于（≠）
- \U+2248：约等于（≈）
- \U+0394：差值（△）

7.3　添加多行文本

多行文本包含一个或多个文字段落，可作为单一的对象处理。在输入文字标注前需要先指定文字边框的对角点。文字边框用于定义多行文字对象中段落的宽度。

设置完文字样式后就可以进行多行文字标注了，执行【注释】|【文字】|【多行文字】命令，然后在绘图区中，框选出多行文字的区域范围，如图 7-8 所示。此时即可进入多行文字编辑器窗口，输入相关文字，如图 7-9 所示，然后单击绘图区空白处，即可完成多行文字的输入。

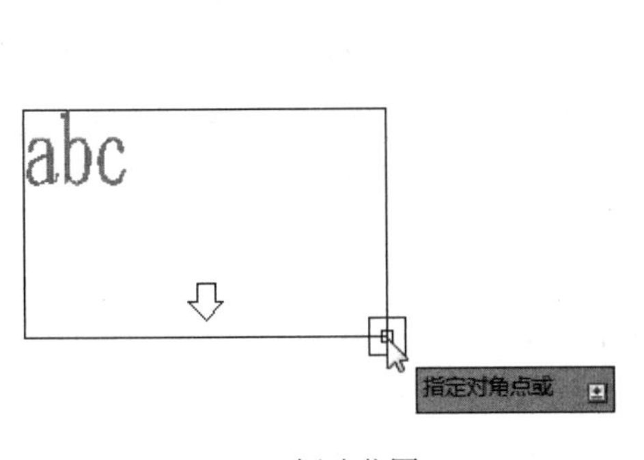

图 7-8　框选范围

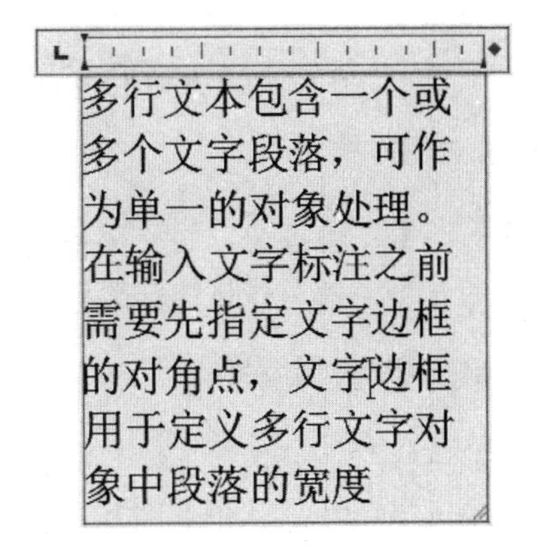

图 7-9　输入文字

7.3.1　设置多行文本样式和格式

在 AutoCAD 2015 中，在多行文字编辑器中可以设置文本样式。双击已创建的多行文字，进入多行【文字编辑器】面板，在【样式】选项板中，可以选择文字样式和高度的设置。在【格式】选项板中设置文字字体、颜色和背景遮罩，以及是否加粗、倾斜或加下划线等设置，如图 7-10 所示。

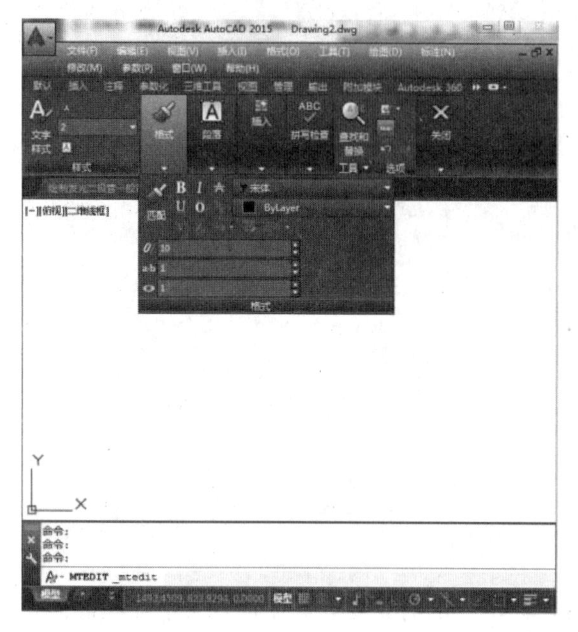

图 7-10　设置文本格式

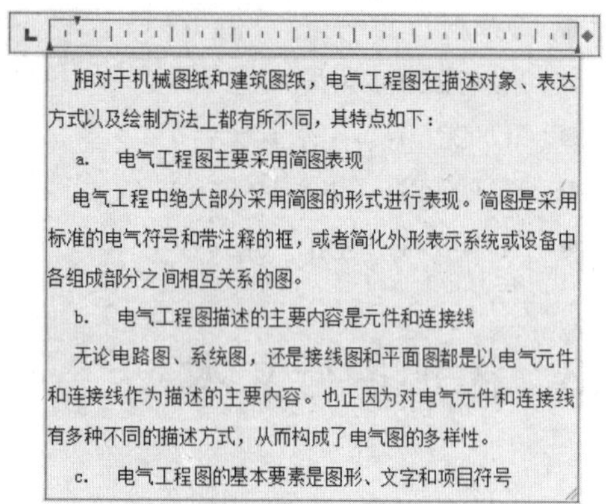

图 7-11　添加字母符号

7.3.2　设置多行文本段落

如果在添加文字之前，或在输入文字过程中发现文字段落不符合设计要求，可在【段落】选项板中单击相应按钮来调整段落的放置方式。

1. 设置对正方式

单击【对正】下拉按钮，将显示各对正列表项。可选择对应列表项修改对正方式，也可单击下方的 6 个常用对齐按钮修改对正方式。

2. 添加项目符号和编号

当输入的多行文字包含多项并列内容时，可单击【项目符号和编号】下拉按钮，并在打开的列表中选择项目符号和编号方式。可以为新输入或选定的文本创建带有字母、数字编号或项目符号标记形式的列表。选中要添加项目符号的文本，然后选择【以字母标记】|【小写】选项并调整多行文字放置方式的效果，如图 7-11 所示。

3. 修改段落

单击【段落】选项板右下角的按钮，可在打开的【段落】对话框中设置缩进和制表位位置，如图 7-12 所示。

在该对话框中，【制表位】选项组可用于设置制表位的位置，单击【添加】按钮可以设置新制表位，单击【删除】按钮可以清除列表框中的所有位置；在【左缩进】选项组的【第一行】文本框和【悬挂】文本框中，可以设置首行和段落的左缩进位置；在【右缩进】选项组的【右】文本框中可以设置段落右缩进的位置。

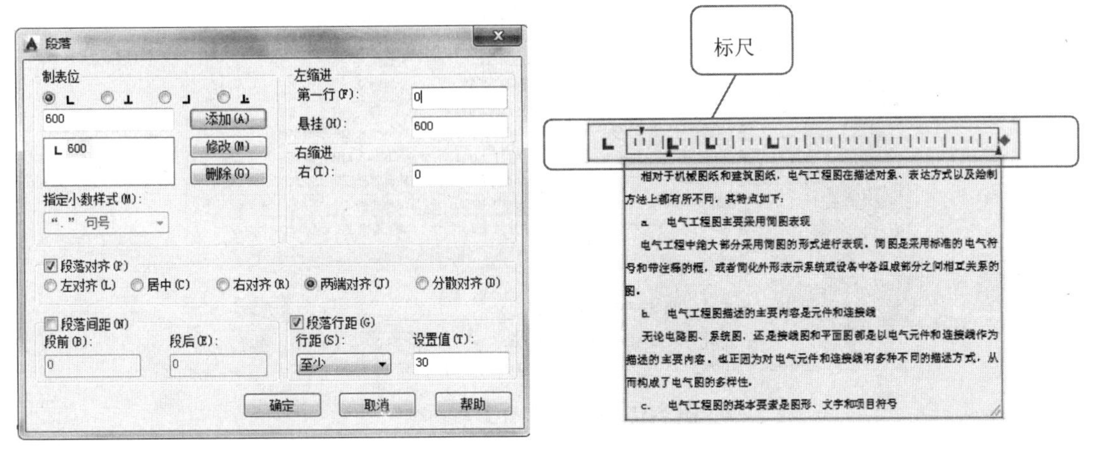

图 7-12　【段落】对话框　　　　图 7-13　带标尺的文本框

4. 利用标尺设置段落

标尺显示当前段落的位置，其中滑块显示左缩进。拖动标尺上的首行缩进滑块，可设置段落的首行缩进；拖动段落缩进滑块，可设置段落的缩进，如图 7-13 所示。

7.3.3　调用外部文本

在 AutoCAD 2015 中，可以在文字输入框中直接输入多行文字，也可以直接调用外部文本。

单击【多行文字】命令，在绘图区中将出现多行文字输入框。在文字输入框内单击鼠标右键，在打开的快捷菜单中选择【输入文字】命令，如图 7-14 所示。打开【选择文件】对话框，选择需插入的文本文件，单击【打开】按钮，即可完成外部文本的插入，如图 7-15 所示。

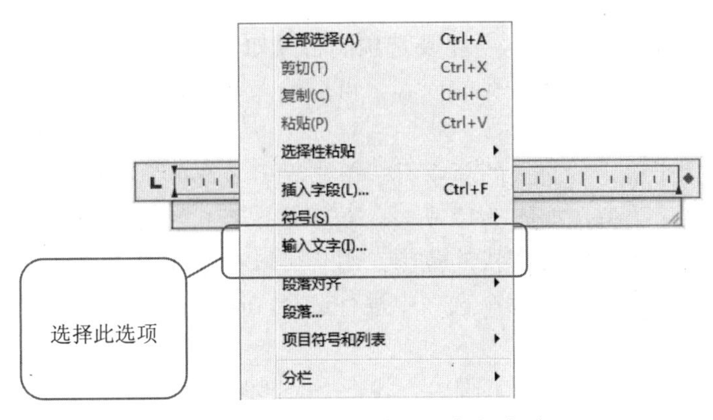

图 7-14　选择【输入文字】选项

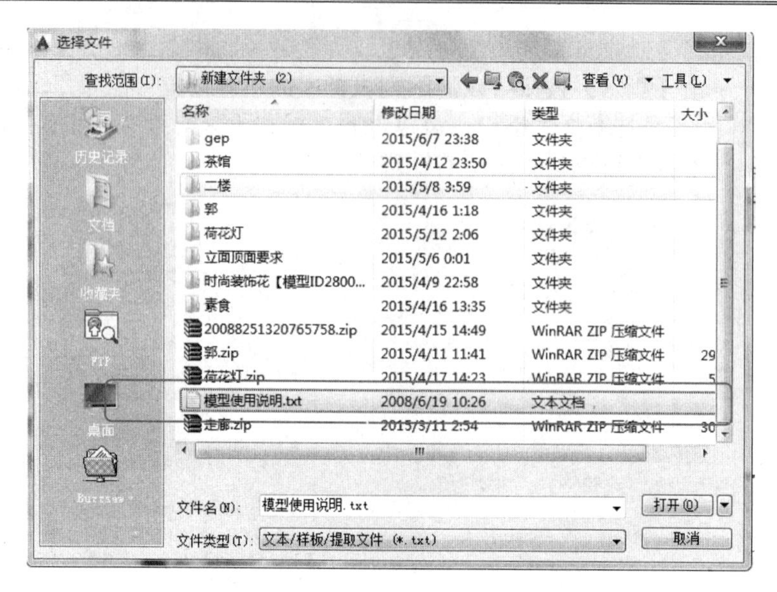

图 7-15 【选择文件】对话框

7.3.4 查找与替换文本

使用查找命令可以查找单行文字和多行文字中的指定字符，并可对其进行替换操作。在菜单栏中选择【编辑】|【查找】命令，可打开【查找和替换】对话框，如图 7-16 所示。

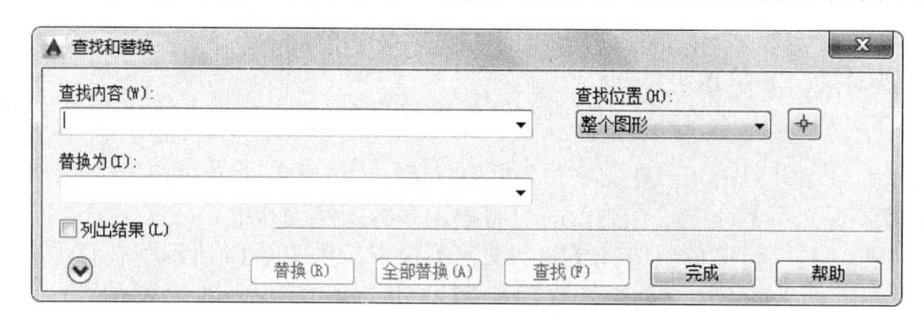

图 7-16 【查找和替换】对话框

在【查找和替换】对话框中，各主要选项的含义如下。

- 查找内容：用于确定要查找的内容。可以输入要查找的字符，也可以直接选择已存的字符。
- 替换为：用于确定要替换的新字符。单击“更多选项”按钮，将显示更多的搜索选项和文字类型，如图 7-17 所示，可以确定查找和替换的字符类型。
- 查找位置：用于确定要查找的范围。用户可以在【选定的对象】、【整个图形】以及【当前空间 / 布局】3 个选项中进行选择，也可通过单击“选择对象”按钮，在绘图区中直接选择。
- 查找：用于在设置的查找范围内查找下一个匹配的字符。
- 替换：用于将当前查找的字符替换为指定的字符。

● 全部替换：用于对查找范围内所有匹配的字符进行替换。

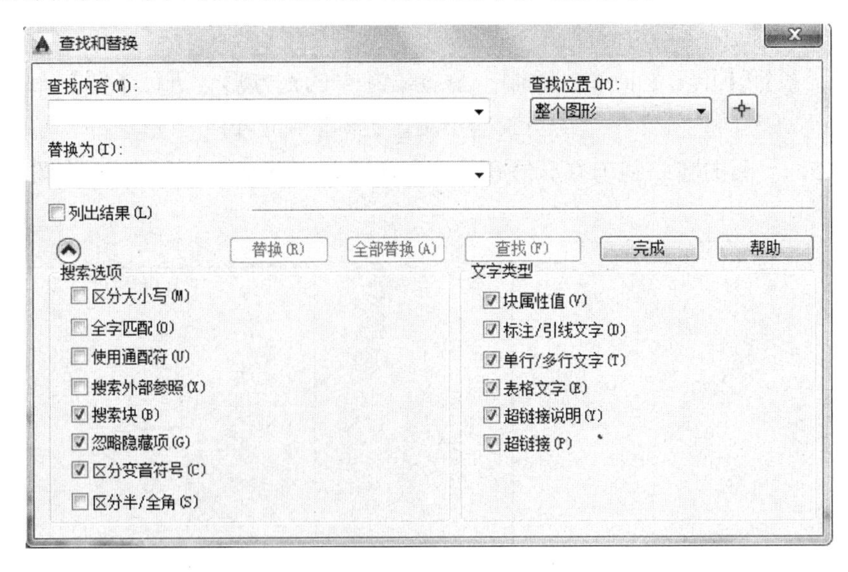

图 7-17　展开更多选项

7.3.5　案例——绘制厂房消防报警系统图

下面将要绘制的是厂房消防报警系统图。先绘制消防控制室结构示意图；然后绘制其中一层的消防控制结构图；绘制完一层后进行复制，修改得到其他三层的消防控制结构图；最后将这几部分连接起来。具体的绘制步骤如下。

Step01：新建文件。执行【矩形】命令，绘制 5 个矩形，表示各控制设备之间的位置关系。执行【多行文字】命令在矩形内添加文本，字体为宋体，字高为 3，如图 7-18 所示。消防控制室结构示意图绘制完成。

Step02：执行【矩形】命令，绘制一个边长为 5 的正方形。执行【直线】命令在方形内绘制折线，直线的长度分别为 1.5、3 和 1.5，如图 7-19 所示。

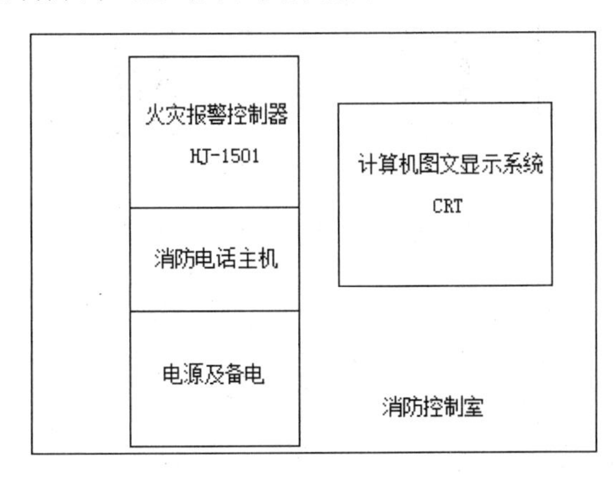

图 7-18　消防控制室结构示意图

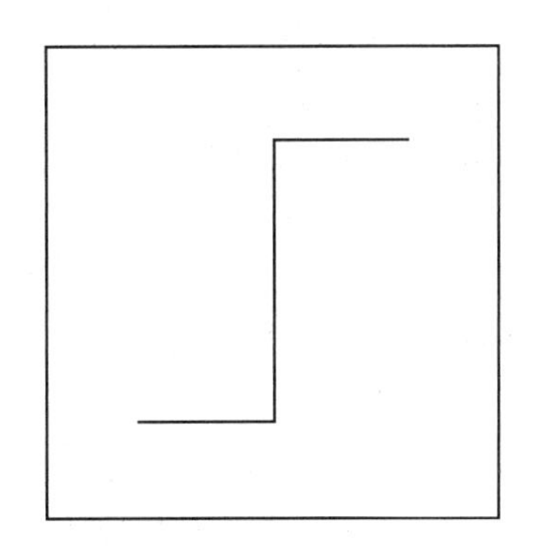

图 7-19　绘制矩形和直线

Step03：执行【旋转】命令，将折线部分以正方形的中心为轴，逆时针旋转 45°，如图 7-20 所示。感烟探测器符号绘制完成。

Step04：执行【矩形】命令，绘制一个边长为 5 的正方形。执行【圆】命令在正方形内绘制半径为 1.5 的大圆和半径为 0.5 的小圆。大圆的圆心到正方形顶部、左侧的距离分别为 1 和 2.5，小圆的圆心到正方形的底部、左侧的距离分别为 1 和 1.5，如图 7-21 所示。

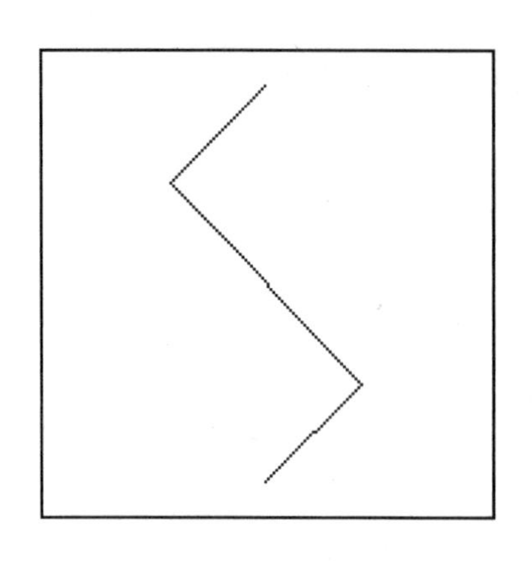

图 7-20　感烟探测器符号

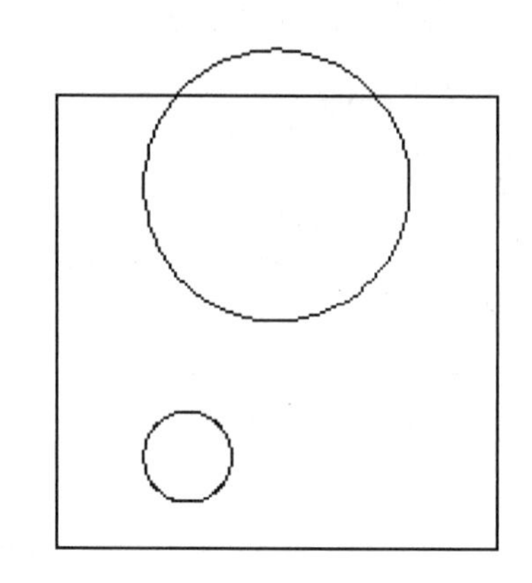

图 7-21　绘制正方形和圆

Step05：执行【直线】命令，由大圆的下端点向下绘制一条竖线，过圆的圆心绘制一条水平直线。然后使用【修剪】命令，修剪多余的部分，如图 7-22 所示。

Step06：执行【矩形】命令，绘制边长为 2 的正方形。执行【多行文字】命令在矩形内部添加文本。C 表示为控制模块，M 表示输入模块，如图 7-23 所示。

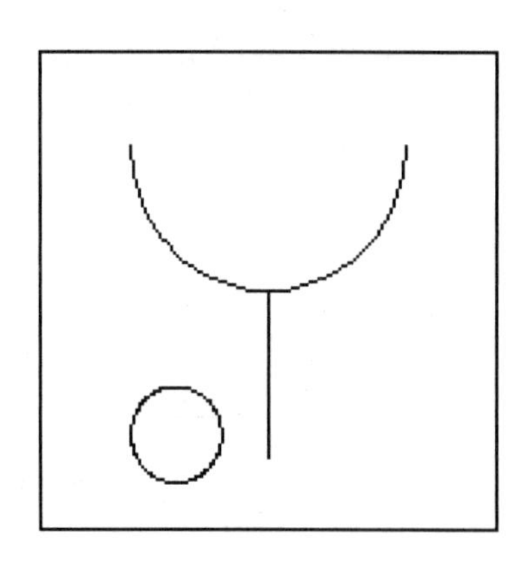

图 7-22　感烟探测器图形

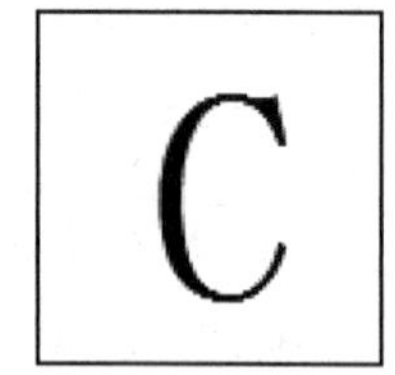

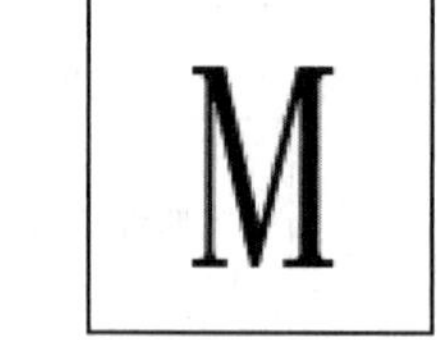

图 7-23　控制模块和输入模块符号

Step07：执行【直线】、【偏移】和【修剪】命令，完成绘制一条长度为 9 的水平直线，将水平线向上偏移 5 个单位。然后以底部直线的左端点为起点，绘制与 X 轴成 70° 的直线，并将其镜像复制，修剪掉多余部分等操作，如图 7-24 所示。

Step08：执行【矩形】和【直线】命令，完成在梯形内部绘制边长为 2 的正方形，在正方形旁边绘制不规则四边形的操作，如图 7-25 所示。声光警报器符号绘制完成。

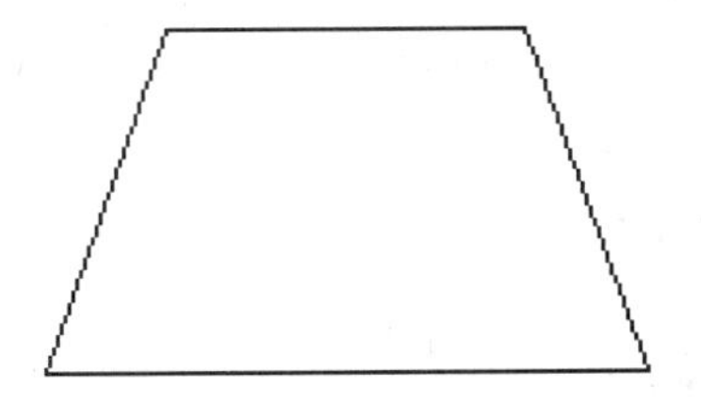

图 7-24　绘制梯形

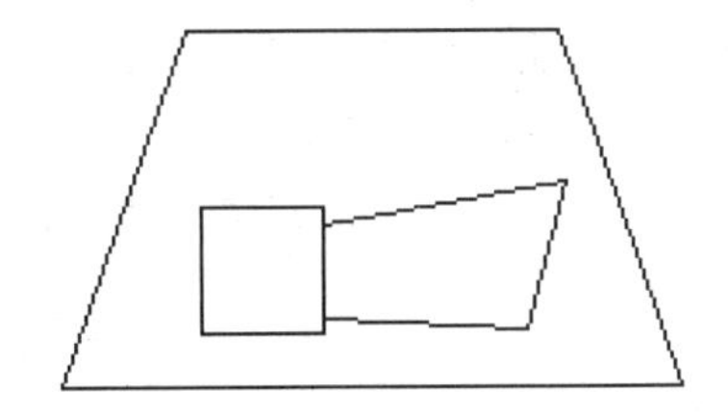

图 7-25　声光警报器符号

Step09：执行【矩形】和【直线】命令，完成绘制边长分别为 16 和 8 的矩形，然后绘制中垂线的操作，如图 7-26 所示。接线箱符号绘制完成。

Step10：执行【矩形】和【多行文字】命令，完成绘制边长为 5 的正方形，在正方形内添加文本“Dg”，字体的高度为 2.5 等操作，如图 7-27 所示。隔离器符号绘制完成。

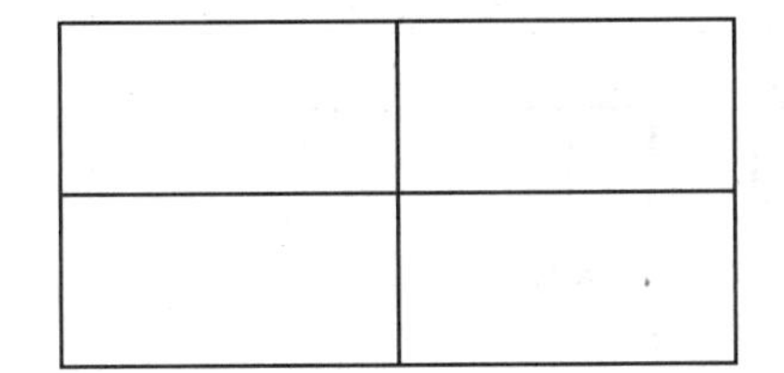

图 7-26　接线箱符号

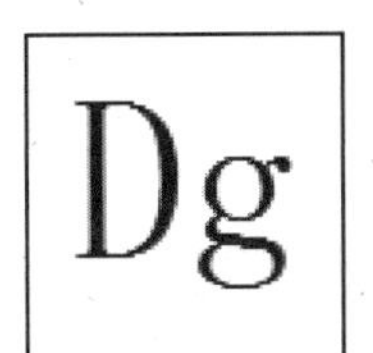

图 7-27　隔离器符号

Step11：执行【多段线】和【移动】等命令，完成绘制宽度为 0.5 的多段线，将绘制好的各部分按如图 7-28 所示的方法连接起来，消防控制结构图绘制完成。

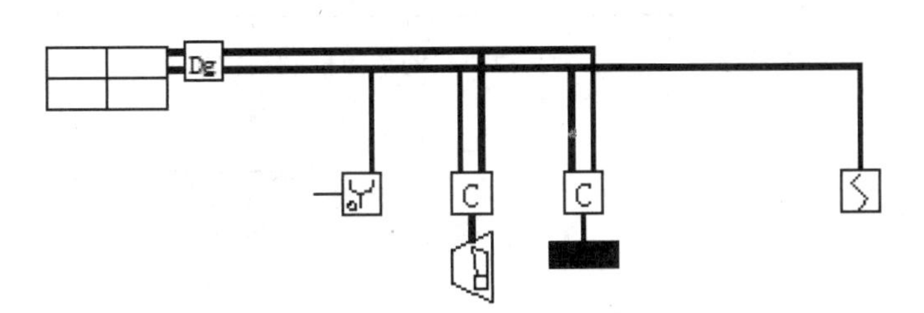

图 7-28　消防控制结构图

Step12：执行【直线】和【多行文字】命令，添加字体标注，如图 7-29 所示。一层消防控制结构图绘制完成。

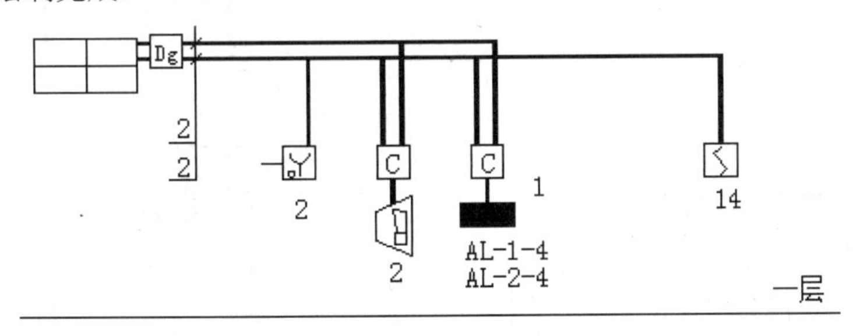

图 7-29　一层消防控制结构图

Step13：执行【复制】命令，复制出其他三层的消防控制结构图，双击文字修改标识，如图 7-30 所示。

Step14：执行【直线】和【移动】等命令，用直线将所有部分组合完整，如图 7-31 所示。厂房消防报警系统图绘制完成。

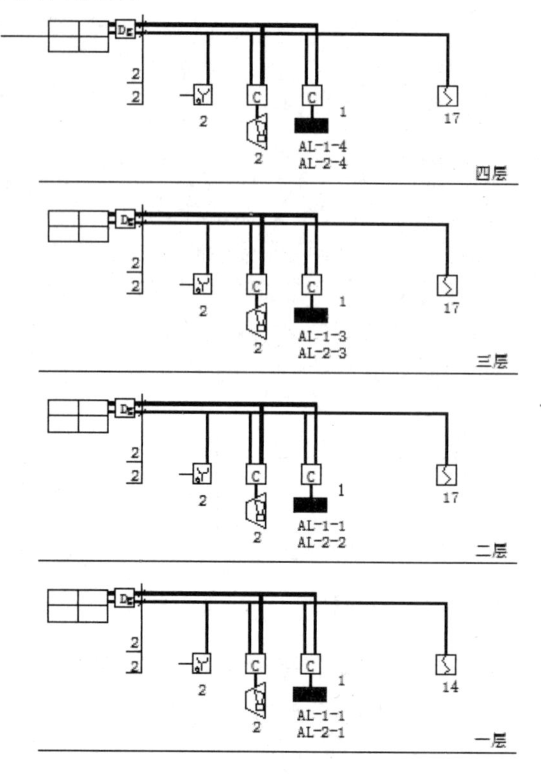

图 7-30　绘制其他三层的消防控制结构图

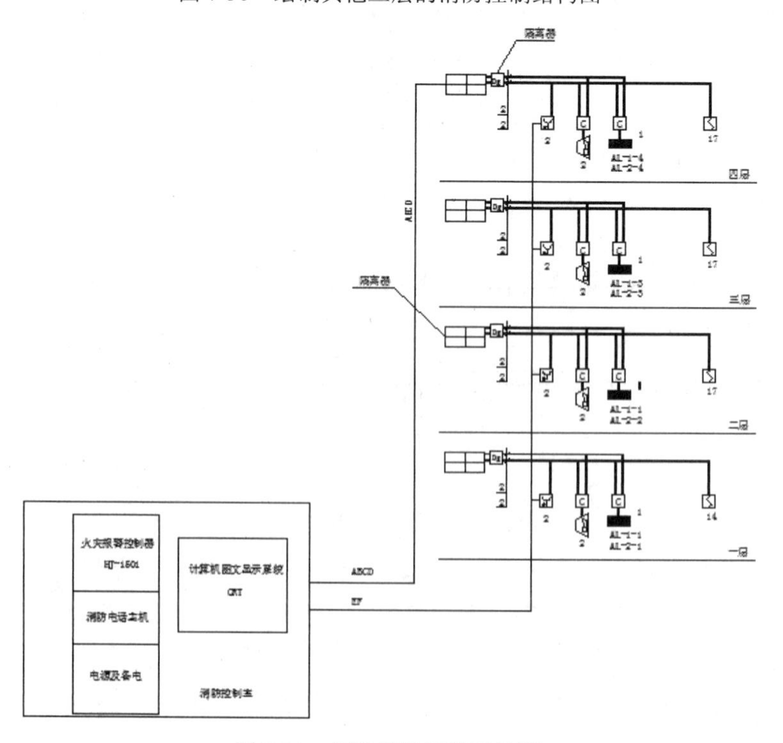

图 7-31　厂房消防报警系统图

7.4　使用字段

字段是包含说明的文字，这些说明用于显示可能会在图形制作和使用过程中需要修改的数据。

7.4.1　插入字段

字段可以插入到任意种类的文字（公差除外）中，其中包括表单元、属性和属性定义中的文字。要在文字中插入字段，可双击文字，进入多行文字编辑器窗口，将光标放在要显示字段文字的位置，然后单击鼠标右键，在弹出的快捷菜单中选择【插入字段】命令，打开【字段】对话框，如图 7-32 所示，从中选择合适的字段即可。

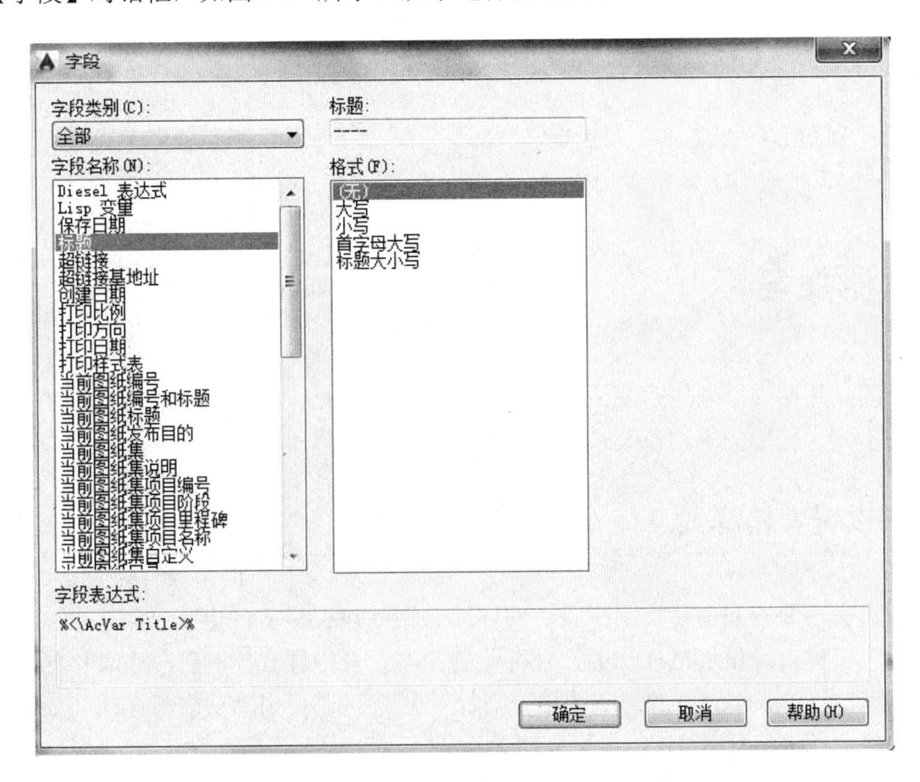

图 7-32 【字段】对话框

该对话框中，【字段类别】下拉列表框中用来控制所显示文字的外观，例如，日期字段的格式中包含一些用来显示星期几和时间的选项，而命名对象字段的格式中包含大小写选项。

字段文字所使用的文字样式与其插入到的文字对象所使用的样式相同。默认情况下，AutoCAD 中的字段将使用浅灰色显示。

7.4.2 更新字段

字段更新时，将显示最新的值。可以单独更新字段，也可以在一个或多个选定文字对象中更新所有字段。在 AutoCAD 2015 中，更新字段有以下 3 种方法。

（1）进入多行文字编辑器窗口，在文字输入框中单击鼠标右键，在弹出的菜单中选择【更新字段】命令。

（2）在命令行中输入“UPDSTEFIELD”，并选择包含要更新的字段的对象，然后按回车键。此时选择定对象中的所有字段都会被更新。

（3）在命令行中输入“FIELDEVAL”，然后输入任意一个位码，该位码是以下常用标注控制符中任意值的和。例如，要在打开、保存或打印文件时更新字段，可输入“7”。

- 0：不更新
- 1：打开时更新
- 2：保存时更新
- 4：打印时更新
- 8：使用 ETRANSMIT 时更新
- 16：重生成时更新

7.5 添加表格

表格的使用能够帮助用户更清晰地表达一些统计数据。在实际的绘图过程中，由于图形类型的不同，使用的表格以及该表格表现的数据信息也不同。

7.5.1 设置表格样式

在创建文字前应先创建文字样式，同样的，在创建表格前，也应先创建表格样式，并通过管理表格样式，使表格样式更符合行业的需要。表格样式控制着一个表格的外观，用于规范标准的字体、颜色、文本、高度和行距。用户可以使用默认表格样式 Standard，也可以创建自己的表格样式。

单击【注释】|【表格】选项，在相应面板中单击其右下角的按钮，打开【表格样式】对话框，然后单击【新建】按钮。在打开的【创建新的表格样式】对话框中输入新的表格样式名，然后在【基础样式】下拉列表中选择默认的、标准的或者任何已经创建的表格样式，新样式将在该样式的基础上进行修改，如图 7-33 所示。接下来单击【继续】按钮，打开【新建表格样式】对话框，如图 7-34 所示。

在该对话框中可设置表格样式，在【单元样式】下拉列表框中包含【数据】、【标题】和【表头】3 个选项，分别用于设置表格的数据、标题和表头所对应的样式。其下的 3 个选项卡，分别说明如下。

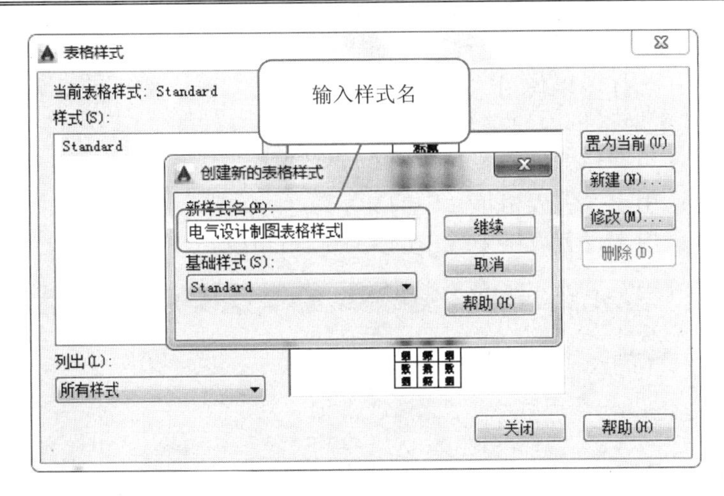

图 7-33　输入新样式名

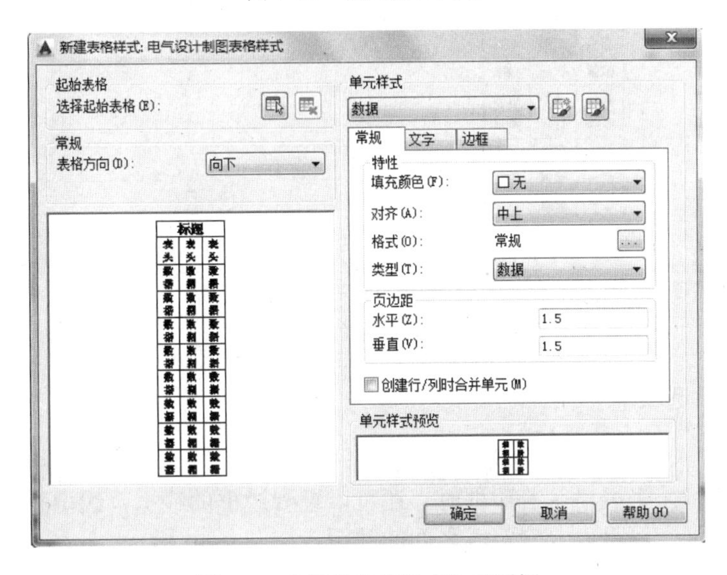

图 7-34 【新建表格样式】对话框

1. 【常规】选项卡

在【常规】选项卡中，可以设置表格的填充颜色、对齐方向、格式、类型及页边距等特性。在该选项卡中各主要选项的含义如下。

- 填充颜色：用于设置表格的背景填充颜色。
- 对齐：用于设置表格单元中的文字对齐方式。
- 格式：单击其右侧的按钮[...]，将打开【表格单元格式】对话框，用于设置表格单元的数据格式。
- 类型：用于设置表格是数据类型还是标签类型。
- 页边距：用于设置表格单元中的内容距边线的水平和垂直距离。

2. 【文字】选项卡

在【文字】选项卡中，可以设置表格单元中的文字样式、高度、颜色和角度等特性，如图 7-35 所示。在该选项卡中各主要选项的含义如下。

- 文字样式：选择可以使用的文字样式，单击其右侧的按钮[...]，可以直接在打开的【文字样式】对话框中创建新的文字样式。
- 文字高度：用于设置表格单元中的文字高度。
- 文字颜色：用于设置表格单元中的文字颜色。
- 文字角度：用于设置表格单元中的文字倾斜角度。

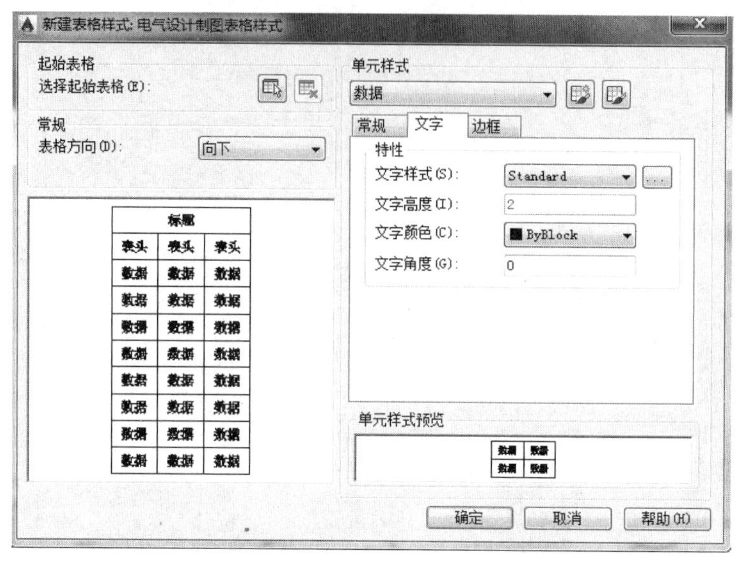

图 7-35 【文字】选项卡

3. 【边框】选项卡

【边框】选项卡用于对表格边框进行设置。其中包含有 8 个按钮，用于将指定的特性应用于对应的边框。当表格具有边框时，还可以设置边框的线宽、线型和颜色。此外，勾选【双线】复选框，还可以设置双线之间的间距，如图 7-36 所示。

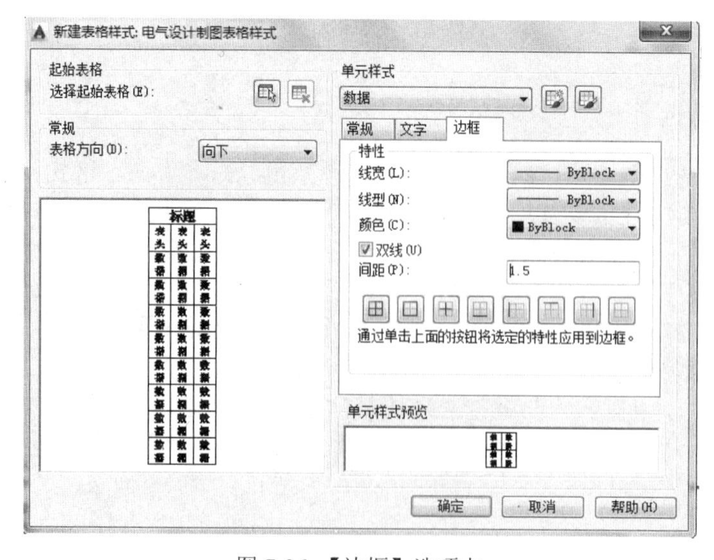

图 7-36 【边框】选项卡

7.5.2　创建与编辑表格

本小节将介绍创建与编辑表格的方法。

1．创建表格

在 AutoCAD 2015 中，可以运用【插入表格】命令来创建表格，并且可以对表格中的单元格进行编辑。用户可通过以下两种方法来创建表格。

（1）使用【表格】面板创建

执行【注释】|【表格】|【表格】命令，在打开的【插入表格】对话框中，根据需要进行创建。

（2）通过菜单栏中的【表格】命令创建

单击菜单栏中的【绘图】|【表格】命令，打开【插入表格】对话框，并进行创建。

使用以上任意一种方法，打开【插入表格】对话框，在【列和行设置】选项组中设置表格参数，如图 7-37 所示。设置后，单击【确定】按钮，根据命令行提示，指定表格的插入点，然后在表格中添加文本信息，即可完成表格的创建，如图 7-38 所示。

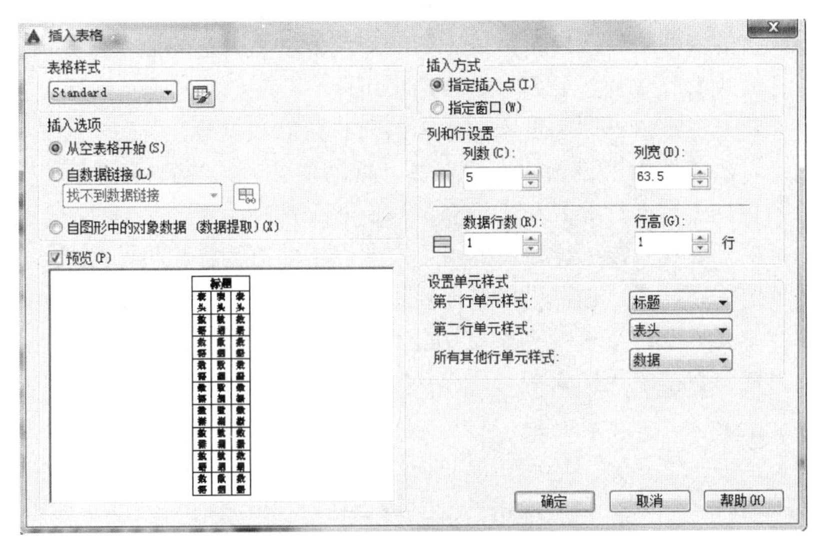

图 7-37　【插入表格】对话框

电气图例			
序号	名称	图例	
1	具有护板的(电源)插座		
2	三联单控扳把开关		
3	AC-控制箱字母代码		
4	C-吸顶式扬声器		
5	数据传输线路		
6	电缆桥架线路		

图 7-38　表格

【插入表格】对话框中各选项的含义如下。

- 表格样式：该下拉列表框用于选择表格样式。单击该下拉列表框右边的“启动表格样式对话框”按钮，将打开【表格样式】对话框，用户可以在此对话框创建以及修改表格样式。
- 从空表格开始：选中该单元按钮，在创建表格时，将创建一个空白表格，用户可以手动输入表格数据。
- 自数据连接：选中该单选按钮，将选择以外部电子表格中的数据来创建表格。
- 自图形中的对象数据（数据提取）：选中该单选按钮后，将根据当前图形文件中的文字数据来创建表格。
- 预览：在选中【预览】复选框后，【预览】窗口可以显示当前表格样式的样例。
- 指定插入点：选中该单选按钮，在绘图区中只需要指定表格的插入点，即可创建表格。
- 指定窗口：选中该单选按钮，在插入表格时，需指定表格起点和对角端点来指定表格的大小和位置。
- 列数：该数值框用于设置表格的列数。
- 列宽：该数值框用于设置表格每一列的宽度值。当表格的插入方式为【指定窗口】时，【列数】和【列宽】只有一个选项可用。
- 数据行数：该数值框用于设置插入表格时总共的数据行。
- 行高：该数值框用于设置插入表格每一行的宽度值。当表格的插入方式为【指定窗口】时，【数据行数】和【行高】只有一个选项可用。
- 第一行单元样式：该下拉列表框用于设置表格中第一行的单元样式。默认情况下，使用标题单元样式，也可以根据需要进行更改。
- 第二行单元样式：该下拉列表框用于设置表格中所有其他行的单元样式。默认情况下，使用数据单元样式。

2. 编辑表格

当创建好表格后，一般都会对表格的内容或表格的格式进行修改。可通过【表格单元】选项卡和表格夹点编辑方式进行编辑。

（1）【表格单元】选项卡

单击任意单元格，功能区选项板将出现【表格单元】选项卡，单击按钮，即可对表格进行相应的操作，如图 7-39 所示。

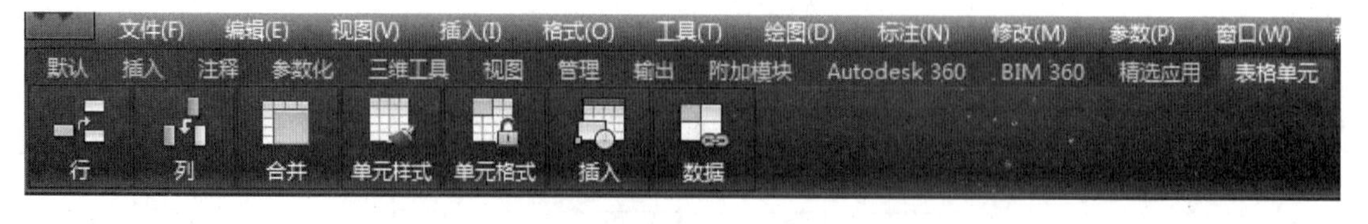

图 7-39 【表格单元】选项卡

（2）夹点编辑方式

在对插入的表格进行编辑时，不仅可以对整体的表格进行编辑，还可以对表格中的各单元进行编辑修改。在表格上单击任意网格线即可选中该表格，同时表格上将出现用于编辑的夹点，通过拖动夹点即可对该表格进行编辑操作，如图 7-40 所示。

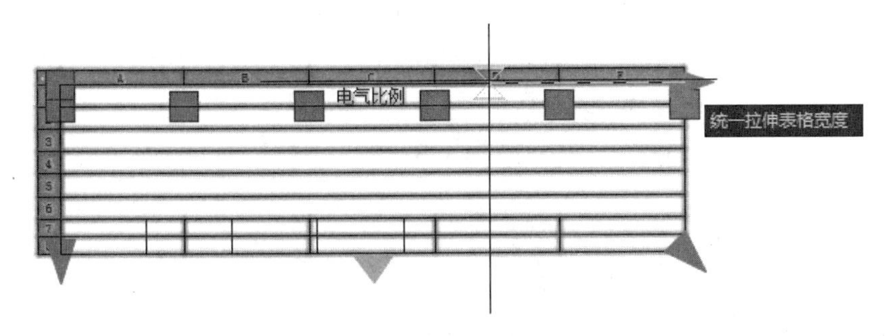

图 7-40　使用夹点编辑表格

7.5.3　调用外部表格

在 AutoCAD 2015 中，可以从 Microsoft Excel 中直接复制表格，并将其作为 AutoCAD 表格对象粘贴到图形中，也可以从外部直接导入表格对象。

打开【插入表格】对话框，选中【自数据链接】单选按钮，单击其下拉列表框右侧的按钮，打开【选择数据链接】对话框；选择【创建新的 Excel 数据链接】选项，打开【输入数据链接名称】对话框，输入名称，如图 7-41 所示。之后单击【确定】按钮，打开【新建 Excel 数据链接】对话框，单击【浏览文件】按钮，如图 7-42 所示。在打开的对话框中，选择所需调入的文件，选择好后，单击【打开】按钮。最后在【新建 Excel 数据链接】对话框中，依次单击【确定】按钮，并在绘图区指定表格位置，即可完成外部表格的调用。

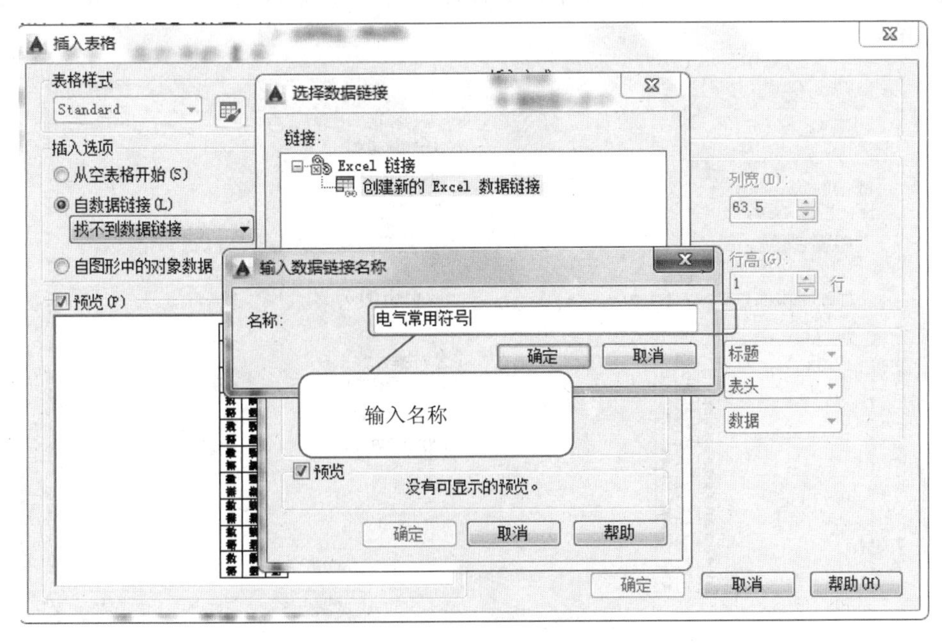

图 7-41　输入名称

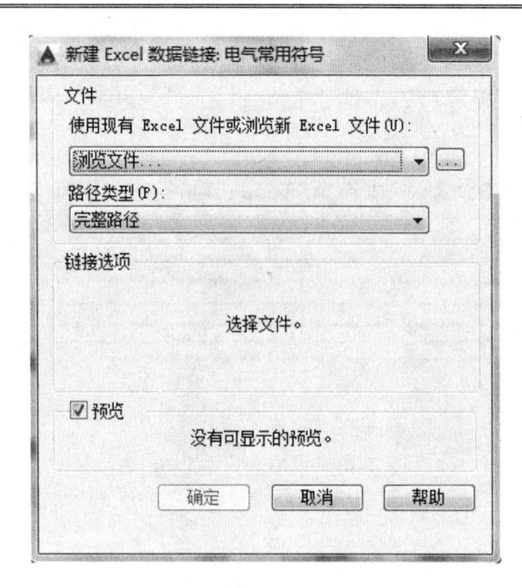

图 7-42　单击【浏览文件】按钮

7.5.4　案例——绘制调频器电路

本小节通过绘制调频器电路，来介绍简单电子设计中典型调频器电路的绘制方法，主要用到了【直线】、【矩形】、【圆】、【修剪】等命令。绘制步骤如下。

Step01：新建文件，将文件命名存为【调频器电路.dwg】。执行【默认】|【注释】|【表格】命令，打开【插入表格】对话框，如图 7-43 所示。

Step02：在【插入表格】对话框中，设置表格的列数与行数，及宽度和高度等选项，如图 7-44 所示。

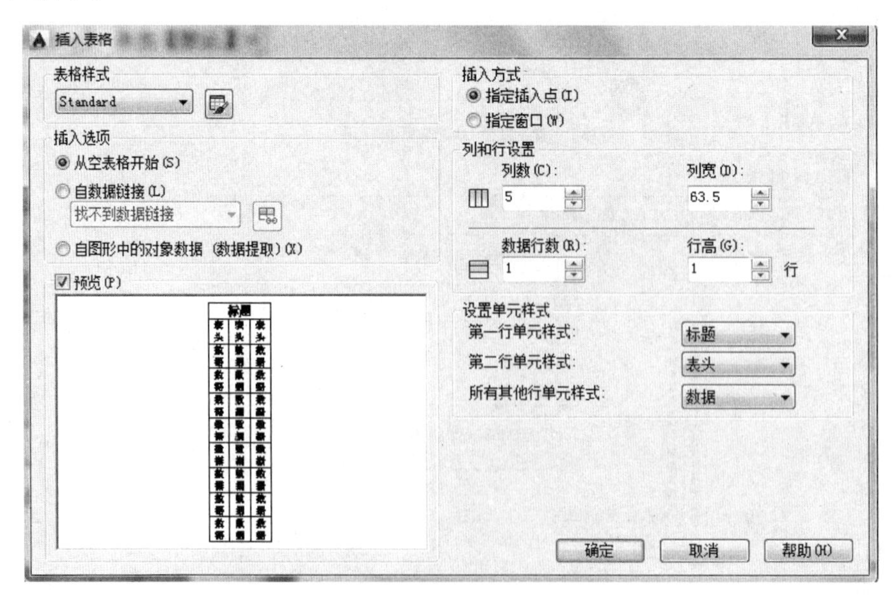

图 7-43　【插入表格】对话框

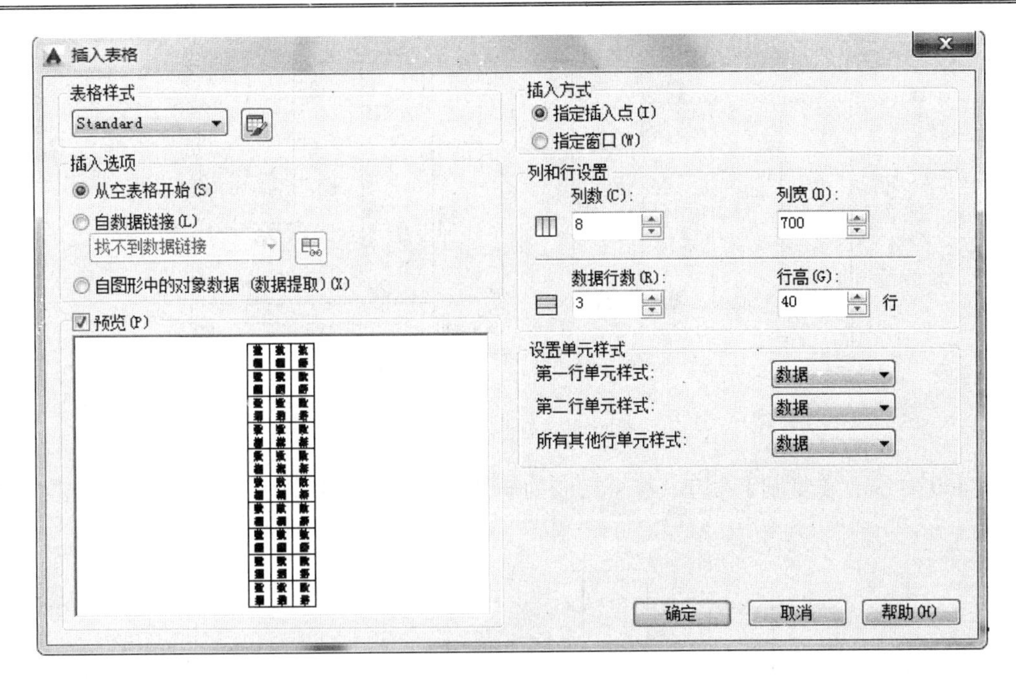

图 7-44　设置表格参数

Step03：设置好后，单击【确定】按钮，在绘图区中指定插入点，然后输入数据，如图 7-45 所示。

	A	B	C	D	E	F	G	H
1	L1-140							
2								
3								
4								
5								

图 7-45　输入数据

Step04：数值输入完毕后，最终效果如表 7-1 所示。

表 7-1　线名及长度

LI-140	L8-40	L4-40	L4-40	L5-24	L6-40	L7-80	L8-40
L9-40	L10-240	L11-135	L18-115	L18-115	L14-90	L15-90	L16-40
L17-53	L18-49	L19-65	L20-45	L21-40	L28-28	L28-37	L24-54
L25-47	L26-17	L27-25	L28-28	L29-70	L30-70	L31-30	L38-30
L38-20	L34-29	L35-40	L36-40	L37-40	L38-25		

Step05：根据表 7-1 提供的线段长度绘制电路线路框架，如图 7-46 所示。

Step06：执行【矩形】命令，在线段 1 上绘制长宽分别为 5 和 15 的矩形，如图 7-47 所示。

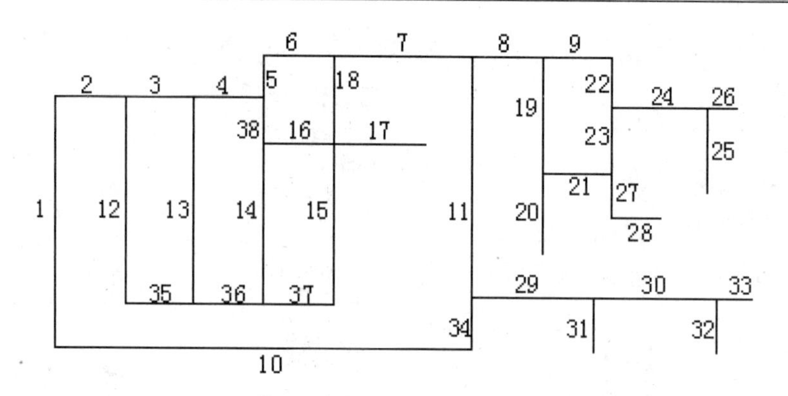

图 7-46　绘制线路框架

Step07：执行【复制】命令，将刚绘制的矩形进行复制，并放置合适的位置，如图 7-48 所示。

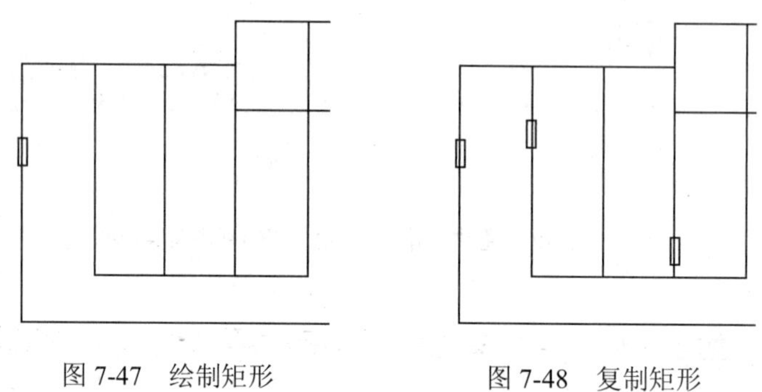

图 7-47　绘制矩形　　　　图 7-48　复制矩形

Step08：执行【直线】命令，在线段 13 上绘制两条长度均为 7.5 的水平直线，如图 7-49 所示。

Step09：执行【复制】命令，将刚绘制的水平直线进行复制，并放置于框架图的合适位置，如图 7-50 所示。

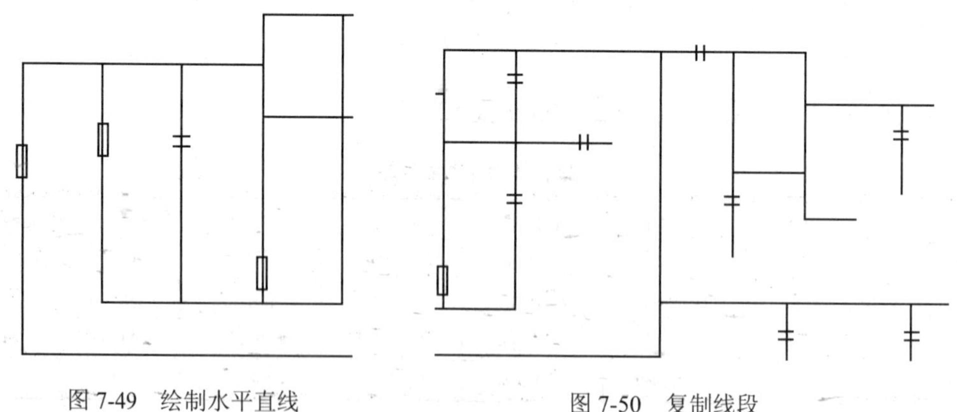

图 7-49　绘制水平直线　　　　图 7-50　复制线段

Step10：执行【矩形】命令，绘制一个长宽分别为 16 和 3 的矩形，如图 7-51 所示。

Step11：执行【圆】命令，以矩形的左上角为基点向右捕捉距离为 2 的圆心点，绘制半径为 2 的圆。执行【复制】命令向右依次复制，结果如图 7-52 所示。

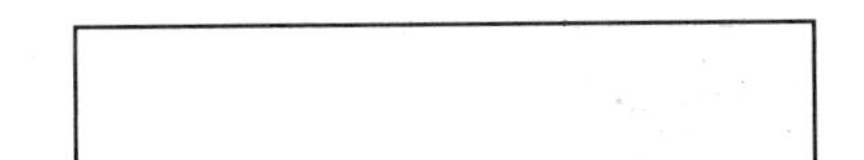

图 7-51　绘制矩形

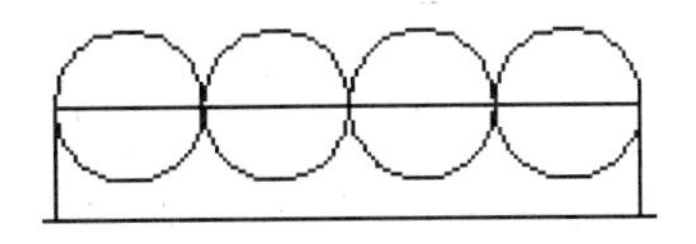

图 7-52　复制圆

Step12：执行【修剪】和【分解】命令，以矩形为剪切边，对圆进行修剪，然后将矩形分解并删除上边，电感符号绘制完毕，如图 7-53 所示。

Step13：执行【复制】、【旋转】命令，完成对电感进行复制，并旋转 90° 放置于合适位置等操作，如图 7-54 所示。

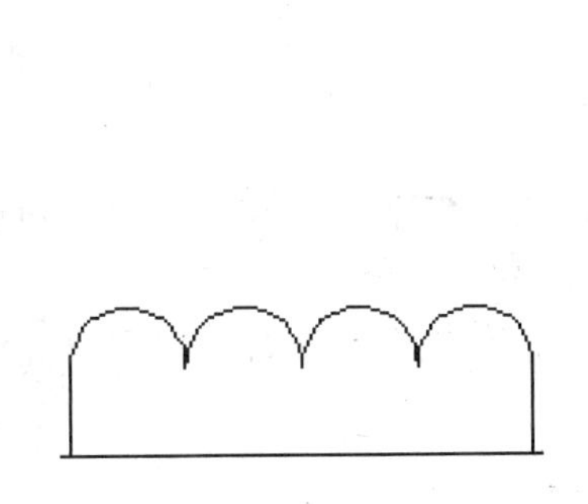

图 7-53　电感符号

图 7-54　复制电感符号

Step14：单击【默认】|【块】|【插入】命令，将半导体器件的二极管和三极管插入图形当中。打开【插入】对话框，单击【浏览】按钮，打开【选择图形文件】对话框选择图形文件，单击【打开】按钮，如图 7-55 所示。

Step15：返回到上一对话框，单击【确定】按钮，即可将图形插入到绘图区中，如图 7-56 所示。

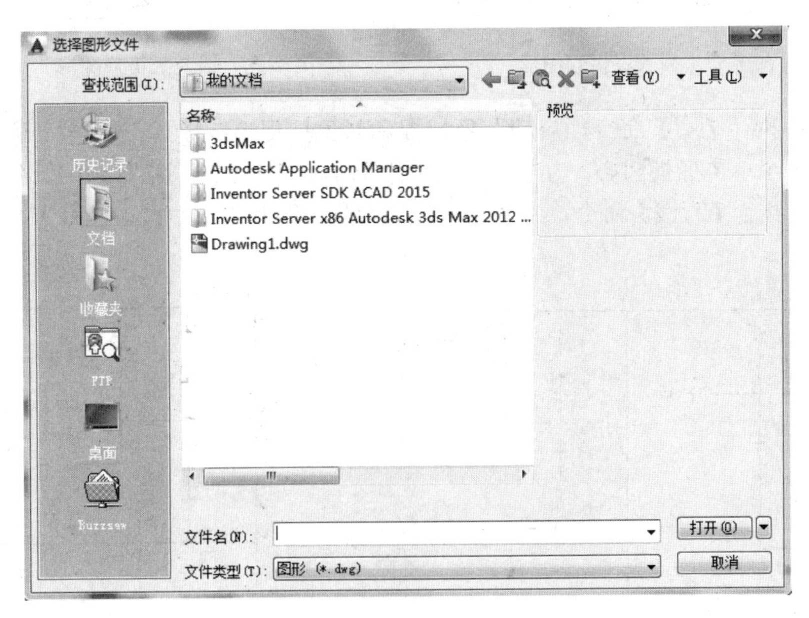

图 7-55　【选择图形文件】对话框

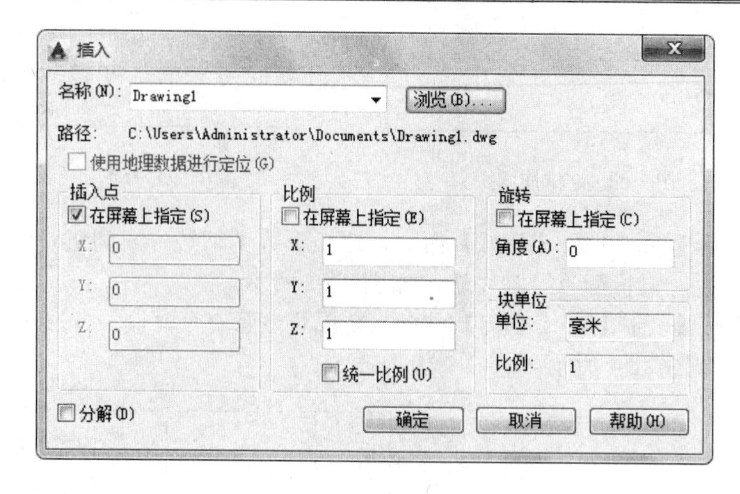

图 7-56 【插入】对话框

Step16：执行【插入】命令，将三极管图形也插入当前图形中，然后将两个图形进行等比例缩小，比例值为 0.25，将三极管图形移至合适的地方，如图 7-57 所示。

Step17：执行【旋转】和【镜像】命令，完成将二极管图形旋转 90°，并对其进行镜像复制的操作，如图 7-58 所示。

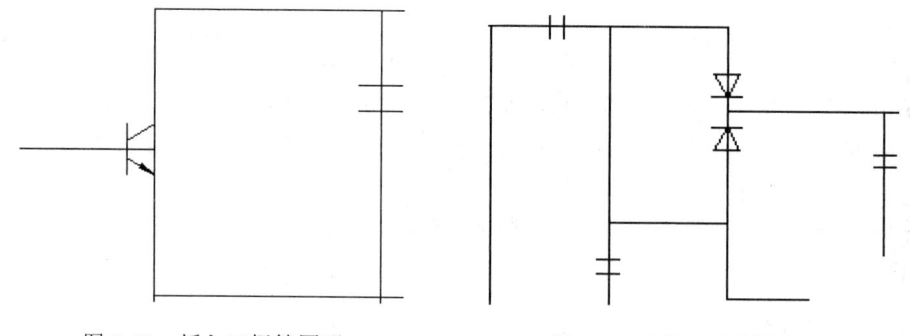

图 7-57 插入三极管图形　　图 7-58 插入二极管图形

Step18：执行【圆】命令，启动对象捕捉和对象捕捉追踪模式，以线段端点为基点，水平向右 1.8 个单位捕捉圆心，为电路引线端添加半径为 1.8 的圆端标识，如图 7-59 所示。

Step19：执行【直线】命令，为电路添加地符号。绘制水平线段，长度为 8，如图 7-60 所示。

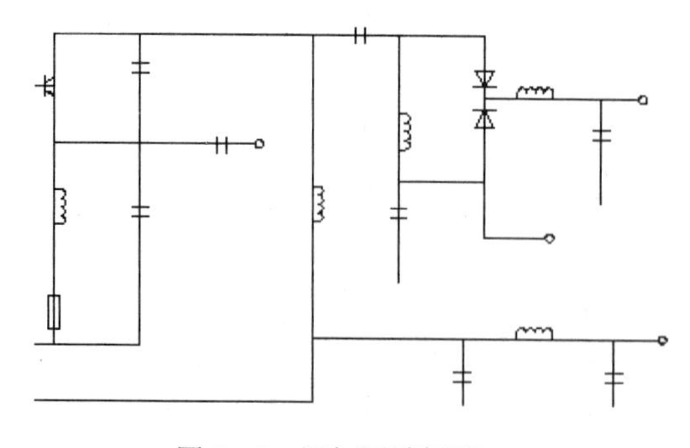

图 7-59 添加圆端标识

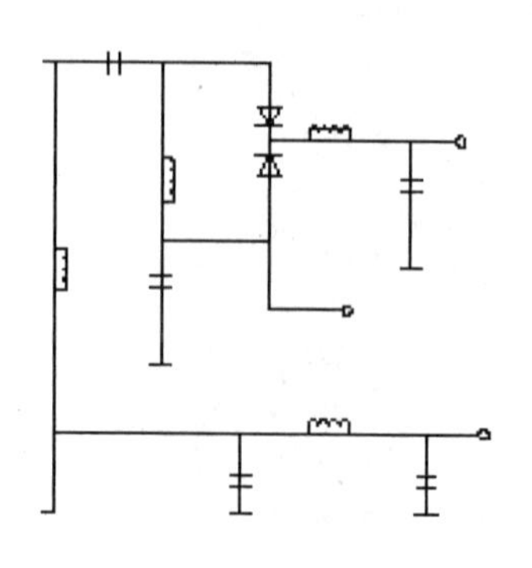

图 7-60 添加地符号

Step20：执行【修剪】命令，将电路中多余的线段修剪掉，如图 7-61 所示。

Step21：单击【注释】|【文字】选项，在相应面板单击其右下角的按钮，打开【文字样式】对话框，对字体、高度进行设置，然后依次单击【应用】、【置为当前】和【关闭】按钮，如图 7-62 所示，完成文字样式的设置。

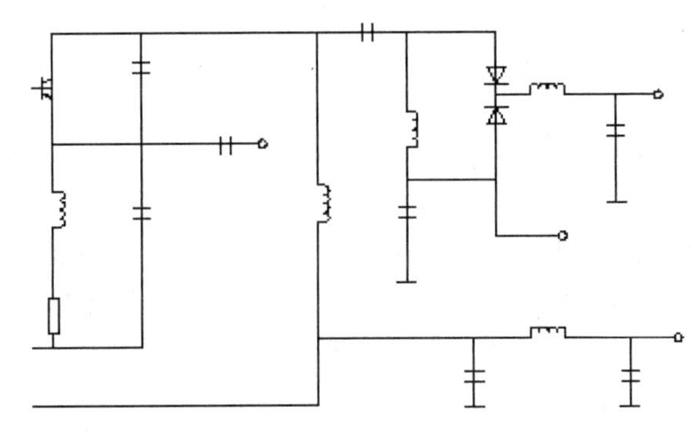

图 7-61　修剪图形

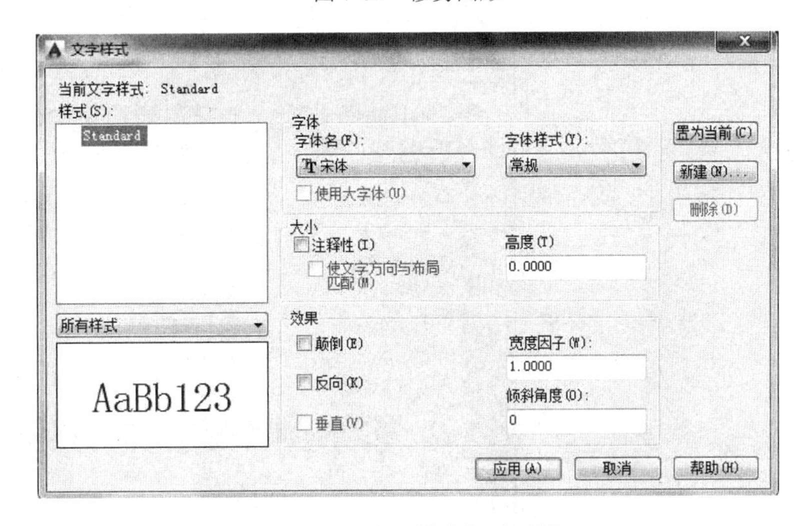

图 7-62　【文字样式】对话框

Step22：执行【多行文字】命令，在合适的位置添加文字，如图 7-63 所示。调频器电路图绘制完毕。

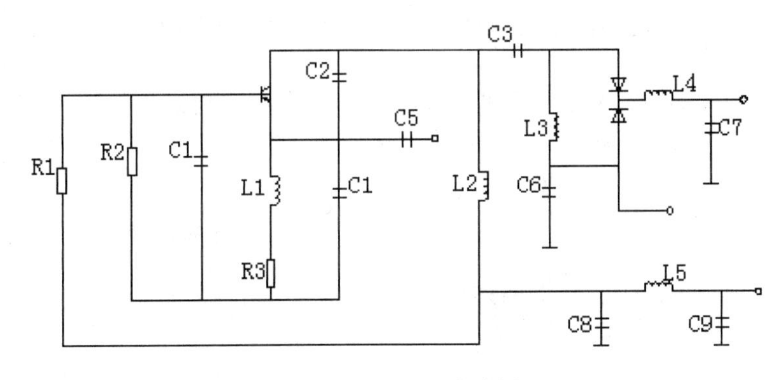

图 7-63　调频器电路图

7.6　应用案例——绘制楼房照明系统图

本节将介绍楼房照明系统图的绘制步骤。首先绘制一个配电箱系统图，然后通过复制，修改已生成的其他的配电箱系统图。在绘制配电箱系统图时，先使用【多段线】命令绘制出照明配电箱的出线口，然后等分线段，然后绘制一个回路，最后进行回路复制。具体绘制步骤如下。

Step01：新建文件，执行【矩形】命令，绘制一个长宽分别为 800 和 550 的矩形。选取矩形，将线型设置为“ACAD_ISO03W100”，如图 7-64 所示。

Step02：执行【分解】和【定数等分】命令，将矩形进行分解，接着选取矩形的顶边并等分为三份。然后右击状态栏中的【对象捕捉】按钮，选择【设置】选项，打开【草图设置】对话框，勾选【节点】复选框，如图 7-65 所示。定数等分的命令行提示内容如下。

```
命令: _divide
选择要定数等分的对象:                                  (选择矩形的顶边)
输入线段数目或 [块(B)]: 3                              (输入 3)
```

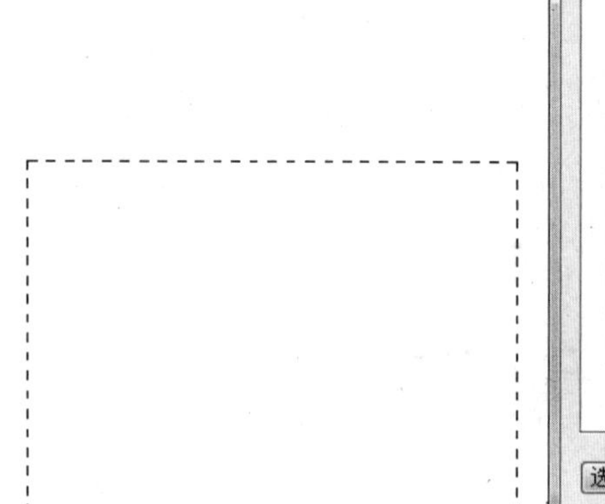

图 7-64　绘制矩形

草图设置

捕捉和栅格 | 极轴追踪 | 对象捕捉 | 三维对象捕捉 | 动态输入 | 快捷特性 | 选择循环

☑ 启用对象捕捉 (F3)(O)　☑ 启用对象捕捉追踪 (F11)(K)

对象捕捉模式

☑ 端点(E)　☑ 插入点(S)　全部选择

☑ 中点(M)　☑ 垂足(P)　全部清除

☑ 圆心(C)　☑ 切点(N)

☑ 节点(D)　☑ 最近点(R)

☑ 象限点(Q)　☑ 外观交点(A)

☑ 交点(I)　☑ 平行线(L)

☑ 延长线(X)

若要从对象捕捉点进行追踪，请在命令执行期间将光标悬停于该点上，当移动光标时会出现追踪矢量，若要停止追踪，请再次将光标悬停于该点上。

选项(T)...　确定　取消　帮助(H)

图 7-65　勾选【节点】复选框

Step03：执行【直线】命令，在矩形顶边捕捉节点，如图 7-66 所示。定位辅助线绘制完毕。

Step04：执行【多段线】命令，绘制一条竖直多段线，启动【极轴追踪】模式，设置增量角为 45°，如图 7-67 所示。命令行内容提示如下。

```
命令: _pline
指定起点: 40                    (由矩形左上角引出-45° 追踪线上的 40 单位处确定起点)
当前线宽为 0.0000
指定下一个点或 [圆弧(A)/半宽(H)/长度(L)/放弃(U)/宽度(W)]: w   (选择【宽度】选项)
指定起点宽度 <0.0000>: 0.7                                    (输入“0.7”)
指定端点宽度 <0.7000>:                                        (按回车键)
指定下一个点或 [圆弧(A)/半宽(H)/长度(L)/放弃(U)/宽度(W)] : <正交 开>
```

（在左下角的 45° 追踪线上确定）
指定下一点或 [圆弧(A)/闭合(C)/半宽(H)/长度(L)/放弃(U)/宽度(W)]:　（按回车键）

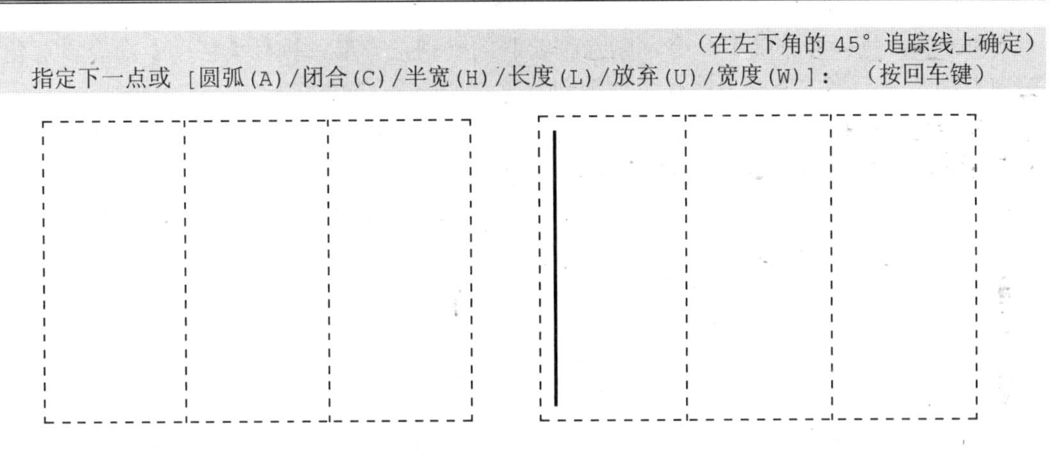

图 7-66　连接节点　　　　图 7-67　绘制多段线

Step05：执行【多段线】命令，绘制另外两条多段线，如图 7-68 所示。配电箱出线口绘制完成。

Step06：执行【直线】命令，以多段线的上端点为起点向右绘制长度为 50 的水平直线，然后以其右端点为基点在追踪线 25 处为起点，向右绘制长度为 100 的水平直线，如图 7-69 所示。

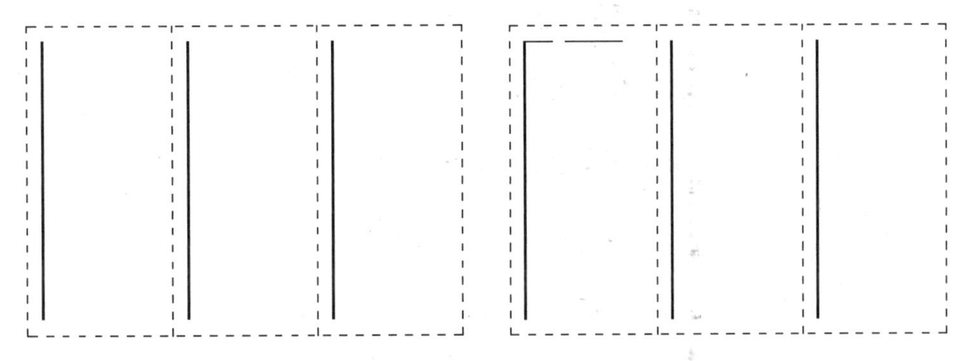

图 7-68　绘制多段线　　　　图 7-69　绘制直线

Step07：执行【直线】命令，设置【极轴追踪】的增量角为 15°，以长度为 100 的直线的左端点为起点，在 195° 追踪线上向左移动鼠标，使之与竖向追踪线形成交点，并以此交点为终点，如图 7-70 所示。

Step08：执行【矩形】和【多段线】命令，完成绘制一个边长为 5 的正方形，然后用多段线连接其对角线，线宽为 0.5 等操作，如图 7-71 所示。

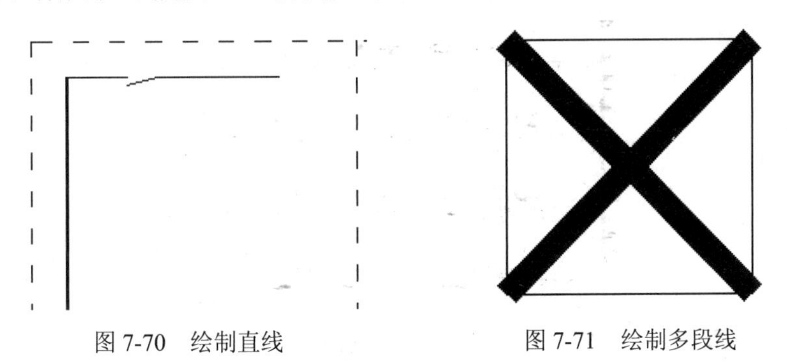

图 7-70　绘制直线　　　　图 7-71　绘制多段线

Step09：执行【删除】命令，删除刚绘制的外围正方形。执行【移动】命令以对角线的中点为基点，将两条对角线移至合适的位置，如图 7-72 所示。

Step10：执行【多行文字】命令，根据命令行提示将字高设置为 5，添加文本，如图 7-73 所示。回路与相应的文字制作完成。

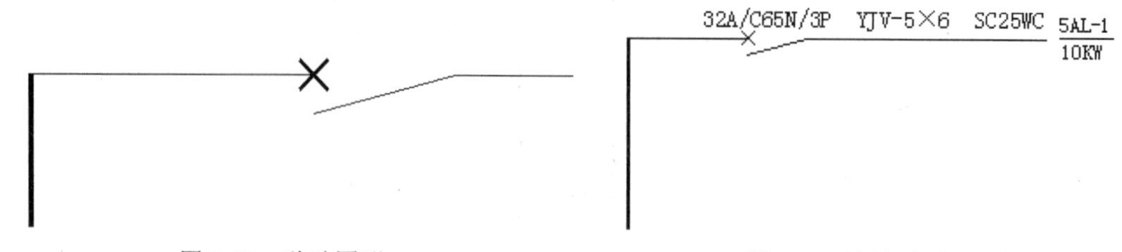

图 7-72　移动图形

图 7-73　添加文本

Step11：执行【定数等分】和【复制】命令，完成将最左侧的多段线定数等分，线段数目为 14，然后复制已经绘制好的回路与文字的操作，如图 7-74 所示。

图 7-74　复制回路

Step12：双击要修改的文字，在编辑框中输入修改后的内容，单击空白处即可完成修改，如图 7-75 所示。

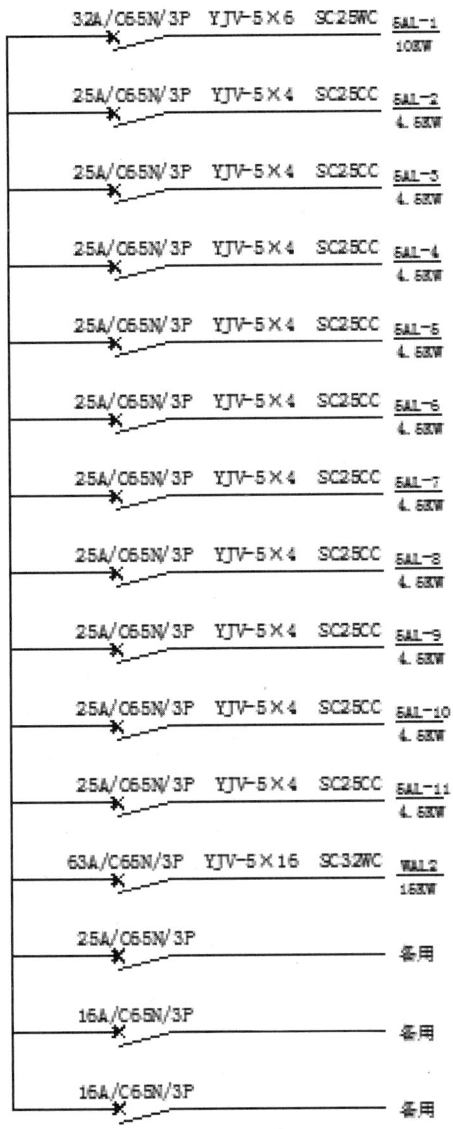

图 7-75　修改文本

Step13：执行【复制】和【修剪】命令，完成将绘制好的第一个配电箱的各个回路复制到其他配电箱中，然后删除第 2 个区域的上下 4 条回路，并对竖直多段线进行修剪的操作，如图 7-76 所示。

Step14：修改第二区域的上两端回路的文字标注，并删除其余回路的文字。选取第二条回路文本向下复制 7 份，如图 7-77 所示。

Step15：执行【椭圆】命令，绘制漏电断路器符号，如图 7-78 所示。命令行提示内容如下。

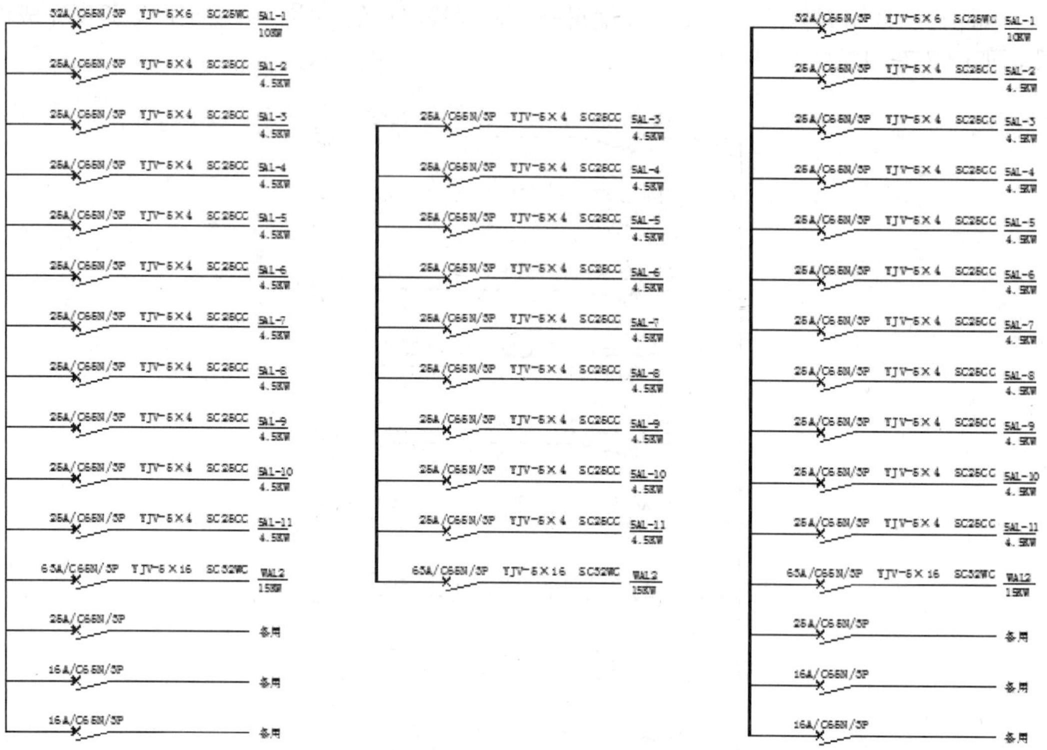

32A/C65N/3P YJV-5×6 SC25WC SAL-1 10KW
25A/C65N/3P YJV-5×4 SC25CC SAL-2 4.5KW
25A/C65N/3P YJV-5×4 SC25CC SAL-3 4.5KW
25A/C65N/3P YJV-5×4 SC25CC SAL-4 4.5KW
25A/C65N/3P YJV-5×4 SC25CC SAL-5 4.5KW
25A/C65N/3P YJV-5×4 SC25CC SAL-6 4.5KW
25A/C65N/3P YJV-5×4 SC25CC SAL-7 4.5KW
25A/C65N/3P YJV-5×4 SC25CC SAL-8 4.5KW
25A/C65N/3P YJV-5×4 SC25CC SAL-9 4.5KW
25A/C65N/3P YJV-5×4 SC25CC SAL-10 4.5KW
25A/C65N/3P YJV-5×4 SC25CC SAL-11 4.5KW
63A/C65N/3P YJV-5×16 SC32WC WAL2 15KW
25A/C65N/3P 备用
16A/C65N/3P 备用
16A/C65N/3P 备用

25A/C65N/3P YJV-5×4 SC25CC SAL-3 4.5KW
25A/C65N/3P YJV-5×4 SC25CC SAL-4 4.5KW
25A/C65N/3P YJV-5×4 SC25CC SAL-5 4.5KW
25A/C65N/3P YJV-5×4 SC25CC SAL-6 4.5KW
25A/C65N/3P YJV-5×4 SC25CC SAL-7 4.5KW
25A/C65N/3P YJV-5×4 SC25CC SAL-8 4.5KW
25A/C65N/3P YJV-5×4 SC25CC SAL-9 4.5KW
25A/C65N/3P YJV-5×4 SC25CC SAL-10 4.5KW
25A/C65N/3P YJV-5×4 SC25CC SAL-11 4.5KW
63A/C65N/3P YJV-5×16 SC32WC WAL2 15KW

32A/C65N/3P YJV-5×6 SC25WC SAL-1 10KW
25A/C65N/3P YJV-5×4 SC25CC SAL-2 4.5KW
25A/C65N/3P YJV-5×4 SC25CC SAL-3 4.5KW
25A/C65N/3P YJV-5×4 SC25CC SAL-4 4.5KW
25A/C65N/3P YJV-5×4 SC25CC SAL-5 4.5KW
25A/C65N/3P YJV-5×4 SC25CC SAL-6 4.5KW
25A/C65N/3P YJV-5×4 SC25CC SAL-7 4.5KW
25A/C65N/3P YJV-5×4 SC25CC SAL-8 4.5KW
25A/C65N/3P YJV-5×4 SC25CC SAL-9 4.5KW
25A/C65N/3P YJV-5×4 SC25CC SAL-10 4.5KW
25A/C65N/3P YJV-5×4 SC25CC SAL-11 4.5KW
63A/C65N/3P YJV-5×16 SC32WC WAL2 15KW
25A/C65N/3P 备用
16A/C65N/3P 备用
16A/C65N/3P 备用

图 7-76 复制回路

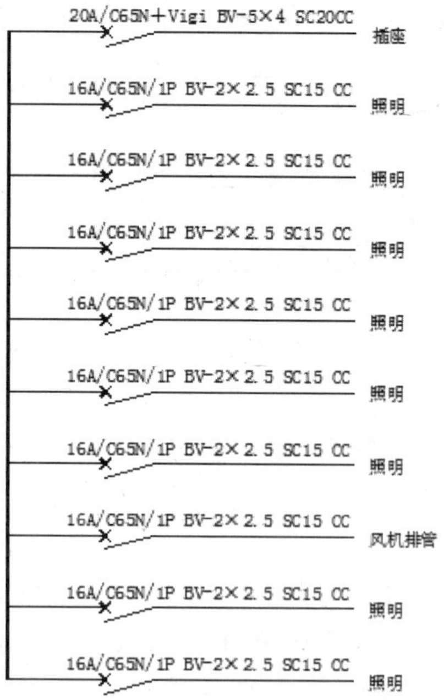

20A/C65N+Vigi BV-5×4 SC20CC 插座
16A/C65N/1P BV-2×2.5 SC15 CC 照明
16A/C65N/1P BV-2×2.5 SC15 CC 照明
16A/C65N/1P BV-2×2.5 SC15 CC 照明
16A/C65N/1P BV-2×2.5 SC15 CC 照明
16A/C65N/1P BV-2×2.5 SC15 CC 照明
16A/C65N/1P BV-2×2.5 SC15 CC 照明
16A/C65N/1P BV-2×2.5 SC15 CC 风机排管
16A/C65N/1P BV-2×2.5 SC15 CC 照明
16A/C65N/1P BV-2×2.5 SC15 CC 照明

图 7-77 修改文本

```
命令: _ellipse
指定椭圆的轴端点或 [圆弧(A)/中心点(C)]: _c
指定椭圆的中心点:                    (在漏电断路器符号右侧选一点)
指定轴的端点: 3                      (指针向上移并输入"3")
```

```
指定另一条半轴长度或 [旋转(R)]: 2                    (指针向左移并输入“2”)
```

Step16：接下来修改第 3 区的配电箱。执行【修剪】和【复制】命令，将多余的回路进行修剪和删除，并复制漏电断路器至合适的位置，修改其文本，如图 7-79 所示。

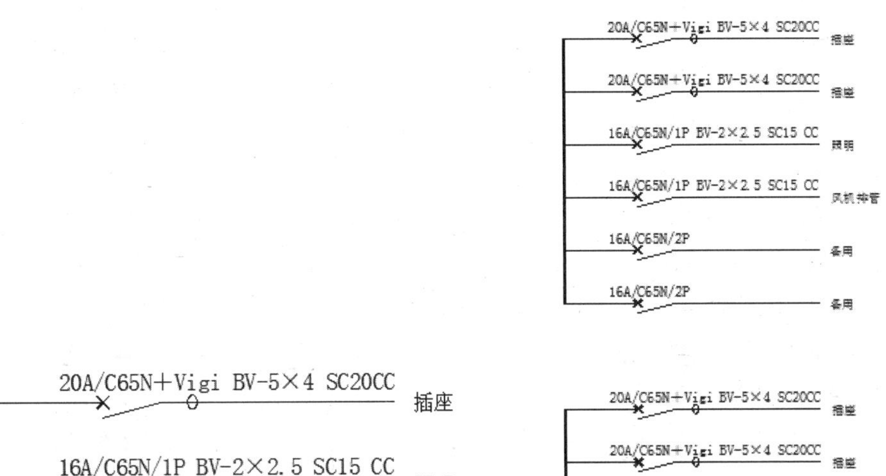

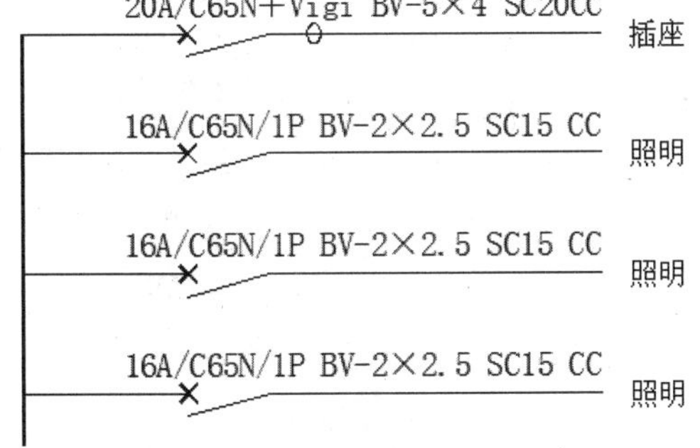

图 7-78　绘制漏电断路器符号

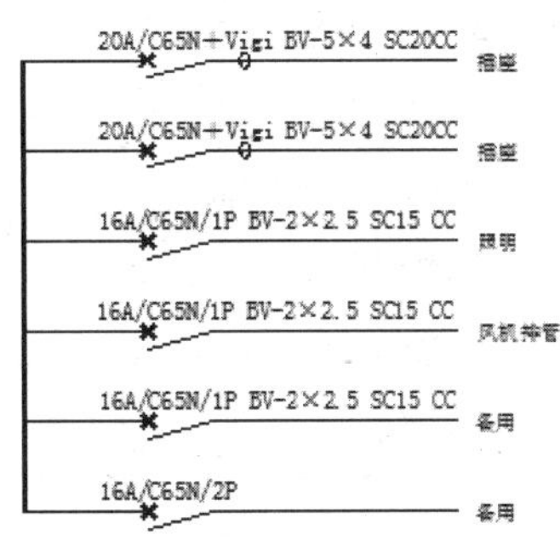

图 7-79　绘制第 3 区配电箱

Step17：执行【复制】命令，复制图 7-79，并进行修改，将其放置于各个竖直多段线的中点处，如图 7-80 所示，配置隔离开关符号。

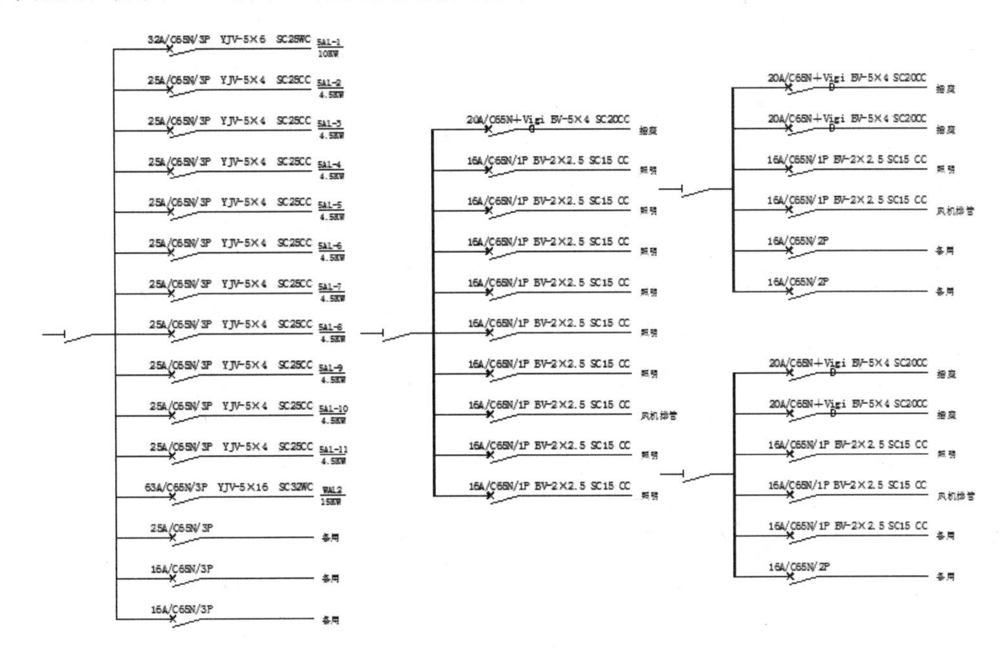

图 7-80　配置隔离开关

Step18：执行【多行文字】命令，在隔离开关上标注文本，并分别标注各个配电箱的名字，如图 7-81 所示。

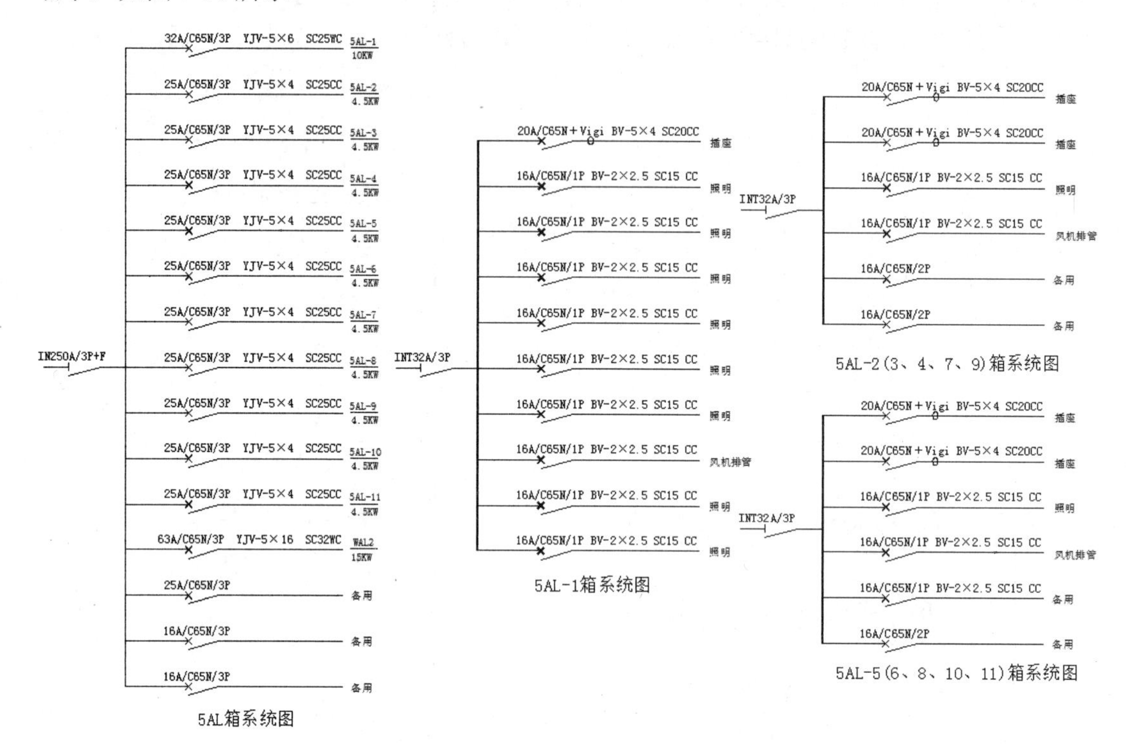

图 7-81　标注配电箱名称

第 8 章　电气制图尺寸标注

在绘制电气工程图时，尺寸标注也是其中一项重要内容，因为绘制图形只反映图形的形状，并不能表达清楚图形的设计意图。此外，图形中各个对象的真实大小和相互位置只有经过尺寸标注后才能确定。本章将详细介绍设置尺寸标注样式、添加基本尺寸标注、添加公差标注、编辑尺寸标注，以及添加引线标注等内容。

8.1　尺寸标注概述

绘图只能反映出图形的形状和结构，其真实大小和相互间的位置关系必须通过尺寸标注来完成。

8.1.1　尺寸标注的组成

尺寸标注是绘图的一个重要组成部分。完整的尺寸标注由尺寸界线、尺寸线、标注文本、箭头和圆心标记等部分组成，如图 8-1 所示。

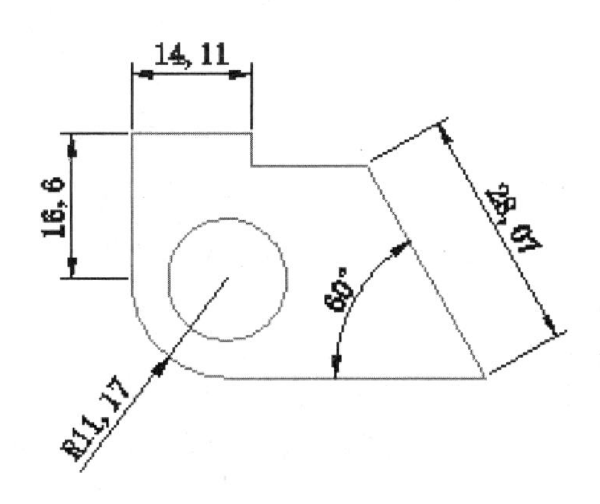

图 8-1　尺寸标注的组成元素

尺寸标注中，各组成部分的作用及含义如下。

- 尺寸界线：也称为投影线，用于标注尺寸的界限，由图样中的轮廓线、轴线或对称中心线引出。它的端点与所标注的对象接近但并未连接到对象上。
- 尺寸线：通常与所标注对象平行，放在两尺寸界线之间，用于指示标注的方向和范围。尺寸线通常为直线，但在角度标注时，则为一段圆弧。

- 标注文本：通常位于尺寸线上方或中断处，用于表示所选标注对象的具体尺寸大小。在进行尺寸标注时，系统会自动生成所标注对象的尺寸数值，用户也可对标注文本进行修改。
- 箭头：在尺寸线两端，用于表明尺寸线的起始位置，用户可为标注箭头指定不同的尺寸大小和样式。
- 圆心标记：标记圆或圆弧的中心点位置。

8.1.2 尺寸标注的原则

对电气制图标注时，应遵循如下原则。

- 图纸中尺寸标注要清晰，尺寸线与设备轮廓线要有明显区分，标注箭头不小于 2.5mm。
- 物件的真实大小应以图样上的尺寸数字为依据，与图形大小及绘图的准确度无关。
- 图样中的尺寸数字如没有明确说明，一律以 mm 为单位。
- 图样中所标注的尺寸，为该图样所示物件的最后完工尺寸。
- 物件的每一尺寸，一般只标注一次，并应标注在反应该结构最清晰的图形上。

8.2 设置尺寸标注样式

使用尺寸标注命令对图形进行尺寸标注之前，应对尺寸标注的样式进行设置，如尺寸线样式、箭头样式、标注文字大小等。为尺寸标注设置统一的样式，有利于对标注格式和用途进行修改。

8.2.1 新建尺寸样式

在 AutoCAD 2015 中，通过【标注样式管理器】对话框可以创建标注样式。用户可通过以下两种方法创建标注样式。

（1）使用【标注】面板创建

单击【注释】|【标注】选项，然后单击【标注】面板右侧的“标注样式”按钮，打开【标注样式管理器】对话框。单击该对话框的【新建】按钮，即可根据需要创建尺寸样式，如图 8-2、图 8-3 所示。

（2）通过菜单栏【标注样式】命令创建

单击菜单栏中的【标注】|【标注样式】命令，即可打开【标注样式管理器】对话框，创建标注样式。

在【标注样式管理器】对话框中，单击【新建】按钮，打开【创建新标注样式】对话框，输入样式名，如“电气标注”，单击【继续】按钮，如图 8-4 所示。打开【新建标注样式】对话框，在该对话框中，根据需要设置相关选项，然后单击【确定】按钮，如图 8-5 所示。返回上一对话框。依此单击【置为当前】和【关闭】按钮，即可创建标注样式。

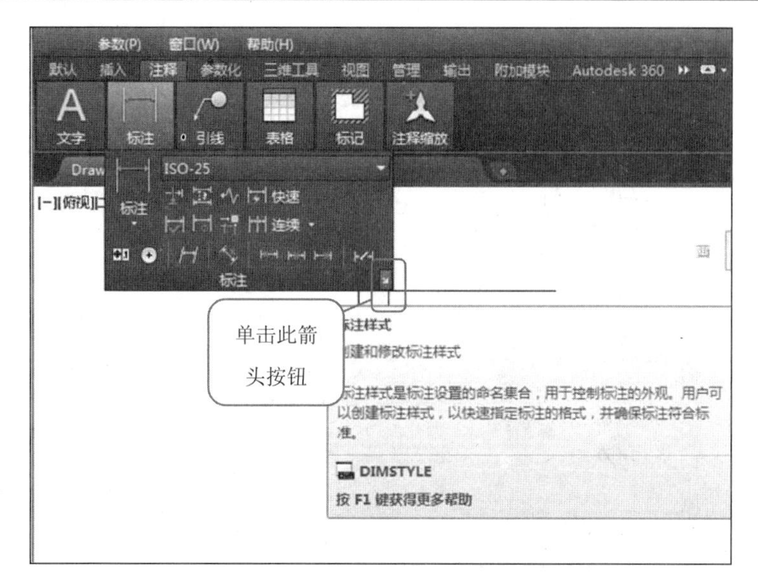

图 8-2　单击“标注样式”按钮

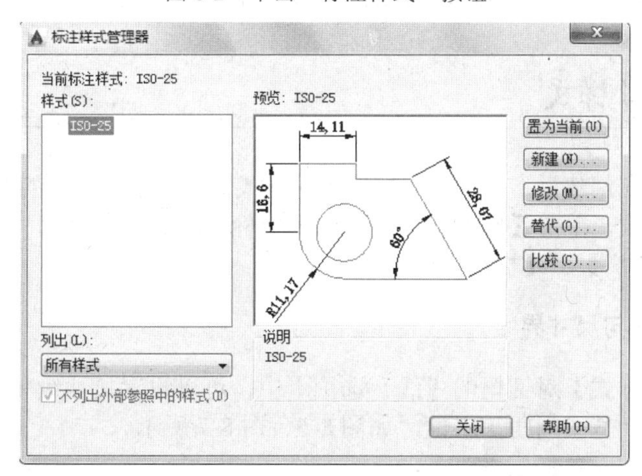

图 8-3 【标注样式管理器】对话框

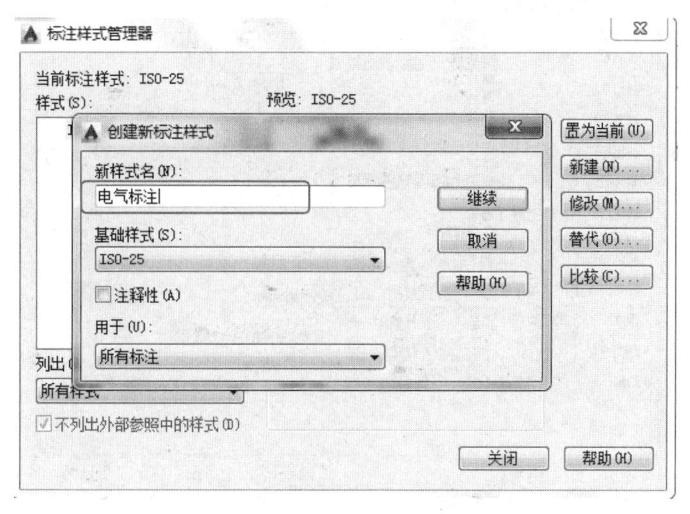

图 8-4 【创建新标注样式】对话框

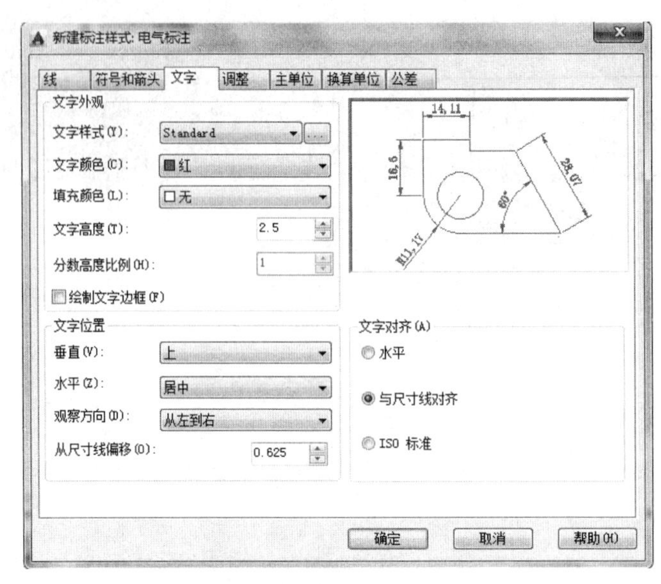

图 8-5 【新建标注样式】对话框

8.2.2 修改尺寸样式

标注样式可以在创建后进行修改。在【标注样式管理器】对话框的【样式】列表框中，选择已有的标注样式，单击【修改】按钮，即可对标注样式进行修改。可修改的内容包括【线】、【符号和箭头】、【标注文字】等项。

1. 设置尺寸线与尺寸界线

在【修改标注样式】对话框的【线】选项卡中，可以设置尺寸线和尺寸界线的颜色、线宽、超出标记以及基线间距等属性，如图 8-6、图 8-7 所示。

图 8-6 设置尺寸线【颜色】选项

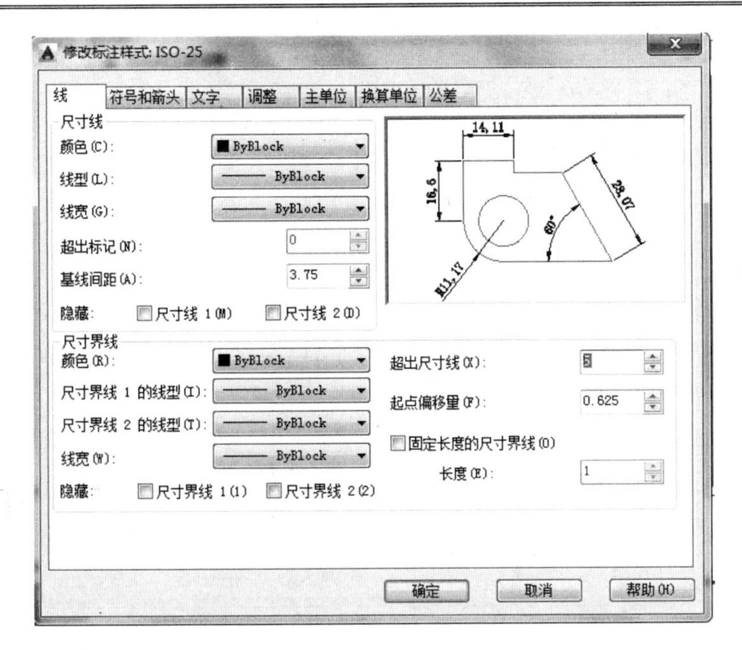

图 8-7　设置【超出尺寸线】操作

在【线】选项卡中，【尺寸线】和【尺寸界线】选项组的【颜色】、【线宽】等选项内容相似，这里以【尺寸线】选项组的选项为主，各选项含义如下。

- 颜色：用于设置尺寸线的颜色。
- 线型：用于设置标注尺寸线的线型。
- 线宽：用于设置尺寸线的宽度。
- 超出标记：当尺寸线的箭头采用倾斜、建筑标记、小点、积分或无标记等样式时，使用该文本框可以设置尺寸线超出尺寸界线的长度。
- 基线间距：设置基线标注的尺寸线之间的距离，即平行排列的尺寸线间距。国标规定此值应取 7～10mm。
- 隐藏：通过勾选【尺寸线 1】或【尺寸线 2】复选框，可以隐藏第 1 段或第 2 段尺寸线及其相应的箭头。
- 超出尺寸线：用于设置尺寸界线超出尺寸线的距离。通常规定尺寸界线的超出尺寸为 2～3mm，使用 1∶1 的比例绘制图形时，应设置此选项为 2 或 3。
- 起点偏移量：用于设置图形中定义标注的点到尺寸界线的偏移距离，通常规定此值不小于 2 mm。
- 固定长度的尺寸界线：可以将标注尺寸的尺寸界线都设置成一样长。尺寸界线的长度可在【长度】文本框中指定。

2．设置符号与箭头

在【符号和箭头】选项卡，用户可设置标注的箭头样式以及箭头大小等参数，如图 8-8、图 8-9 所示。

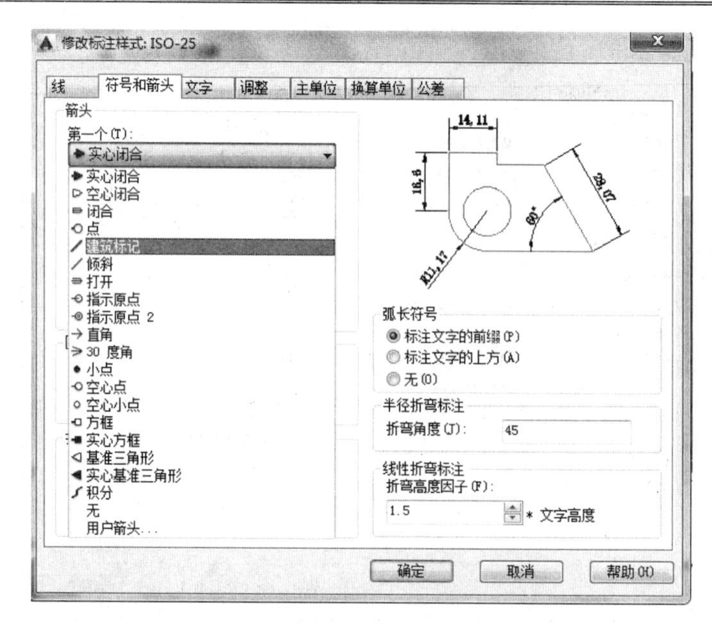

图 8-8　设置箭头样式

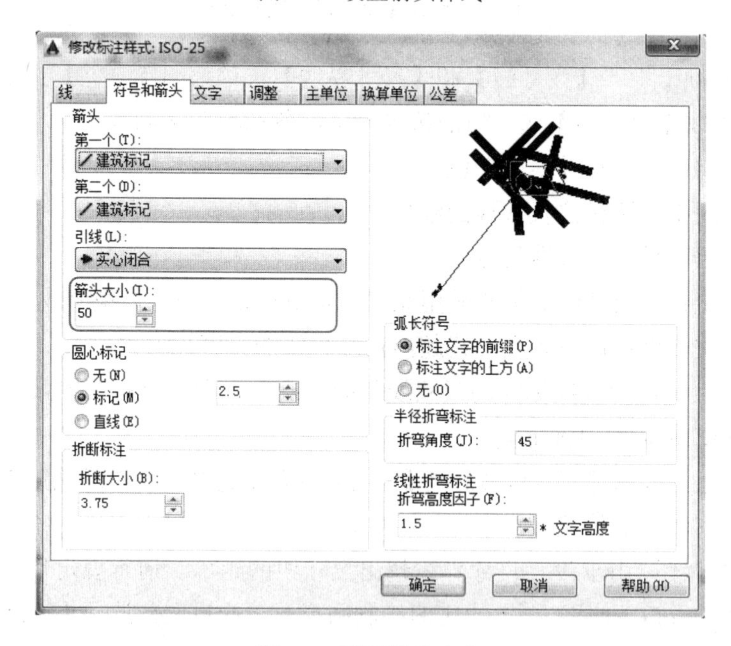

图 8-9　设置箭头大小

该选项卡各选项组说明如下。

- 箭头：该选项组用于指定尺寸线和引线箭头的样式及尺寸大小等参数。当改变第一个箭头的类型时，第二个箭头将自动与第一个箭头相匹配。
- 圆心标记：该选项组用于指定直径和半径标注的圆心及中心线的外观。用户可以通过选择【无】、【标记】和【直线】单选按钮，设置圆或圆弧与圆心标记类型，在“大小”数值框中设置圆心标记的大小。
- 弧长符号：该选项组用于指定弧长标注中弧长符号的显示方式。
- 折断标注：该选项组用于指定折断标注的大小。

● 半径折弯标注：该选项组用于指定折弯（Z 字形）半径标注的显示方式。

● 线型折弯标注：在该选项组【折弯高度因子】数值框中可以设置折弯文字的高度。

当标注箭头设置为箭头类型，则【线】选项卡中的【超出标记】选项不可用；若标注箭头设置为【倾斜】、【建筑标记】等样式，则该选项可用。

3．设置标注文字

在【文字】选项卡中，用户可对标注文字的外观、位置及对齐方式进行设置，如图 8-10、图 8-11 所示。

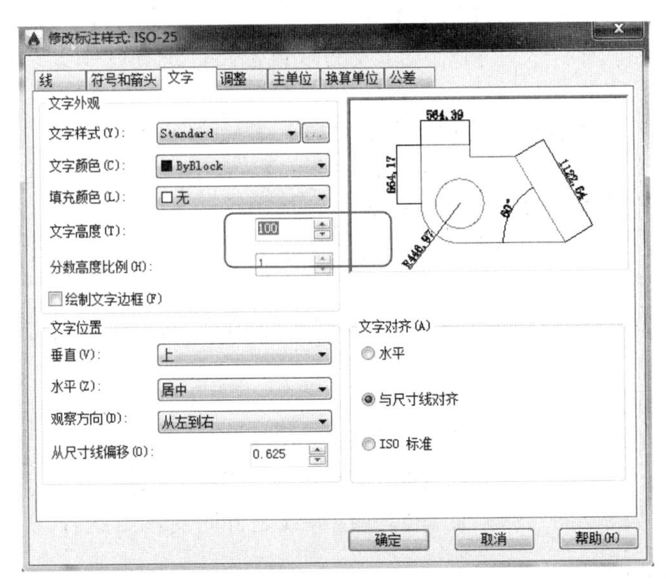

图 8-10　设置文字高度

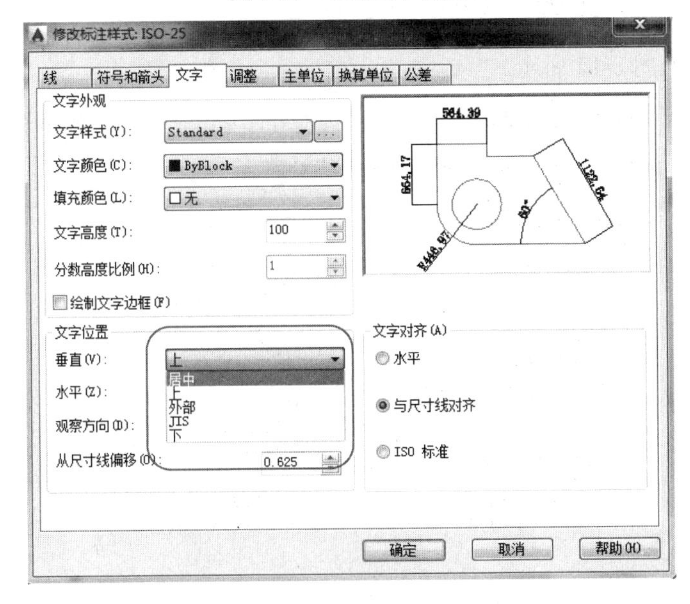

图 8-11　设置文字位置

该选项卡各选项说明如下。

- 文字样式：用于选择标注的文字样式。
- 文字颜色：设置标注文字的颜色。
- 填充颜色：设置标注文字背景的颜色。
- 文字高度：用于设置标注文字的高度。
- 分数高度比例：用于设置标注文字中的分数相对于其他标注文字的高度比例。AutoCAD 将该比例值与标注文字高度的乘积作为分数的高度。只有在【主单位】选项卡的【单位格式】下拉列表中选择【分数】选项时，此选项才可用。
- 绘制文字边框：用于设置是否给标注文字加边框。
- 垂直：该下拉列表包含【居中】、【上】、【外部】、【JIS】和【下】5 个选项，主要用于控制标注文字相对尺寸线的垂直位置。选择其中某选项后，在右侧的预览框中可以观察到尺寸文本的变化。
- 水平：该下拉列表包含【居中】、【第一尺寸界线】、【第二尺寸界线】、【第一尺寸界线上方】、【第二尺寸界线上方】5 个选项，用于设置标注文字相对于尺寸线和尺寸界线在水平方向的位置。
- 观察方向：该下拉列表包含【从左到右】和【从右到左】两个选项，用于设置标注文字的显示方向。
- 从尺寸线偏移：用于设置标注文字与尺寸线的距离，即当尺寸线断开以容纳标注文字时标注文字与尺寸线间的距离。
- 水平：设置标注文字为水平放置。
- 与尺寸线对齐：设置标注文字方向与尺寸线方向一致。
- ISO 标准：设置标注文字按 ISO 标准放置。当标注文字在尺寸界线之内时，它的方向与尺寸线方向一致，而在尺寸线界线之外时将水平放置。

4．设置调整选项

在【修改标注样式】对话框中，使用【调整】选项卡，可设置标注文字、尺寸线和尺寸箭头的位置，如图 8-12 所示。

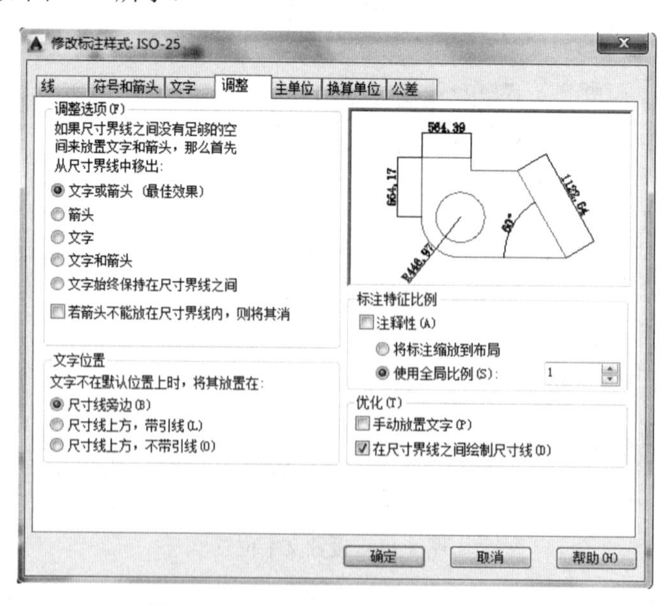

图 8-12　设置文字、箭头等调整选项

该选项卡的各选项说明如下。

- 文字或箭头（最佳效果）：表示系统将按最佳布局把文字或箭头移动到尺寸界线外部。当尺寸界线间的距离足够放置文字和箭头时，文字和箭头都放在尺寸界线内，否则将按照最佳效果移动文字或箭头。当尺寸界线间的距离仅能够容纳文字时，将文字放在尺寸界线内，而箭头放在尺寸界线外；当尺寸界线间的距离仅能够容纳箭头时，将箭头放在尺寸界线内，而文字放在尺寸界线外；当尺寸界线间的距离既不够放文字又不够放箭头时，文字和箭头都放在尺寸界线外。
- 箭头：该选项表示 AutoCAD 尽量将箭头放在尺寸界线内，否则会将文字和箭头都放在尺寸界线外。
- 文字：该选项表示当尺寸界线间距离仅能容纳文字时，系统会将文字放在尺寸界线内，箭头放在尺寸界线外。
- 文字和箭头：该选项表示当尺寸界线间距离不足以放下文字和箭头时，文字和箭头都放在尺寸界线外。
- 文字始终保持在尺寸界线之间：表示始终将文字放在尺寸界限之间。
- 若箭头不能放在尺寸界线内，则将其消除：表示当尺寸界线内没有足够的空间时，将隐藏箭头。
- 尺寸线旁边：该选项表示将标注文字放在尺寸线旁边。
- 尺寸线上方，带引线：该选项表示将标注文字放在尺寸线的上方，并加上引线。
- 尺寸线上方，不带引线：该选项表示将文字放在尺寸线的上方，但不加引线。

标注特征比例

- 将标注缩放到布局：该选项可根据当前模型空间视口与图纸空间之间的缩放关系设置比例。
- 使用全局比例：该选项可为所有标注样式设置一个比例，指定大小、距离或间距，此外还包括文字和箭头大小，但并不改变标注的测量值。
- 手动放置文字：该选项忽略标注文字的水平设置，在标注时可将标注文字放置在用户指定的位置。
- 在尺寸界线之间绘制尺寸线：该选项表示始终在测量点之间绘制尺寸线，同时将箭头放在测量点处。

5. 设置主单位

在【修改标注样式】对话框中，使用【主单位】选项卡可以设置主单位的格式与精度等参数，如图 8-13 所示。

该选项卡的各选项说明如下。

（1）线性标注选项组

- 单位格式：该选项用来设置除角度标注之外的各标注类型的尺寸单位，包括【科学】、【小数】、【工程】、【建筑】、【分数】以及【Windows 桌面】等选项。

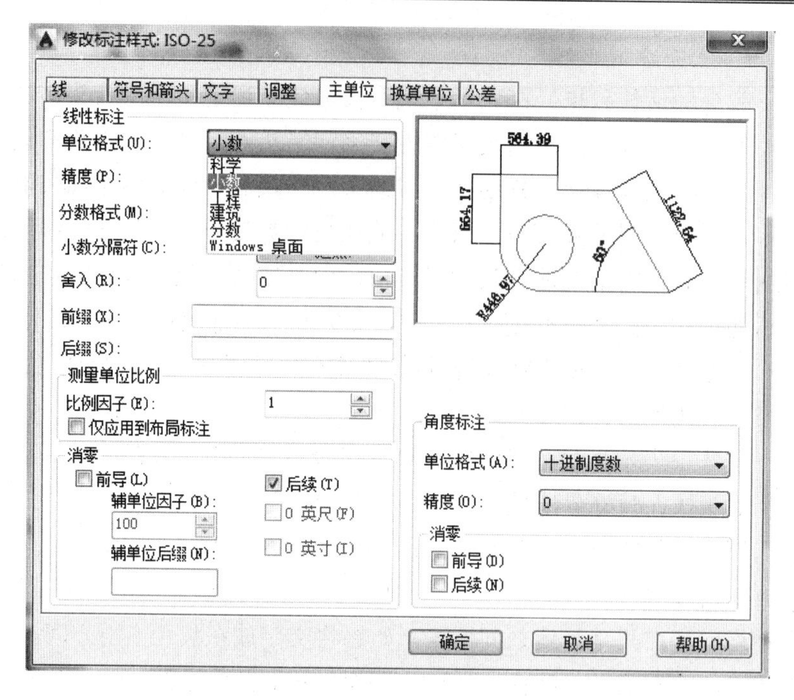

图 8-13 【主单位】选项卡

- 精度：该选项用于设置标注文字中的小数位数。
- 分数格式：该选项用于设置分数的格式，包括【水平】、【对角】和【非堆叠】3 种方式。在【单位格式】下拉列表框中选择【小数】时，此选项不可用。
- 小数分隔符：该选项用于设置小数的分隔符，包括【逗点】、【句点】和【空格】3 种方式。
- 舍入：该选项用于设置除角度标注以外的尺寸测量值的舍入值，类似于数学中的四舍五入。
- 前缀、后缀：这两个选项分别用于设置标注文字的前缀和后缀。用户只需在相应的文本框中输入文本字符即可。
- 比例因子：该选项可设置测量尺寸的缩放比例。AutoCAD 的实际标注值为测量值与该比例的积。
- 【仅应用到布局标注】复选框：可设置比例因子的比例关系是否仅适应于布局。
- 消零：该选项组用于设置是否显示尺寸标注中的前导和后续的“0”。

（2）角度标注选项组

- 单位格式：设置标注角度时的单位。
- 精度：设置标注角度的尺寸精度。
- 消零：设置是否消除角度尺寸的前导和后续的“0”。

6. 设置换算单位

在【修改标注样式】对话框中，使用【换算单位】选项卡可以设置换算单位的格式，如图 8-14 所示。该选项卡的选项组说明如下。

- 显示换算单位：勾选该单选框时，其他选项才可用。在【换算单位】选项组中设置各选项的方法与设置主单位相应选项的方法相同。
- 位置：该选项组可设置换算单位的位置，有【主值后】和【主值下】两种方式可选。

7. 设置尺寸公差

在【修改标注样式】对话框的【公差】选项卡中，用户可设置是否标注公差、公差的格式以及输入上、下偏差值，如图 8-15 所示。该选项卡中的各选区说明如下：

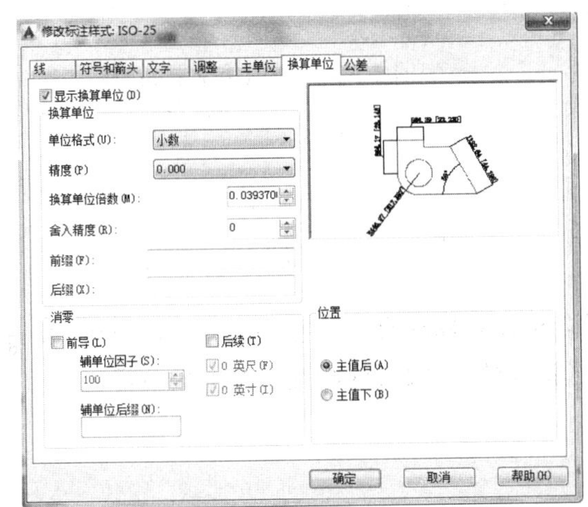

图 8-14 【换算单位】选项卡

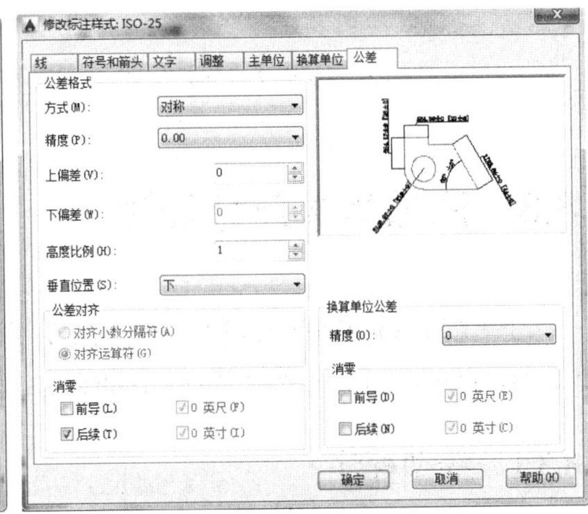

图 8-15 【公差】选项卡

- 方式：用于确定以何种方式标注公差。
- 上偏差、下偏差：用于设置尺寸的上偏差和下偏差。
- 高度比例：用于确定公差文字的高度比例因子。
- 垂直位置：用于控制公差文字相对于尺寸文字的位置，包括【上】、【中】和【下】3 种方式。
- 换算单位公差：当标注需换算单位时，可以设置换单位的精度以及是否消零。

8.2.3 删除标注样式

在【标注样式管理器】对话框中不仅可以创建标注样式，还可以删除标注样式。

单击【注释】|【标注】下拉按钮，打开【标注样式管理器】对话框，在【样式】列表框中右击要删除的标注样式，如“电气标注”，在弹出的菜单中选择【删除】命令，如图 8-16 所示。在弹出的【标注样式-删除标注样式】对话框中单击【是】按钮，确定将选中的标注样式删除，如图 8-17 所示。返回上一对话框，单击【关闭】按钮即可完成删除标注样式操作。

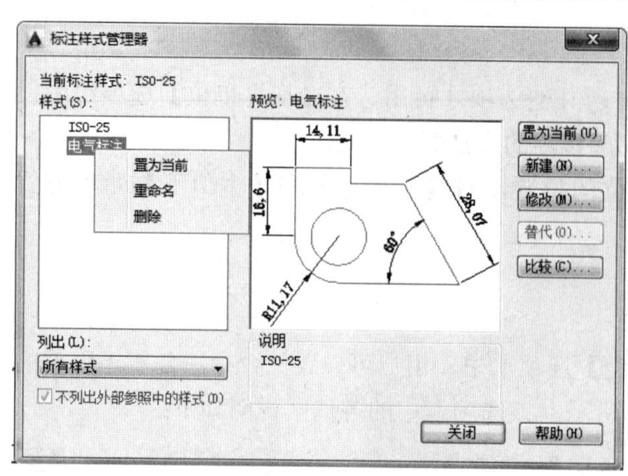

图 8-16 选择【删除】命令

图 8-17 单击【是】按钮

8.3 添加基本尺寸标注

在中文版 AutoCAD 2015 中，系统提供了多种尺寸标注类型，它们可以在图形中标注任意两点间的距离、圆或圆弧的半径和直径、圆心位置、圆弧或相交直线的角度等。

8.3.1 线型标注

线性标注是最基本的标注类型，它可以在图形中创建出水平、垂直或倾斜的尺寸标注。

执行【注释】|【标注】|【线性】命令，根据命令行的提示，可以利用对象捕捉功能捕捉第一尺寸界线原点和第二点，如图 8-18 所示。然后移动鼠标指针将跟随光标的尺寸线放置在合适的位置，最后单击鼠标左键，即可完成一个线性尺寸的标注，如图 8-19 所示。

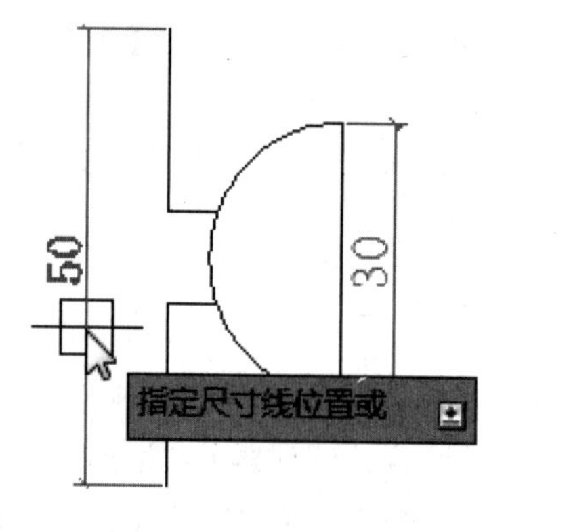

图 8-18 指定尺寸线位置

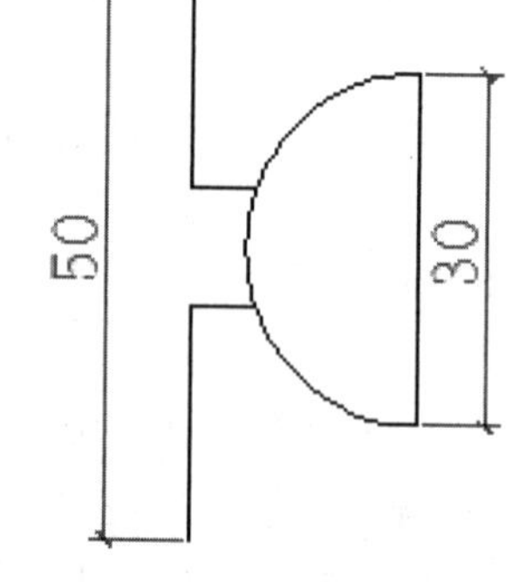

图 8-19 线性标注

命令行中各选项的含义如下。

- 多行文字（M）：选择该选项将进入多行文字编辑器，用户可以使用【文字格式】

工具栏和文字输入窗口输入并设置标注文字。其中文字输入窗口中的尖括号<>表示系统测量值。如果给生成的测量值添加前缀或后缀，可在尖括号前后输入前缀或后缀；若想要编辑或替换生成的测量值，可先删除尖括号，再输入新的标注文字，单击【确定】按钮即可；如果标注样式中未打开换算单位，可以输入方括号[ ]来显示。

- 文字（T）：可以以单行文字的形式输入标注文字，此时将显示【输入标注文字：】提示信息，要求用户输入标注文字。此时标注将不显示自动测量值，它与【多行文字】功能不能同时使用。
- 角度（A）：用于设置标注文字（测量值）的旋转角度。
- 水平（H）\垂直（V）：用于标注水平尺寸和垂直尺寸。选择这两个选项时，用户可以直接确定尺寸线的位置，也可以选择其他选项来指定标注的标注文字内容或者标注文字的旋转角度。
- 旋转（R）：用于放置旋转标注对象的尺寸线。

8.3.2　对齐标注

当标注一段带有角度的直线时，可能需要设置尺寸线与对象直线平行，这时就要用到对齐尺寸标注。

单击【对齐】命令，在绘图区中，指定要标注的第一个点，如图 8-20 所示。然后指定第二个点，并指定好标注尺寸位置，即可完成对齐标注的制作，如图 8-21 所示。

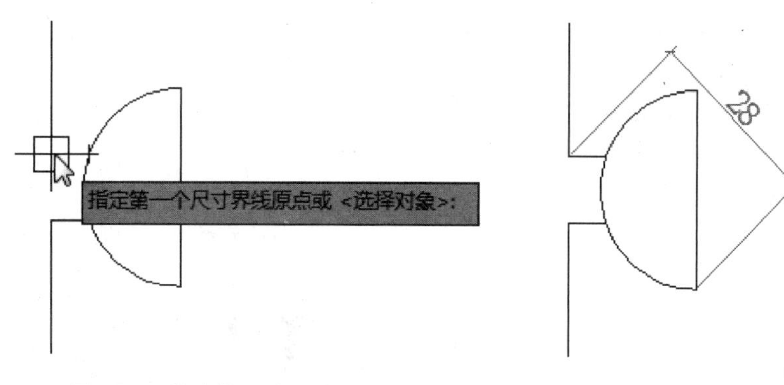

图 8-20　指定第一个尺寸界线原点　　　　图 8-21　对齐标注

8.3.3　角度标注

使用【角度】命令可以准确测量出两条线段之间的夹角。角度标注默认的方式是选择一个对象，有 4 种对象可以选择：圆弧、圆、直线和点。

1. 直线对象的标注

单击【角度】命令，在绘图区中,分别选中两条测量线段，用这两条直线作为角的两条边，根据命令窗口的提示，指定好尺寸标注的位置，即可完成角度标注，如图 8-22 所示。选择尺寸标注的位置很重要，当尺寸标注放置当前测量角度之外时，所测量的角度是当前角度的补角，如图 8-23 所示。

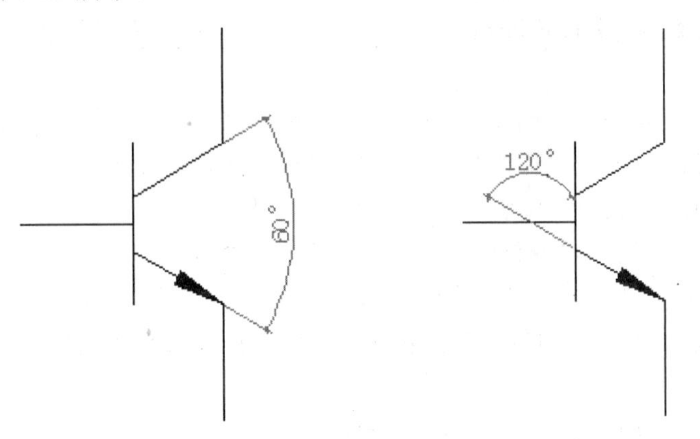

图 8-22　角度标注　　图 8-23　补角的角度标注

2．圆弧对象的标注

若要对圆弧进行标注，单击【角度】命令，选择所需标注的圆弧线段，此时程序将自动捕捉圆心，并以圆弧的两个端点作为两条尺寸界线，进行角度标注，如图 8-24 所示。

3．圆形对象的标注

如果要对圆形进行标注，单击【角度】命令，选中圆形，此时程序将自动捕捉圆心，并要求指定角度边界线的第一测量点，其后指定第二测量点，然后指定好尺寸标注的位置，即可完成角度标注，如图 8-25 所示。

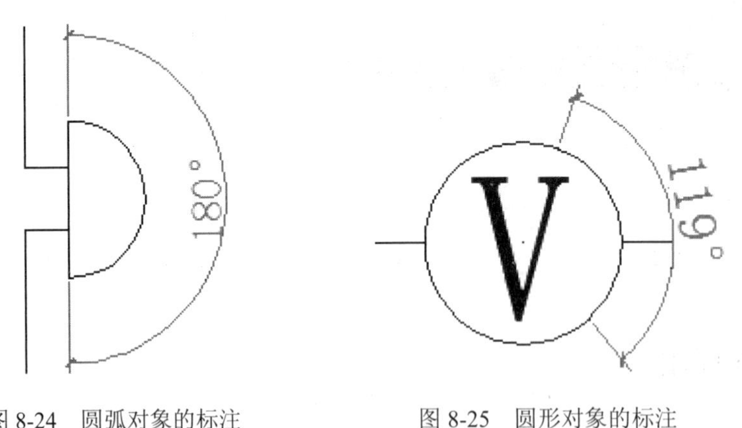

图 8-24　圆弧对象的标注　　图 8-25　圆形对象的标注

4．通过三个点来标注

使用【角度】命令，不选择任何对象，按回车键，程序将提示指定一个点作为角的顶点，如图 8-26 所示。然后在绘图区中分别指定第一个端点和第二个端点，再选择一个点作为角度的放置点即可进行三点标注，如图 8-27 所示。

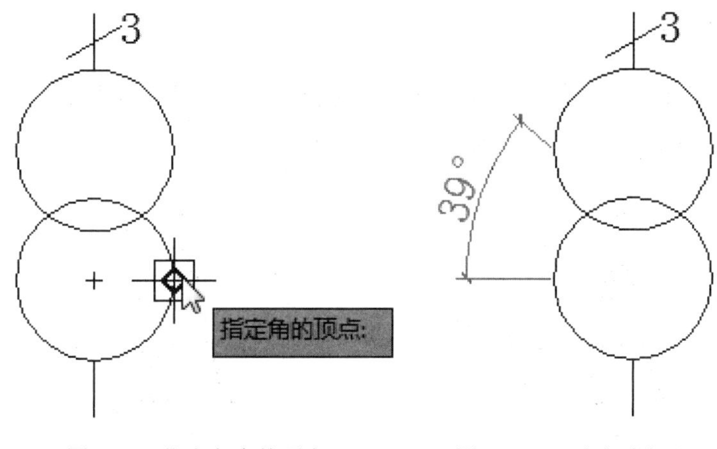

图 8-26　指定角度的顶点　　图 8-27　三点角度标注

8.3.4　弧长标注

弧长标注主要用于测量圆弧或多段线弧线段的距离。使用弧长命令可以标注出弧线段的长度，为了区分弧长标注和角度标注，默认情况下，弧长标注将显示弧长标记的符号。

单击【弧长】命令，在命令行的提示下，选择弧线段或多段线圆弧段，如图 8-28 所示，程序将自动标注所选择的对象，如图 8-29 所示。

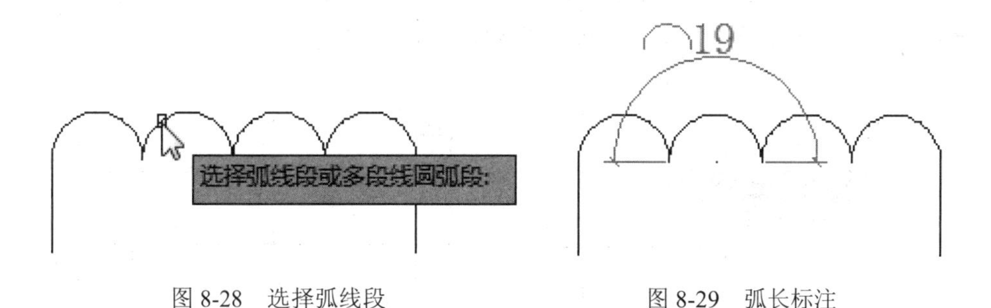

图 8-28　选择弧线段　　图 8-29　弧长标注

8.3.5　半径/直径标注

半径标注主要用于标注图形中的圆弧半径。当圆弧角度小于 180° 时可用采用半径标注，大于 180° 应采用直径标注。

下面将介绍半径标注和直径标注的标注方法。

1. 半径标注

单击【半径】命令，在绘图区中选择所需标注的圆或圆弧，并指定好标注尺寸的位置，即可完成半径标注的制作，如图 8-30 所示。

2．直径标注

直径标注的操作方法与圆弧半径的操作方法相同。单击【直径】命令，在绘图区中，选择要进行标注的圆，并指定尺寸标注的位置，即可创建出直径标注，如图 8-31 所示。

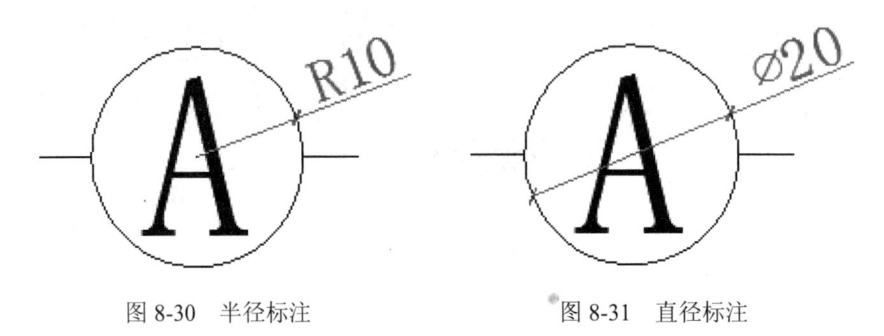

图 8-30　半径标注　　图 8-31　直径标注

8.3.6　连续标注

连续标注可以用于创建同一方向上连续的线性标注、坐标标注或角度标注，它是以上一个标注或指定标注的第二条尺寸界线为基准连续创建的。

使用连续标注命令对图形对象创建连续标注时，在选择基准标注后，只需指定连续标注的延伸线原点，即可对相邻的图形对象进行标注。单击【连续】命令，选择连续标注，然后指定第二条尺寸界线原点即可，如图 8-32、图 8-33 所示。

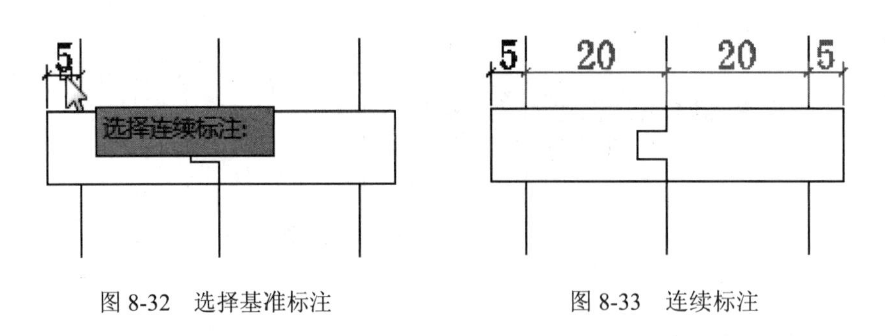

图 8-32　选择基准标注　　图 8-33　连续标注

8.3.7　快速标注

即在图形中选择多个图形对象，程序将自动查找所选对象的端点或圆心，并根据端点或圆心的位置快速地创建出标注尺寸。

单击【快速标注】命令，根据命令行的提示，选择要标注的几何图形，如图 8-34 所示。然后指定尺寸线位置，即可完成标注的创建，如图 8-35 所示。

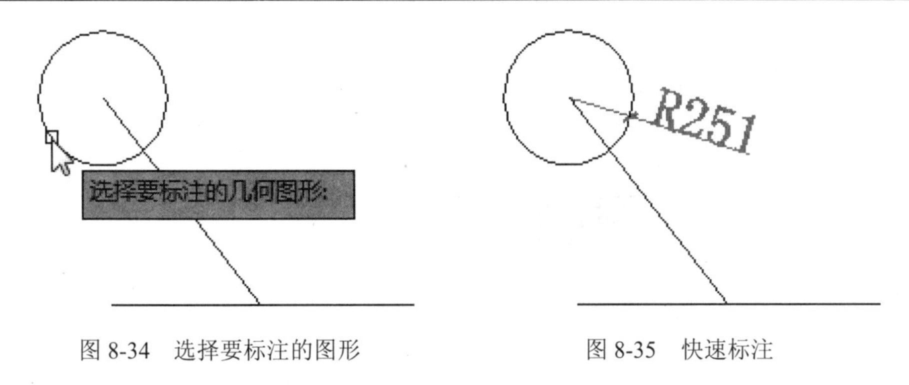

图 8-34　选择要标注的图形　　　　图 8-35　快速标注

8.3.8　基线标注

基线标注又称为平行尺寸标注，用于多个尺寸标注用于同一条尺寸线作为尺寸界线的情况。基线标注创建一系列由相同的标注原点测量出来的标注。在标注时，AutoCAD 2015 将自动在最初的尺寸线或圆弧尺寸线的上方绘制尺寸线或圆弧尺寸线。

单击【基线】命令，指定基准标注，然后指定基线标注第二条尺寸界线的原点，即可对图形进行基线标注，如图 8-36、图 8-37 所示。

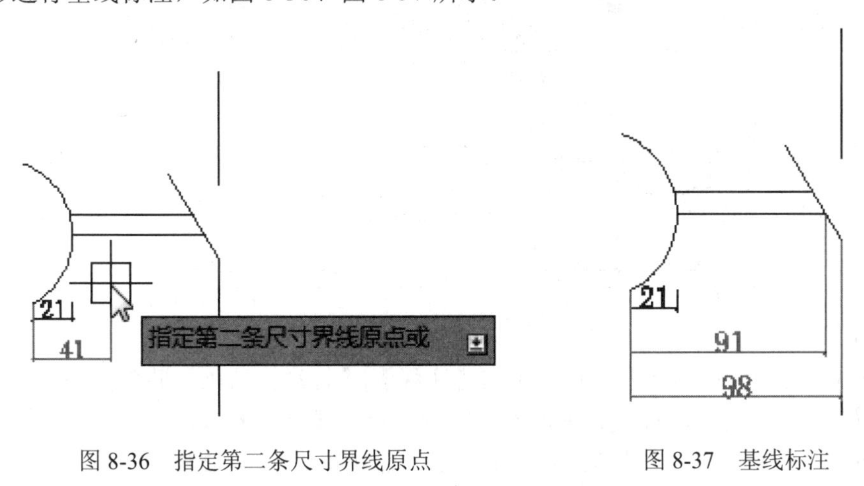

图 8-36　指定第二条尺寸界线原点　　　　图 8-37　基线标注

8.3.9　折弯半径标注

折弯半径标注命令主要用于圆弧半径过大，圆心无法在当前布局中进行显示的圆弧。单击【折弯】命令，系统将提示选择要标注的图形对象，指示图示中心位置，如图 8-38 所示。然后指定尺寸线位置和折弯位置，即可完成折弯半径标注，如图 8-39 所示。

8.3.10　案例——为电气工程图添加尺寸标注

本例来为一张电气工程图添加尺寸标注，如图 8-40 所示。具体步骤如下。

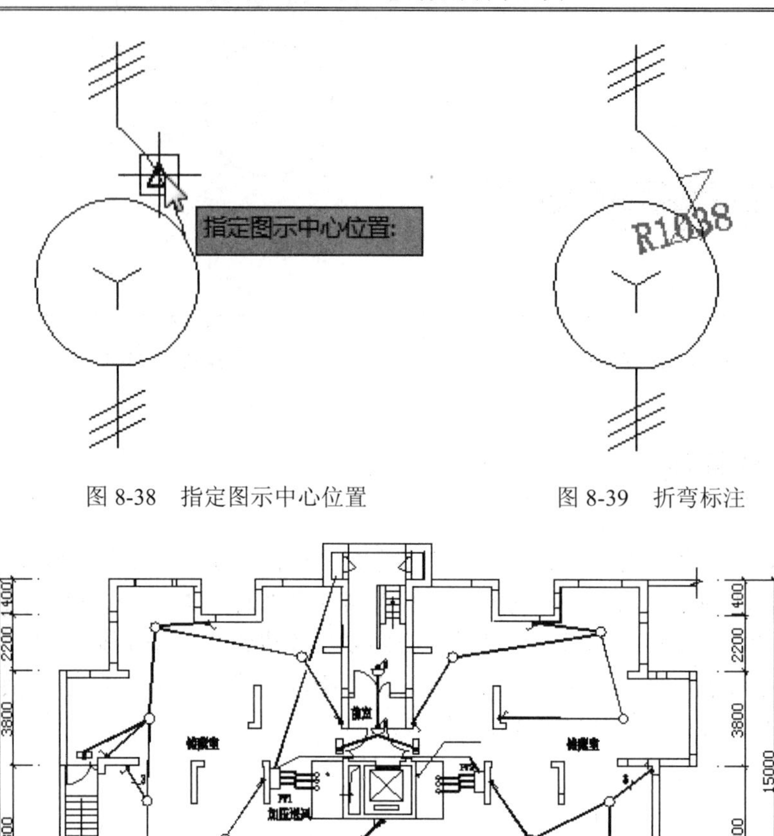

图 8-38　指定图示中心位置　　　　图 8-39　折弯标注

图 8-40　尺寸标注效果图

Step01：打开要标的图形文件。单击【注释】|【标注】选项，并单击相应面板右下角的箭头按钮，打开【标注样式管理器】对话框，单击【修改】按钮，如图 8-41 所示。

Step02：系统自动弹出【修改标注样式】对话框，如图 8-42 所示。

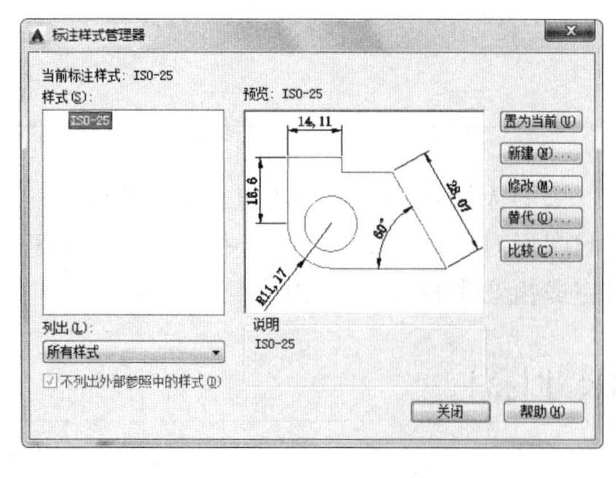

图 8-41 【标注样式管理器】对话框

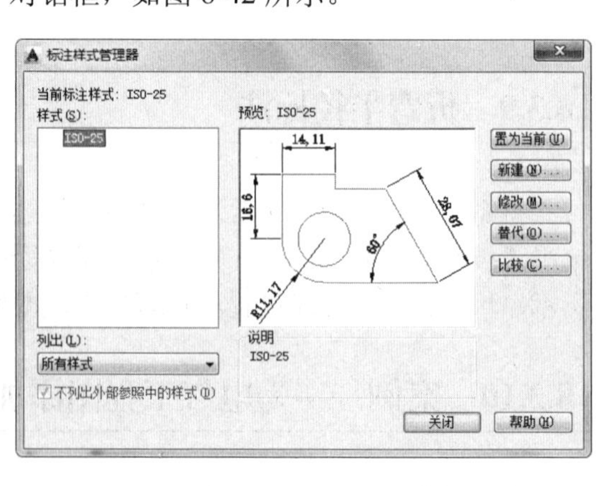

图 8-42 【修改标注样式】对话框

Step03：在【线】选项卡下，设置【基线间距】为 600，【超出尺寸线】为 150，【起点偏移量】为 300，如图 8-43 所示。

Step04：在【符号和箭头】选项卡下，设置【箭头】样式为【建筑标记】，【箭头大小】为 200，如图 8-44 所示。

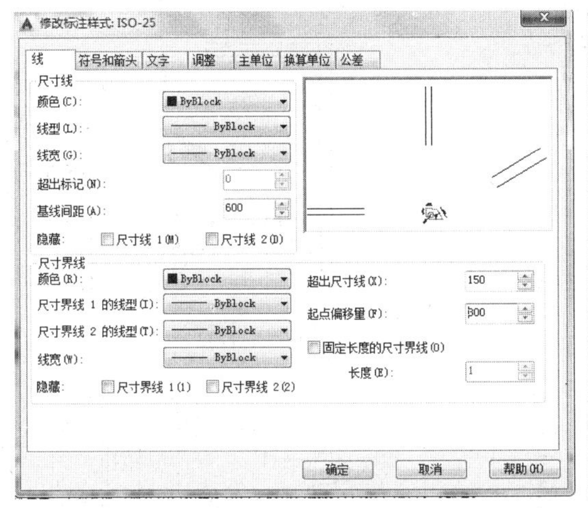

图 8-43　设置线

图 8-44　设置箭头

Step05：在【文字】选项卡下，单击【文字样式】右边的按钮，打开【文字样式】对话框，设置字体为宋体，高度为 500，然后依次单击【应用】、【置为当前】和【关闭】按钮，如图 8-45 所示。

Step06：返回到上一对话框，其他参数可保留默认值，如图 8-46 所示。

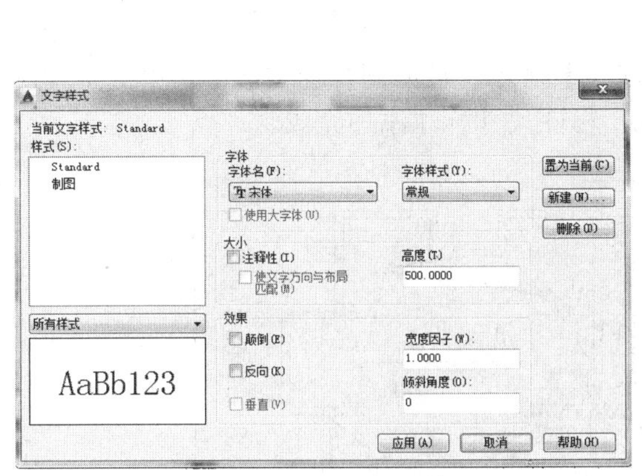

图 8-45　设置文字样式

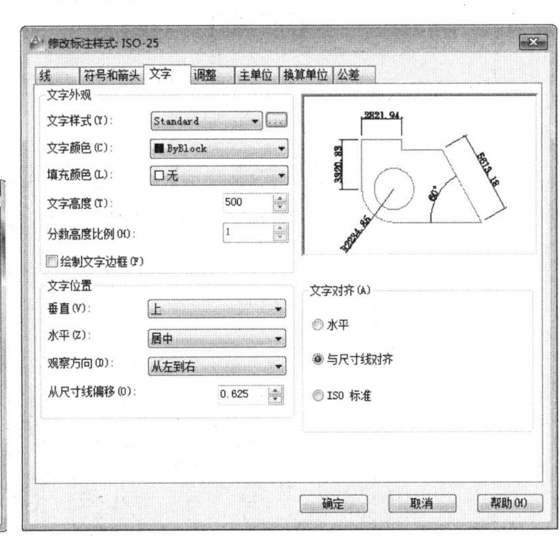

图 8-46　【文字】选项卡的设置

Step07：单击【确定】按钮，返回到上一对话框，依次单击【置为当前】和【关闭】按钮，如图 8-47 所示。

Step08：执行【标注】命令，对电气图进行标注操作，如图 8-48 所示。

Step09：执行【连续】命令，连续标注图形左侧部分的尺寸，如图 8-49 所示。

Step10：执行【基线】命令，为图形左侧部分的尺寸添加基线标注，如图 8-50 所示。

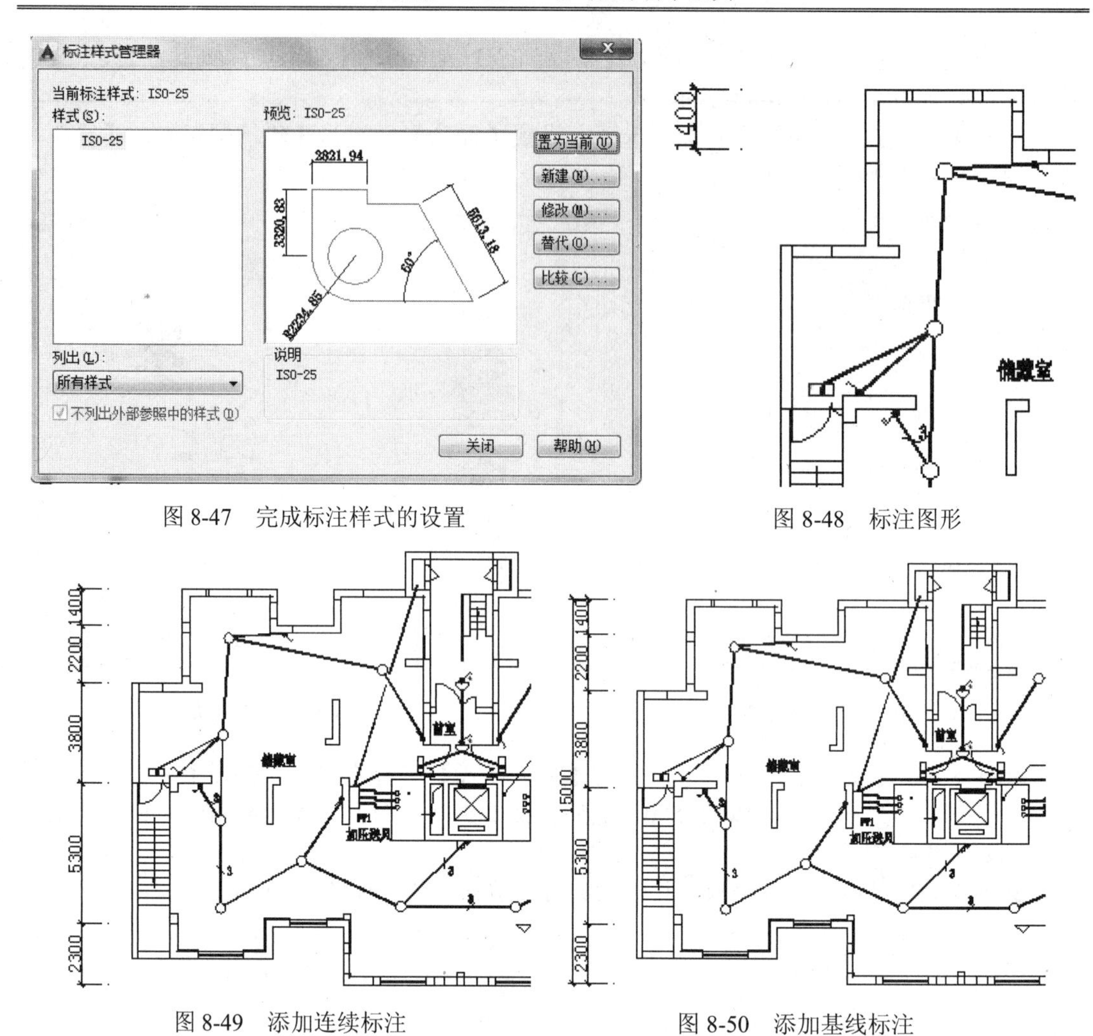

图 8-47　完成标注样式的设置

图 8-48　标注图形

图 8-49　添加连续标注

图 8-50　添加基线标注

Step11：执行【标注】、【连续】、【基线】命令，按照同样的方法，为电气工程图添加尺寸标注，如图 8-51 所示。至此，电气工程图尺寸标注添加完成。

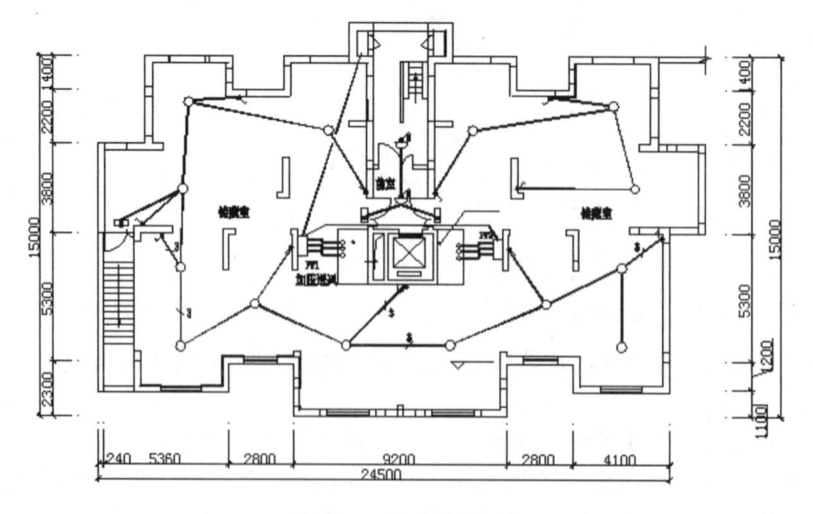

图 8-51　完成尺寸标注

8.4　添加公差标注

公差是指在实际参数值中，允许变动的大小。公差标注包括尺寸公差和形位公差两种，下面分别介绍这两种公差的设置。

8.4.1　尺寸公差的设置

尺寸公差是表示测量的距离可以变动的数目的值。尺寸公差指定标注可以变动的数目，通过指定生产中的公差，可以控制部件所需的精度等级。特征是部件的一部分，例如，点、线、轴或表面。

在【新建标注样式】对话框的【公差】选项卡中，用户可以通过【公差格式】选项组确定公差的标注格式，如确定以何种方式标注公差，如图 8-52、图 8-53 所示。通过此选项卡进行设置后再标注尺寸，就可以标注出对应的公差。

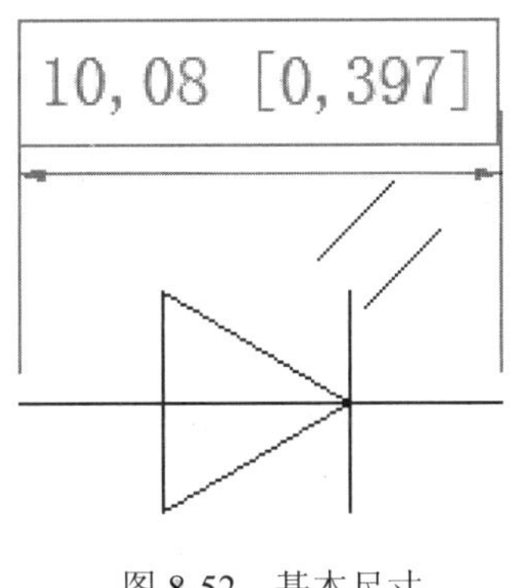

图 8-52　基本尺寸

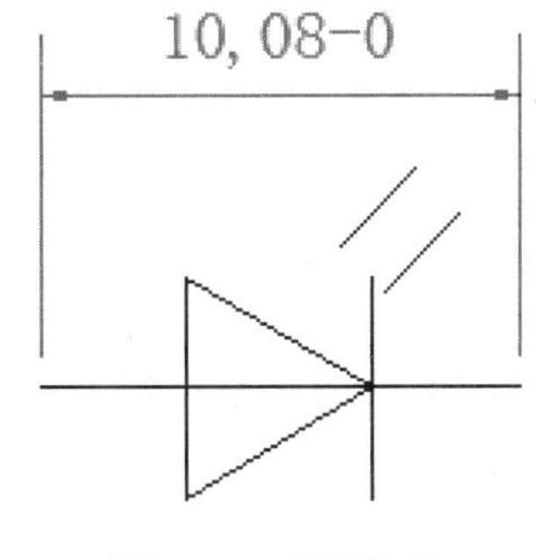

图 8-53　极限偏差

8.4.2　形位公差的设置

形位公差表示特征的形状、轮廓、方向、位置和跳动的允许偏差。可以通过特征控制框来添加形位公差，这些框中包含单个标注的所有公差信息。

在 AutoCAD 中，可通过特征控制框来显示形位公差信息，如图形的形状、轮廓、方向、位置和跳动的偏差等。表 8-1 所示为几种常用的公差符号。

表 8-1　常用公差符号

符号	含　义	符　号	含　义
⌖	定位	○	圆或圆度
◎	同心/同轴	—	直线度
⌯	对称	⌓	平面轮廓
//	平行	⌒	线轮廓
⊥	垂直	↗	圆跳动

续表

符号	含　义	符　号	含　义
∠	角	⌰	全跳动
⌭	柱面性	Ⓛ	最小包容条件（LMC）
∅	直径	Ⓢ	不考虑特征尺寸（RFS）
Ⓜ	最大包容条件（MMC）	Ⓟ	投影公差
▱	平坦度		

在 AutoCAD 2015 中，用户可单击【注释】|【标注】|【公差】命令，打开【形位公差】对话框，进行公差的设置，如图 8-54 所示。

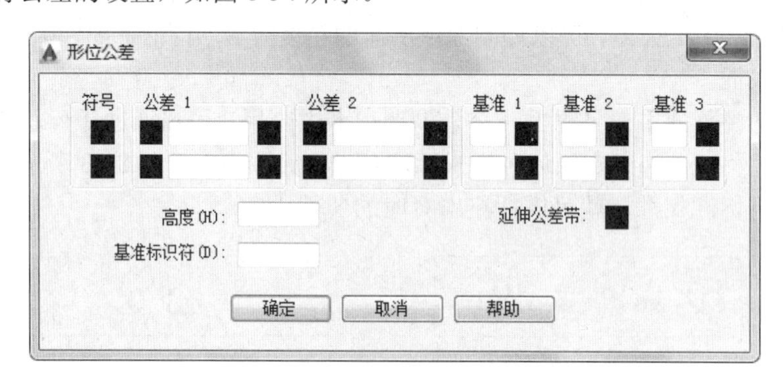

图 8-54 【形位公差】对话框

该对话框中所有选项的说明如下。

- 符号：单击该列的【■】框，将弹出【特征符号】对话框，用于选择合适的特征符号，如图 8-55 所示。
- 公差 1、公差 2：单击该列前面的【■】框，将插入一个直径符号；在中间的文本框中可以输入公差值；单击该列后面的【■】框，将弹出【附加符号】对话框，可以为公差选择附加符号，如图 8-56 所示。

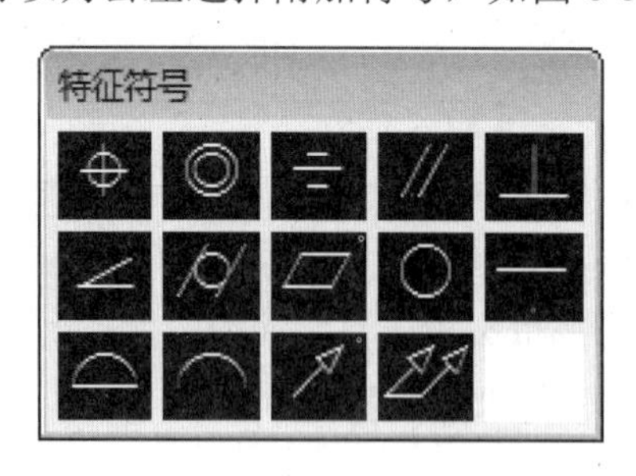

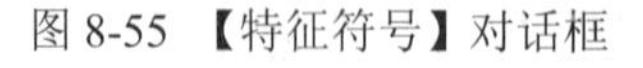

图 8-55 【特征符号】对话框

图 8-56 【附加符号】对话框

- 基准 1、基准 2、基准 3：用于设置公差基准和相应的包容条件。
- 高度：用于设置投影公差带的值。投影公差带控制固定垂直部分延伸区的高度变化，并以位置公差控制公差精度。
- 延伸公差带：单击【■】框，可在投影公差带值的后面插入投影公差带符号。
- 基准标识符：用于创建由参照字母组成的基准标识符号。

8.5　编辑尺寸标注

在 AutoCAD 2015 中，可对创建好的尺寸标注进行修改和编辑。尺寸编辑操作包括编辑尺寸样式、修改尺寸标注文本、调整标注文字位置、分解尺寸对象等。

8.5.1　重新关联尺寸标注

关联尺寸标注是指所标注尺寸与被标注对象有关联关系。若标注的尺寸值是按自动测量值标注，则尺寸标注是按尺寸关联模式标注的。如果改变被标注对象的大小后，相应的标注尺寸将发生改变，尺寸界线和尺寸线的位置也都将改变到相应的新位置，尺寸值也会改变成新测量的值。同样，改变尺寸界线起始点位置，尺寸值也会发生相应的变化。

单击【注释】|【标注】|【重新关联】命令。根据命令行的提示，选择要重新关联的标注，按回车键，然后指定第一个尺寸界线原点，如图 8-57 所示，再指定第二个尺寸界线的原点，如图 8-58 所示，即可完成关联标注，如图 8-59 所示。

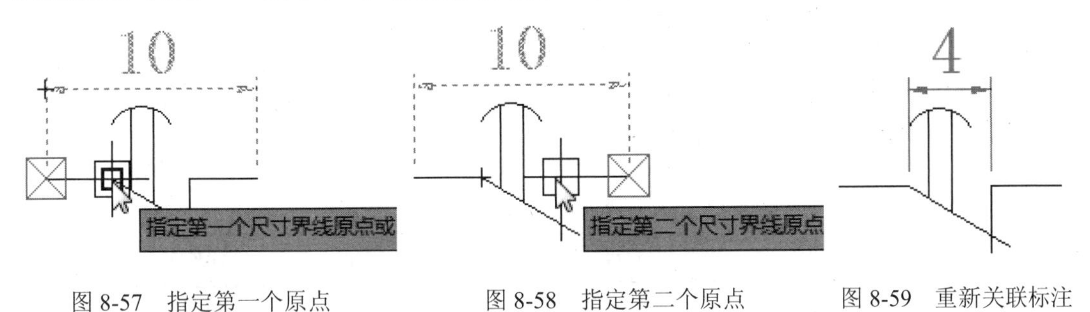

图 8-57　指定第一个原点　　图 8-58　指定第二个原点　　图 8-59　重新关联标注

8.5.2　修改尺寸标注

编辑标注命令可以修改标注文字在标注上的位置及倾斜角度。单击【倾斜】命令，命令行将提示不同的选项，选择需要的选项，即可对尺寸标注进行相应的操作。

例如选择【新建】选项，将弹出文本框，如图 8-60 所示。然后输入“%%C”直径符号，其后单击功能区选项板【文字编辑器】选项卡中的【关闭】按钮，在绘图区域中选择尺寸标注，按回车键，即可确定要添加直径符号的尺寸标注，如图 8-61 所示。

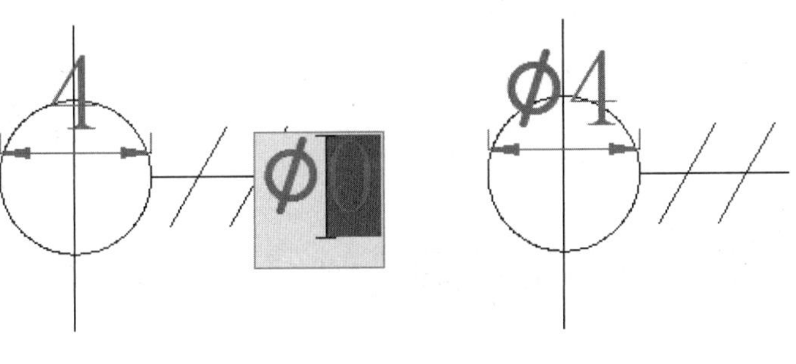

图 8-60　输入直径符号　　图 8-61　修改尺寸标注

8.5.3 修改尺寸标注文字的位置和角度

下面将介绍修改尺寸标注文字的位置和角度的相关知识。

1. 修改文字位置

调整尺寸标注文字的位置就是对已经标注的文字进行位置调整，可以将标注文字调整到标注的左边、中间、右边，还可以重新定义一个新的位置。

在菜单栏中执行【标注】|【对齐文字】命令，在其下拉菜单中，包含了 5 种文字位置的样式，其含义如下。

- 默认：将文字标注移动到原来的位置。
- 角度：改变文字标注的旋转角度。
- 左：将文字标注移动到左边的尺寸界线处，该方式适用于线性、半径和直径标注。
- 居中：将文字标注移动到尺寸界线的中心处。
- 右：将文字标注移动到右边的尺寸界线处。

从下拉菜单中选择一种对齐方式，在绘图区选择要进行调整的尺寸对象，即可进行相应的调整，如图 8-62、图 8-63 所示。

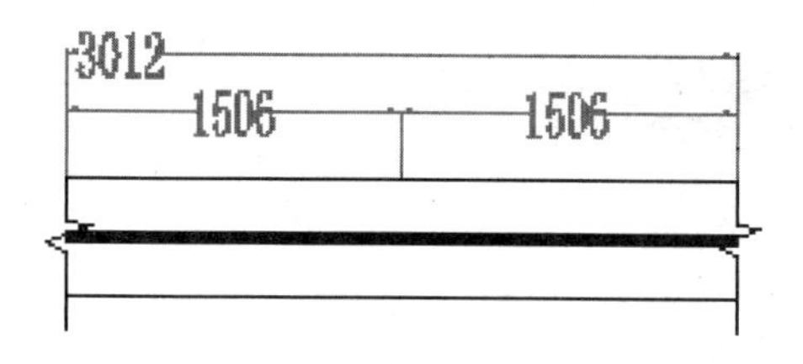

图 8-62 文字标注在左边的尺寸界线处

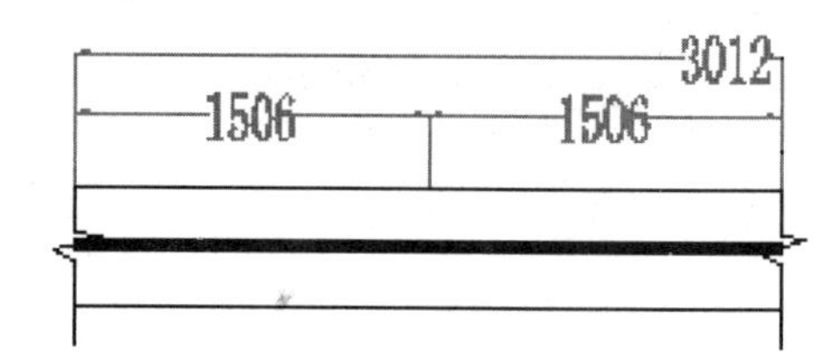

图 8-63 文字标注在右边的尺寸界线处

2. 修改文字角度

修改尺寸标注中文字角度的方法是，单击【文字角度】命令，根据命令行的提示，选择标注，然后为标注文字指定新位置，如指定标注文字的角度为 45，按回车键确定，即可完成文字角度的修改，如图 8-64、图 8-65 所示。

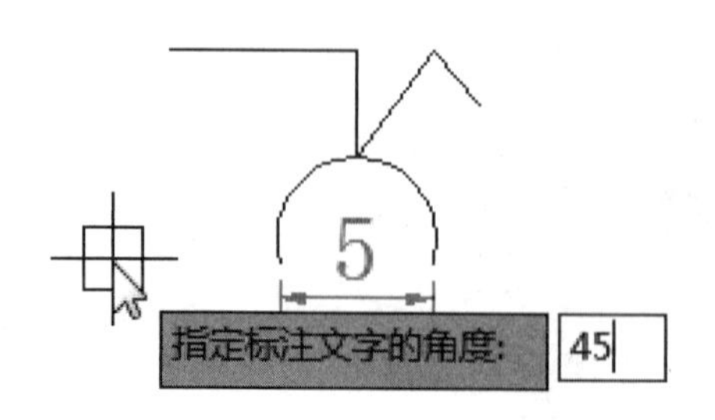

图 8-64 输入标注文字的角度

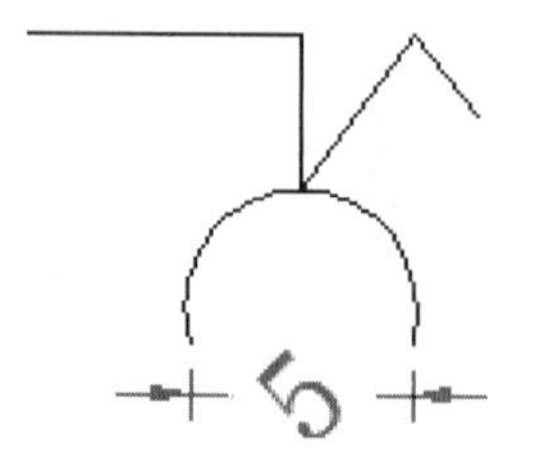

图 8-65 修改文字角度后的效果

8.5.4　案例——绘制变频柜综合控制屏线路图

绘制变频柜综合控制屏线路图时，首先将基本的线路图绘制好，然后绘制各电气元件的图形符号，最后添加文本说明。具体步骤如下。

Step01：新建文件，执行【多段线】命令，绘制宽度为 6、长度为 100 的水平线段，然后选取水平线段的中点，向下绘制长度为 192 的垂直线段，如图 8-66 所示。

Step02：执行【多段线】命令，指定一点并向上引导光标，输入 134，然后向右引导光标，输入 153，绘制如图 8-67 所示的多段线。

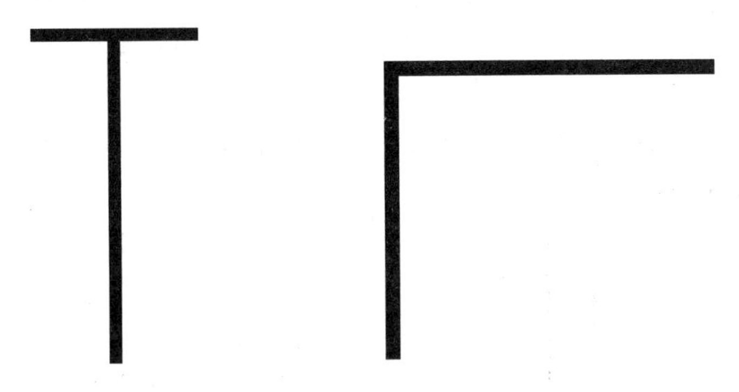

图 8-66　绘制多段线　　图 8-67　绘制多段线

Step03：执行【阵列】命令，将上一步绘制的多段线进行矩形阵列，如图 8-68 所示。命令行提示内容如下。

```
命令: _arrayrect
选择对象: 指定对角点: 找到 1 个                                  (选择多段线)
选择对象:                                                        (按回车键)
类型 = 矩形  关联 = 是
为项目数指定对角点或 [基点(B)/角度(A)/计数(C)] <计数>:          (按回车键)
输入行数或 [表达式(E)] <4>: 1                                    (输入“1”)
输入列数或 [表达式(E)] <4>: 4                                    (输入“4”)
指定对角点以间隔项目或 [间距(S)] <间距>:459                      (输入“459”)
按 Enter 键接受或 [关联(AS)/基点(B)/行(R)/列(C)/层(L)/退出(X)]<退出>:(按回车键)
```

Step04：执行【多段线】命令，捕获最右端的端点，向下绘制长度为 134 的多段线，如图 8-69 所示。

图 8-68　阵列多段线　　图 8-69　绘制多段线

Step05：执行【多段线】和【镜像】命令，绘制三段竖直多段线，如图 8-70 所示。命令行提示内容如下。

```
命令: _pline
```

```
指定起点:                                    (捕获阵列多段线中第三条垂直线的上端点)
当前线宽为 6.0000
指定下一个点或[圆弧(A)/半宽(H)/长度(L)/放弃(U)/宽度(W)]:278(向上引导光标,输入"278")
指定下一点或 [圆弧(A)/闭合(C)/半宽(H)/长度(L)/放弃(U)/宽度(W)]:       (按回车键)
命令: PLINE                      (按空格键,继续执行多段线命令)
指定起点: from                   (输入 from)
基点: <偏移>: @-75,-48           (捕捉刚绘制的多段线的上端点,输入"@-75, -48")
当前线宽为 6.0000
指定下一个点或[圆弧(A)/半宽(H)/长度(L)/放弃(U)/宽度(W)]:88(向下引导光标,输入"88")
指定下一点或 [圆弧(A)/闭合(C)/半宽(H)/长度(L)/放弃(U)/宽度(W)]:(按回车键)
命令: _mirror
选择对象: 找到 1 个              (选择长度为 88 的多段线)
选择对象: 指定镜像线的第一点: 指定镜像线的第二点:(分别捕获长为 278 多段线的上、下端点)
要删除源对象吗? [是(Y)/否(N)] <N>:                 (按回车键)
```

Step06：执行【移动】命令，将图 8-66 所绘的图形移至图 8-70 所绘图形的上方，距离值为 98，如图 8-71 所示。

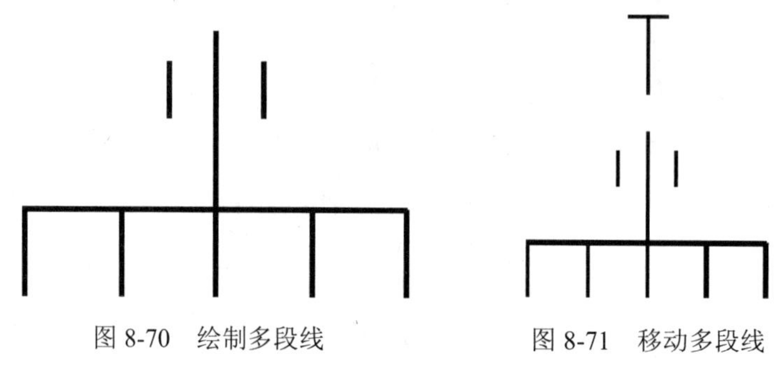

图 8-70　绘制多段线　　　　图 8-71　移动多段线

Step07：执行【直线】命令，绘制一个长度为 120 与 X 轴成 110° 角的直线，然后选取其下端点向下绘制长度为 334 的竖线，作为断路器的接线头，如图 8-72 所示。命令行内容提示如下。

```
命令: _line 指定第一点:                        (在多段线的左下方取一点)
指定下一点或 [放弃(U)]:   @-120<110            (输入"@-120<110")
指定下一点或 [放弃(U)]:  <正交 开> 334         (启动【正交】模式,输入"334")
指定下一点或 [闭合(C)/放弃(U)]:                (按回车键)
```

Step08：执行【直线】命令，在上一步所绘制的竖线上，绘制一个底边为 44，高为 50 的倒立等腰三角形，如图 8-73 所示。

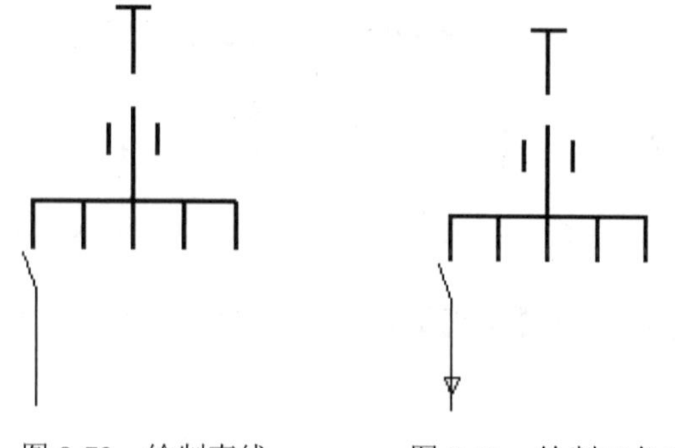

图 8-72　绘制直线　　　　图 8-73　绘制三角形

Step09：执行【阵列】命令，选取断路器的接头和三角形，进行矩形阵列，行数为 1，列数为 5，间距为 612，如图 8-74 所示。

Step10：执行【直线】命令，绘制两条直线，作为线路图中的刀口开关，如图 8-75 所示。

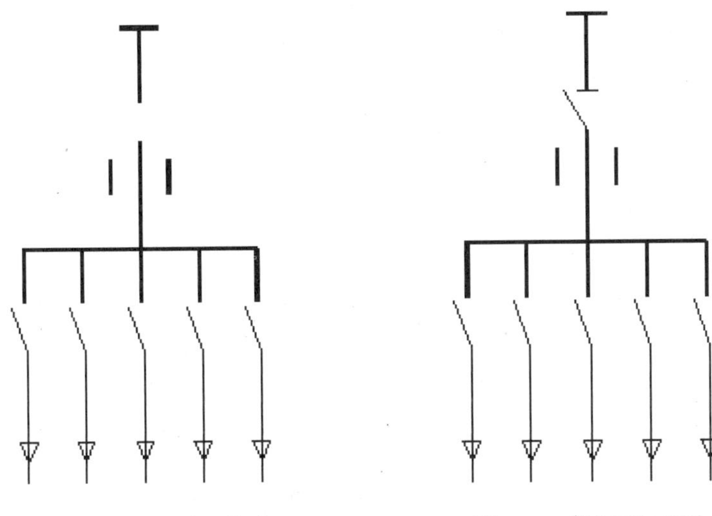

图 8-74　阵列断路器接头　　　　图 8-75　绘制刀口开关

Step11：执行【圆】、【复制】命令，完成在刀口开关下方，最左边的多段线的中点上，绘制半径为 25 的圆，然后向右分别平移 75、150 个单位进行复制的操作，如图 8-76 所示。

Step12：执行【插入】和【复制】命令，完成将电流表和电压表电气符号插入图形中，放大比例为 4 倍，并放置于合适的位置，复制电流表的操作，如图 8-77 所示。

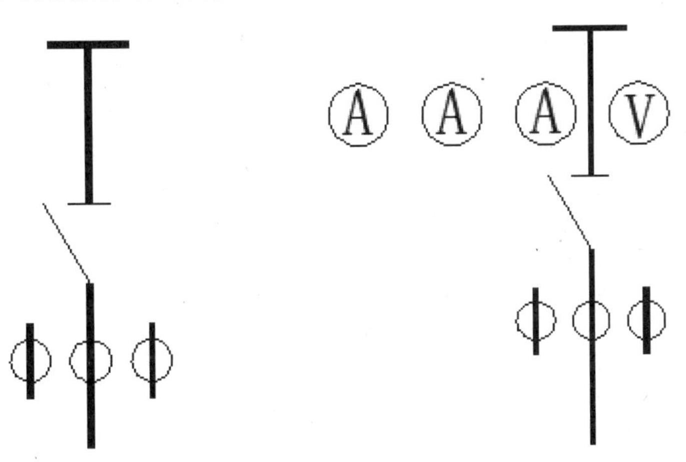

图 8-76　绘制圆　　　　图 8-77　添加电流和电压表电气符号

Step13：在菜单栏中执行【格式】|【点样式】命令，打开【点样式】对话框，选择所需的点样式，并设置点大小，单击【确定】按钮，如图 8-78 所示。

Step14：执行【多点】命令，在断路器上方的连线上绘制线路接头，如图 8-79 所示。

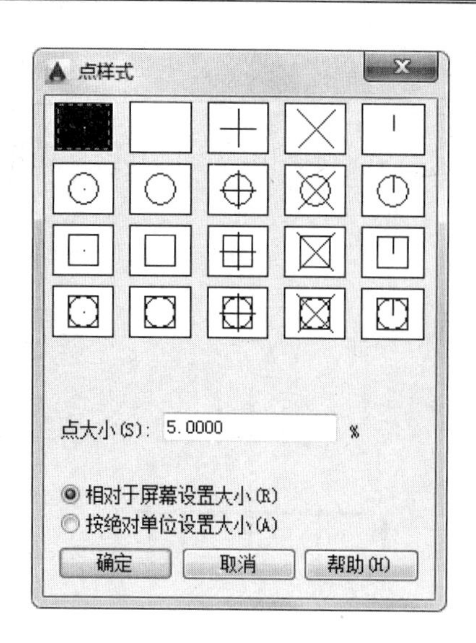

图 8-78 【点样式】对话框

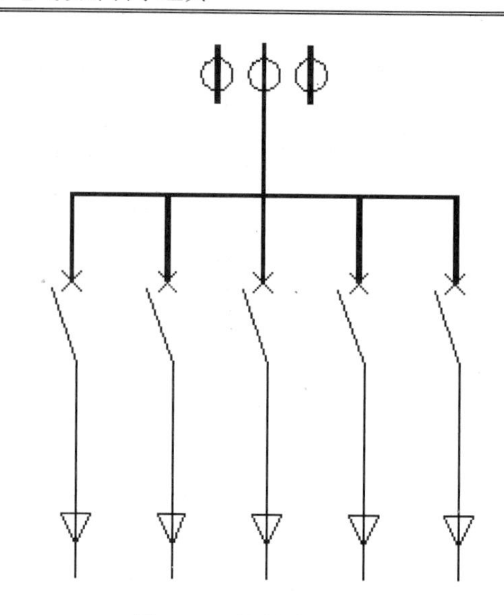

图 8-79 绘制连线接头

Step15：单击【注释】|【文字】面板右下角按钮，打开【文字样式】对话框，新建“数字字样”样式，字体为 Arial，高度为 13，依次单击【应用】、【置为当前】和【关闭】按钮，如图 8-80 所示。

Step16：执行【多行文字】命令，为线路图进行文本标注，如图 8-81 所示。

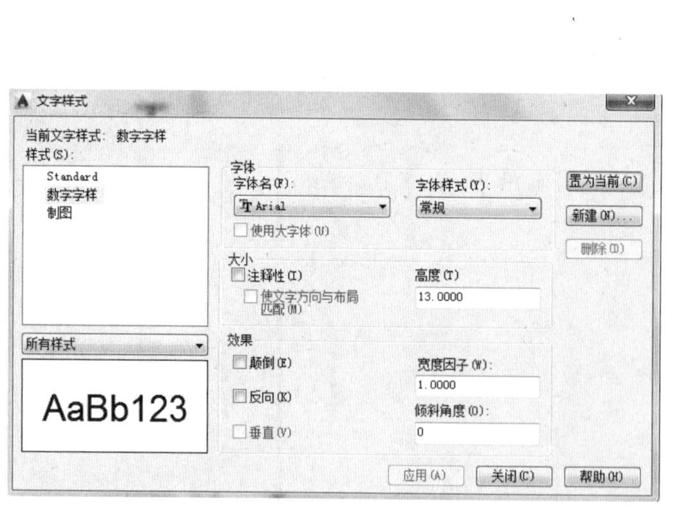

图 8-80 【文字样式】对话框

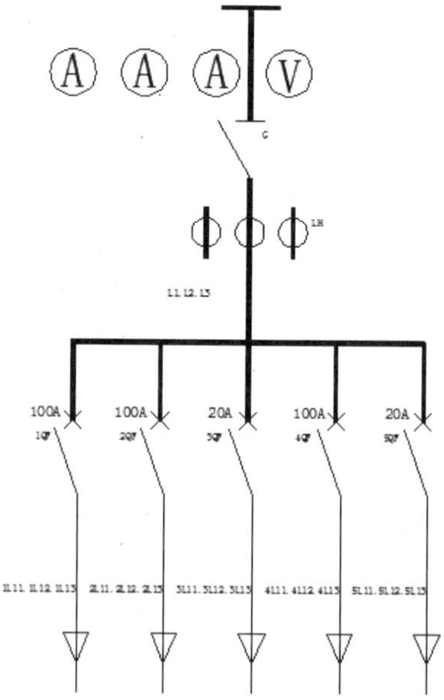

图 8-81 添加文本

Step17：执行【直线】命令，在三角形上方的文本下方各绘制 1 条水平直线，如图 8-82 所示。

Step18：在菜单栏中执行【格式】|【文字样式】命令，打开对话框，新建【宋体】样

式，字高为 20。然后执行【多行文字】和【矩形】命令，在线路图左上角创建文本，并用矩形框住，如图 8-83 所示。变频柜综合控制屏线路图绘制完成。

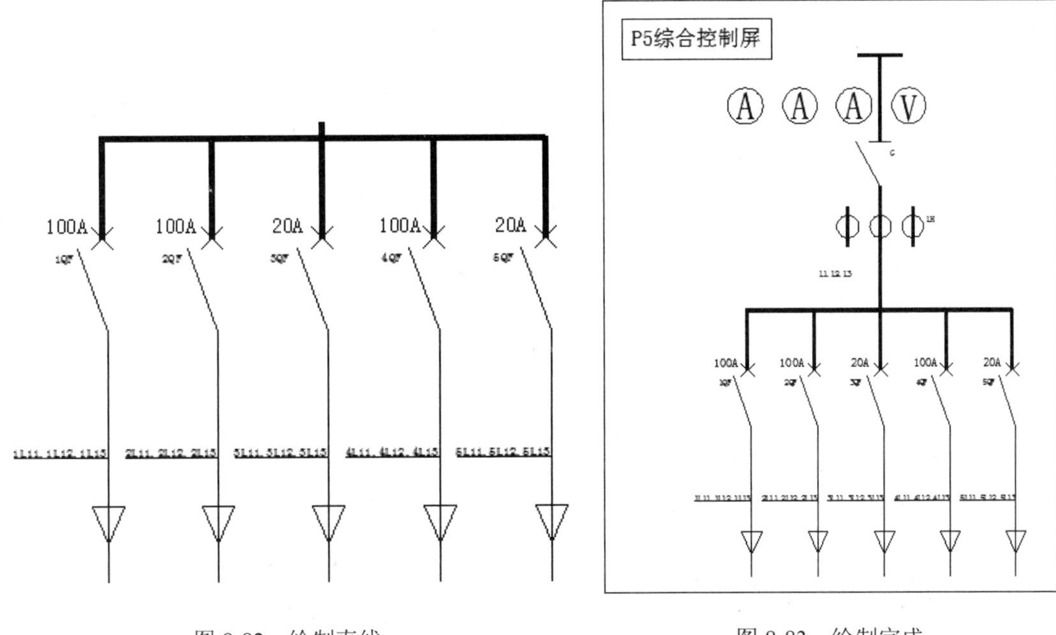

图 8-82　绘制直线　　图 8-83　绘制完成

8.6　添加引线标注

引线对象是一条线或样条曲线，其一端带有箭头（也可设置为没有箭头），另一端带有多行文字对象或块。多重引线标注命令常用于对图形中的某些特定对象进行说明，以便使图形的意思表达得更清楚。

8.6.1　新建引线样式

在向 AutoCAD 图形添加多重引线时，单一的引线样式往往不能满足设计要求，这时就需要预先定义新的引线样式，如指定基线、引线、箭头和注释内容的格式，来控制多重引线对象的外观。

单击【注释】|【引线】面板右下角按钮，打开【多重引线样式管理器】对话框，如图 8-84 所示。然后单击【新建】按钮，打开【修改多重引线样式】对话框，在该对话框中即可进行引线样式的设置，如图 8-85 所示。

1．引线格式

在【修改多重引线样式】对话框中，【引线格式】选项卡用于设置引线的类型及箭头的形状，如图 8-86 所示。其中【常规】选项组主要用来设置引线的类型、颜色、线型和线宽，可选择的引线类型有直线、样条曲线或无选项；【箭头】选项组用来设置箭头的形状和大小；【引线打断】选项组用来设置引线打断大小的参数。

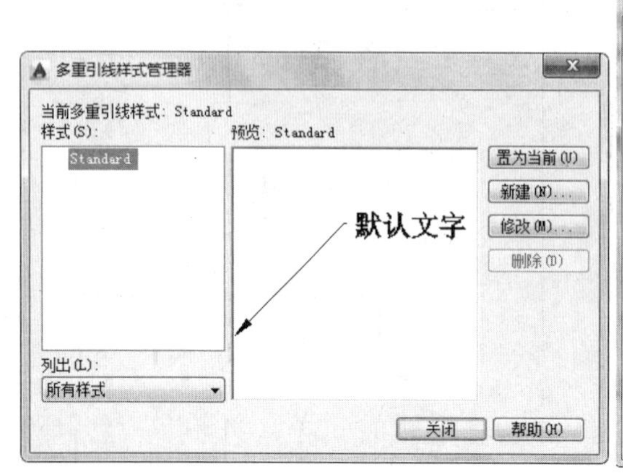

图 8-84 【多重引线样式管理器】对话框

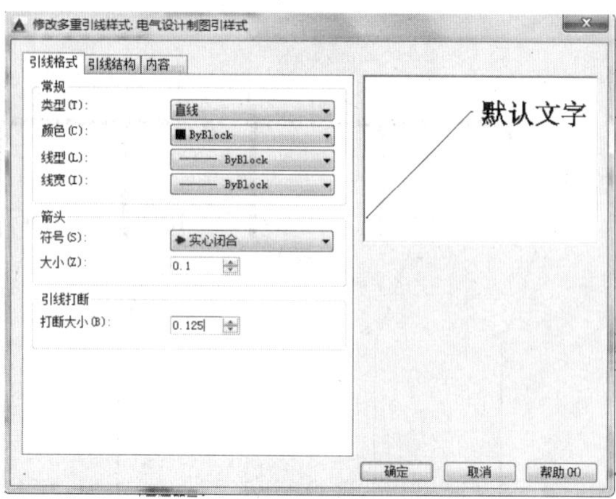

图 8-85 设置新样式

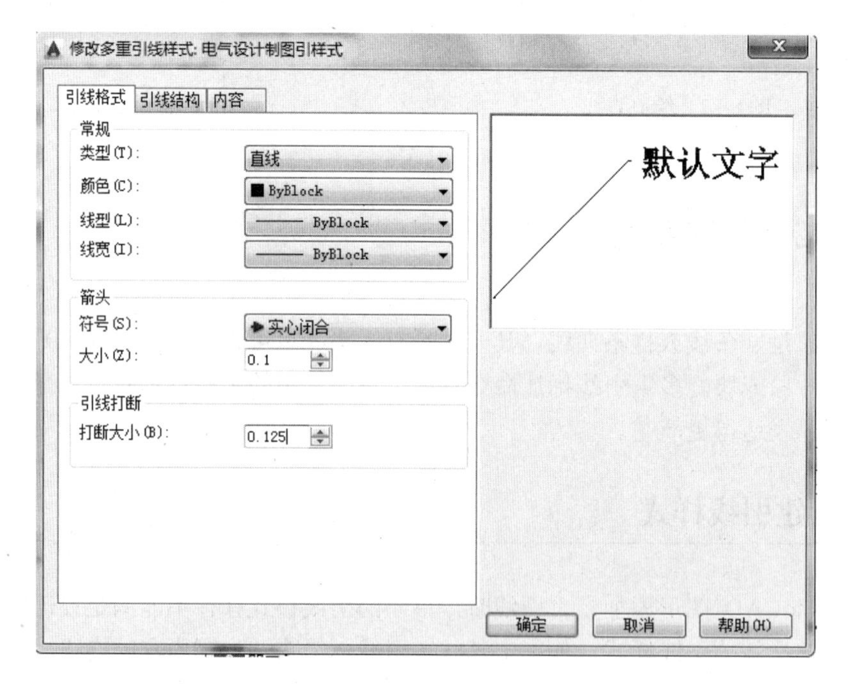

图 8-86 【引线格式】选项卡

2. 引线结构

在【引线结构】选项卡中可以设置引线的段数、引线每一段的倾斜角度及引线的显示属性，如图 8-87 所示。在【约束】选项组中勾选相应的复选框可指定点数目和角度值；在【基线设置】选项组中，可以指定是否自动包含基线以及指定多重引线的固定距离；在【比例】选项组中，勾选相应的复选框或选择相应单选按钮，可以确定引线比例的显示方式。

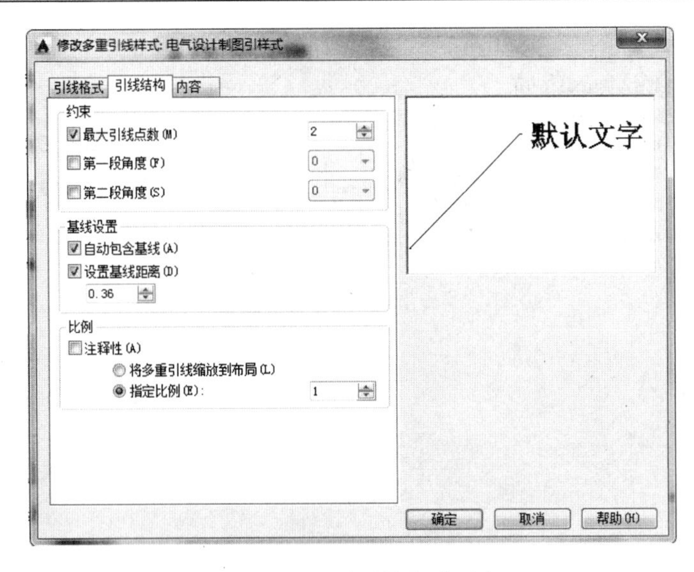

图 8-87　【引线结构】选项卡

3. 内容

【内容】选项卡主要用来设置引线标注的文字属性。既可以在引线中标注多行文字，也可以在其中插入块，这两个类型的内容主要通过【多重引线类型】下拉列表来切换。

(1) 多行文字

选择【多行文字】引线类型后，选项卡中的各选项用来设置文字的属性，如图 8-88 所示。然后单击【文字选项】选项组中【文字样式】列表框右侧的按钮，可直接打开【文字样式】对话框进行需要的设置。

(2) 块

选择【块】引线类型后，即可在【源块】下拉列表框中指定块内容，并在【附着】列表框中指定块的范围、插入点或中心点附着块类型，还可以在【颜色】列表框中指定多重引线块内容的颜色，如图 8-89 所示。

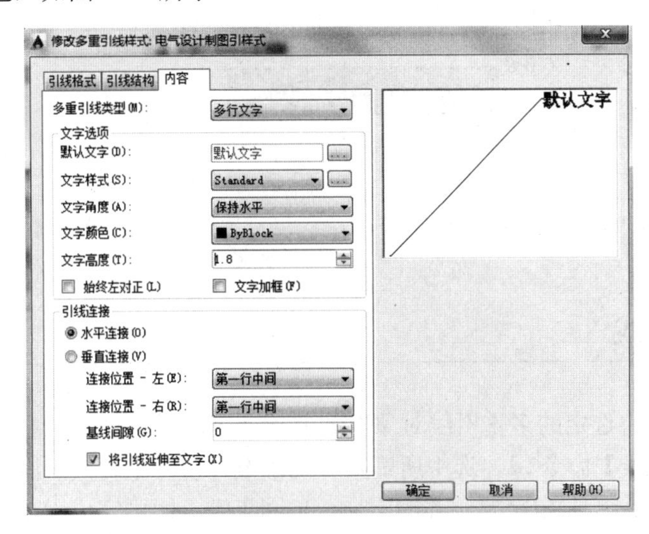

图 8-88　引线类型为【多行文字】选项

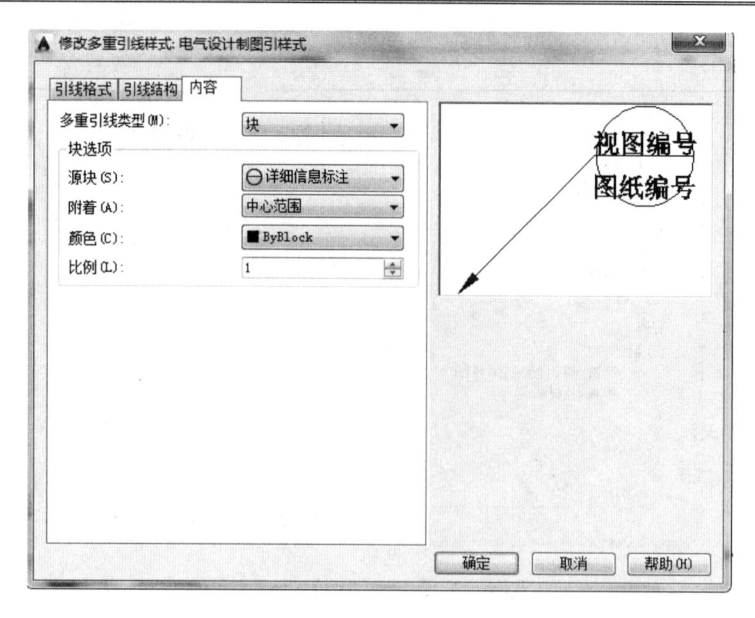

图 8-89　引线类型为【块】选项

8.6.2　添加引线

添加引线标注即将引线添加至现有的多重引线对象。根据光标的位置，新引线将添加到选定多重引线的左侧或右侧。

单击【添加引线】命令，选择当前创建完成的引线注释，根据命令行中的提示，指定所添加引线箭头的位置，如图 8-90 所示。指定完成后，按回车键，即可添加引线，如图 8-91 所示。

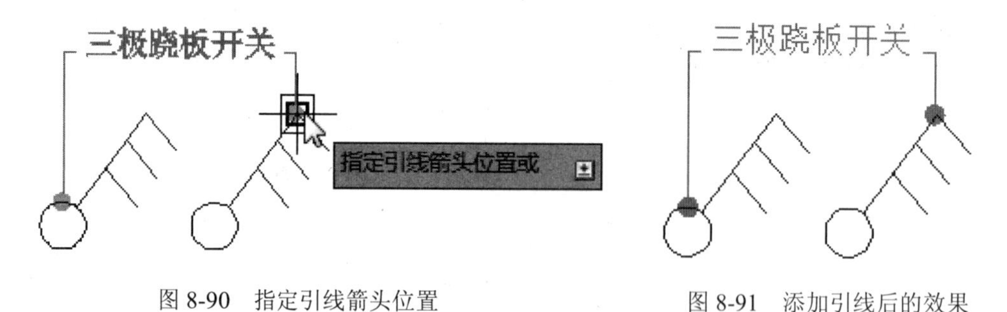

图 8-90　指定引线箭头位置

图 8-91　添加引线后的效果

8.6.3　对齐引线

对齐引线是指将选定的多重引线对象对齐并按一定间距排列。

单击【对齐引线】命令，选中所需对齐的引线，按回车键，然后选中要对齐到的多重引线，如图 8-92 所示。指定要对齐的方向，按回车键，即可完成引线的对齐操作，如图 8-93 所示。

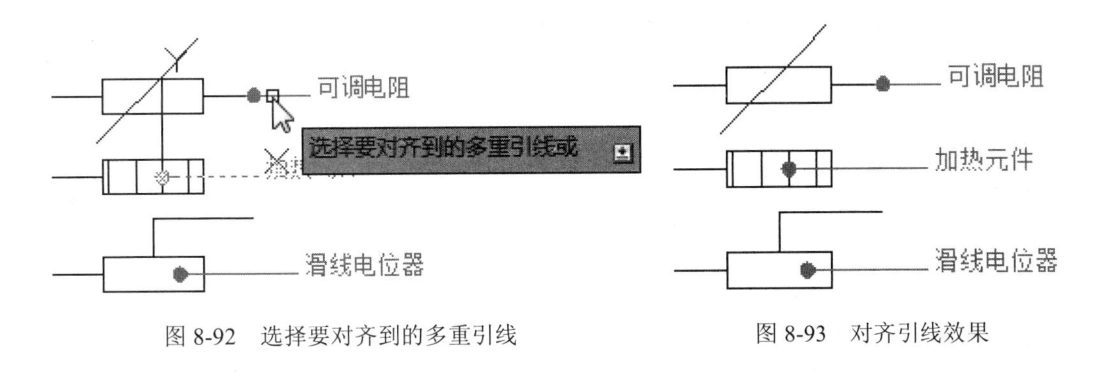

图 8-92　选择要对齐到的多重引线　　　　图 8-93　对齐引线效果

8.6.4　删除引线

删除引线即将引线从现有的多重引线对象中删除。单击【删除引线】命令，根据命令行的提示选择多重引线，然后指定要删除的引线，按回车键即可将之删除，如图 8-94、图 8-95 所示。

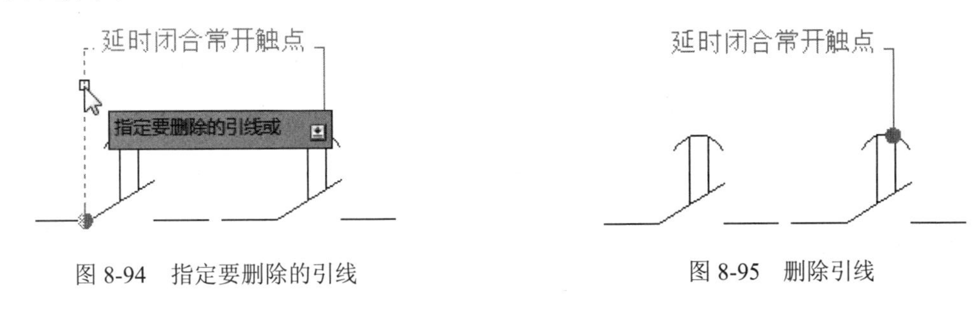

图 8-94　指定要删除的引线　　　　图 8-95　删除引线

8.7　应用案例——绘制变电站电气工程图

变电站是联系发电厂和用户的中间环节，起着变换和分配电能的作用。接下来将绘制某变电站的主接线图，该接线图主要由母线、主变支路、变电所支路、接地线路和供电部分组成，绘制步骤如下。

Step01：新建文件。执行【直线】命令，绘制一个长宽分别为 350 和 3 的矩形，作为母线部分，如图 8-96 所示。

图 8-96　绘制母线

Step02：执行【直线】命令，依次绘制长度分别为 7、3、7、5 和 6 的竖线 1～5，如图 8-97 所示。

Step03：执行【圆】和【修剪】命令，完成捕获直线 1 的上端点，以其为圆心绘制半径为 1 的圆，然后将圆内的线段修剪掉等操作，如图 8-98 所示。

图 8-97　绘制直线　　图 8-98　绘制圆

Step04：执行【直线】命令，启动极轴追踪模式，分别捕捉直线 2 的上下端点，以其为起点依次绘制与 X 轴成 45°角，长度为 3.5 的直线，如图 8-99 所示。

Step05：执行【镜像】命令，对刚绘制的两条斜线进行镜像复制，如图 8-100 所示。

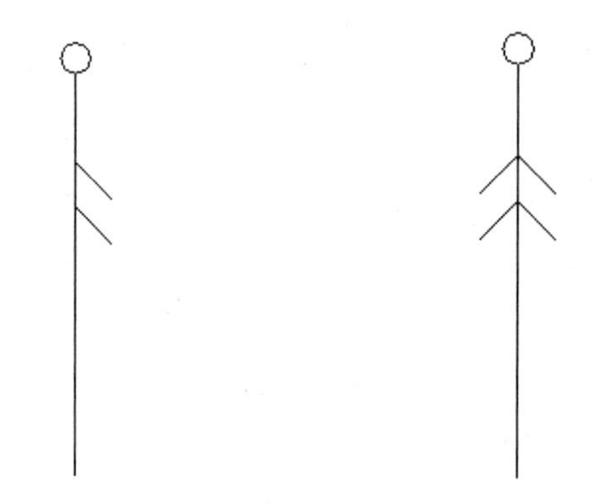

图 8-99　绘制斜线　　图 8-100　镜像斜线

Step06：执行【旋转】命令，选取直线 4，以其下端点为基点，旋转 30°，如图 8-101 所示。

Step07：继续执行【镜像】命令，将图 8-99 中的斜线进行 180°旋转复制，并删除多余线段，如图 8-102 所示。

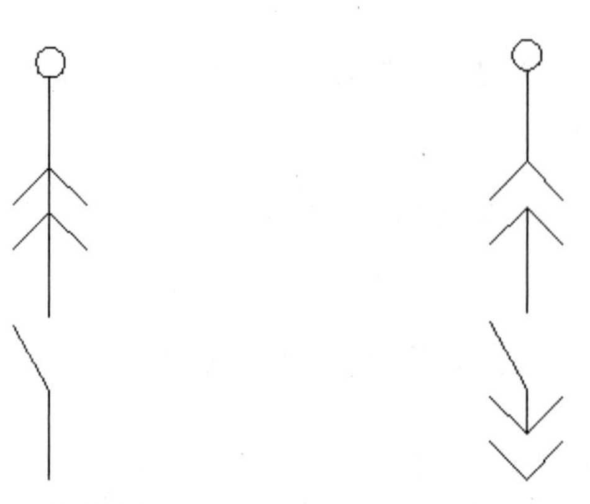

图 8-101　旋转直线　　图 8-102　镜像复制直线

Step08：执行【圆】和【直线】命令，完成绘制半径为 2 的圆，然后以圆心为起点，向上绘制长度为 3 的直线和向右绘制长度为 4.5 的水平直线等操作，如图 8-103 所示。

Step09：执行【修剪】和【直线】命令，完成将圆内多余的直线修剪掉，然后以水平直线的右端点为起点，绘制一条与 X 轴成 60° 角，长度为 1.5 的斜线等操作，如图 8-104 所示。

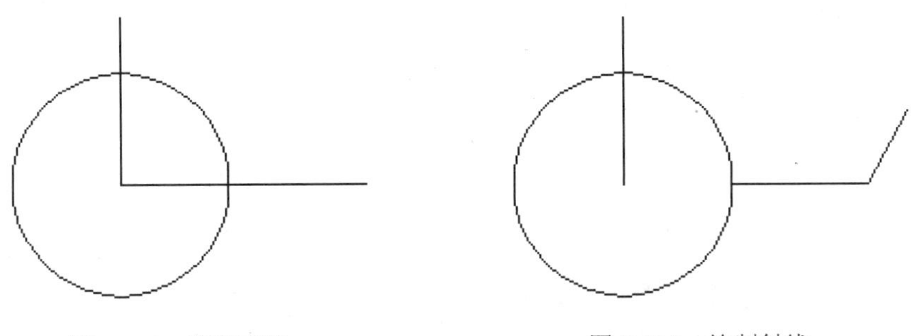

图 8-103　修剪直线　　　　图 8-104　绘制斜线

Step10：执行【拉长】命令，将竖线向下拉长 3，斜线向下拉长 1.5，如图 8-105 所示。

Step11：执行【复制】命令，将斜线向左分别复制到 0.6 和 1.8 个单位处，然后将原直线删除，如图 8-106 所示。

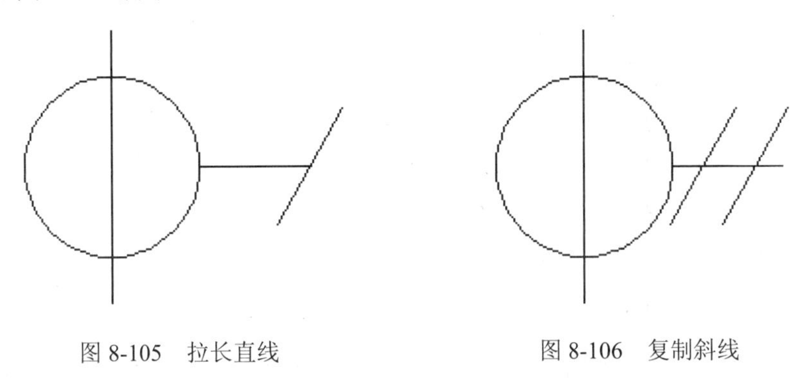

图 8-105　拉长直线　　　　图 8-106　复制斜线

Step12：执行【阵列】命令，选取图 8-106 中的图形，进行矩形阵列，如图 8-107 所示。命令行提示内容如下。

```
命令: ARRAYRECT
选择对象: 指定对角点: 找到 5 个                              (选择图 8-106 中的图形)
选择对象:                                                    (按回车键)
类型 = 矩形  关联 = 是
为项目数指定对角点或 [基点(B)/角度(A)/计数(C)] <计数>: b     (选择【基点】选项)
指定基点或 [关键点(K)] <质心>:                               (选择圆心)
为项目数指定对角点或 [基点(B)/角度(A)/计数(C)] <计数>:       (按回车键)
输入行数或 [表达式(E)] <4>: 2                                (输入"2")
输入列数或 [表达式(E)] <4>: 3                                (输入"3")
指定对角点以间隔项目或 [间距(S)] <间距>: <正交 开> 14        (输入"14")
按 Enter 键接受或[关联(AS)/基点(B)/行(R)/列(C)/层(L)/退出(X)]<退出>:(按回车键)
```

Step13：执行【正多边形】和【直线】命令，完成绘制一个内接于圆的正三角形，圆的半径为 2，然后以三角形的顶点为起点，向下绘制长度为 8 的直线等操作，结果如图 8-108 所示。

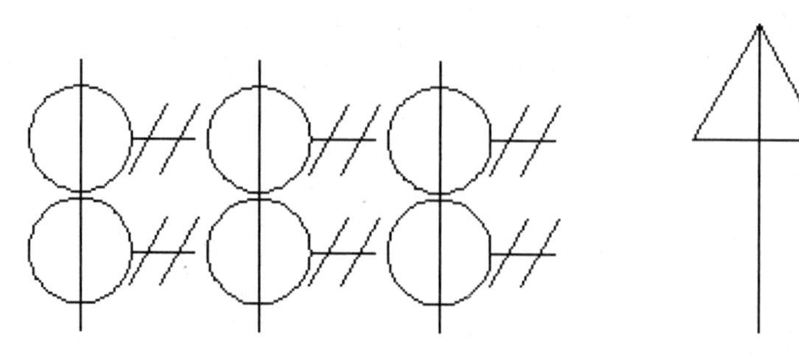

图 8-107　阵列图形　　　图 8-108　绘制正三角形

Step14：执行【拉长】和【旋转】命令，完成将刚绘制的竖线向上拉长 4，然后选取拉长后的直线和三角形，以拉长后直线的上端点为基点，进行 180° 旋转复制等操作，如图 8-109 所示。

Step15：执行【圆】和【直线】命令，完成绘制一个半径为 6 的圆，然后以圆心为起点向下绘制长度为 3 的直线等操作，如图 8-110 所示。

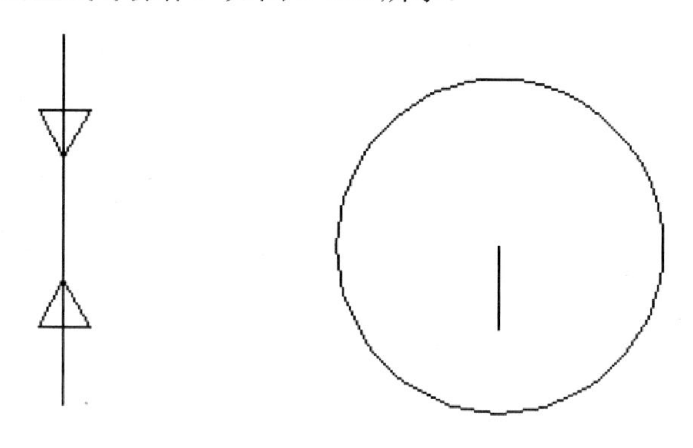

图 8-109　旋转复制图形　　　图 8-110　绘制圆和直线

Step16：执行【阵列】命令，选取刚绘制的直线，设置项目数为 3，进行 360° 的环形阵列复制，如图 8-111 所示。

Step17：执行【复制】命令，将图 8-111 中的图形向下复制，距离为 9，如图 8-112 所示。

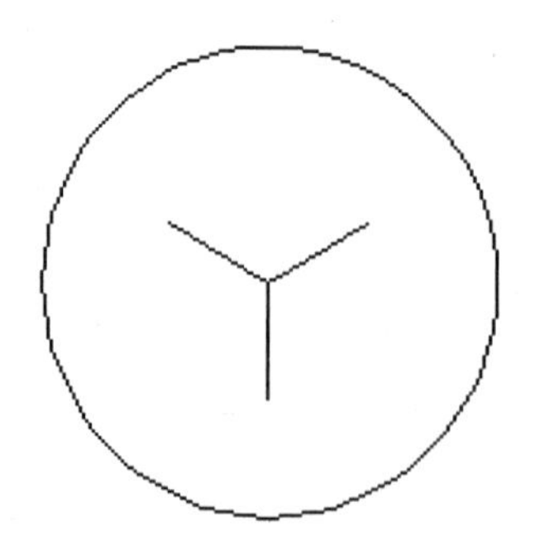

图 8-111　阵列线段

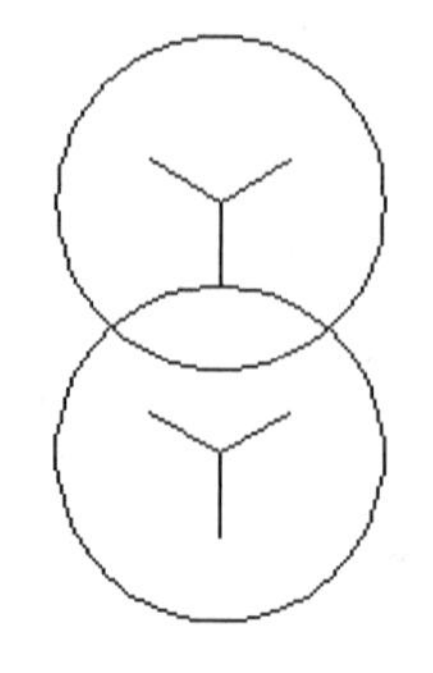

图 8-112　复制图形

Step18：执行【直线】和【修剪】命令，完成捕获上面圆的圆心，以其为起点向上绘制长度为 13.5 的竖线，然后将圆内多余的线段修剪掉等操作，如图 8-113 所示。

Step19：执行【直线】和【拉长】命令，完成捕捉刚绘制直线的上端点为起点，绘制一条与 X 轴成 45° 角的直线，长度为 2，然后将斜线向下拉长 2 个单位的操作，如图 8-114 所示。

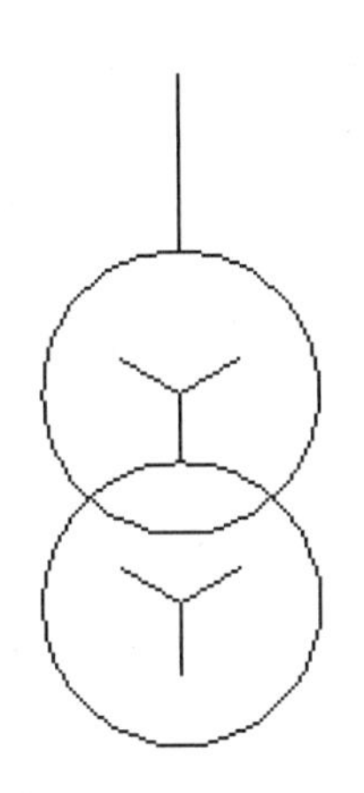

图 8-113　修剪线段

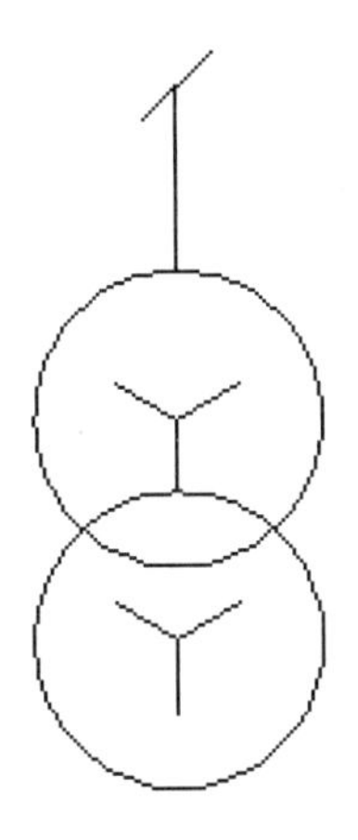

图 8-114　绘制直线

Step20：执行【复制】命令，将斜线向下复制 3 份，距离分别为 1.5、3 和 4.5，然后将原直线删除，如图 8-115 所示。

Step21：执行【复制】命令，将圆外部的直线向下平移 28.5，如图 8-116 所示。

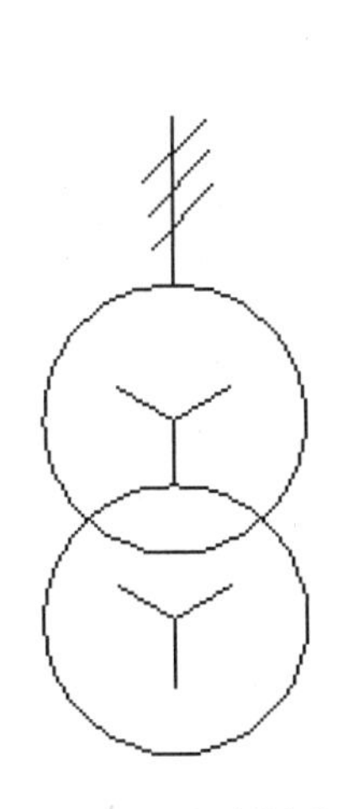

图 8-115　复制线段

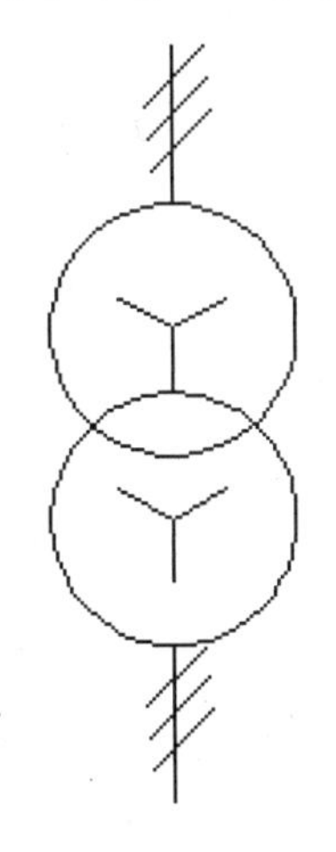

图 8-116　复制直线

Step22：执行【移动】命令，将绘制好的图形组合，完成主变支路的绘制，如图 8-117 所示。

Step23：执行【复制】和【阵列】命令，完成将图 8-106 中的图形复制一份，然后将其进行矩形阵列，行数为 3，列数为 2，行偏移为 5，列偏移为 12 等操作，如图 8-118 所示。

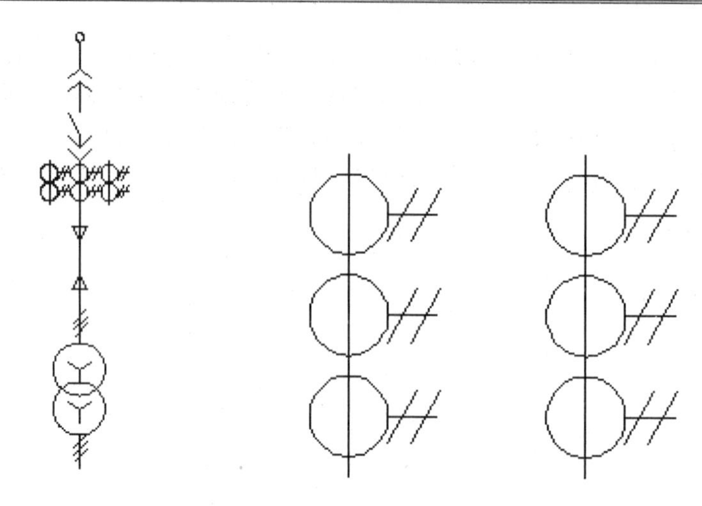

图 8-117　组合图形　　　　　　图 8-118　阵列图形

Step24：执行【直线】命令，以左边竖线的上端点为基点，向右 7.5 单位处绘制一条同样长的竖线，如图 8-119 所示。

Step25：执行【复制】命令，将图 8-109 中的图形复制一份，删除其下半部分，如图 8-120 所示。

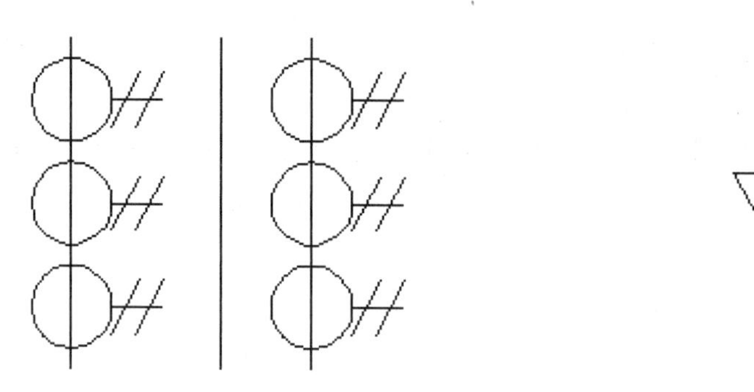

图 8-119　阵列图形　　　　　　图 8-120　删除图形

Step26：执行【拉长】命令，将竖线向下再拉长 18，如图 8-121 所示。

Step27：执行【复制】、【移动】命令，完成复制一份图 8-117 所示图形，然后将图形进行组合，如图 8-122 所示。完成变电所支路的绘制。

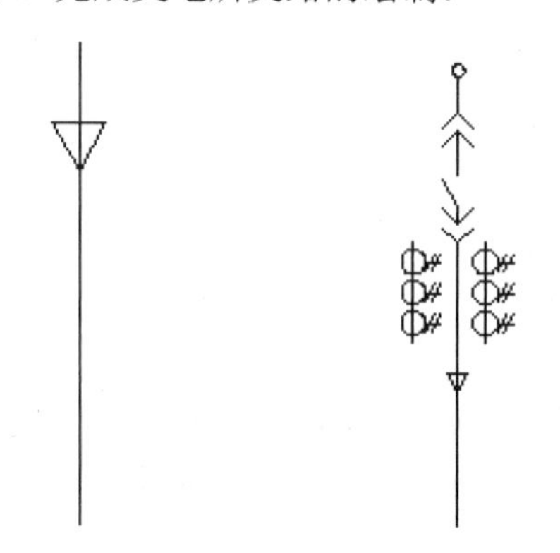

图 8-121　拉长直线　　　　图 8-122　组合图形

Step28：执行【圆】、【直线】和【修剪】命令，完成绘制半径为 1 的圆，捕捉圆心向下绘制长度为 4 的竖线，然后修剪掉位于圆内的线段等操作，如图 8-123 所示。

Step29：执行【插入】命令，在随即弹出的对话框中选择电阻符号，在【X】文本框中输入“0.1”，【角度】文本框中输入“90”，单击【确定】按钮插入电阻图形，并放置于合适的位置，如图 8-124 所示。

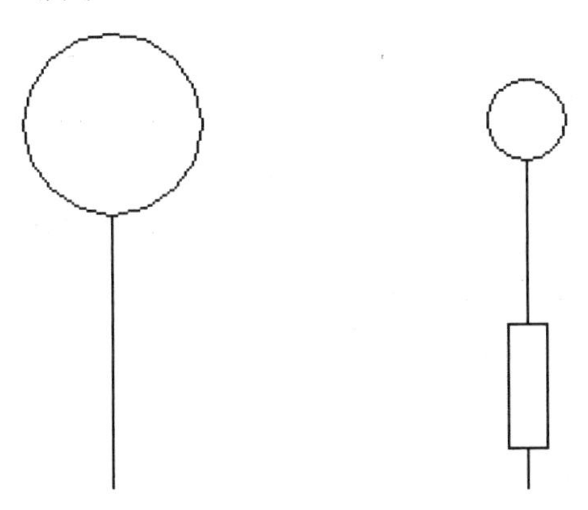

图 8-123　绘制圆和直线　　　　图 8-124　插入图形

Step30：执行【直线】命令，以底部直线的下端点为起点，向下绘制长度为 5 的竖线，再向右绘制长度为 1.2 的水平直线，如图 8-125 所示。

Step31：执行【偏移】命令，将水平直线分别向下偏移 1.2 和 2.4 个单位并复制，如图 8-126 所示。

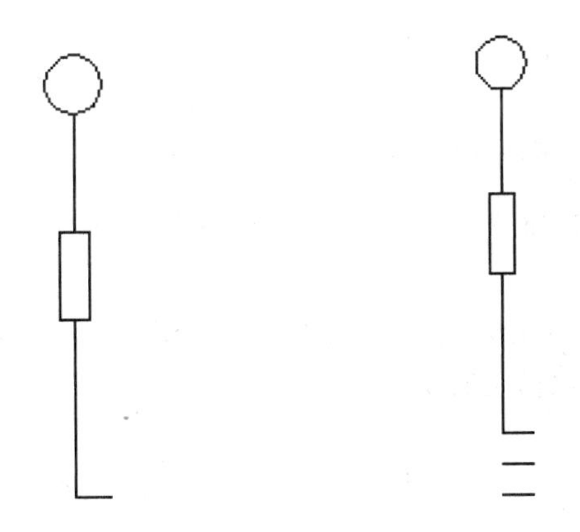

图 8-125　绘制直线　　　　图 8-126　偏移直线

Step32：执行【拉长】命令，将偏移的两条直线分别向右拉长 2.4 和 1.2 个单位，如图 8-127 所示。

Step33：执行【镜像】命令，将 3 条水平直线进行镜像复制，如图 8-128 所示。完成接地线路的绘制。

Step34：执行【直线】和【正多边形】命令，完成绘制直线和正三角形的组合，如图 8-129 所示。

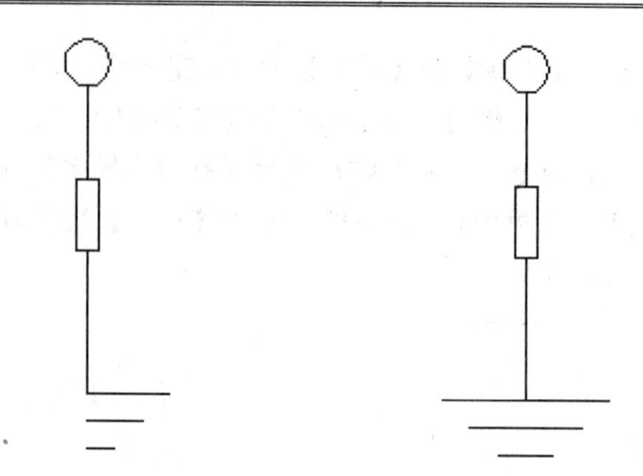

图 8-127　拉长直线　　　　图 8-128　镜像直线

Step35：执行【插入】命令，将电容符号插入当前图形中，设置插入比例为 0.25，并与刚绘制的图形进行组合，如图 8-130 所示。

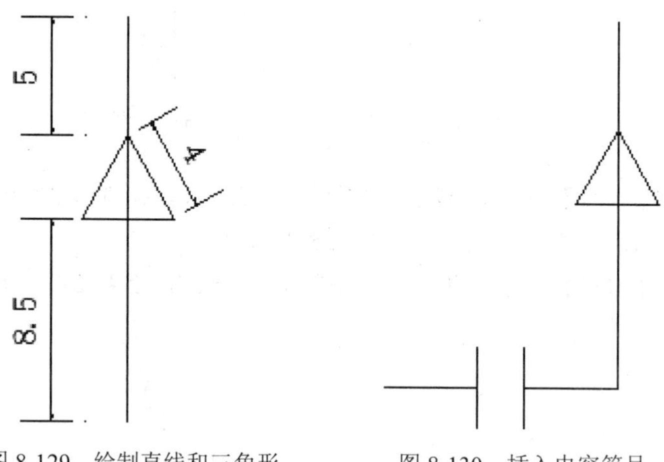

图 8-129　绘制直线和三角形　　　　图 8-130　插入电容符号

Step36：执行【插入】命令，将信号灯符号插入当前图形中，插入比例为 0.1，如图 8-131 所示。

Step37：执行【直线】命令，绘制接地线符号。3 条水平直线从上往下长度依次为 3.8、2.5 和 1.2，间距为 0.6，如图 8-132 所示。

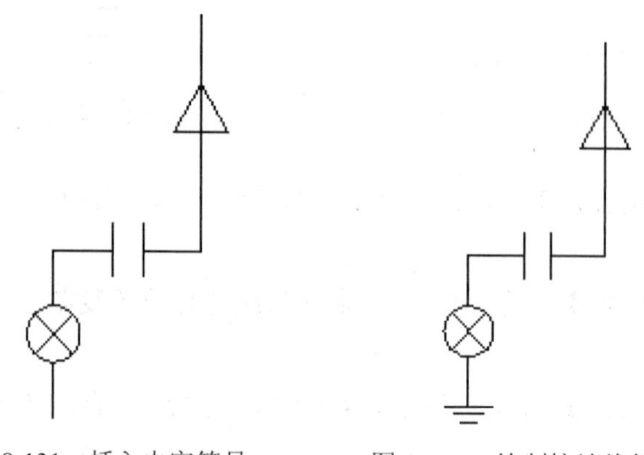

图 8-131　插入电容符号　　　　图 8-132　绘制接地线符号

Step38：执行【直线】命令，分别绘制长度为 6 的水平直线和长度为 2 的竖线，如图 8-133 所示。

Step39：执行【插入】命令，将电阻符号插入当前图形中，设置插入比例为 0.25，如图 8-134 所示。

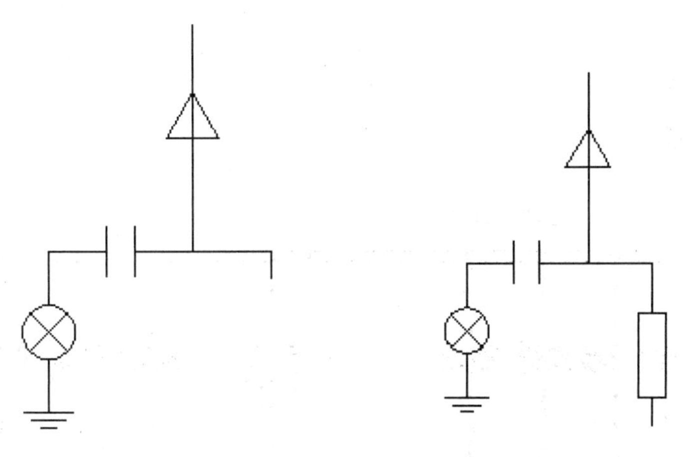

图 8-133　绘制直线　　　　图 8-134　插入电容符号

Step40：执行【复制】命令，将刚绘制的接地线图形复制到刚插入的电阻符号下面，如图 8-135 所示。

Step41：执行【复制】命令，将图 8-122 中的图形复制一份，与刚绘制好的图形进行组合，如图 8-136 所示。完成供电线路的绘制。

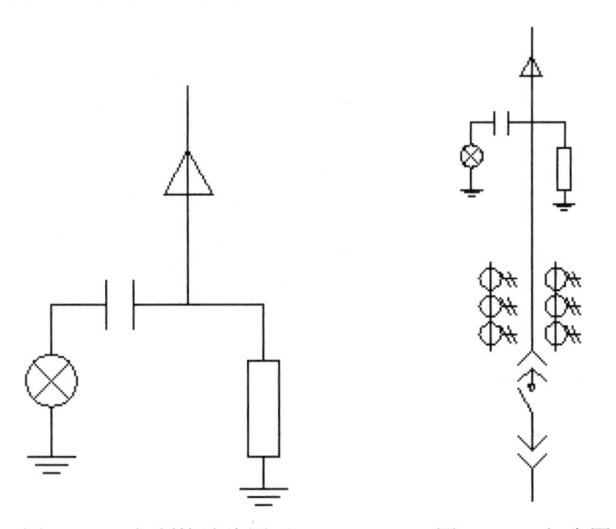

图 8-135　复制接地线图形　　　　图 8-136　组合图形

Step42：执行【圆】和【复制】命令，完成绘制一个半径为 1 的圆，然后在母线水平中线的位置复制多份等操作，结果如图 8-137 所示。

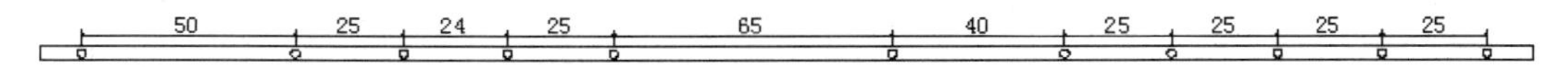

图 8-137　复制圆

Step43：执行【复制】和【多行文字】命令，将各个支路复制到母线的合适位置，完成图形的组合。设置文字样式的字体为仿宋，字高为 6，添加文本，如图 8-138 所示。变电站电气主线图绘制完成。

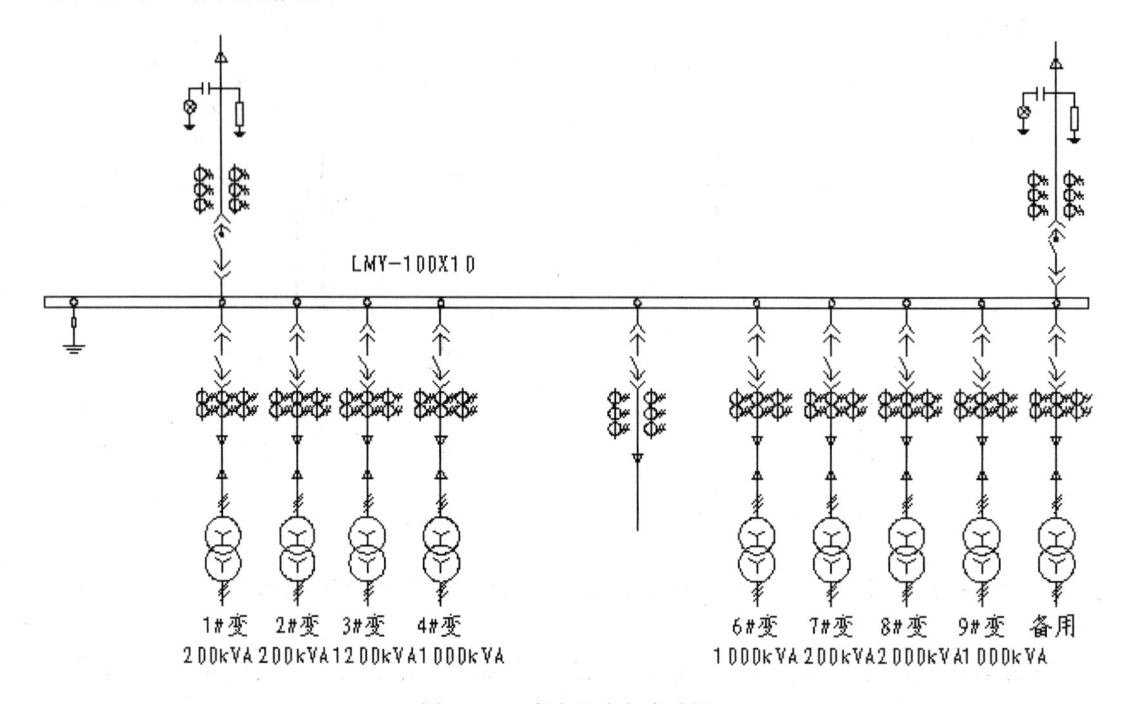

图 8-138　变电站电气主线图

第 9 章　绘制常用电气元件符号

常用的电气元件符号主要有半导体管、电子管、测量仪表、灯和信号器件、电力照明符号，变电站符号，电能的发生和转换符号，开关控制和保护装置符号以及无源元件符号等。要想学好电气工程制图，就必须学习和掌握电气工程制图标准，继而在此基础上绘制出标准的图形来。本章将通过电子电气元件的绘制实例来向读者介绍电气工程制图的相关知识。

9.1　绘制无源元件

本实例通过无源元件符号的绘制步骤，使读者了解此类元件的绘制流程。无源元件符号直接在图层 0 上绘制，具体操作步骤如下。

Step01：绘制可变可调电容器符号。执行【直线】命令，绘制一段长为 7.5 的水平直线。执行【偏移】命令，设置偏移距离为 2，将水平直线向下偏移。再次执行【直线】命令，分别捕捉两条水平直线的中点，绘制两条长度为 2.5 的垂线，作为电容器图形主体，如图 9-1 所示。

Step02：执行【直线】命令，绘制一条带箭头的多段线，如图 9-2 所示。命令行提示内容如下。

Step03：选择刚绘制的多段线，执行【移动】命令，将多断线移至电容器图形中。执行【旋转】命令以多段线的左端点为基点，旋转 45°，完成可变可调电容器符号的绘制，如图 9-3 所示。执行【复制】命令，复制电容器图形中的箭头，放置在一旁备用。

```
命令：PLINE
指定起点：                                          （在绘图区中指定一点）
当前线宽为 0.000
指定下一个点或 [圆弧(A)/半宽(H)/长度(L)/放弃(U)/宽度(W)]：8（在正交模式下向右引导光标，输入“8”）
指定下一点或 [圆弧(A)/闭合(C)/半宽(H)/长度(L)/放弃(U)/宽度(W)]：W    （输入“W”）
指定起点宽度 <0.000>：0.8                                （输入“0.8”）
指定端点宽度 <0.800>：0                                  （输入“0”）
指定下一点或 [圆弧(A)/闭合(C)/半宽(H)/长度(L)/放弃(U)/宽度(W)]：2.5（在正交模式下向右引导光标，输入“2.5”）
指定下一点或 [圆弧(A)/闭合(C)/半宽(H)/长度(L)/放弃(U)/宽度(W)]：  （按回车键）
```

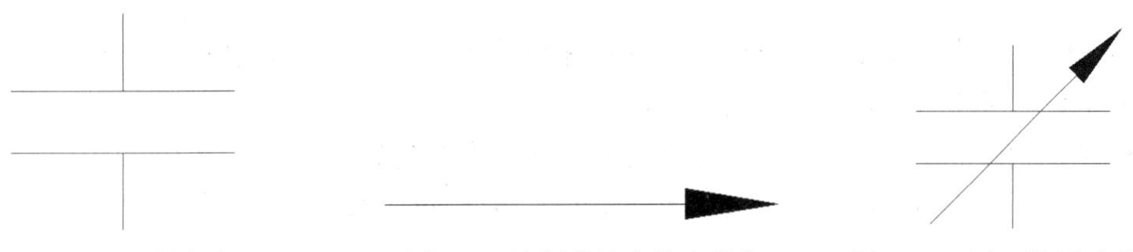

图 9-1　绘制直线　　图 9-2　绘制带箭头的多段线　　图 9-3　可变可调电容器符号

Step04：选择整个电容器图形后，打开【块定义】对话框。定义块名称为“可变可调电容器”，单击【拾取点】按钮捕捉电容器图形最上方的端点作为基点，设置完毕后单击【确定】按钮，如图 9-4 所示，返回绘图区。

图 9-4 “块定义”对话框

Step05：绘制碳堆电阻器符号。执行【矩形】和【直线】命令，绘制矩形和两条水平线作为电阻器图形的轮廓，如图 9-5 所示。命令行提示内容如下。

```
命令: RECTANG
指定第一个角点或 [倒角(C)/标高(E)/圆角(F)/厚度(T)/宽度(W)]:  （在绘图区中指定一点）
指定另一个角点或 [面积(A)/尺寸(D)/旋转(R)]: @7.5,-2.5      （输入“@7.5,-2.5”）
命令: LINE
指定第一点:                                   （捕捉矩形左侧垂直边的中点）
指定下一点或 [放弃(U)]: 3.75                  （在正交模式下，向左引导光标，输入“3.75”）
指定下一点或 [放弃(U)]:                        （按回车键）
命令:  LINE
指定第一点:                                   （捕捉矩形右侧垂直边的中点）
指定下一点或 [放弃(U)]: 3.75                  （在正交模式下，向右引导光标，输入“3.75”）
指定下一点或 [放弃(U)]:                        （按回车键）
```

Step06：执行【分解】命令，将矩形分解；执行【偏移】命令，设置偏移距离为 1，将左侧的垂直边向右进行偏移，然后依次将新得到的直线向右偏移 7 次，作为电阻的内容结构，如图 9-6 所示。

图 9-5 绘制矩形和直线　　图 9-6 绘制电阻的内部结构

Step07：选择偏移得到的所有竖线，在【特性】面板中的“对象颜色”下拉列表框中选择【红】，如图 9-7 所示，改变其颜色。

Step08：按 Esc 键退出图形的选择状态。执行【复制】命令，选择步骤 03 中的箭头，将其复制至电阻图形中，位置如图 9-8 所示。完成碳堆电阻器符号的绘制。

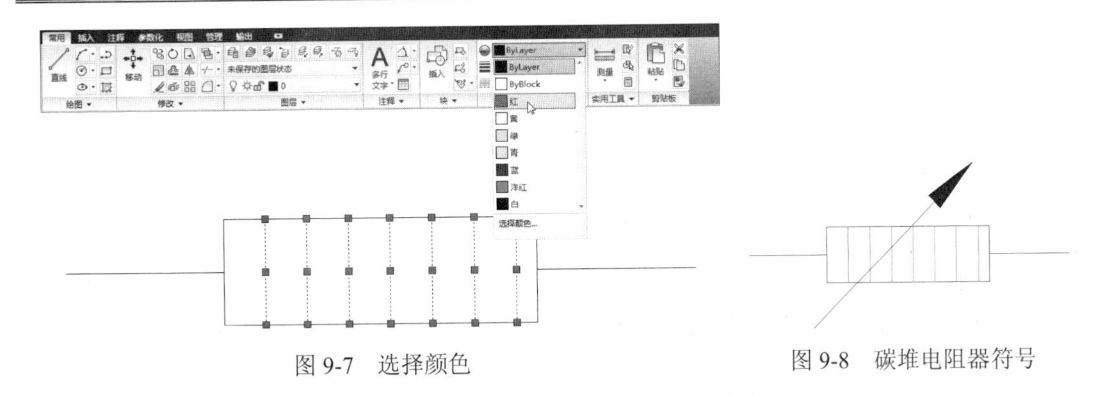

图 9-7　选择颜色　　　　图 9-8　碳堆电阻器符号

Step09：选择整个碳堆电阻器图形，执行【块】|【创建】命令打开【块定义】对话框，定义块名称为“碳堆电阻器”，捕捉电阻器最左侧的端点作为基点，设置完毕后单击【确定】按钮，返回绘图区。

Step10：绘制电感器符号。执行【矩形】、【直线】和【偏移】命令，绘制矩形和直线，如图 9-9 所示。命令行提示内容如下。

```
命令:RECTANG
指定第一个角点或 [倒角(C)/标高(E)/圆角(F)/厚度(T)/宽度(W)]:      (在绘图区中指定一点)
指定另一个角点或 [面积(A)/尺寸(D)/旋转(R)]: @12,5.5              (输入“@12,5.5”)
命令: LINE
指定第一点                                                     (捕捉矩形上方水平边的中点)
指定下一点或 [放弃(U)]:                                         (捕捉矩形下方水平边的中点)
指定下一点或 [放弃(U)]:                                         (按回车键)
命令: OFFSET
当前设置: 删除源=否  图层=源  OFFSETGAPTYPE=0
指定偏移距离或 [通过(T)/删除(E)/图层(L)] <2.000>: 1                (输入“1”)
选择要偏移的对象，或 [退出(E)/放弃(U)] <退出>:                      (选择矩形中间的竖线)
指定要偏移的那一侧上的点，或[退出(E)/多个(M)/放弃(U)] <退出>:        (在竖线的左侧单击)
选择要偏移的对象，或 [退出(E)/放弃(U)] <退出>:                      (选择矩形中间的竖线)
指定要偏移的那一侧上的点，或[退出(E)/多个(M)/放弃(U)] <退出>:        (在竖线的右侧单击)
选择要偏移的对象，或 [退出(E)/放弃(U)] <退出>:                      (按回车键)
命令: OFFSET                                    (按空格键，再次执行 OFFSET 命令)
当前设置: 删除源=否  图层=源  OFFSETGAPTYPE=0
指定偏移距离或 [通过(T)/删除(E)/图层(L)] <1.000>: 2                (输入“2”)
选择要偏移的对象，或 [退出(E)/放弃(U)] <退出>:                   (选择偏移得到的左侧竖线)
指定要偏移的那一侧上的点，或 [退出(E)/多个(M)/放弃(U)] <退出>:     (在竖线的左侧单击)
选择要偏移的对象，或 [退出(E)/放弃(U)] <退出>:                   (选择偏移得到的右侧竖线)
指定要偏移的那一侧上的点，或 [退出(E)/多个(M)/放弃(U)] <退出>:     (在竖线的右侧单击)
选择要偏移的对象，或 [退出(E)/放弃(U)] <退出>:                      (按回车键)
```

Step11：执行【圆】命令，依次捕捉偏移所得到的竖线的上端点，绘制半径为 1 的圆，如图 9-10 所示。

Step12：执行【修剪】命令，修剪圆和矩形。执行【删除】命令删除多余的竖线，如图 9-11 所示。

Step13：选择 4 个圆弧，执行【镜像】命令，将其进行垂直镜像复制，效果如图 9-12 所示。

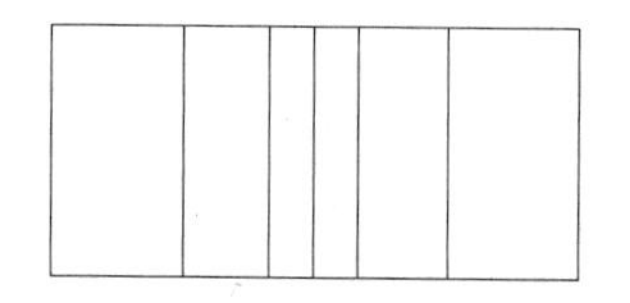

图 9-9　绘制矩形和直线

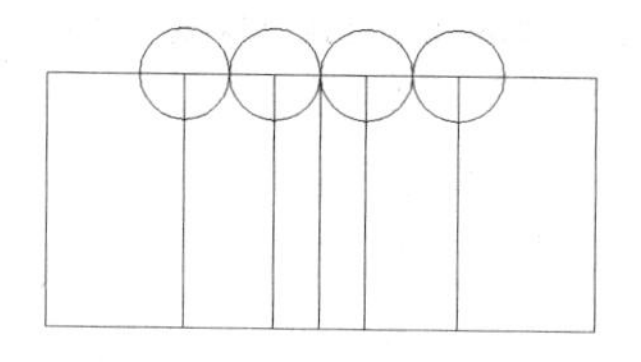

图 9-10　绘制 4 个小圆

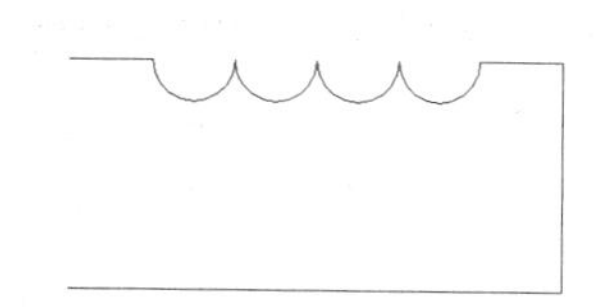

图 9-11　修剪并删除多余图形

Step14：执行【修剪】命令，将下方圆弧内的水平直线修剪掉，如图 9-13 所示。

Step15：执行【移动】命令，选择步骤 03 中的箭头，将其移动至电感器图形中。执行【拉伸】命令将箭头的另一端拉长，如图 9-14 所示。至此，完成可变电感器符号的绘制。

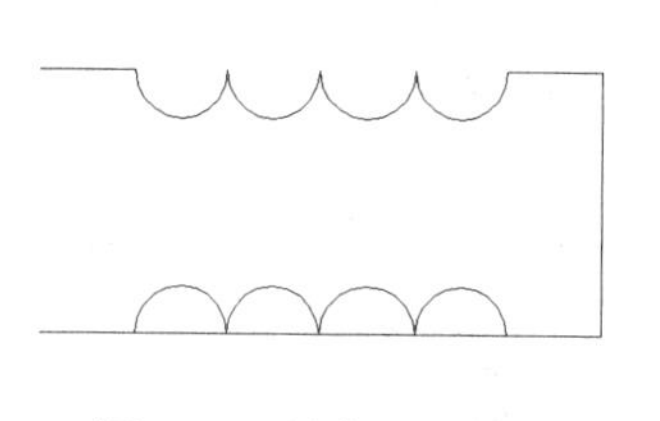

图 9-12　镜像圆弧

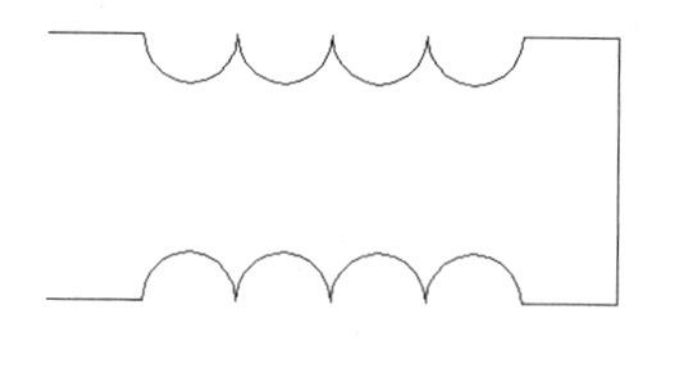

图 9-13　修剪直线

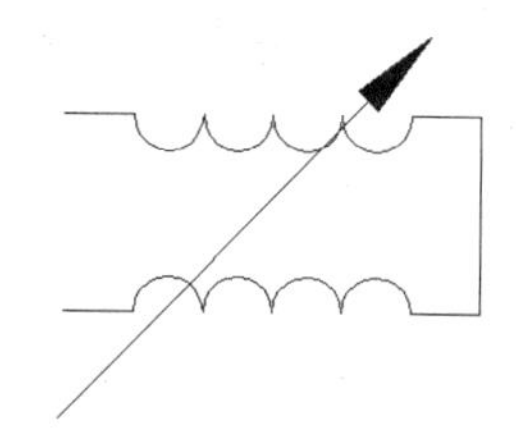

图 9-14　可变电感器符号

Step16：选择整个电感器图形，执行【块】|【创建】命令，打开【块定义】对话框，定义块名称为“可变电感器”，捕捉电感器垂直边的中点作为基点，设置完毕后单击【确定】按钮，返回绘图区。至此，本案例已全部绘制完成，保存文件。

9.2　绘制半导体管

在本例 NPN 型半导体管的绘制过程中，首先执行【圆】命令，绘制半导体管的轮廓；接着执行【直线】和【镜像】命令，绘制半导体管中的线条；再接着执行【多段线】命令绘制箭头；最后保存绘制好的 NPN 型半导体管图形。其具体操作步骤如下。

Step01：选择工具栏中【默认】|【图层】|【图层特性】命令，创建新图层并改名为“轮廓线”，双击该层，将其设置为当前层，如图 9-15 所示。

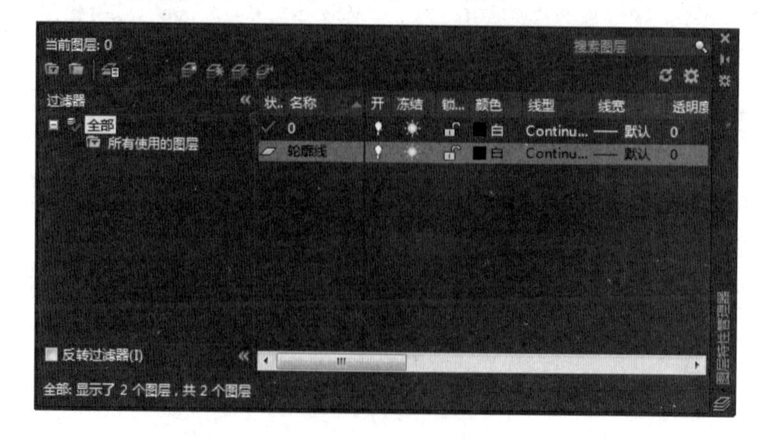

图 9-15　创建新图层

Step02：绘制圆。单击【绘图】面板中的“圆心，半径”按钮，根据命令提示，在绘图区中拾取一点作为圆心，半径为 5，绘制半导体图形的轮廓，如图 9-16 所示。

Step03：绘制直线。执行【直线】命令，在圆内绘制一条长度为 7.5 的水平直线，如图 9-17 所示。命令行提示如下。

```
命令：LINE
指定第一点：FROM
基点：                                          （捕捉圆心作为基点）
<偏移>：@3.75,-1
指定下一点或 [放弃(U)]：@-7.5<0
指定下一点或 [放弃(U)]：                          （按回车键）
```

Step04：执行【直线】命令，捕捉水平直线的中点作为起点，输入“@0，-7.5”，绘制竖线，如图 9-18 所示。

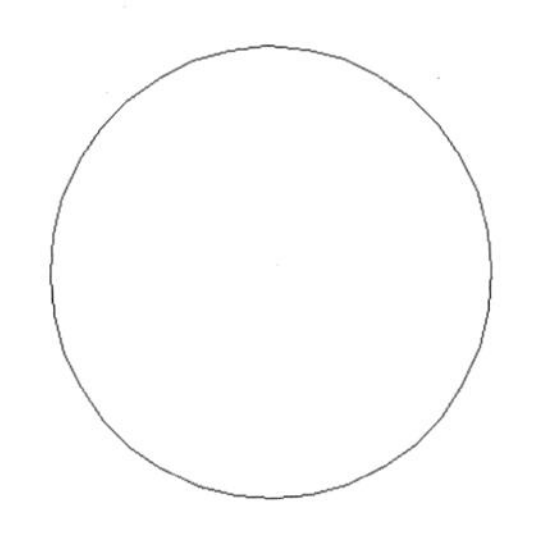

图 9-16　绘制圆

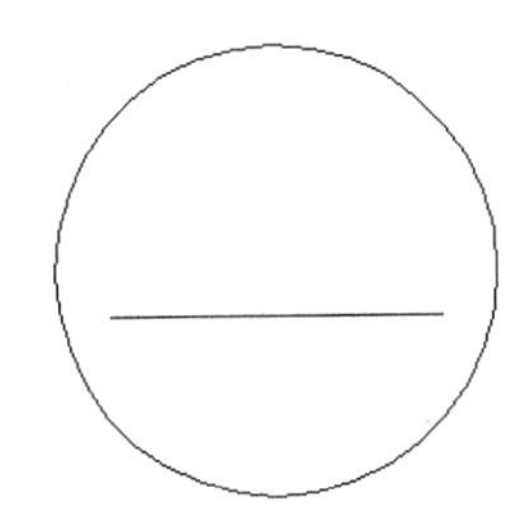

图 9-17　绘制水平直线

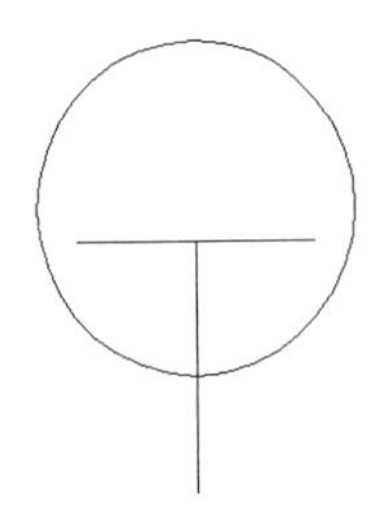

图 9-18　绘制竖线

Step05：执行【直线】命令，捕捉水平直线的中点作为基点，输入“@1，0”作为偏移距离，然后再输入“@7.5<60”，绘制斜线，如图 9-19 所示。命令行提示如下。

```
命令：LINE
指定第一点：from
基点：                                    （捕捉水平线中点作为基点）
<偏移>：@1,0
指定下一点或 [放弃(U)]：@7.5<60
指定下一点或 [放弃(U)]：                    （按回车键）
```

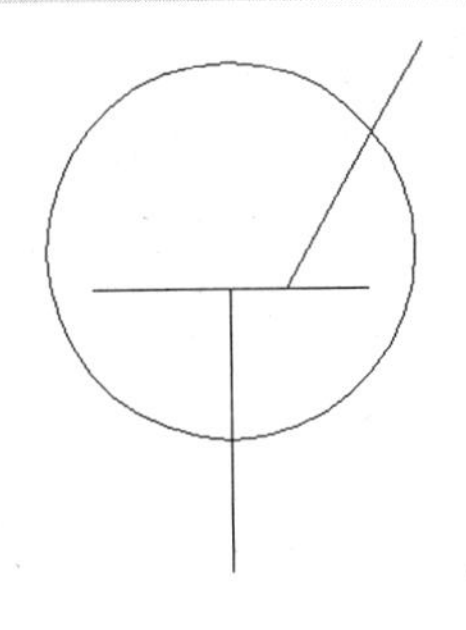

图 9-19　绘制斜线

Step06：执行【镜像】命令，根据命令提示选择斜线对象，以竖线作为镜像线，进行镜像，如图 9-20 所示。命令行提示如下。

```
命令： MIRROR
选择对象：找到 1 个                         （选择斜线）
```

```
选择对象:                                        (按回车键)
指定镜像线的第一点:                              (捕捉竖线的上端点)
指定镜像线的第二点:                              (捕捉竖线的上端点)
要删除源对象吗? [是(Y)/否(N)] <N>:               (按回车键)
```

Step07：绘制箭头。执行【多段线】命令，以左侧斜线与圆的交点作为基点，绘制箭头，如图 9-21 所示。命令行提示如下。

```
命令: PLINE
指定起点:                                        (捕捉左侧斜线与圆的交点)
当前线宽为 0.800
指定下一个点或 [圆弧(A)/半宽(H)/长度(L)/放弃(U)/宽度(W)]: W  (输入"W")
指定起点宽度 <0.800>: 0                                       (输入"0")
指定端点宽度 <0.000>: 0.8                                     (输入"0.8")
指定下一个点或 [圆弧(A)/半宽(H)/长度(L)/放弃(U)/宽度(W)]: @3<300
                                                              (输入"@3<300")
指定下一点或 [圆弧(A)/闭合(C)/半宽(H)/长度(L)/放弃(U)/宽度(W)]:  (按回车键)
```

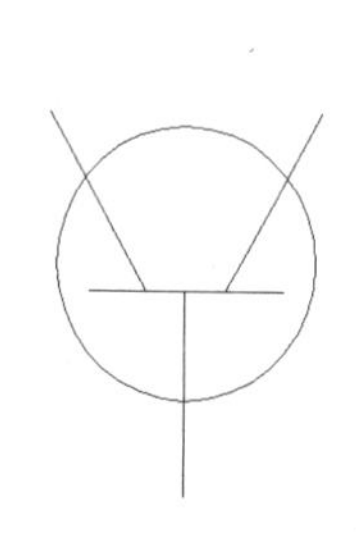

图 9-20　镜像斜线

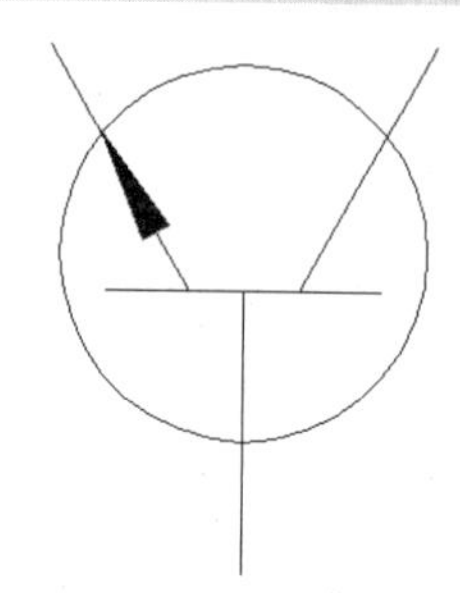

图 9-21　绘制箭头

至此，本案例将全部绘制完成，最后保存文件即可。

9.3　绘制变压器

在绘制三绕组变压器符号时，首先通过辅助同心圆来绘制 3 个交集在一起的圆，然后，执行【直线】和【块】|【创建】命令，绘制变压器的接线并将变压器定义为图层。在绘制三相变压器时，执行【圆】、【直线】、【修剪】、【阵列】等命令绘制出变压器的一半，然后执行【偏移】、【镜像】和【延伸】等命令，完成三相变压器的绘制，最后执行【块】命令，将元件定义为块。具体操作步骤如下。

Step01：选择【常用】|【图层】|【图层特性】命令，创建新图层并改名为"辅助线"，将图层颜色改为"红"色，然后将其设置为当前层。

Step02：执行【绘图】|【圆】|【圆心，半径】命令，绘制半径分别为 3 和 7 的同心圆，如图 9-22 所示。

Step03：新建"轮廓线"图层，并将其置为当前层，执行【绘图】|【圆】|【圆心，半径】命令，捕捉小圆的左侧象限点作为圆心，捕捉大圆的左侧象限点作为另一点，绘制圆，如图 9-23 所示。

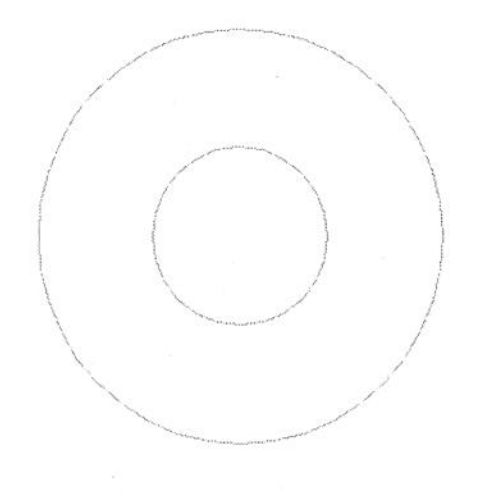

图 9-22　绘制同心圆

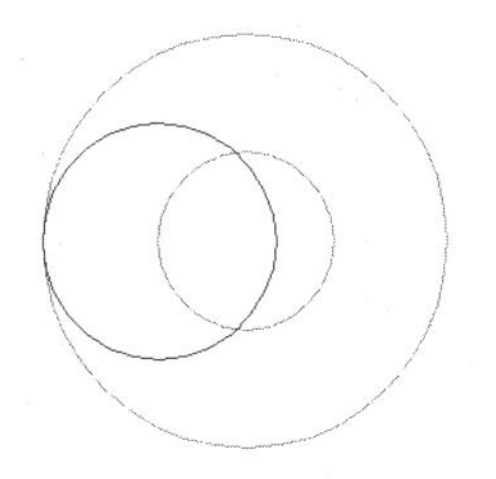

图 9-23　绘制圆

Step04：选择刚绘制的圆，执行【修改】|【阵列】命令，打开【阵列】对话框，选中“环形阵列”单选按钮，单击“拾取中心点”按钮，在绘图区中捕捉同心圆的圆心作为基点，并在对话框中设置相应的参数，如图 9-24 所示。

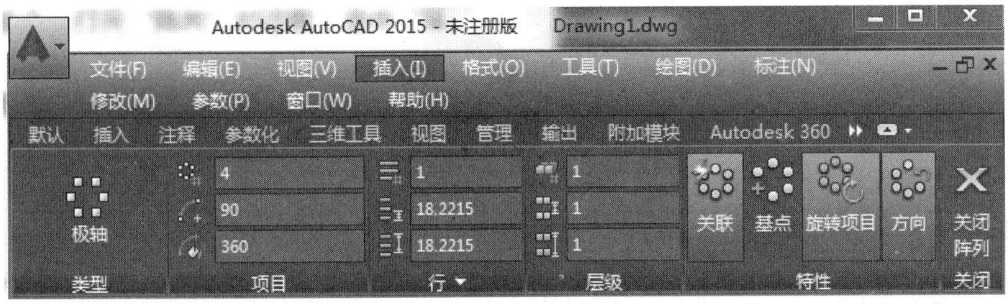

图 9-24　【阵列】对话框

Step05：单击右键，完成环形阵列，并删除阵列中最下方的圆，如图 9-25 所示。

Step06：在【图层】面板中将“辅助线”图层关闭，隐藏同心圆。

Step07：执行【绘图】|【直线】命令，捕捉最上方圆的顶部端点，绘制一条长度为 5 的竖线，如图 9-26 所示。

Step08：再次执行【直线】命令，在其他两个圆的底部端点下方绘制长度均为 5 的竖线，如图 9-27 所示。

Step09：选定整个变压器后，执行【块】|【创建】命令打开【块定义】对话框，定义块名称为“三绕组变压器”，并捕捉变压器最上方的端点作为基点，设置完毕后单击对话框的【确定】按钮即可。

Step10：绘制三相变压器。执行【直线】命令，在绘图区绘制长度为 5 的两条竖线。执行【偏移】命令，设置偏移距离为 1.5，将直线向左偏移，如图 9-28 所示。

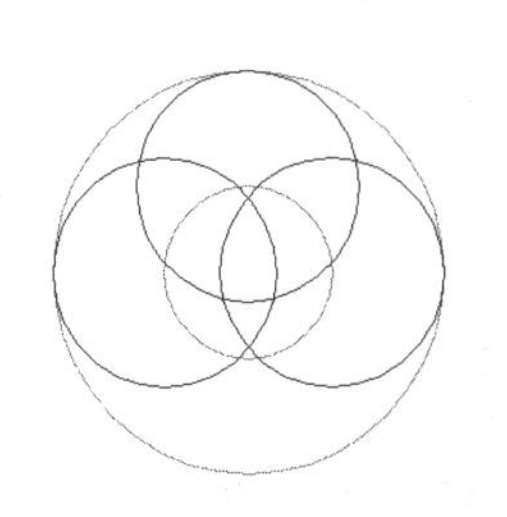

图 9-25　删除陈列底部的圆

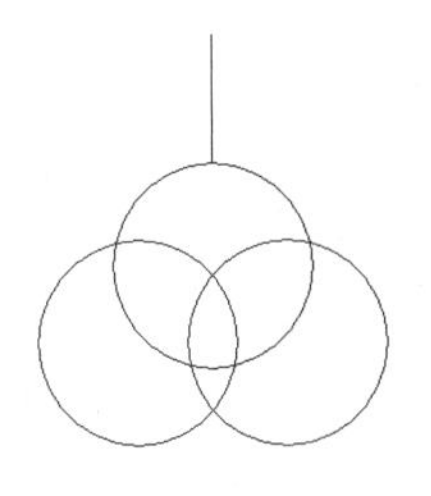

图 9-26　绘制竖线

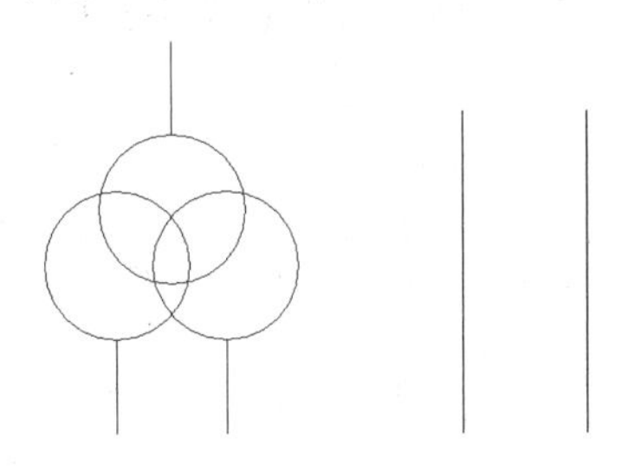

图 9-27　绘制竖线　图 9-28　绘制竖线

Step11：执行【圆】命令，以两条竖线的下端点作为圆的直径端点，绘制圆，如图 9-29

所示。命令行提示内容如下。

```
命令： CIRCLE                                        （输入命令）
指定圆的圆心或 [三点(3P)/两点(2P)/切点、切点、半径(T)]: 2P    （输入“2P”）
指定圆直径的第一个端点:                               （捕捉直线的下端点）
指定圆直径的第二个端点:                               （捕捉另一条直线的下端点）
```

Step12：执行【修剪】命令，修剪圆的上半部分。执行【删除】命令删除右侧的竖线。选择半圆弧，执行【阵列】命令，在【阵列创建】选项板设置相应的参数，如图 9-30 所示。

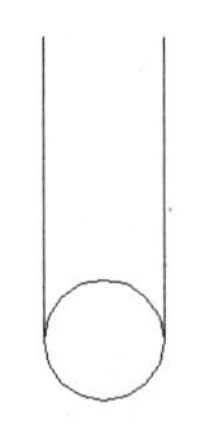

图 9-29　绘制圆

图 9-30 【阵列创建】选项板

Step13：创建的半圆弧矩形阵列，效果如图 9-31 所示。

Step14：执行【直线】命令，在最右侧的半圆弧上方绘制一条长度为 2.5 的竖线。选择所绘制的图形，执行【阵列】命令，设置阵列行数为 1、列数为 3、列偏移为 6，创建矩形阵列，如图 9-32 所示。

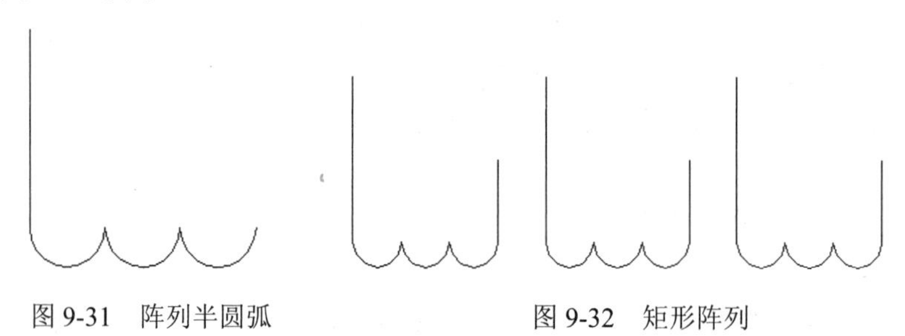

图 9-31　阵列半圆弧　　　　图 9-32　矩形阵列

Step15：执行【直线】命令，捕捉图形两边短竖线的两个端点，绘制一条水平直线，如图 9-33 所示。

Step16：执行【偏移】命令，设置偏移距离为 5，将水平直线向下偏移。执行【镜像】命令，将所绘制好的图形以偏移后的水平线为镜像线，进行镜像，如图 9-34 所示。命令行提示如下。

```
命令:OFFSET
当前设置: 删除源=否  图层=源  OFFSETGAPTYPE=0
指定偏移距离或 [通过(T)/删除(E)/图层(L)] <11.808>:  5     （输入“5”）
选择要偏移的对象，或 [退出(E)/放弃(U)] <退出>              （选择水平直线）
指定要偏移的那一侧上的点，或 [退出(E)/多个(M)/放弃(U)] <退出>:
                                                  （在水平线的下方指定一点）
选择要偏移的对象，或 [退出(E)/放弃(U)] <退出>:            （按回车键）
命令: _mirror
选择对象: 指定对角点: 找到 16 个                      （以窗口方式选择要镜像的对象）
```

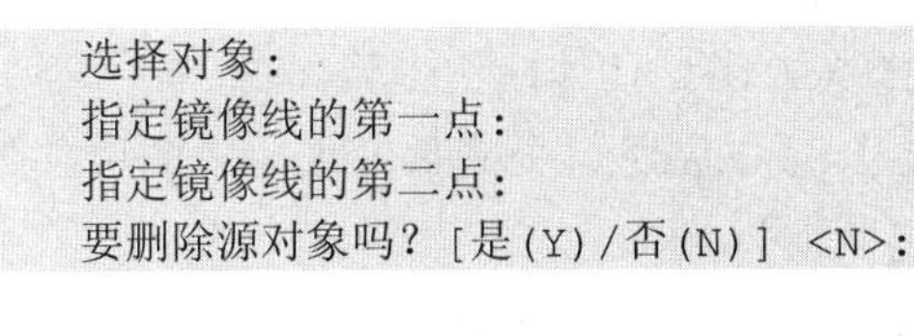

```
选择对象:                                   (按回车键)
指定镜像线的第一点:                          (捕捉偏移得到水平线的端点)
指定镜像线的第二点:                          (捕捉偏移得到水平线的端点)
要删除源对象吗? [是(Y)/否(N)] <N>:            (按回车键)
```

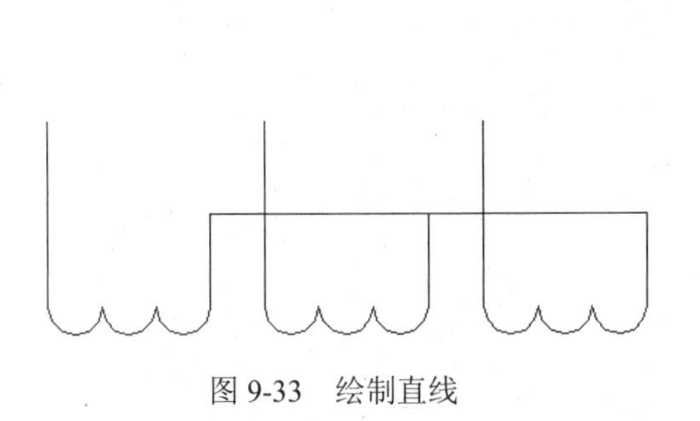

图 9-33　绘制直线

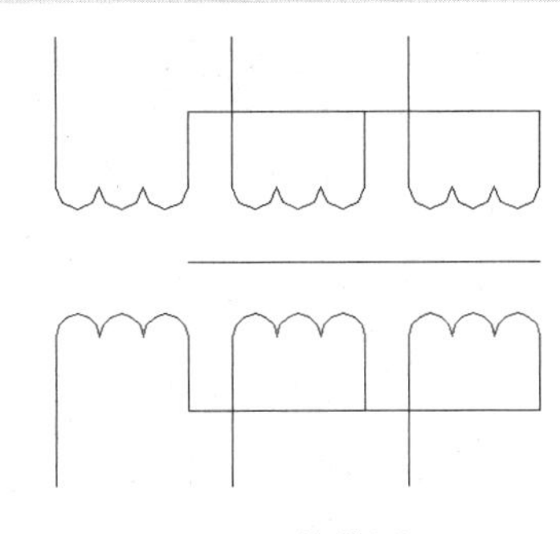

图 9-34　镜像图形

Step17：执行【修剪】命令，修剪镜像后的直线。执行【删除】命令删除偏移所得到的水平直线。执行【直线】命令，绘制一条水平直线，如图 9-35 所示。命令行提示如下。

```
命令: LINE
指定第一点: from                   (输入"from")
基点:                              (捕捉左侧垂直直线的下端点)
 <偏移>: @0,1                      (输入"@0,1")
指定下一点或 [放弃(U)]: 19          (向右引导光输入，输入"19")
指定下一点或 [放弃(U)]:             (按回车键)
```

Step18：执行【延伸】命令，将最右侧的竖线向下延伸至水平线上，如图 9-36 所示。执行【块】命令打开【块定义】对话框，定义块名称为"三相变压器"，并捕捉图形最上方的端点作为基点，设置完毕后单击【确定】按钮。

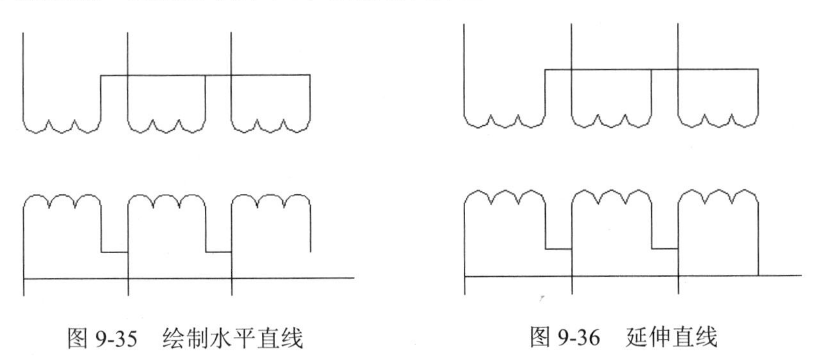

图 9-35　绘制水平直线　　　　图 9-36　延伸直线

至此，变压器符号已全部绘制完成，保存文件。

9.4　绘制开关装置

在绘制开关装置时，首先使用【图层特性管理器】以及【多段线】命令绘制出不锁闭的线段，然后执行【直线】、【偏移】以及【圆环】命令绘制具有触点的单极四位开关，

最后执行【块】|【创建】命令，将绘制好的开关定义为块。具体操作步骤如下。

Step01：选择功能区选项板的【默认】|【图层】|【图层特性】选项，创建新图层并改名为“轮廓线”，然后将其设置为当前层，如图 9-37 所示。

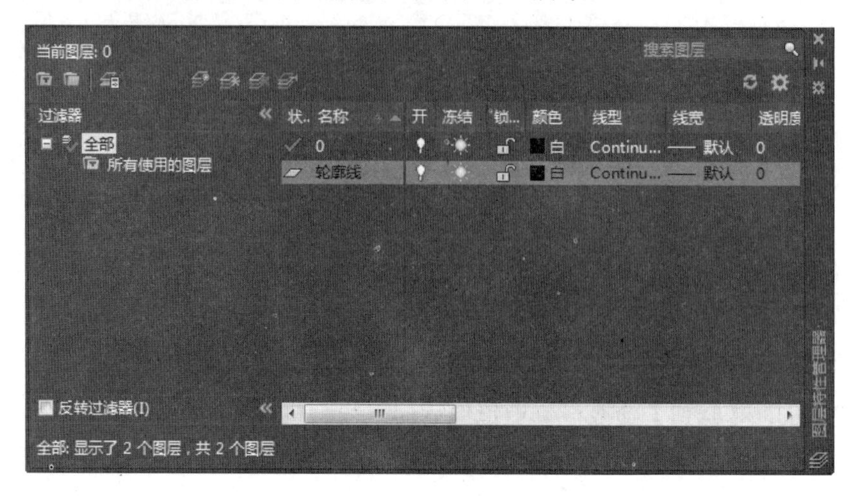

图 9-37　创建新图层

Step02：执行【绘图】|【多段线】命令，在正交模式下，绘制开放的多段线，线段长度依次是 2.5、5 和 2.5，如图 9-38 所示。命令行提示如下。

```
命令: PLINE
指定起点:                                                   (在绘图区任取一点)
当前线宽为 0.000
指定下一个点或 [圆弧(A)/半宽(H)/长度(L)/放弃(U)/宽度(W)]: 2.5       (向左引导光标并输入“2.5”)
指定下一点或 [圆弧(A)/闭合(C)/半宽(H)/长度(L)/放弃(U)/宽度(W)]: 5  (向下引导光标并输入“5”)
指定下一点或 [圆弧(A)/闭合(C)/半宽(H)/长度(L)/放弃(U)/宽度(W)]: 2.5(向右引导光标并输入“2.5”)
指定下一点或 [圆弧(A)/闭合(C)/半宽(H)/长度(L)/放弃(U)/宽度(W)]:     (按回车键)
```

Step03：再次执行【多段线】命令，绘制两段线条，作为开关头，如图 9-39 所示。命令行提示如下。

```
命令: PLINE
指定起点: FROM                                              (输入“FROM”)
基点:                                                       (捕捉多段线最上方的端点)
<偏移>: @3.5,0.5                                            (输入“@3.5,0.5”)
当前线宽为 0.000
指定下一个点或 [圆弧(A)/半宽(H)/长度(L)/放弃(U)/宽度(W)]:
指定下一个点或 [圆弧(A)/半宽(H)/长度(L)/放弃(U)/宽度(W)]: @7<300 (输入“@7<300”)
指定下一点或 [圆弧(A)/闭合(C)/半宽(H)/长度(L)/放弃(U)/宽度(W)]:  <正交 开> 5
                                                             (输入“5”)
指定下一点或 [圆弧(A)/闭合(C)/半宽(H)/长度(L)/放弃(U)/宽度(W)]:  (按回车键)
```

Step04：执行【多段线】命令，绘制一条长度为 5 的竖线，作为开关的另一接口，如图 9-40 所示。命令行提示如下。

```
命令: PLINE
指定起点: from                                        (输入“from”)
基点:                                                 (捕捉斜线多段线的中间点)
 <偏移>: @0,5                                         (输入“@0,5”)
当前线宽为 0.000
指定下一个点或 [圆弧(A)/半宽(H)/长度(L)/放弃(U)/宽度(W)]: 5
                                      (在正交模式下向上引导光标，并输入“5”)
指定下一点或 [圆弧(A)/闭合(C)/半宽(H)/长度(L)/放弃(U)/宽度(W)]:  (按回车键)
```

图 9-38　绘制多段线　　　图 9-39　绘制开关头　　　图 9-40　绘制另一接口

Step05：在【图层特性管理器】对话框中单击“新建图层”按钮，创建一个“虚线层”图层，并设置其颜色为“洋红”、线型为“HIDDEN”，将该图层置为当前层，如图 9-41 所示。

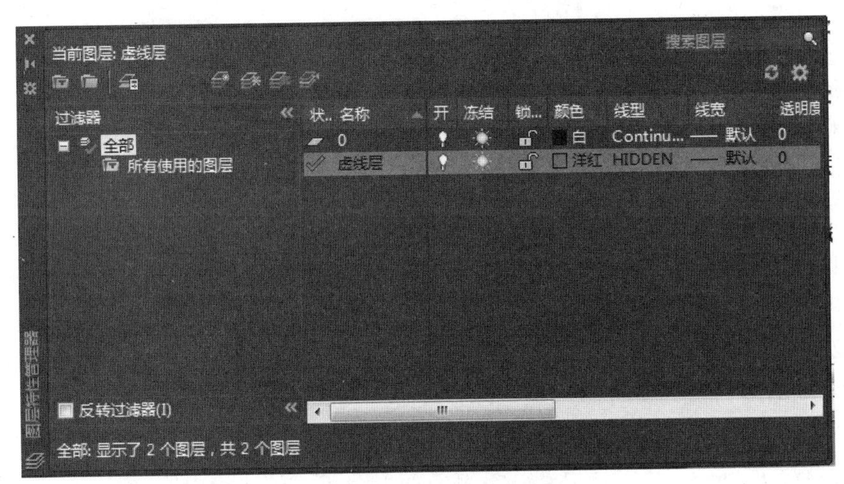

图 9-41　创建图层

Step06：分解多段线。执行【修改】|【分解】命令，选择左侧的多段线，将其分解。

Step07：绘制虚线。在命令行中输入“LINE”按回车键，捕捉分解后竖线的中点作为起点，在正交模式下向左引导光标，绘制一条水平虚线，然后执行【修剪】命令，修剪多余的线条，如图 9-42 所示。完成按钮开关的绘制。

Step08：选择整个按钮开关图形后，执行【块】|【创建】命令，打开【块定义】对话框，单击【拾取点】按钮，返回绘图区内，捕捉开关最上方的端点，如图 9-43 所示。

Step09：返回【块定义】对话框，在【名称】文本框中输入“按钮开关”，其余设置如图 9-44 所示，设置完毕后，单击【确定】按钮，即将刚才绘制的开关图形保存为块。

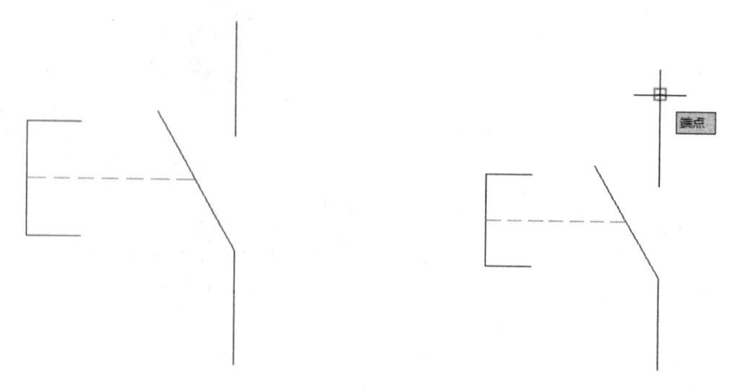

图 9-42　不锁闭的按钮开关　　　　图 9-43　捕捉端点

Step10：绘制单极四位开关。执行【直线】命令，在绘图区中绘制长度为 5 的竖线；执行【偏移】命令，设置偏移距离为 3.75，对直线进行偏移复制，如图 9-45 所示。

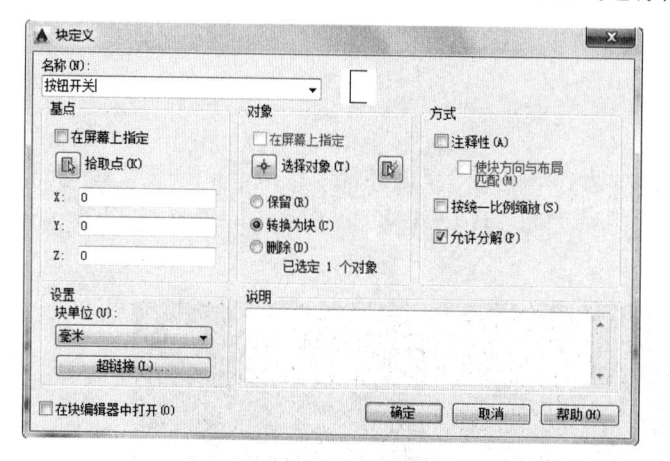

图 9-44　【块定义】对话框　　　　图 9-45　绘制并复制直线

Step11：执行【直线】命令，在距最左侧直线下方端点 4 个单位的位置绘制一段长度为 3.5 的竖线。

Step12：再次执行【直线】命令，在竖线的下方绘制两条直线，作为开关的连线，如图 9-46 所示。命令行提示如下。

```
命令: LINE
指定第一点: from                        (输入"from")
基点:                                   (捕捉上一段竖线的下端点)
<偏移>: @-2.5,-5                        (输入"@-2.5,-5")
指定下一点或 [放弃(U)]: 5               (在正交模式下向下引导光标，并输入"5")
指定下一点或 [放弃(U)]: 15              (在正交模式下向下引导光标，并输入"15")
指定下一点或 [闭合(C)/放弃(U)]:         (按回车键)
```

Step13：执行【绘图】|【圆环】命令，在开关头和连线的交点处绘制一个内径为 0、外径为 1 的圆环，并将其颜色修改为"红色"，如图 9-47 所示。单极四位开关符号绘制完成。

Step14：选择整个单极四位开关图形后，执行【块】命令打开【块定义】框，定义块名称为"单极四位开关"，并捕捉开关最下方的端点作为基点，设置完毕后单击【确定】按钮，如图 9-48 所示。

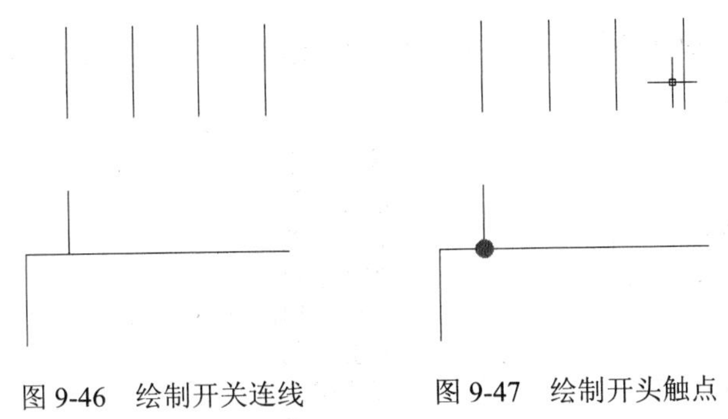

图 9-46　绘制开关连线　　　　图 9-47　绘制开头触点

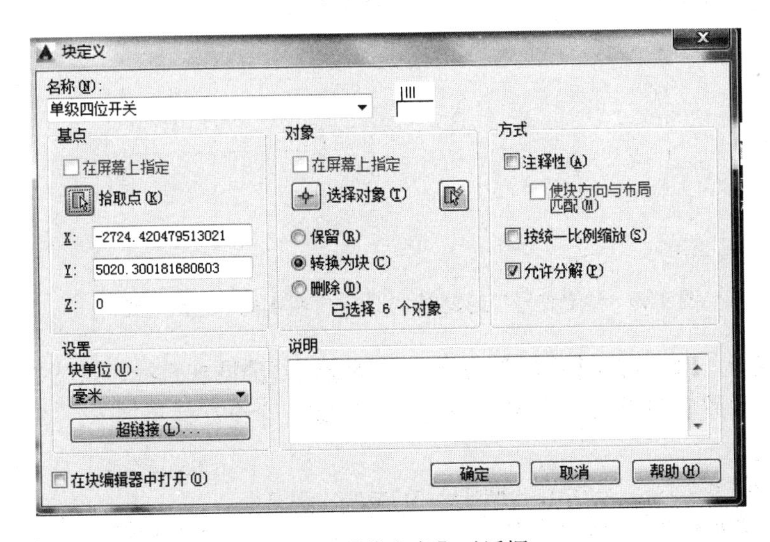

图 9-48　【块定义】对话框

至此，本案例已全部绘制完成，保存文件。

9.5　绘制信号灯和电铃

在绘制信号灯符号时，首先执行【圆】和【直线】命令，绘制出信号灯的形状，然后执行【旋转】命令，将信号灯符号内部的线条进行旋转。然后执行【圆】、【直线】和【修剪】命令，绘制电铃。绘制好各元件后，分别在命令行输入并执行“BLOCK”命令，即创建块命令，将元件定义为块。具体操作步骤如下。

Step01：执行【绘图】|【圆】|【圆心，半径】命令，在绘图区任取一点作为圆心，绘制直径为 7 的圆，作为信号灯的轮廓，如图 9-49 所示。命令行提示如下。

```
命令： _circle                                              (执行命令)
指定圆的圆心或 [三点(3P)/两点(2P)/切点、切点、半径(T)]:      (在绘图区任取一点)
指定圆的半径或 [直径(D)]: D                                 (输入“D”)
指定圆的直径: 7                                             (输入“7”)
```

Step02：执行【绘图】|【直线】命令，依次捕捉圆的上下端点，绘制竖线。执行【直

线】命令，依次捕捉圆的左右端点，绘制水平直线，作为信号灯的内部结构，如图 9-50 所示。命令行提示如下。

```
命令: _line                          (执行命令)
指定第一点:                          (捕捉圆的上端点)
指定下一点或 [放弃(U)]:              (捕捉圆的下端点)
指定下一点或 [放弃(U)]:              (按回车键)
命令: LINE                           (按回车键，调用上次执行的命令)
指定第一点:                          (捕捉圆的左端点)
指定下一点或 [放弃(U)]:              (捕捉圆的右端点)
指定下一点或 [放弃(U)]:              (按回车键)
```

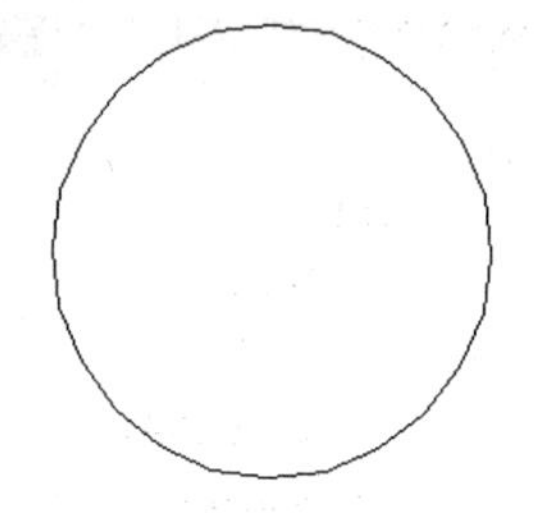

图 9-49　绘制信号灯的轮廓

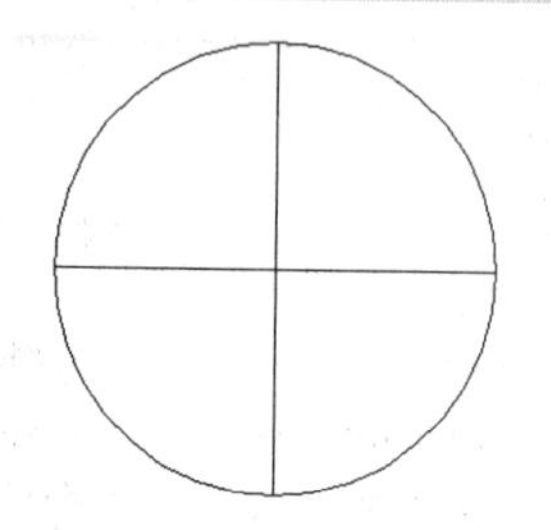

图 9-50　绘制直线

Step03：执行【修改】|【旋转】命令，选择绘制好的圆和直线，以圆心作为基点，将其旋转 45°，如图 9-51 所示。信号灯符号绘制完成。命令行提示如下。

```
命令: _rotate                                          (执行命令)
UCS 当前的正角方向: ANGDIR=逆时针  ANGBASE=0.0
选择对象: 指定对角点: 找到 3 个                        (选择对象)
选择对象:                                              (按回车键)
指定基点:                                              (捕捉圆心)
指定旋转角度, 或 [复制(C)/参照(R)] <0.0>:  45         (输入"45"并按回车键)
```

Step04：选择整个信号灯图形，执行“BLOCK”命令，打开【块定义】对话框，单击【拾取点】按钮，返回绘图区内，捕捉信号灯图形的圆心作为基点，如图 9-52 所示。

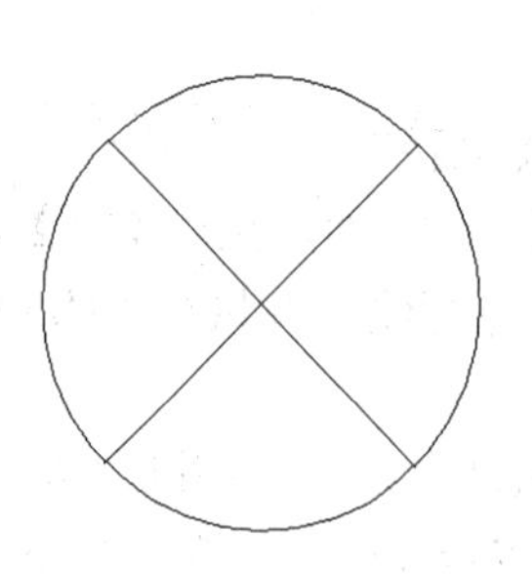

图 9-51　信号灯符号

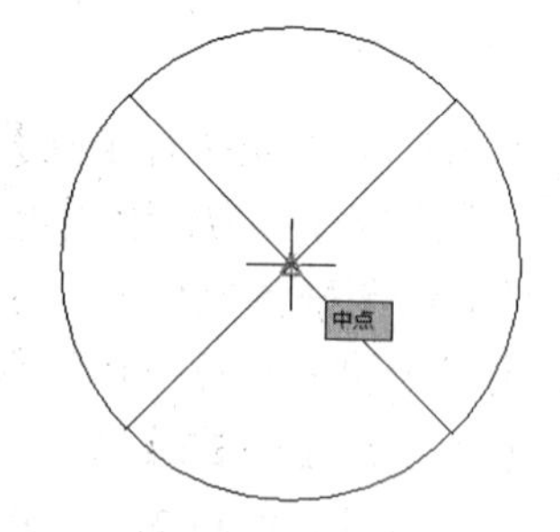

图 9-52　指定插入基点

Step05：返回【块定义】对话框，在【名称】文本框中输入“信号灯”，其余设置如图 9-53 所示，设置完毕后，单击【确定】按钮，将刚才绘制的信号灯图形保存为“块”。

Step06：绘制电铃。在命令行输入“CIRCLE”，按回车键，在绘图区绘制一个半径为 5 的圆。在命令行输入“LINE”，按回车键，捕捉圆的左右端点，绘制水平直线，如图 9-54

所示。命令行提示如下。

图 9-53　定义图块

```
命令: CIRCLE
指定圆的圆心或 [三点(3P)/两点(2P)/切点、切点、半径(T)]:   (在绘图区任取一点)
指定圆的半径或 [直径(D)] <3.500>: 5                       (输入"5")
命令: LINE
LINE 指定第一点:                                           (捕捉圆的左端点)
指定下一点或 [放弃(U)]:                                    (捕捉圆的右端点)
指定下一点或 [放弃(U)]:                                    (按回车键)
```

Step07：调用并执行"LINE"命令，捕捉圆心和圆的下端点，绘制竖线，如图 9-55 所示。命令行提示如下。

```
命令: LINE                  (按回车键，再次调用并执行"LINE"命令)
指定第一点:                 (捕捉圆心)
指定下一点或 [放弃(U)]:     (捕捉圆的下端点)
指定下一点或 [放弃(U)]:     (按回车键)
```

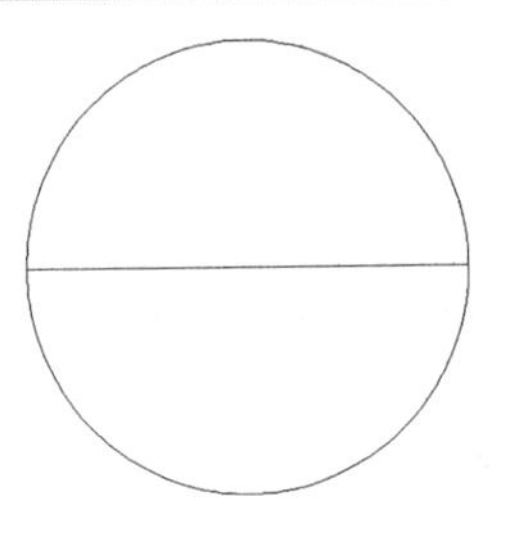

图 9-54　绘制圆

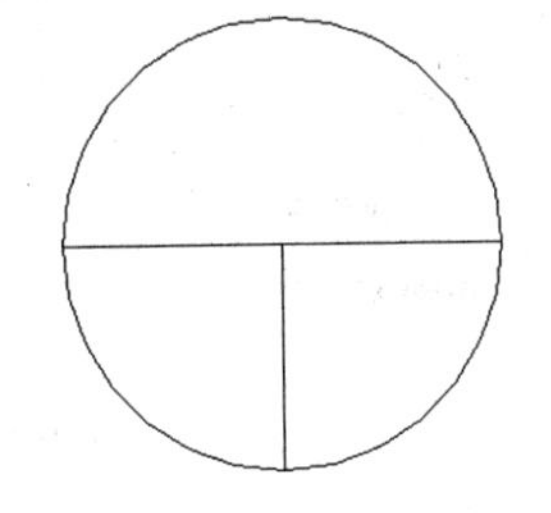

图 9-55　绘制圆的半径

Step08：在命令行输入并执行"OFFSET"命令，设置偏移距离为 2.5，将竖线向左右分别偏移复制，如图 9-56 所示。命令行提示如下。

```
命令: OFFSET
当前设置: 删除源=否  图层=源  OFFSETGAPTYPE=0
```

```
指定偏移距离或 [通过(T)/删除(E)/图层(L)] <2.500>:  2.5                （输入“2.5”）
选择要偏移的对象，或 [退出(E)/放弃(U)] <退出>                            （选择竖线）
指定要偏移的那一侧上的点，或 [退出(E)/多个(M)/放弃(U)] <退出>:（在竖线的左侧单击）
选择要偏移的对象，或 [退出(E)/放弃(U)] <退出>:                           （选择竖线）
指定要偏移的那一侧上的点，或 [退出(E)/多个(M)/放弃(U)] <退出>:（在竖线的右侧单击）
选择要偏移的对象，或 [退出(E)/放弃(U)] <退出>:                          （按回车键）
```

Step09：选择中间的竖线，执行【删除】命令，将其删除。执行【修剪】命令，修剪掉圆的下半部分，如图 9-57 所示。电铃符号绘制完毕。

Step10：选择整个电铃图形后，在命令行输入并执行“BLOCK”命令，打开【块定义】对话框，单击【拾取点】按钮，返回绘图区，捕捉电铃下方右侧直线的端点作为基点，如图 9-58 所示。

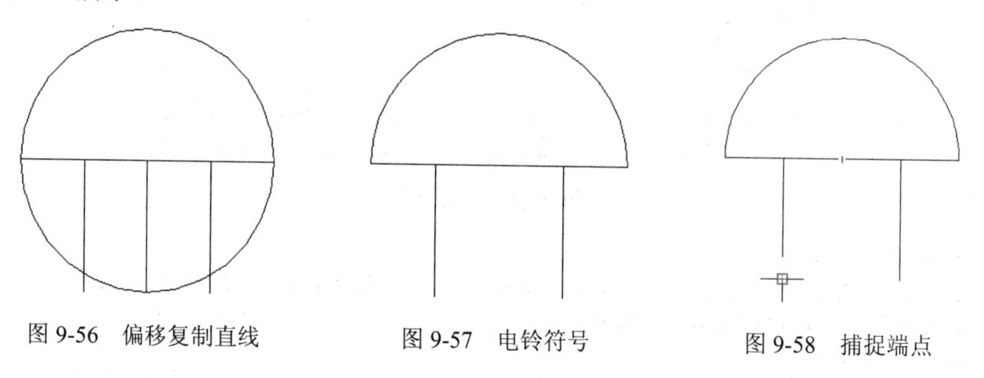

图 9-56　偏移复制直线　　图 9-57　电铃符号　　图 9-58　捕捉端点

Step11：定义块名称为“电铃”，设置完毕后单击【块定义】对话框的【确定】按钮，如图 9-59 所示。

图 9-59　定义图块

至此，本案例全部绘制完成，保存文件。

9.6　绘制单片机

本实例绘制的是单片机最小系统图，所有图形在图层 0 上直接绘制。首先将各个元件模块绘制好，并定义为块，然后将最小系统所需的块通过直线拼接成单片机最小系统。绘制单片机最小系统的操作步骤如下。

Step01：新建图形文件，并保存文件为“单片机系统图.dwg”。首先绘制有机性电容。依次执行【直线】命令和【圆弧】命令，绘制如图 9-60 所示的水平线段和弧线。命令行提示如下。

```
命令: LINE                                     (输入“LINE”后按回车键)
指定第一点: 350,250                            (输入“350,250”后按回车键)
指定下一点或 [放弃(U)]:  <正交开> 30
                              (在正交模式下，向右引导光标，输入“30”后按回车键)
指定下一点或 [放弃(U)]:                        (按回车键)
命令: ARC                                      (输入“ARC”后按回车键)
指定圆弧的起点或 [圆心(C)]: 350,242           (输入“350,242”后按回车键)
指定圆弧的第二个点或 [圆心(C)/端点(E)]: @15,4      (输入“@15,4”后按回车键)
指定圆弧的端点: @15,-4                         (输入“@15,-4”后按回车键)
```

Step02：执行【直线】命令，分别捕获水平线段和弧线的中点，绘制长为 15 的竖线，效果如图 9-61 所示。执行【多行文字】命令，在电容图形上下两端添加文本信息，如图 9-62 所示。有机性电容图形绘制完毕。

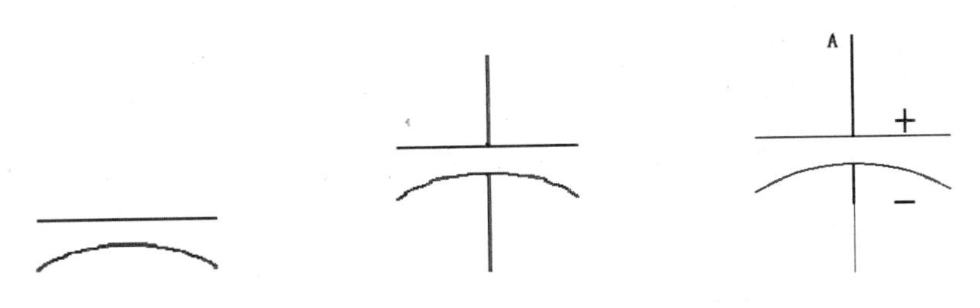

图 9-60　绘制线段和弧线　　图 9-61　添加垂直线　　图 9-62　添加“+”“-”

Step03：选择整个有机性电容图形，执行“BLOCK”命令，在弹出的【块定义】对话框中，进行如图 9-63 所示的参数设置，设置完毕后，单击【确定】按钮，返回绘图区中。

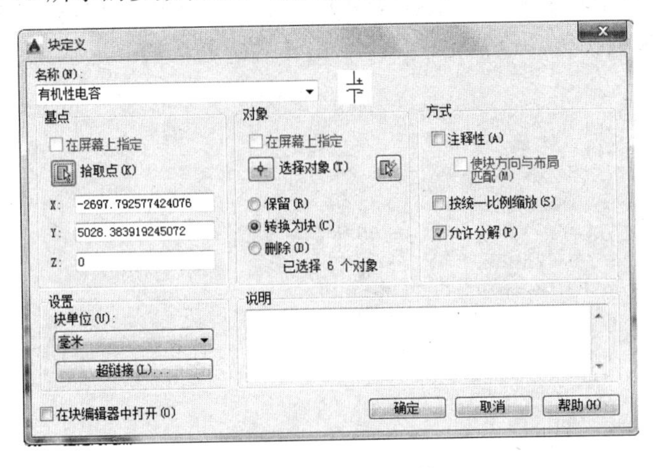

图 9-63　设置块参数

Step04：绘制轻触开关。执行【直线】命令和【圆】命令，绘制如图 9-64 所示的轻触开关主体图形。命令行提示如下。

```
命令: LINE                                   (输入“LINE”后按回车键)
指定第一点: 350,250                          (输入“350,250”后按回车键)
指定下一点或 [放弃(U)]:  <正交开> 10         (在正交模式下，向右引导光标，输入“10”后按回车键)
指定下一点或 [放弃(U)]: 10                   (向右引导光标，输入“10”后按回车键)
指定下一点或 [闭合(C)/放弃(U)]: 10           (向右引导光标，输入“10”后按回车键)
指定下一点或 [闭合(C)/放弃(U)]:              (按回车键)
命令: _.erase 找到 1 个                      (选定中间的线段后按 Delete 键)
命令: CIRCLE                                 (输入“CIRCLE”后按回车键)
指定圆的圆心或 [三点(3P)/两点(2P)/切点、切点、半径(T)]:   (选择点 A)
指定圆的半径或 [直径(D)]: 1.5                (输入“1.5”后按回车键)
命令:CIRCLE                                  (输入“CIRCLE”后按回车键)
指定圆的圆心或 [三点(3P)/两点(2P)/切点、切点、半径(T)]:   (选择点 B)
指定圆的半径或 [直径(D)] <1.5000>:                         (按回车键)
命令: LINE                                   (输入“LINE”后按回车键)
指定第一点: 355,254                          (输入“355,254”后按回车键)
指定下一点或 [放弃(U)]: @20,0                (输入“@20,0”后按回车键)
指定下一点或 [放弃(U)]:                      (按回车键)
命令: LINE                                   (输入“LINE”后按回车键)
指定第一点:                                  (选择刚绘制水平直线的中点)
指定下一点或 [放弃(U)]: 2.5                  (向上引导光标，并输入“2.5”后按回车键)
指定下一点或 [放弃(U)]:                      (按回车键)
```

Step05：执行【修剪】命令，将 A 和 B 处小圆内的线段修剪掉，如图 9-65 所示。轻触开关绘制完毕。

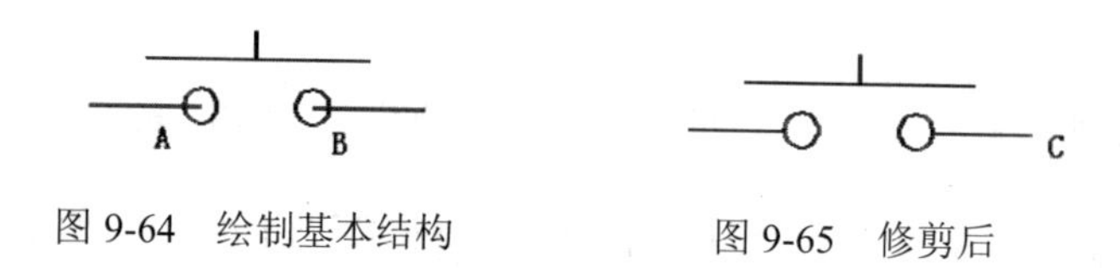

图 9-64　绘制基本结构　　　　图 9-65　修剪后

Step06：选择整个轻触开关，执行【块】命令，在弹出的【块定义】对话框中，进行如图 9-66 所示的参数设置，设置完毕后，单击【确定】按钮，返回绘图区中。

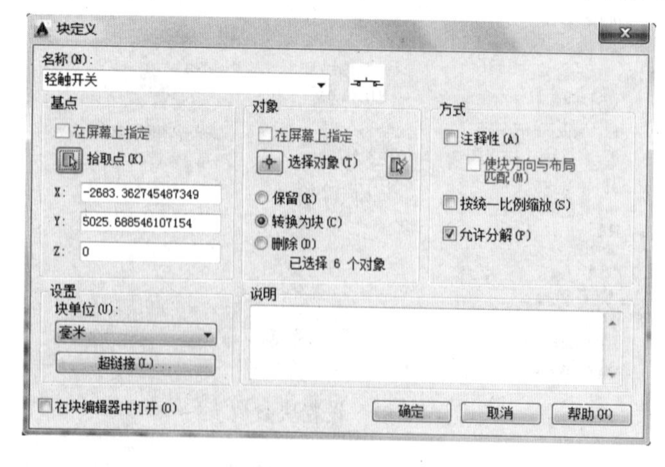

图 9-66　块定义

Step07：绘制数字地。执行【直线】命令，绘制如图 9-67 所示的 4 条水平线段。命令行提示如下。

```
命令: LINE                                  (输入"LINE"后按回车键)
指定第一点: 350,250                          (输入"350,250"后按回车键)
指定下一点或 [放弃(U)]:  <正交开> 15
                         (开启正交模式，向右引导光标，输入"15"后按回车键)
指定下一点或 [放弃(U)]:                       (按回车键)
命令:LINE                                   (输入"LINE"后按回车键)
指定第一点: 350,245                          (输入"350,245"后按回车键)
指定下一点或 [放弃(U)]: 10                    (向右引导光标，输入"10"后按回车键)
指定下一点或 [放弃(U)]:                       (按回车键)
命令:LINE                                   (输入"LINE"后按回车键)
指定第一点: 350,240                          (输入"350,240"后按回车键)
指定下一点或 [放弃(U)]: 5                     (向右引导光标，输入"5"后按回车键)
指定下一点或 [放弃(U)]:                       (按回车键)
命令:LINE                                   (输入"LINE"后按回车键)
指定第一点: 350,235                          (输入"350,235"后按回车键)
指定下一点或 [放弃(U)]: 2                     (向右引导光标，输入"2"后按回车键)
指定下一点或 [放弃(U)]:                       (按回车键)
```

Step08：执行【镜像】命令，对 4 条水平线段进行镜像，再输入并执行"LINE"命令，绘制一条长为 20 的垂直中线，如图 9-68 所示。数字地符号绘制完毕。

```
命令: MIRROR                                (输入"MIRROR"后按回车键)
选择对象: 指定对角点: 找到 4 个                (选择 4 条水平线段)
选择对象:                                    (按回车键)
指定镜像线的第一点: 指定镜像线的第二点:          (依次选择点 A 和点 B)
要删除源对象吗? [是(Y)/否(N)] <N>:            (按回车键)
命令: LINE                                  (输入"LINE"后按回车键)
指定第一点:                                  (选择点 A)
指定下一点或 [放弃(U)]: 20                    (向上引导光标，输入"20")
指定下一点或 [放弃(U)]:                       (按回车键)
```

Step09：选择整个数字地图形，执行创建块命令，在弹出的【块定义】对话框中，进行如图 9-69 所示的参数设置，设置完毕后，单击【确定】按钮，返回绘图区中。

Step10：绘制数字电源。输入并执行"LINE"命令，绘制如图 9-70 所示的数字电源图形。命令行提示如下。

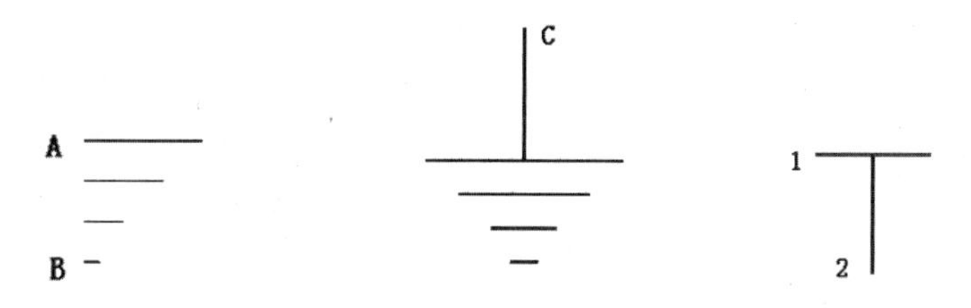

图 9-67　绘制 4 条水平线段　　图 9-68　数字地符号　图 9-70　绘制数字电源图形

图 9-69　定义块

```
命令: LINE                          （输入“LINE”后按回车键）
指定第一点: 350,250                  （输入“350,250”后按回车键）
指定下一点或 [放弃(U)]: 20（向右）    （向右引导光标，输入“20”后按回车键）
指定下一点或 [放弃(U)]:              （按回车键）
命令:LINE                           （输入“LINE”后按回车键）
指定第一点:                          （选择刚绘制的水平线段的中点）
指定下一点或 [放弃(U)]: 20            （向下引导光标，输入“20”后按回车键）
指定下一点或 [放弃(U)]:              （按回车键）
```

Step11：为数字电源添加文字说明。首先选择文字样式。执行【注释】命令，打开【文字样式】对话框，在【样式】列表框中选择“注释文字”样式，如图 9-71 所示。然后依次单击【置为当前】按钮和【关闭】按钮返回绘图区。

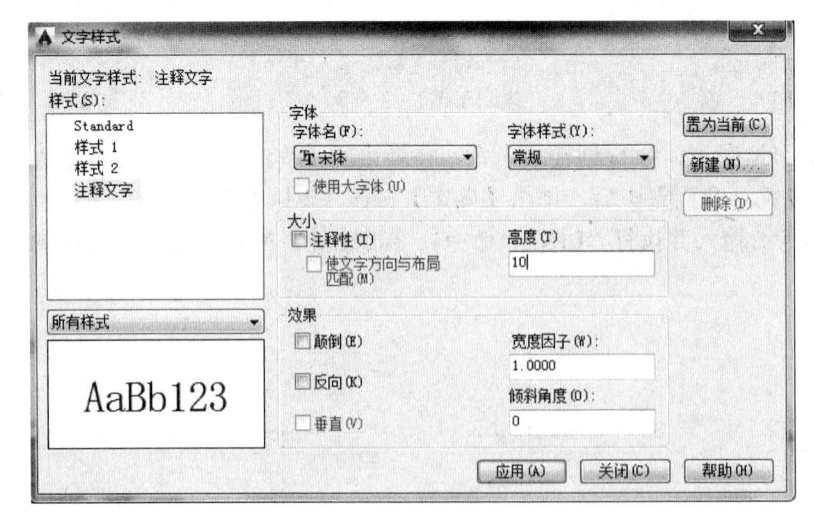

图 9-71 【文字样式】对话框

图 9-72　添加“VCC”字样

Step12：执行【文字】命令，在线段 1 的上方添加文字“VCC”，如图 9-72 所示。数字电源符号绘制完毕。

Step13：选择整个数字电源图形，执行创建块命令，在弹出的【块定义】对话框中，进行如图 9-73 所示的参数设置，设置完毕后，单击【确定】按钮，返回绘图区中。

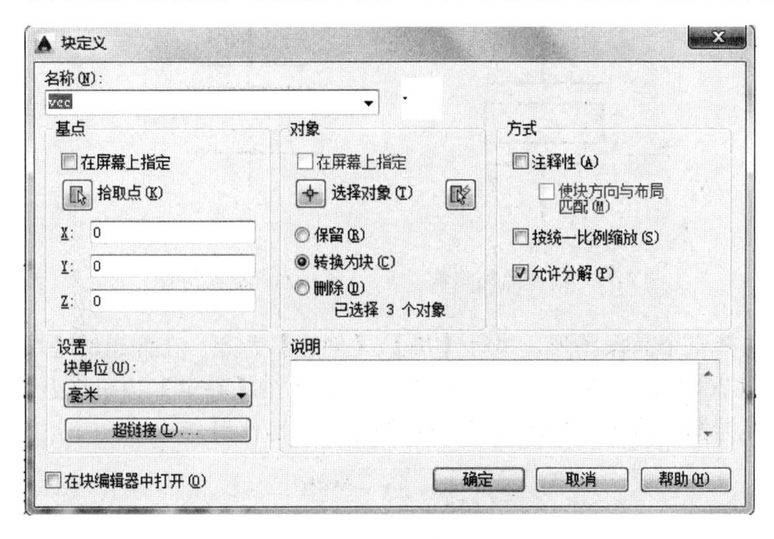

图 9-73　设置块参数

Step14：绘制晶振。执行【直线】命令和【偏移】命令绘制如图 9-74 所示的晶振架构。命令行提示如下。

```
命令: LINE                                    (输入“LINE”后按回车键)
指定第一点: 350,250 (输入“350,250”后按回车键)
指定下一点或 [放弃(U)]: 30                    (向右引导光标，输入“30”后按回车键)
指定下一点或 [放弃(U)]: 10                    (向下引导光标，输入“10”后按回车键)
指定下一点或 [闭合(C)/放弃(U)]: 30            (向左引导光标，输入“30”后按回车键)
指定下一点或 [闭合(C)/放弃(U)]: 10            (向上引导光标，输入“10”后按回车键)
指定下一点或 [闭合(C)/放弃(U)]:               (按回车键)
命令: OFFSET                                  (输入“OFFSET”后按回车键)
当前设置: 删除源=否 图层=源 OFFSETGAPTYPE=0
指定偏移距离或 [通过(T)/删除(E)/图层(L)] <通过>: 5          (输入“5”后按回车键)
选择要偏移的对象，或 [退出(E)/放弃(U)] <退出>:              (选择矩形上面的边)
指定要偏移的那一侧上的点，或 [退出(E)/多个(M)/放弃(U)] <退出>:(在矩形上方单击)
选择要偏移的对象，或 [退出(E)/放弃(U)] <退出>:(选择矩形下面的边)
指定要偏移的那一侧上的点，或 [退出(E)/多个(M)/放弃(U)] <退出>:(在矩形下方单击)
选择要偏移的对象，或 [退出(E)/放弃(U)] <退出>:              (按回车键)
命令: LINE                                    (输入“LINE”后按回车键)
指定第一点:                                   (选择线段 1 的中点)
指定下一点或 [放弃(U)]: 15                    (向上引导光标，输入“15”后按回车键)
指定下一点或 [放弃(U)]:                       (按回车键)
命令:LINE                                     (输入“LINE”后按回车键)
指定第一点:                                   (选择线段 2 的中点)
指定下一点或 [放弃(U)]: 15                    (向下引导光标，输入“15”后按回车键)
指定下一点或 [放弃(U)]:                       (按回车键)
```

Step15：将线段 1 和 2 缩短至 16，即由两端分别向内缩短 2 个单位，如图 9-75 所示。晶振符号绘制完毕。

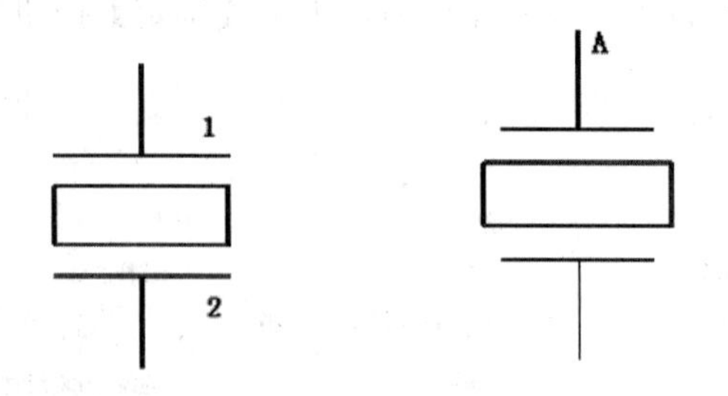

图 9-74　绘制晶振架构　　　　图 9-75　晶振符号

Step16：选择整个晶振图形，执行【块】|【创建】命令，在弹出的【块定义】对话框中，进行如图 9-76 所示的参数设置，设置完毕后，单击【确定】按钮，返回绘图区中。

Step17：在绘图区内插入如图 9-77 所示的电子元器件符号。

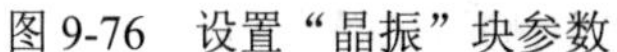

图 9-76　设置“晶振”块参数

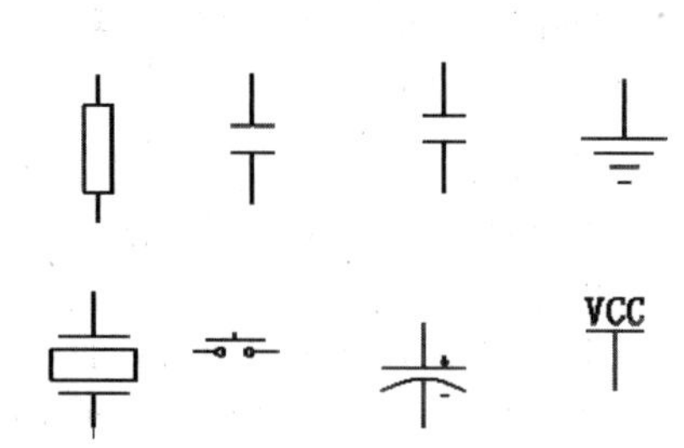

图 9-77　所需的电子元器件符号

Step18：先绘制一个单片机外框。执行【矩形】命令，绘制长、宽分别为 250 和 100 的矩形，如图 9-78 所示。命令行提示如下。

```
命令: RECTANG                                    (输入“RECTANG”后按回车键)
指定第一个角点或 [倒角(C)/标高(E)/圆角(F)/厚度(T)/宽度(W)]: 500,300
                                                 (输入“500,300”后按回车键)
指定另一个角点或 [面积(A)/尺寸(D)/旋转(R)]: @100,-250
                                                 (输入“@100,-250”后按回车键)
```

Step19：将刚才插入至绘图区的电子元器件按照图 9-79 所示的位置放置，并执行“LINE”命令进行有效连接。

Step20：最后添加单片机系统说明。执行【注释】命令打开【文字样式】对话框，在【样式】列表框中选择“注释文字”样式，如图 9-80 所示。然后依次单击【置为当前】按钮和【关闭】按钮返回绘图区，为除单片机（MCU）外的元器件添加文字说明。

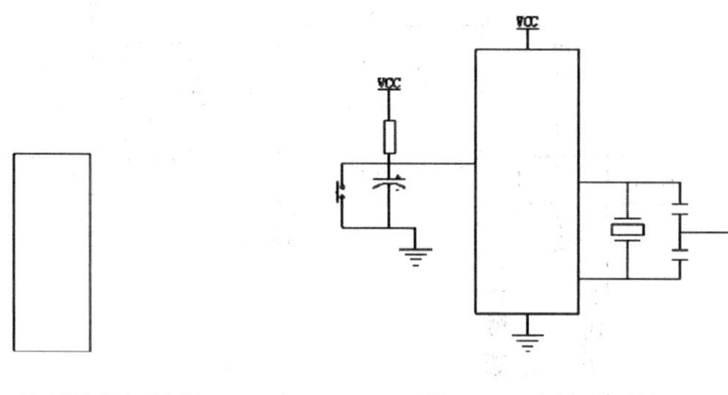

图 9-78　绘制单片机外框　　　　图 9-79　连接成系统

图 9-80 【文字样式】对话框

Step21：执行【多行文字】命令，在单片机外框内输入已指定了文字样式的文字“MCU”。命令行提示如下。

```
命令:MTEXT
当前文字样式: "注释文字"  文字高度:  10  注释性:  否
指定第一角点:                                        (在外框内单击文字位置)
指定对角点或 [高度(H)/对正(J)/行距(L)/旋转(R)/样式(S)/宽度(W)/栏(C)]: H
                                                     (输入“H”后按回车键)
指定高度<10>: 20                                     (输入“20”后按回车键)
指定对角点或 [高度(H)/对正(J)/行距(L)/旋转(R)/样式(S)/宽度(W)/栏(C)]:
                                                     (按回车键)
```

至此单片机系统图绘制结束，将其保存后关闭。

9.7　绘制录音机电路

本例将会用到【正多边形】、【旋转】、【分解】等命令，完成的电路图如图 9-81 所示。绘制步骤如下。

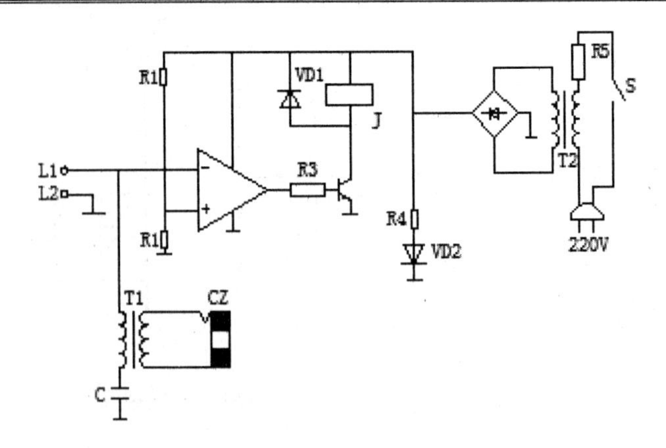

图 9-81　录音机电路图

Step01：新建文件，保存为"录音机电路.dwg"，执行【正多边形】命令，绘制一个内切于圆的正三角形，圆的半径为 3，如图 9-82 所示。命令行提示内容如下。

```
命令: _polygon 输入侧面数 <4>: 3                    (确定边数为 3)
指定正多边形的中心点或 [边(E)]:                     (指定一点)
输入选项 [内接于圆(I)/外切于圆(C)] <I>:             (按回车键)
指定圆的半径: <正交 开> 3                          (指定圆半径为 3)
```

Step02：执行【旋转】命令，将三角形进行 180° 旋转。再执行【分解】命令对其进行分解。之后将水平边删除，如图 9-83 所示。

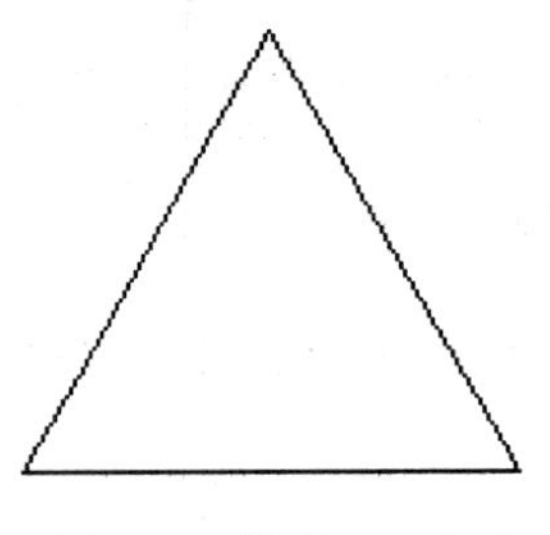

图 9-82　绘制正三角形

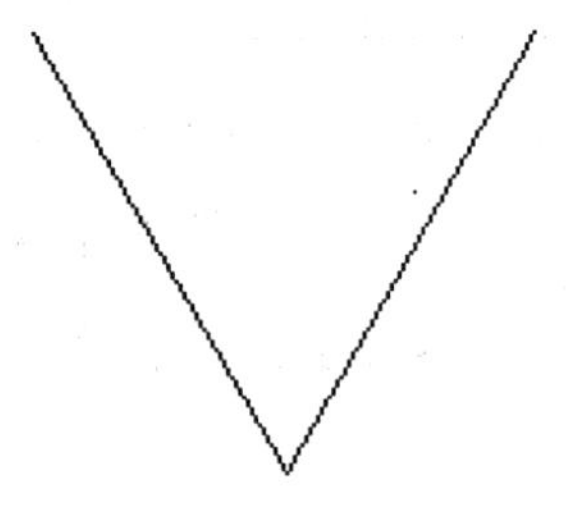

图 9-83　旋转并删除水平边

Step03：执行【直线】命令，以图形上部两个端点为直线起点，向两边绘制长度均为 8 的水平线段，如图 9-84 所示。

Step04：执行【直线】命令，绘制两条长为 24 的垂直线段和一条长为 8 的水平线段，组成一个矩形，如图 9-85 所示。

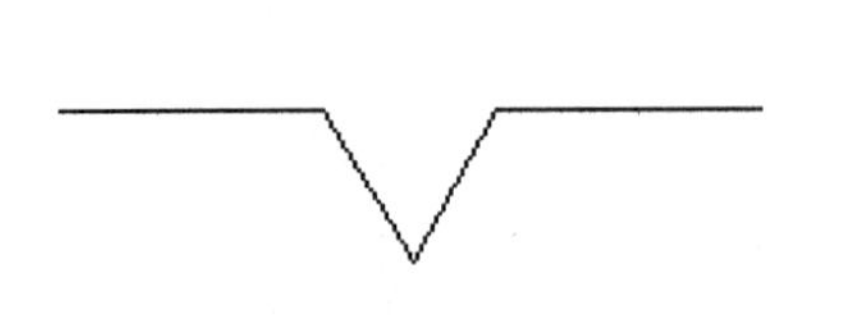

图 9-84　绘制水平直线

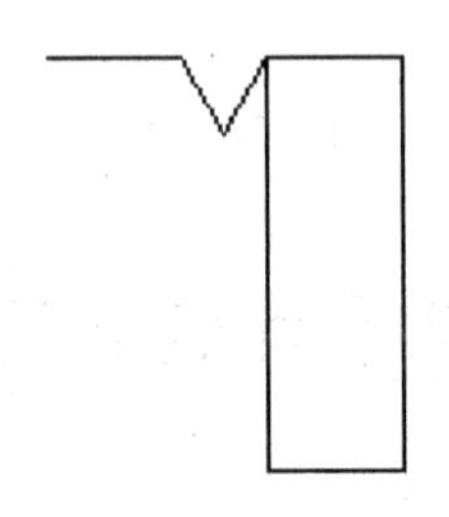

图 9-85　绘制直线

Step05：执行【偏移】命令，将相互平行长度为 8 的线段向内依次偏移 8 个单位，如图 9-86 所示。

Step06：执行【图案填充】命令，选择【SOLID】图案，然后在指定区域内进行填充，如图 9-87 所示。

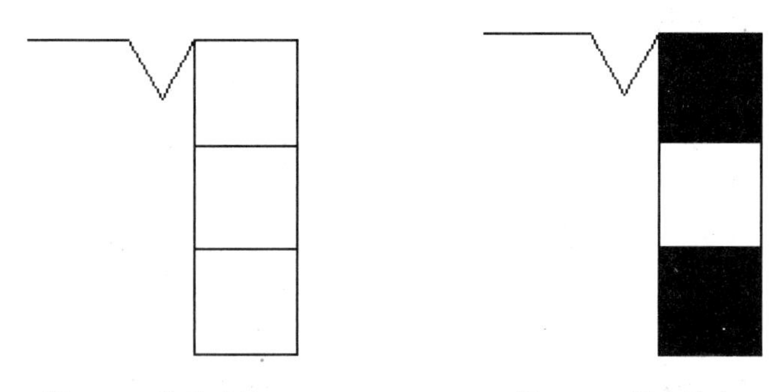

图 9-86　偏移直线　　　　图 9-87　图案填充

Step07：执行【直线】命令，在底部添加一条长度为 10 的水平线段，如图 9-88 所示。

Step08：执行【默认】|【块】|【创建】命令，打开【块定义】对话框，单击【拾取点】按钮选取图形对象的一点，返回到对话框，单击【选择对象】按钮选取整个图形对象，再按回车键返回到对话框，输入块名称为“信号输出设置”，单击【确定】按钮，如图 9-89 所示。“信号输出设置”块定义完成。

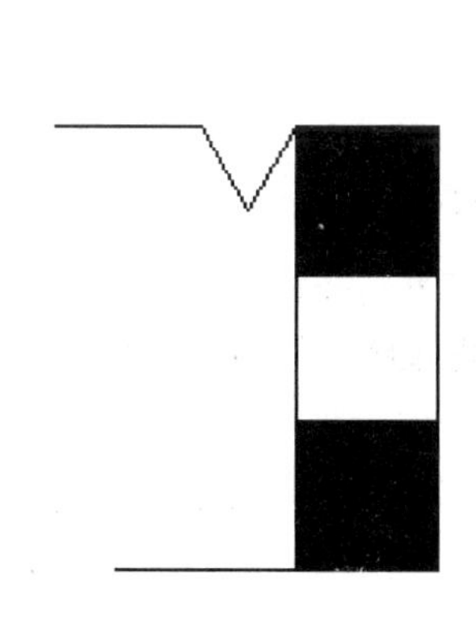

图 9-88　绘制直线

图 9-89　创建块

Step09：执行【正多边形】命令，绘制一个内切于圆的正三角形，圆的半径为 20。执行【旋转】命令将其旋转 30°，如图 9-90 所示。命令行提示如下。

```
命令: _polygon 输入侧面数 <4>: 3                      (指定边数为 3)
指定正多边形的中心点或 [边(E)]:                        (指定一点)
输入选项 [内接于圆(I)/外切于圆(C)] <I>:                (按回车键)
指定圆的半径: 20                                      (输入圆的半径数值“20”)
命令: _rotate
UCS 当前的正角方向:  ANGDIR=逆时针  ANGBASE=0
选择对象: 找到 1 个                                    (选择对象)
```

```
选择对象:                                                    （按回车键）
指定基点:                                                    （指定一点作为基点）
指定旋转角度，或 [复制(C)/参照(R)] <180>:  30              （输入旋转角度"30"）
```

Step10：执行【分解】命令，将三角形分解。执行【偏移】命令，将竖直的线段向右偏移 15 个单位，如图 9-91 所示。

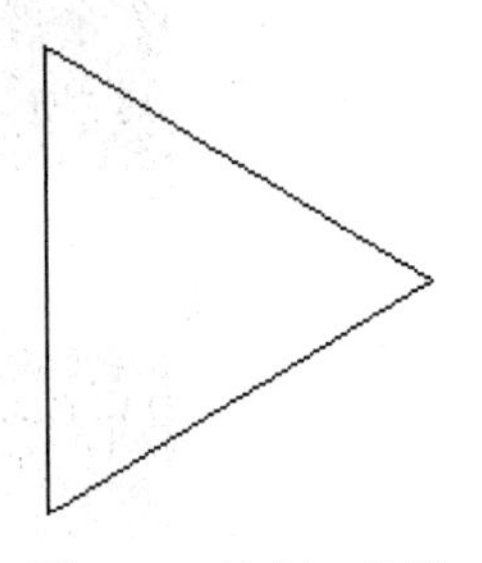

图 9-90　绘制三角形

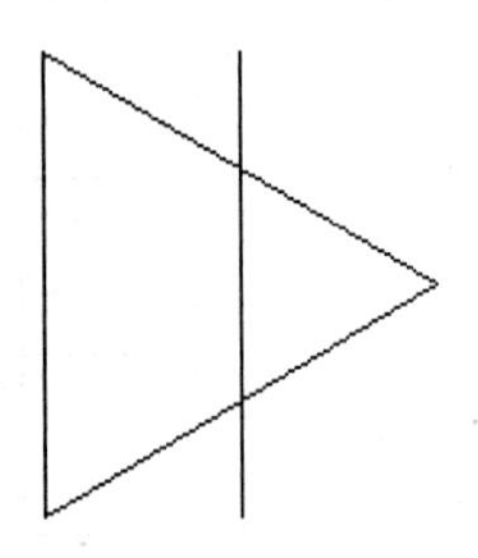

图 9-91　偏移直线

Step11：执行【直线】命令，以偏移直线与两条斜边相交的点为起点，向左绘制两条长度为 30 的水平直线，如图 9-92 所示。

Step12：执行【直线】命令，以三角形右边的端点为起点，向右绘制一条长度为 10 的水平直线。执行【修剪】命令，将三角形内的多余部分修剪掉，如图 9-93 所示。

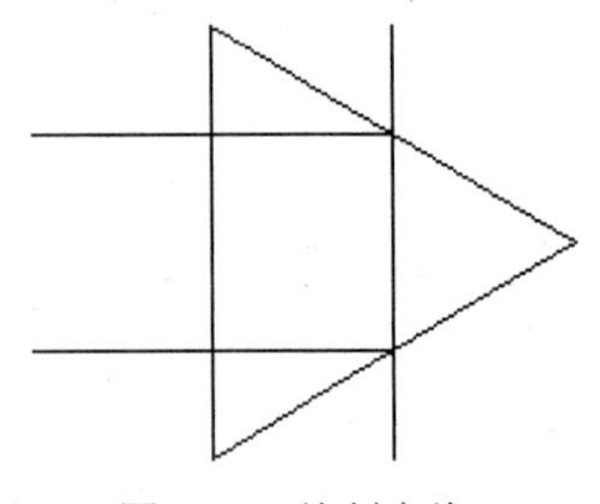

图 9-92　绘制直线

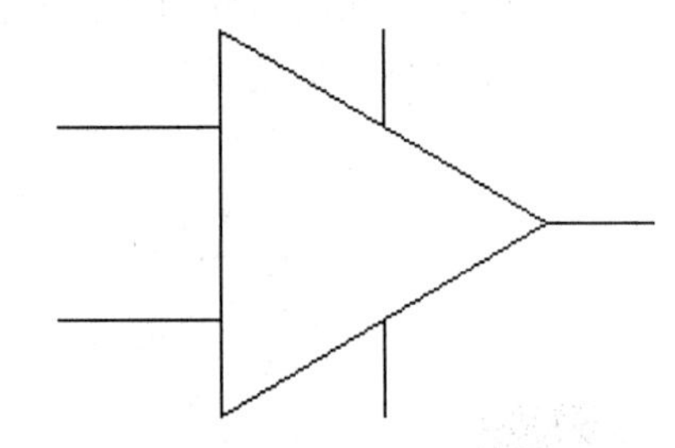

图 9-93　修剪直线

Step13：单击【注释】|【文字】选项，在相应面板中单击其右下角按钮，打开【文字样式】对话框，创建"注释文字"样式并进行相关参数的设置，将该样式置为当前样式，如图 9-94 所示。

Step14：执行【多行文字】命令，为图形添加"+"和"-"字样，然后执行【创建】命令，将整个图形定义为"比较器"块，如图 9-95 所示。

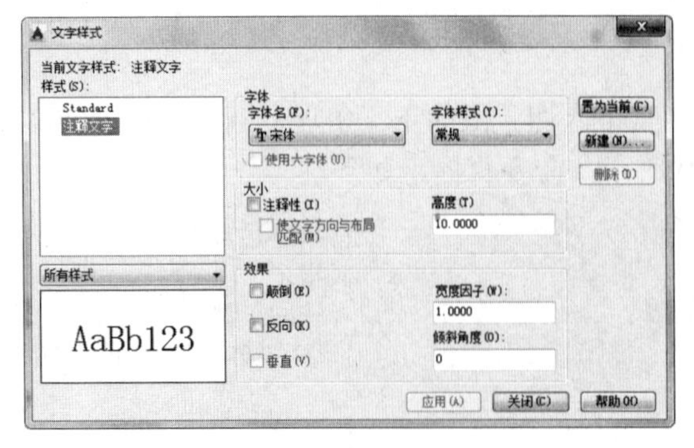

图 9-94　设置文字样式

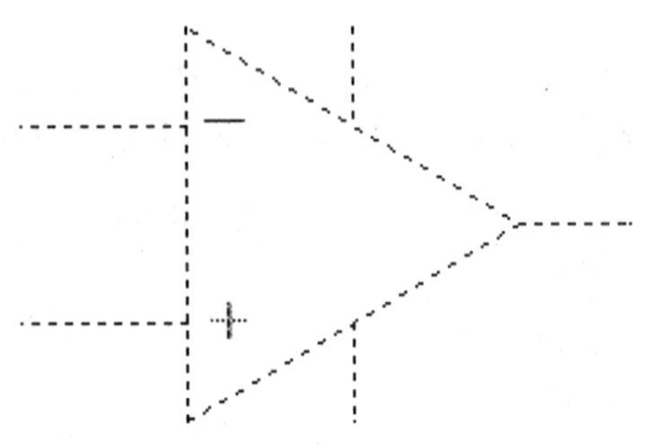

图 9-95　"比较器"块

Step15：执行【圆】命令，绘制一个半径为 7 的圆，执行【直线】命令，绘制其水平直径，如图 9-96 所示。

Step16：执行【修剪】命令，以直径为剪切边，将圆的下半部分修剪掉，如图 9-97 所示。

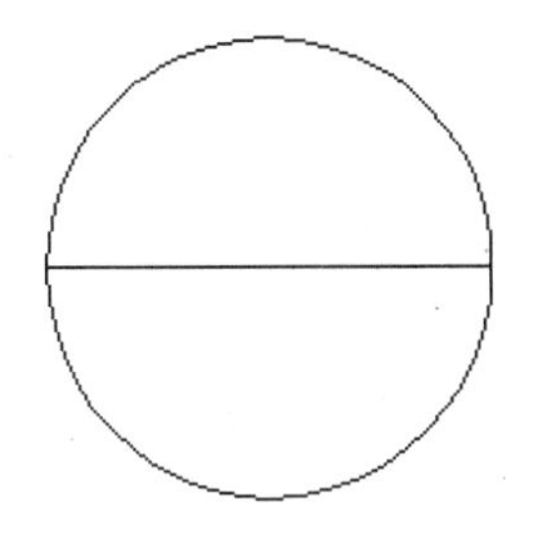

图 9-96　绘制圆

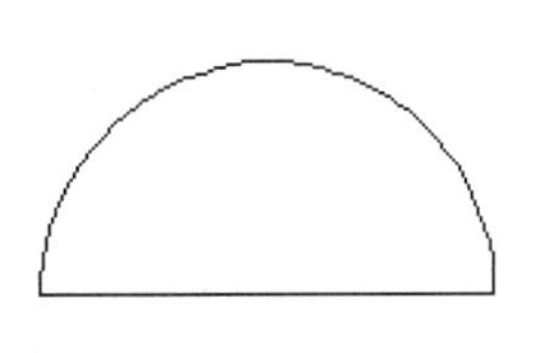

图 9-97　修剪圆

Step17：执行【直线】命令，以直线的左端点为起点，向下绘制长为 5 的竖线，如图 9-98 所示。

Step18：执行【偏移】命令，将该线段向右分别偏移 4 和 10 个单位复制，删除原直线，如图 9-99 所示。

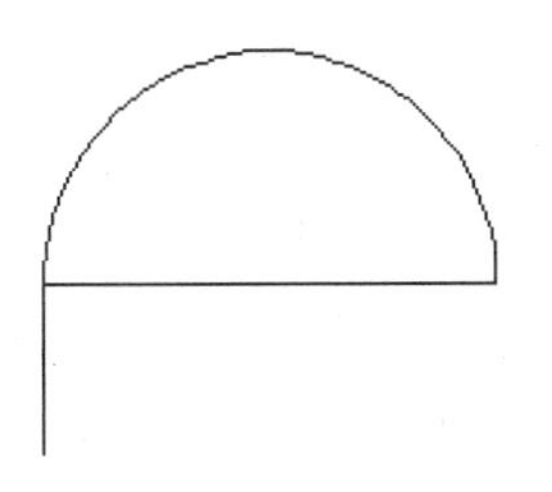

图 9-98　绘制直线

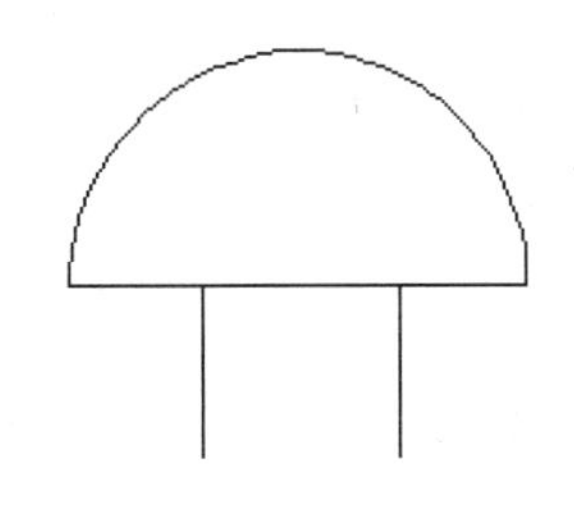

图 9-99　偏移直线

Step19：执行【拉长】命令，将两条竖线向上拉伸 14 个单位，如图 9-100 所示。命令行提示内容如下。

```
命令: _lengthen
选择对象或 [增量(DE)/百分数(P)/全部(T)/动态(DY)]: de        (选择【增量】选项)
输入长度增量或 [角度(A)] <0.0000>: 14                     (确定长度为 14)
选择要修改的对象或 [放弃(U)]:                              (选择左边直线)
选择要修改的对象或 [放弃(U)]:                              (选择右边直线)
选择要修改的对象或 [放弃(U)]:                              (按回车键)
```

Step20：执行【修剪】命令，将半圆内部的多余部分修剪掉，如图 9-101 所示。然后执行【创建】命令，将整个图形创建成块“插座”。

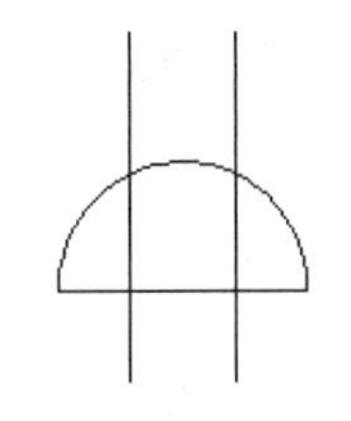

图 9-100　拉长直线

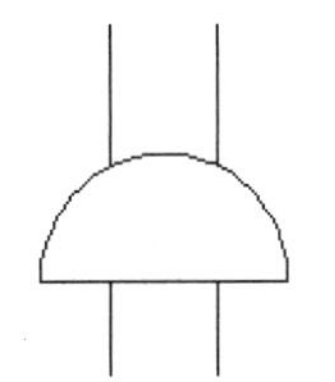

图 9-101　修剪直线

Step21：执行【圆弧】命令，绘制半径为 3 的圆。执行【复制】命令向右依次复制 3 个，如图 9-102 所示。命令行提示内容如下。

```
命令: _arc 指定圆弧的起点或 [圆心(C)]: c                    (选择【圆心】选项)
指定圆弧的圆心: 0,0                                         (指定圆心位置)
指定圆弧的起点: @3,0                                        (指定起点)
指定圆弧的端点或 [角度(A)/弦长(L)]: a                       (选择【角度】选项)
指定包含角: 180                                             (输入角度)
命令: _copy
选择对象: 找到 1 个                                         (选择圆弧)
选择对象:                                                   (按回车键)
当前设置: 复制模式 = 多个
指定基点或 [位移(D)/模式(O)] <位移>:                        (以圆弧的左端点为基点)
指定第二个点或 [阵列(A)] <使用第一个点作为位移>:            (以圆弧的右端点为第二点)
指定第二个点或 [阵列(A)/退出(E)/放弃(U)] <退出>:            (以复制圆弧的右端点为第二点)
指定第二个点或 [阵列(A)/退出(E)/放弃(U)] <退出>:            (以复制圆弧的右端点为第二点)
指定第二个点或 [阵列(A)/退出(E)/放弃(U)] <退出>:            (按回车键)
```

Step22：执行【旋转】命令，将刚绘制的 4 个半圆弧旋转 90°，执行【直线】命令，用直线连接圆弧，如图 9-103 所示。

图 9-102　复制圆弧　　　　图 9-103　连接圆弧端点

Step23：执行【偏移】命令，将刚绘制的直线向右偏移 12 个单位并复制，删除原直线，如图 9-104 所示。

Step24：执行【镜像】命令，将四联圆弧以竖线为镜像线进行镜像，如图 9-105 所示。执行【创建】命令并将其定义为块【变压器】。

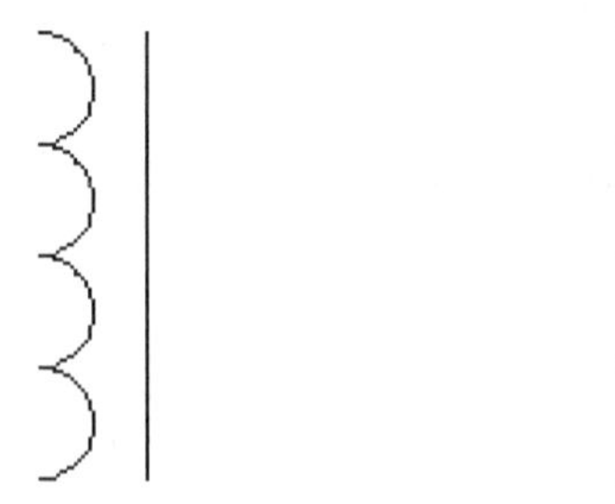

图 9-104　偏移直线　　　　图 9-105　镜像半圆弧

Step25：执行【圆】命令，绘制半径为 1.5 的圆。执行【复制】命令，以圆心为基点并向下距离 10 个单位复制一个圆，如图 4-106 所示。

Step26：执行【直线】命令，启动【正交】模式，依次绘制 6 条直线，各直线的位置和尺寸如图 4-107 所示。

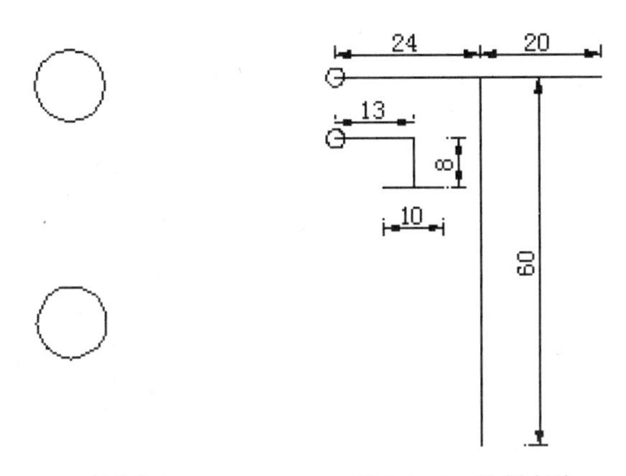

图 9-106　绘制圆　　　　图 9-107　绘制直线

Step27：执行【修剪】命令，将圆内的直线修剪掉，如图 9-108 所示。

Step28：执行【移动】命令，将绘制完成的比较器图形移至合适的地方，如图 9-109 所示。

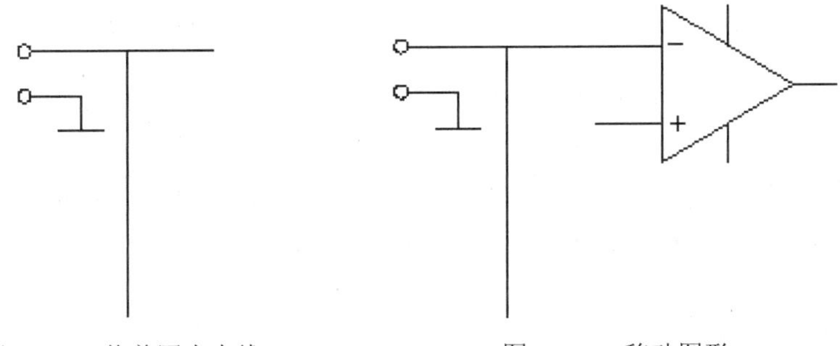

图 9-108　修剪圆内直线　　　　图 9-109　移动图形

Step29：执行【移动】命令，将变压器图形移至合适的位置，如图 9-110 所示。

Step30：执行【直线】命令，捕获图 9-110 中的 A 点，向右绘制一条长度为 15 的水平直线，接着捕获 B 点，向右绘制一条长度为 20 的水平直线。然后执行【移动】命令，将信号输出设置图形移至合适的位置，如图 9-111 所示。

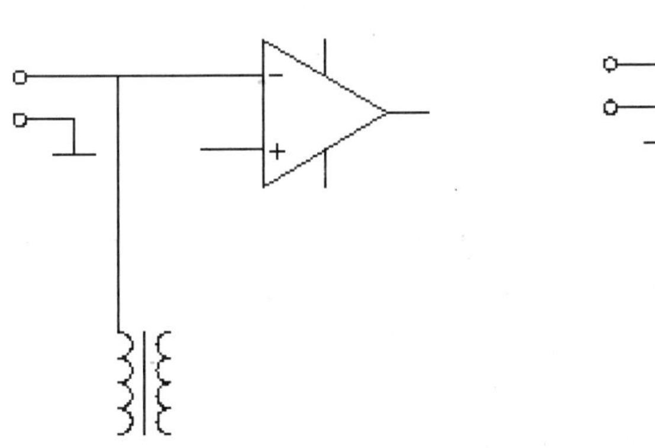

图 9-110　移动变压器图形

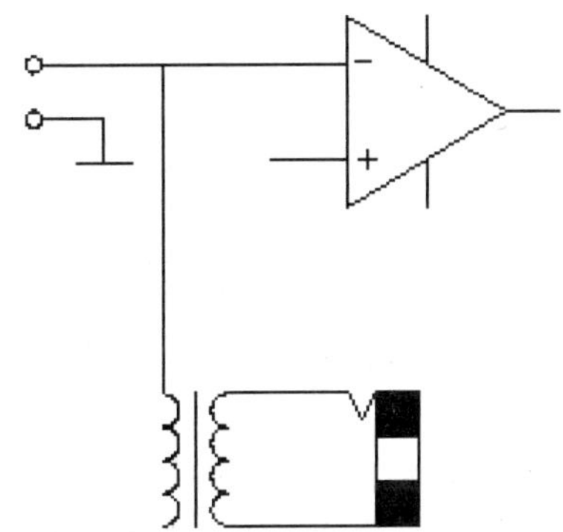

图 9-111　绘制直线并移动图形

Step31：执行【默认】|【块】|【插入】命令，将电容符号插入当前图形中。

Step32：执行【移动】命令，将电容符号以 C 点为基点放置于合适位置，然后执行【直线】命令，以电容的底部端点为中点，绘制一条长为 6 的水平直线，如图 9-112 所示。

Step33：执行【直线】命令，依次插入二极管、三极管、电阻等电气元件符号，插入比例均为 0.25。插入过程中根据需要绘制导线进行连接，如图 9-113 所示。

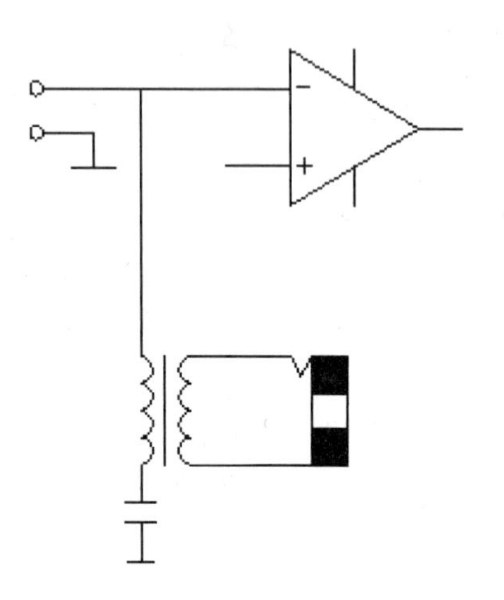

图 9-112　插入电容图形

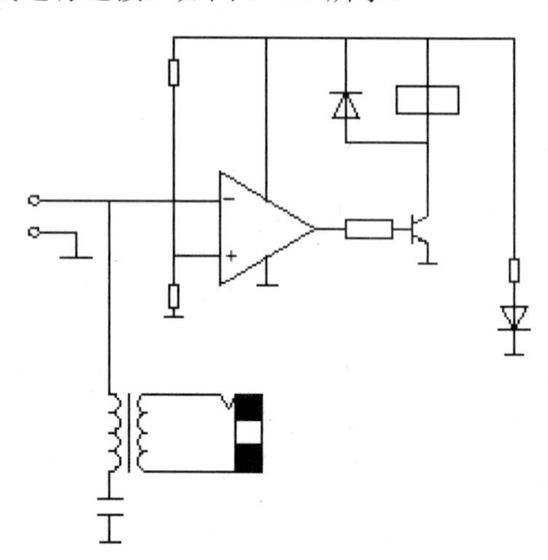

图 9-113　组合元件

Step34：执行【正多边形】命令，绘制一个外切于圆的正方形，圆的半径为 10。然后执行【旋转】命令，将正方形旋转 45°，如图 9-114 所示。

Step35：执行【插入】命令，将二极管图形插入到正方形的中心位置，设置插入比例，输入比例因子 80.5，如图 9-115 所示。

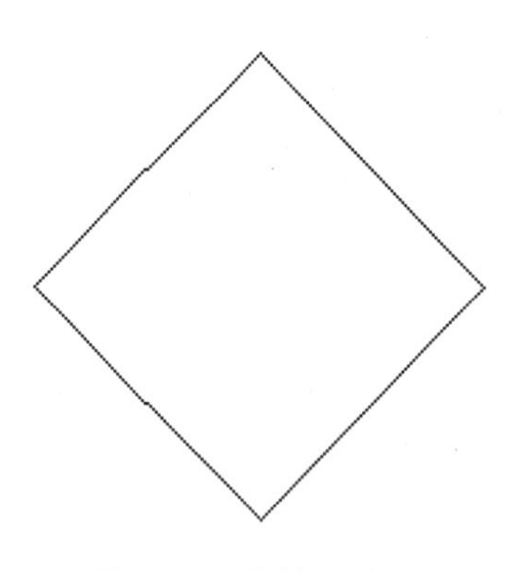

图 9-114　旋转正方形

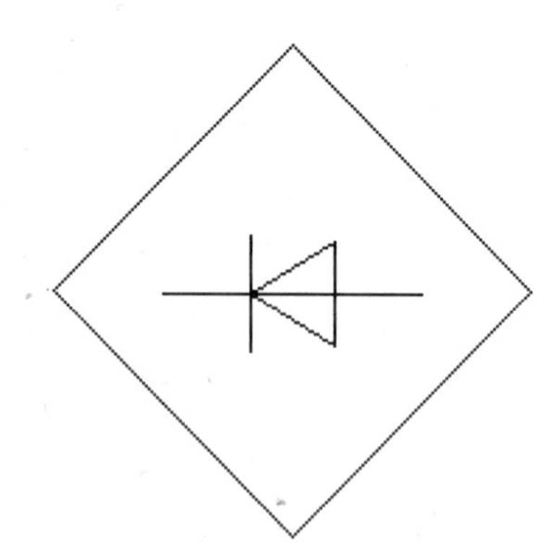

图 9-115　插入二极管图形

Step36：执行【直线】命令，依次绘制若干条水平和竖直直线，如图 9-116 所示。

Step37：执行【插入】命令，将变压器符号插入图形中，并放置于合适位置，如图 9-117 所示。

Step38：执行【插入】命令，将电阻、开关和插座等电气元件符号插入当前图形中，执行【直线】命令绘制连接导线，如图 9-118 所示。

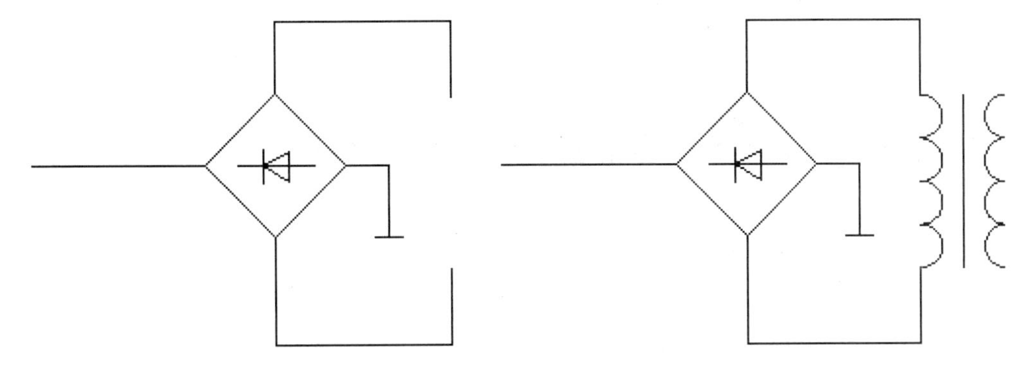

图 9-116　绘制直线　　　　图 9-117　插入变压器图形

Step39：执行【移动】命令，将之前绘制的图形移动至合适的位置。然后执行【多行文字】命令，在需要标注的位置添加相应的文字。录音机电路图绘制完成，如图 9-119 所示。

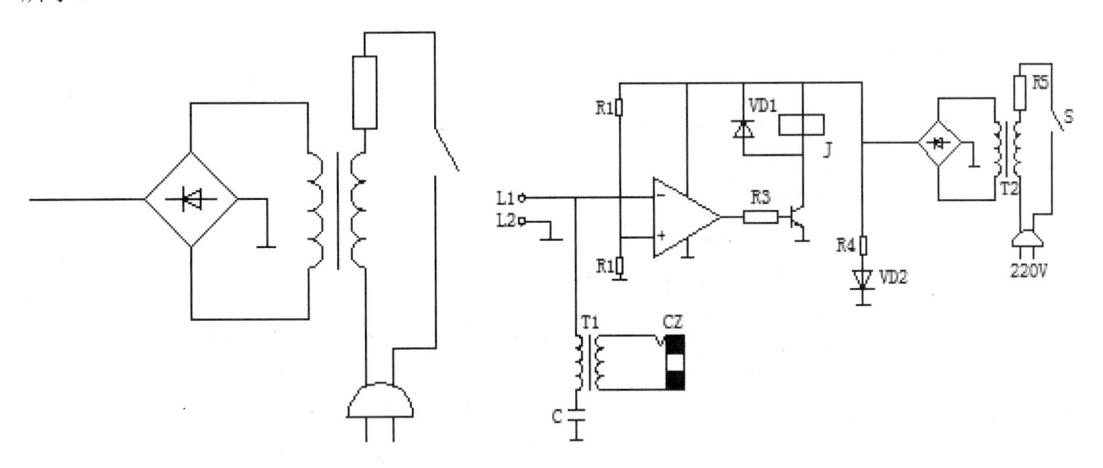

图 9-118　插入图形　　　　图 9-119　录音机电路图

第 10 章　输出与发布电气图纸

图形的输出与发布是整个设计过程的最后一步，即将设计的成果展示在图纸上。打印出来的图纸可以清晰地反映出所绘制的内容。若对设计图不满意可以直接在图形上进行修改，同时图纸也便于调阅、查看。设计图的输出一般采用打印机或绘图仪等设备，在打印之前需要进行相关设置，如打印机设置、页面设置等，以保证输出质量。本章主要介绍图纸的输出方法、打印、布局空间设置、创建与编辑打印视口以及发布图纸等内容。

10.1　输出图纸

通过 AutoCAD 提供的输出功能可以将在 AutoCAD 中绘制好的图形输出成其他格式的图形，提供给其他软件使用。

在中文版 AutoCAD 2015 中，用户可以通过以下两种方法执行输出命令。

- 在命令行中输入“EXPORT”并按回车键。
- 在菜单栏中选择【文件】|【输出】命令。

通过以上任意一种方法执行输出命令，将打开【输出数据】对话框，在【文件类型】列表框中选择【位图（*.bmp）】选项并输入文件名，然后单击【保存】按钮，即可将文件输出成位图格式的文件，如图 10-1 所示。打开输出的位图文件，即可预览列输出的图纸效果，如图 10-2 所示。

图 10-1　【输出数据】对话框

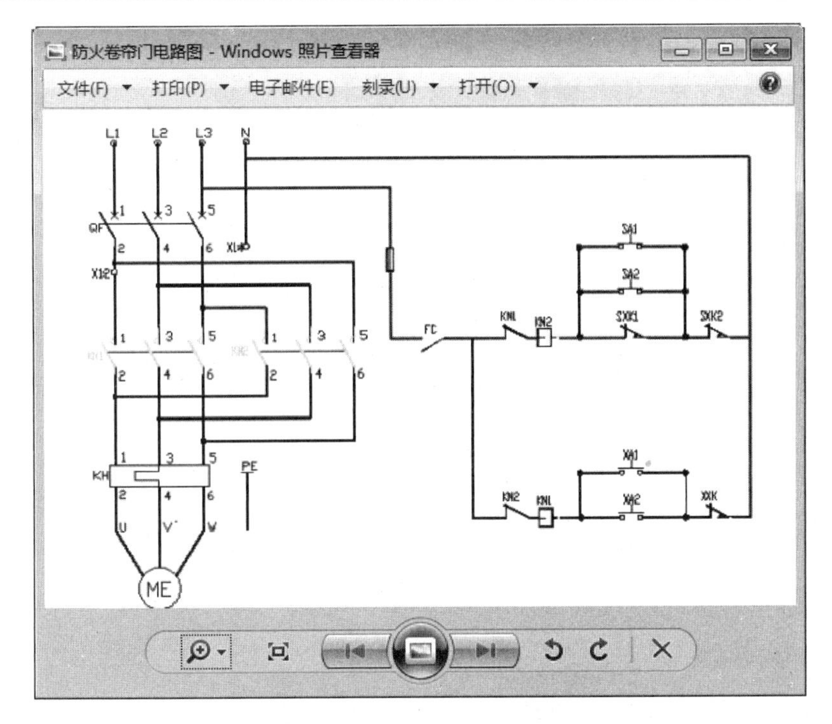

图 10-2　保存成位图文件格式的图纸

在 AutoCAD 中，可以将图形输出为下列格式的图形文件。

- .bmp：输出为位图文件，可供绝大多数的图像处理软件使用。
- .wmf：输出为 Windows 图元文件格式。
- .dwf：输出为 Autodesk Web 图形格式，便于在网上发布。
- .dgn：输出为 MicroStation V8 DGN 格式的文件。
- .dwg：输出为可供其他 AutoCAD 版本使用的图块文件。
- .stl：输出为实体对象立体画文件。
- .sat：输出为 ACIS 文件。
- .sps：输出为封装的 PostScript 文件。

10.2　打印图纸

当图形绘制完成后，往往需要打印输出到图纸上。在打印图形前，需要对一系列打印参数进行设置，如设置打印设备、图纸纸型和打印比例等。

10.2.1　设置打印参数

在菜单栏中执行【文件】|【打印】命令，打开【打印-模型】对话框，对打印参数的设置基本上都是在该对话框中进行的，如图 10-3 所示。

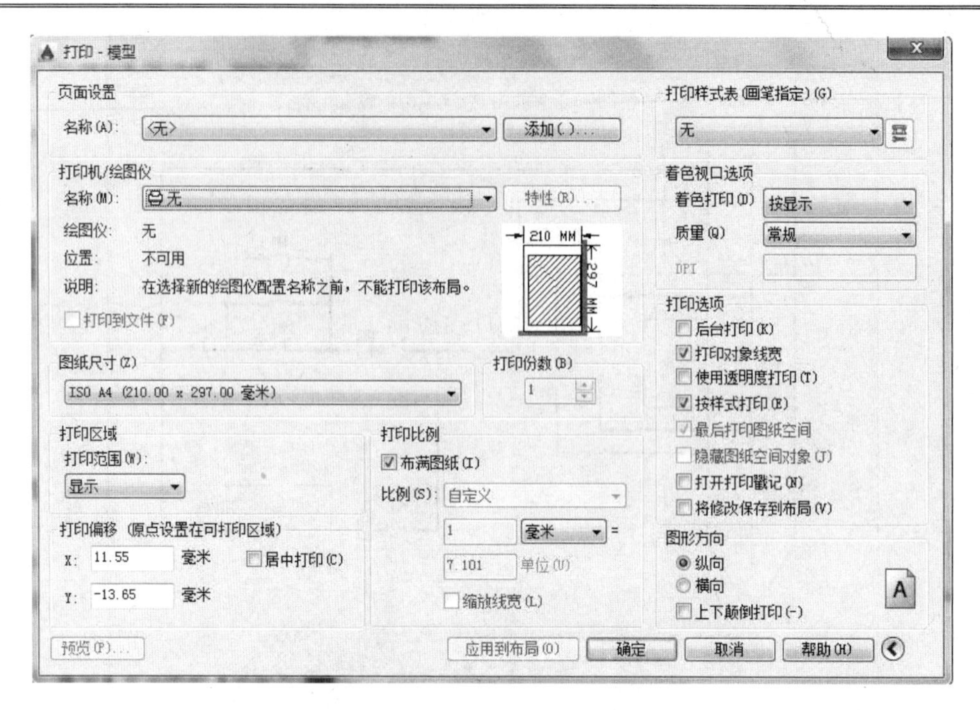

图 10-3 【打印-模型】对话框

1. 选择打印设备

要将图形从打印机打印到图纸上，首先应安装打印机，然后在【打印-模型】对话框的【打印机/绘图仪】选项组的【名称】下拉列表中选择打印设备即可。

2. 选择图纸纸型

图纸纸型也就是选择打印图纸的纸张大小。在【打印-模型】对话框的【图纸尺寸】下拉列表即可选择纸型，如图 10-4 所示。不同的打印设备支持的图纸纸型不同，即选择的打印设备不同，该下拉列表中的可选项也不同。但是，一般情况下打印设备都支持 A4 和 B5 等标准纸型。

3. 设置打印区域

打印图形时，必须设置图形的打印区域，这样才能更准确地打印需要的图形。在【打印区域】选项组的【打印范围】下拉列表框中可以选择打印区域的类型，如图 10-5 所示，各选项说明如下。

- 窗口：选择该选项后，将允许用户返回绘图区指定要打印的窗口，即在绘图区中拖动鼠标选择一个要打印的矩形区域。选择打印区域后，【打印-模型】对话框右侧将出现【窗口】按钮，单击该按钮可以返回绘图区重新选择打印区域。
- 范围：选择该选项后，在打印图形时，将打印出当前空间内的所有图形对象。
- 图形界限：选择该选项，打印时只会打印绘制的图形界限内的所有对象。
- 显示：打印模型空间当前视口中的视图或布局空间中当前图纸空间视图内的对象。

图 10-4　选择图纸尺寸

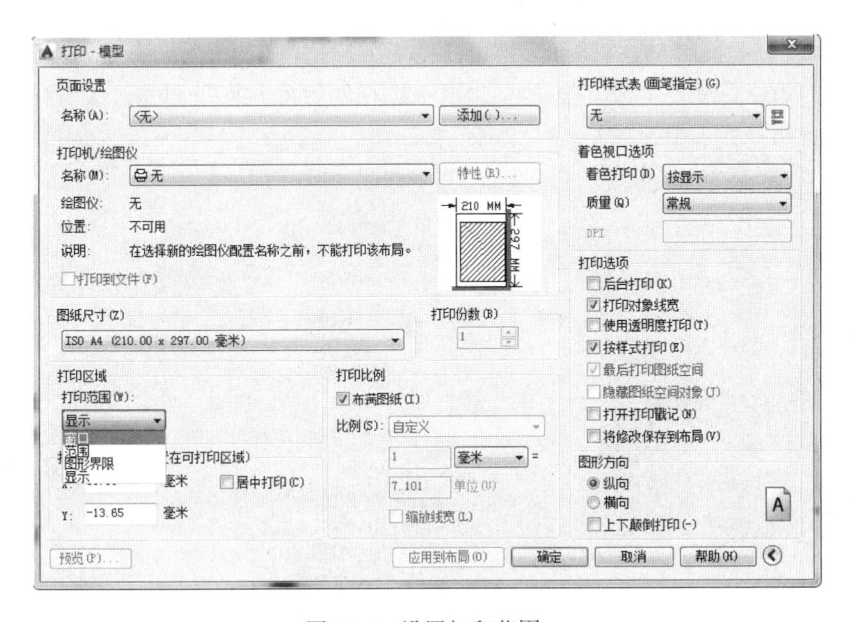

图 10-5　设置打印范围

4．设置打印偏移

【打印偏移】选项组可以对图形在图纸上的打印位置进行设置。可以设 X 轴或 Y 轴方向进行偏移设置，也可按图纸尺寸将图形居中打印。该选项组中各选项功能如下。

- X：指定打印原点在 X 轴方向的偏移量。
- Y：指定打印原点在 Y 轴方向的偏移量。
- 居中打印：勾选该复选框，将图形打印到图纸的正中间，系统将自行计算出 X 和 Y 偏移值。

5. 设置打印比例

在【打印比例】选项组中，可以设置图形在打印输出时的缩放比例，即图形单位与打印单位之间的相对尺寸。【打印比例】选项组中各选项含义如下。

- 布满图纸：如勾选该复选框，将缩放图形以布满所选图纸的打印范围，同时在【比例】下拉列表框、【毫米】和【单位】文本框中显示此时的缩放比例因子。
- 比例：用于定义打印的比例。
- 毫米：指定与单位数等价的英寸数、毫米数或像素数。当前所选图纸尺寸决定单位是英寸、毫米还是像素。
- 单位：指定与英寸数、毫米数或像素数等价的单位数。
- 缩放线宽：与打印比例成正比例地缩放线宽。这时可指定打印对象的线宽并按该尺寸打印而不考虑打印比例。

6. 指定打印样式表

打印样式用于修改图形的外观。选择某个打印样式后，图形中的每个对象或图层都具有该打印样式的属性。修改打印样式可以改变对象输出的颜色、线型或线宽等特性。

在【打印样式表】选项组的下拉列表框中选择要使用的打印样式，即可指定打印样式表。单击【打印样式表】选项组的“编辑”按钮，将打开【打印样式表编辑器】对话框，从中可以查看或修改当前指定的打印样式表，如图 10-6 所示。

图 10-6 【打印样式表编辑器】对话框

7. 设置着色视口选项

如果要将着色后的三维模型打印到纸张上，需在【着色视口选项】选项组中进行设置。

【着色打印】下拉列表框（参见图 10-7）中常用选项的含义如下。

- 按显示：按对象在屏幕上显示的效果进行打印。
- 线框：用线框方式打印对象，不考虑它在屏幕上的显示方式。
- 消隐：打印对象时消除隐藏线，不考虑它在屏幕上的显示方式。
- 渲染：按渲染后的效果打印对象，不考虑它在屏幕上的显示方式。

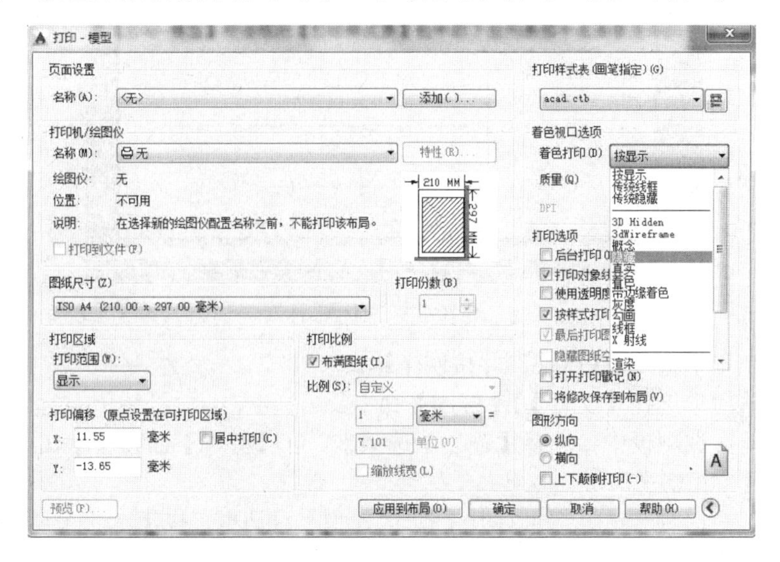

图 10-7　设置【着色视口选项】

8. 设置图形打印方向

打印方向是指图形在图纸上的打印方向，如横向和纵向等，在【图形方向】选项组中可设置图形的打印方向。该选项组中各选项说明如下。

- 纵向：选中该单选按钮，将图纸的短边作为图形页面的顶部进行打印。
- 横向：选中该单选按钮，将图纸的长边作为图形页面的顶部进行打印。
- 上下颠倒打印：选中该单选按钮，将图形在图纸上倒置进行打印，相当于将图形旋转 180° 后再进行打印。

9. 打印预览

将图形发送到打印机或绘图仪之前，最好先进行打印预览，打印预览显示的图形效果与打印输出时的图形效果相同。单击【预览】按钮，即可预览到在当前设置下的打印效果，如图 10-8 所示。

10.2.2　打印图纸方式

进行打印设置后，可通过打印机和绘图仪输出图形纸样。在 AutoCAD 2015 中，用户可以通过以下 4 种方法执行【打印】命令。

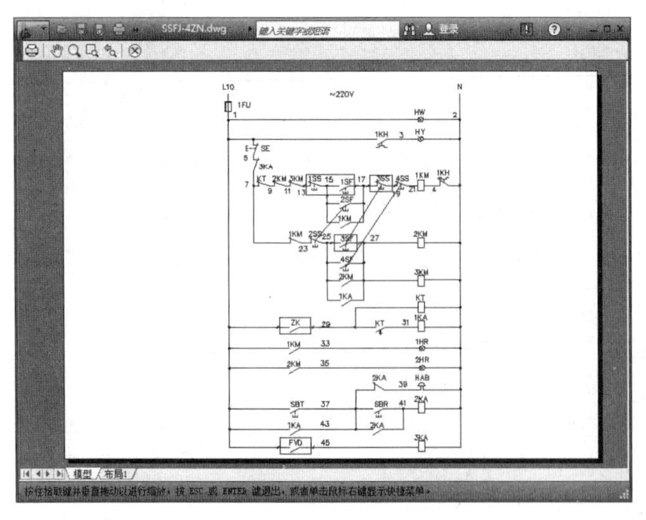

图 10-8　打印预览

- 在命令行中输入“PLOT”并按回车键。
- 在菜单栏中选择【文件】|【打印】命令。
- 在功能区选项板中，选择【输出】选项卡，在【打印】面板中单击【打印】按钮。
- 按快捷键 Ctrl＋P。

使用以上任意一种方法，都可打开【打印-模型】对话框，按上一小节所述设置相应的参数，然后单击【确定】按钮，即可开始进行打印。

10.2.3　案例——打印电气图纸

下面将以一个具体案例，对电气图纸的打印操作进行详细介绍。

Step01：打开“项目\第 10 章\数控机床电气图.dwg”文件，如图 10-9 所示。

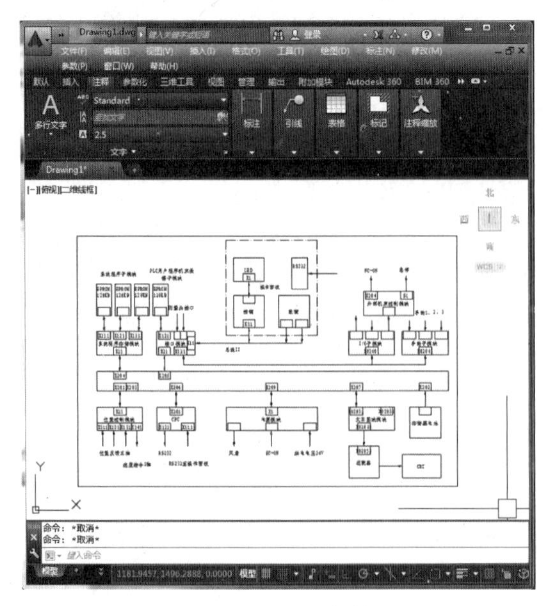

图 10-9　打开文件

Step02：在功能区选项板中，执行【输出】|【打印】|【打印】命令，打开【打印-模型】对话框，如图 10-10 所示。

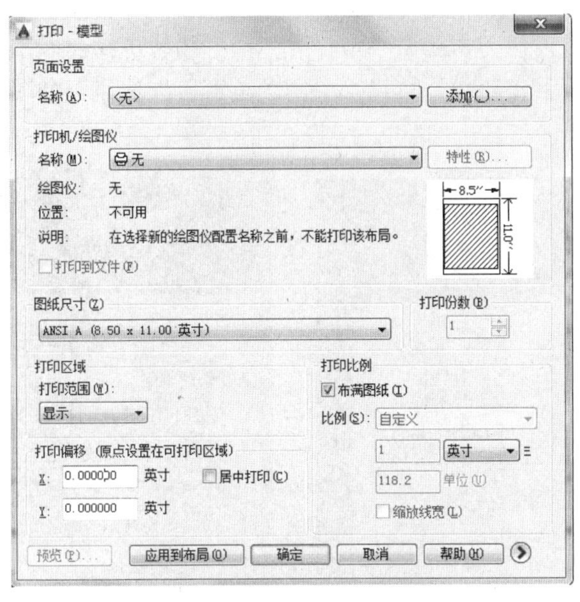

图 10-10　【打印-模型】对话框

Step03：在该对话框中，单击【打印机/绘图仪】选项组中的【名称】下拉按钮，选择要使用的打印机型号。

Step04：在【图纸尺寸】下拉列表中，选择【ISO A4（297.00×210.00 毫米）】选项。

Step05：在【打印范围】下拉列表中，选择【窗口】选项。

Step06：在绘图区中，使用鼠标选取打印的范围，如图 10-11 所示。

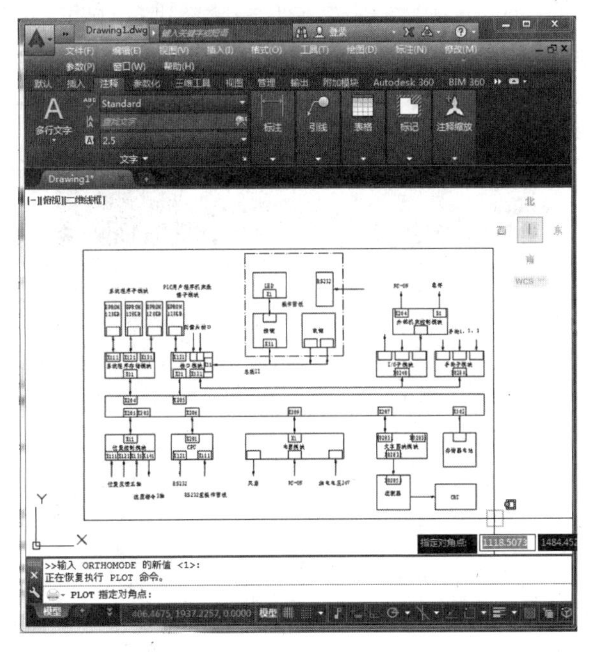

图 10-11　框选打印范围

Step07：选择好打印范围后，自动返回【打印-模型】对话框，勾选【打印偏移】选项组中的【居中打印】选项。

Step08：单击对话框左下角的【预览】按钮。

Step09：进入预览窗口，可预览当前设置下的打印效果，如图 10-12 所示。

Step10：在【预览】窗口中，单击“关闭预览窗口”按钮，如图 10-13 所示，可返回【打印-模型】对话框。

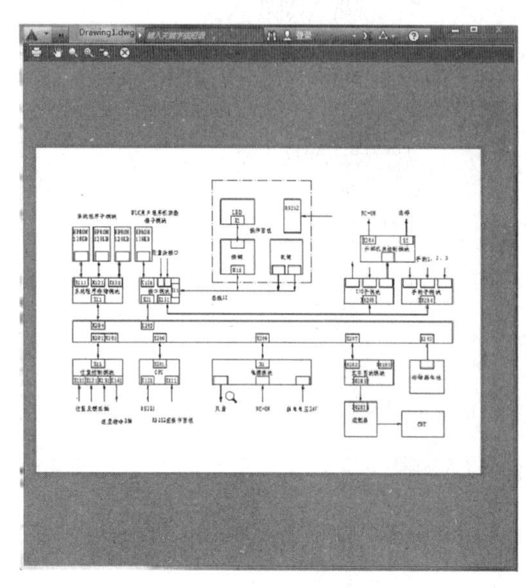

图 10-12　预览打印效果

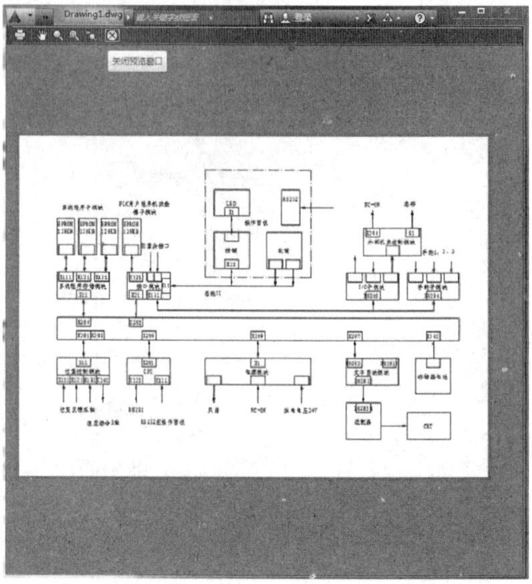

图 10-13　单击“关闭预览窗口”按钮

Step11：若用户觉得该打印效果较为满意，可打开打印机电源，单击【确定】按钮，此时将会出现【打印作业进度】对话框，如图 10-14 所示。

Step12：稍等片刻，系统即会按照设置的打印参数进行打印。若用户觉得该打印效果还需继续调整，可在打印前，单击“更多选项”按钮，扩展当前对话框。

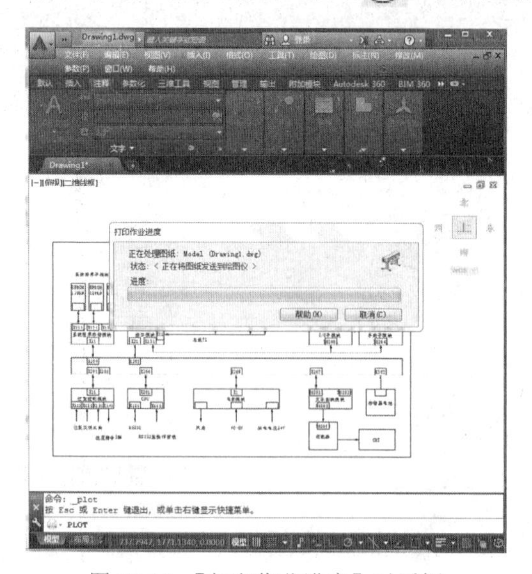

图 10-14 【打印作业进度】对话框

Step13：在该对话框扩展区域中，用户可对【打印选项】、【图纸方向】等相关选项进行设置，如图 10-15 所示。

Step14：设置完成后，即可单击【确定】按钮，进行打印。按照同样的操作方法，可完成其他电气工程图纸的打印。

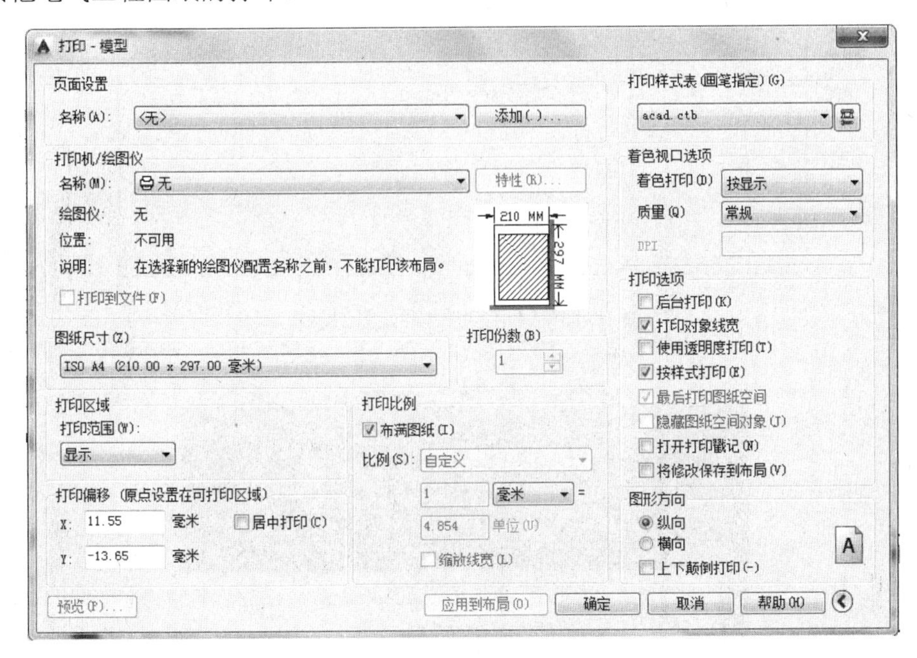

图 10-15　设置相关选项

10.3　布局空间打印图纸

布局空间用于设置在模型空间中所绘制的图形的不同视图，它主要是为了在输出图形时进行布置。通过布局空间可以同时输出同一图形的不同视口，满足各种不同的出图要求，此外，还可以添加标题栏等。一个布局可以包含多种不同的打印比例和图纸尺寸。

10.3.1　利用向导创建布局

AutoCAD 可创建多个布局来显示不同的视图，每一个布局都可以包含不同的绘图样式。布局视图中的图形就是绘制成果。通过布局功能，用户可以从多个角度表现同一图形。AutoCAD 2015 提供了多种创建布局的方法，首先介绍利用向导来创建布局的方法。

执行菜单栏中的【工具】|【向导】|【创建布局】命令，打开【创建布局-开始】对话框，如图 10-16 所示。该向导会一步步引导用户进行布局的创建操作，过程中会分别对布局的名称、打印机、图纸尺寸和单位、图纸方向、是否添加标题栏、视口的类型，以及视口的大小和位置等进行设置。

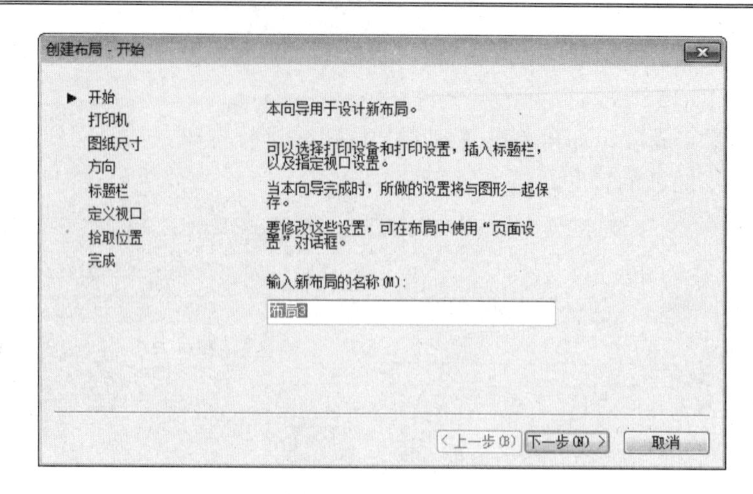

图 10-16 【创建布局-开始】对话框

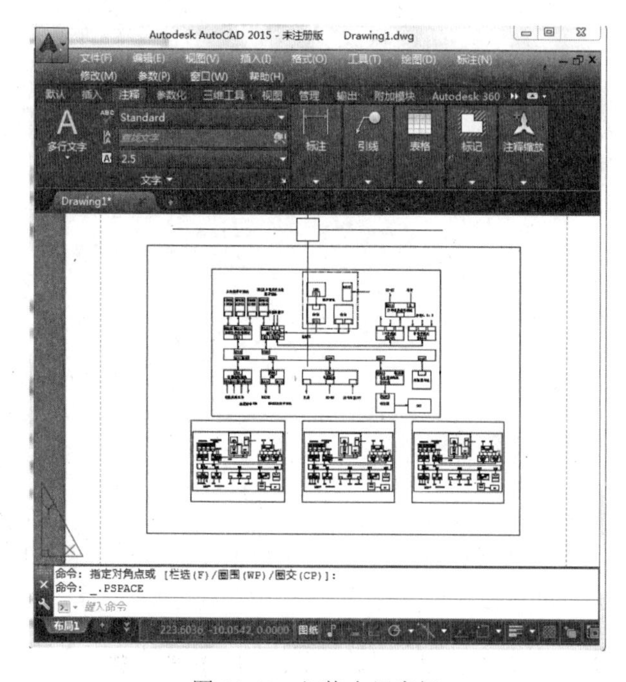

图 10-17 切换布局空间

10.3.2 切换布局空间

布局空间即可用来设置图形打印的操作空间，也可以绘制二维图形以及创建三维模型。而图纸空间主要用于创建最终的打印布局，并非用于绘图和设计工作。

要切换布局空间，可单击状态栏中的“快速查看布局”按钮，在打开的预览窗口中选择要进入的布局名称，即可进入布局空间，如图 10-17 所示。

在布局空间中，要使一个视口成为当前视口并对视口中的图形进行编辑，在该视口中双击即可。如果需要将整个布局空间置为当前状态，只需双击浮动视口边界外图纸上的任意地方即可，此时可对整个视口进行缩放或平移等编辑操作。

10.3.3　利用样本创建布局

使用样板创建布局对于建筑领域有着特殊的意义。AutoCAD 提供了多种国际标准布局模板，这些标准包括 ANSI、DIN、GB、ISO 等，其中遵循国家标准（GB）的布局有 13 种，支持的图幅有 A0、A1、A2、A3、A4 等。

在 AutoCAD 2015 中，可通过以下方法通过样本创建布局。

执行菜单栏中的【插入】|【布局】|【来自样板的布局】命令，在打开的【从文件选择样板】对话框中，选择合适的样板文件，单击【打开】按钮，如图 10-18 所示。在打开的【插入布局】对话框中，选择布局，单击【确定】按钮，即可完成布局的插入，如图 10-19 所示。

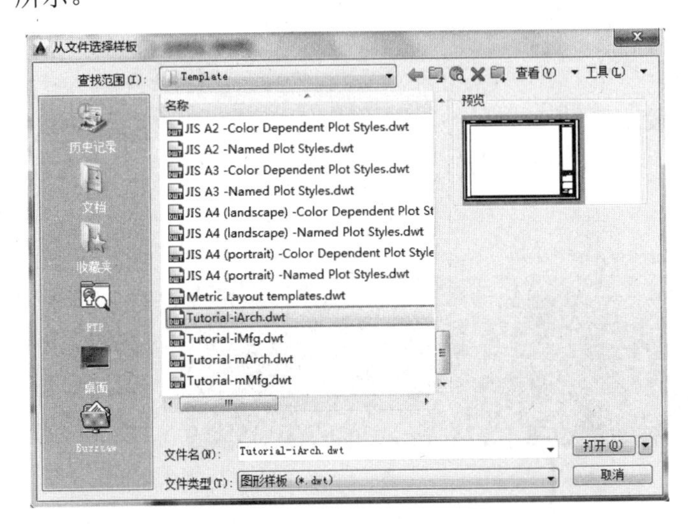

图 10-18　选择样板文件

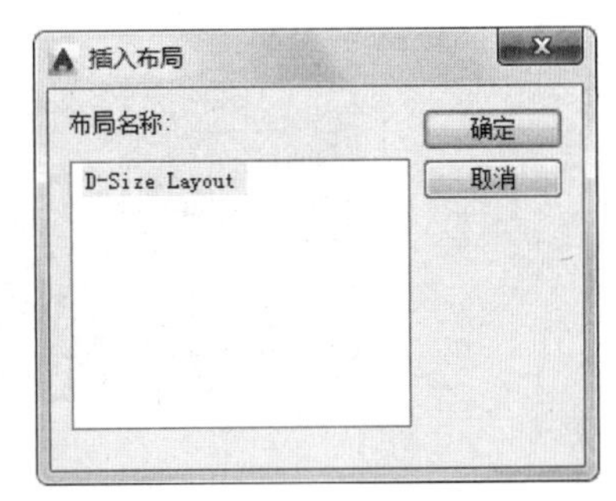

图 10-19　【插入布局】对话框

10.4　创建与编辑视口

与模型空间一样，用户可以在布局空间创建多个视口，以便显示模型的不同视图。在布局空间中创建视口时，可以指定视口的大小，并且可以将其定位于布局空间的任意位置，因此，布局空间的视口也被称为浮动视口。

10.4.1　模型空间视口

通过视口工具栏可以建立多个视口，但与在布局里建立的视口功能不一样，比如，布局里的视口图层可以单独控制，但模型则不可以。

执行菜单栏中的【视图】|【视口】|【新建视口】命令，如图 10-20 所示，打开【视口】对话框，选择 4 个相等视口，如图 10-21 所示，新建视口结果如图 10-22 所示。

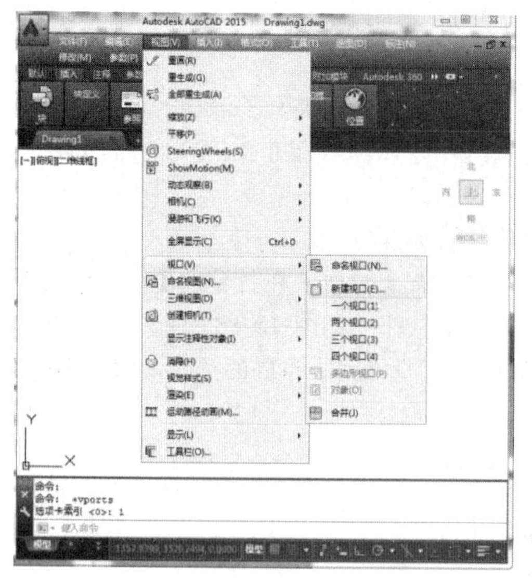

图 10-20　新建视口

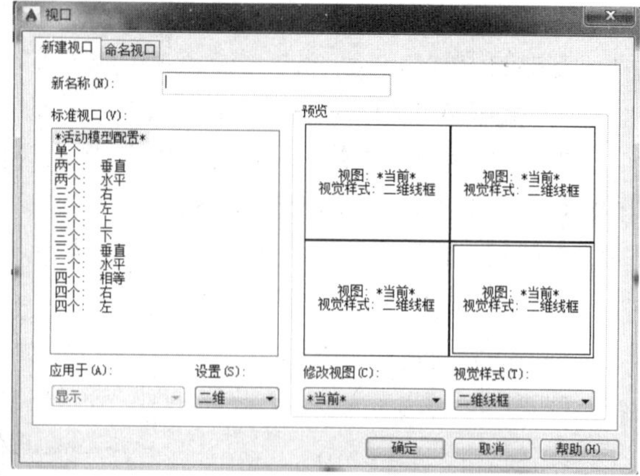

图 10-21　【视口】对话框

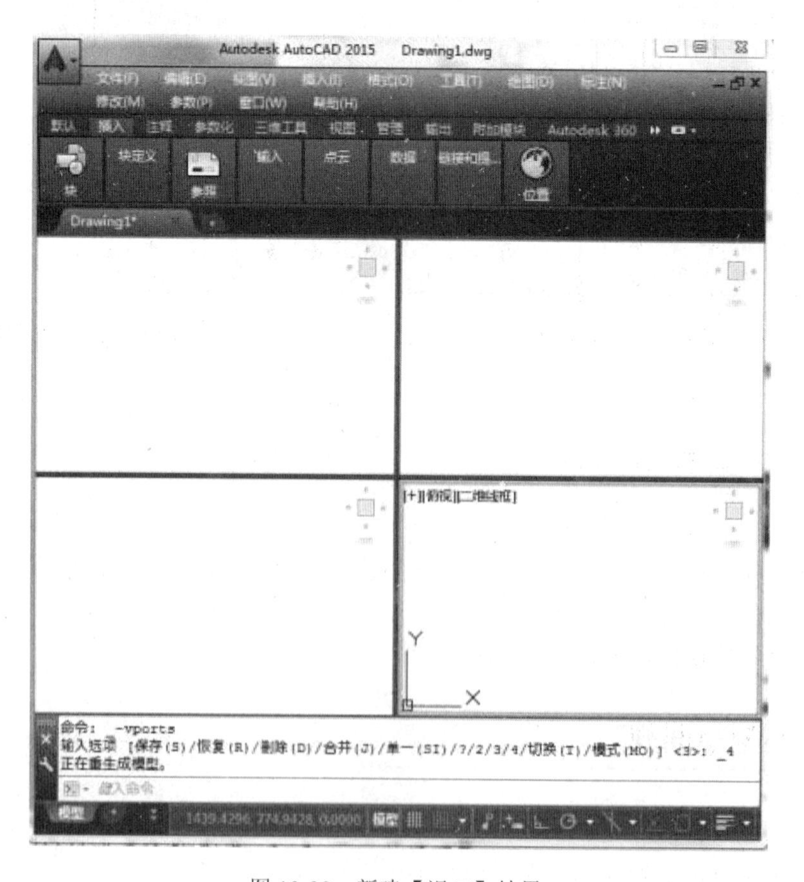

图 10-22　新建【视口】结果

10.4.2　创建打印视口

创建布局视口的操作方法与在模型空间创建视口的方法相似。用户只需切换至【布局】空间，执行菜单栏中的【视图】|【视口】命令，如图 10-23 所示。在扩展列表中，选择所需的视口，并根据命令行中的提示进行创建即可，如图 10-24 所示。

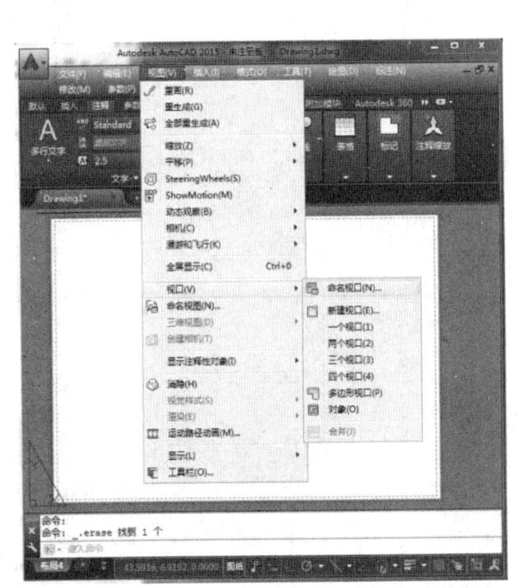

图 10-23　选择视口个数

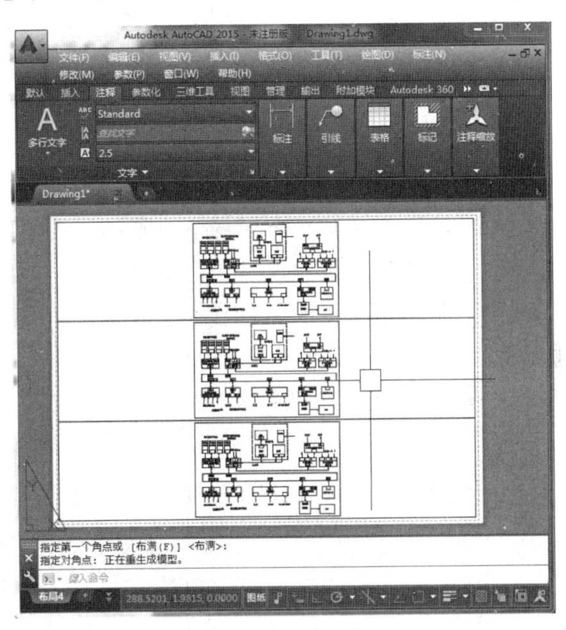

图 10-24　创建视口

10.4.3　设置视口

在 AutoCAD 2015 中，可以使用多种方法控制布局视口中对象的可见性。这些方法有助于突出显示或隐藏不同图形元素以及缩短屏幕重绘的时间。

1. 冻结布局视口中的指定布局

使用布局视口的一个主要优点是：可以在每个布局视口中有选择地冻结图层，还可以为新视口和新图层指定默认可见性设置。这有助于用户查看每个布局视口中的不同对象。

冻结或解冻当前和以后布局视口中的图层不会影响到其他视口。冻结的图层是不可见的，它们不能被重生成或打印。

解冻图层可以恢复图层对象的可见性。在当前视口中冻结或解冻图层的最简单方法是使用【图层特性管理器】选项板。

在【布局特性管理器】选项板中，使用【视口冻结】列的复选项可冻结当前布局视口中的一个或多个图层。要显示【视口冻结】列，必须切换至【布局】选项卡上。

2．在布局视口中淡显对象

淡显是指在打印对象时用较少的墨水量。在打印图纸和屏幕上，淡显的对象显得比较暗淡。淡显有助于区分图形中的对象，而不必修改对象的颜色特性。

要指定对象的淡显值，必须先指定对象的打印样式，然后在打印样式中定义淡显值，参见图 10-6。

淡显值可以为 0～100 的数字。默认设置为 100，表示不使用淡显，而是按正常的墨水浓度显示。淡显值设置为 0 时表示对象不使用墨水，在视口中不可见。

3．打开或关闭布局视口

可以通过关闭一些布局视口或限制活动视口数量来节省屏幕重绘时间。重生成每个布局视口的内容时，显示较多数量的活动布局视口会影响系统性能。可以通过关闭一些布局视口或限制活动视口数量来节省时间。

10.4.4　改变视口样式

在菜单栏中执行【视图】|【视口】|【多边形视口】命令，可以创建多边形浮动视口，如图 10-25、图 10-26 所示。利用多边形浮动视口，可以对图形的密集区进行局部放大。

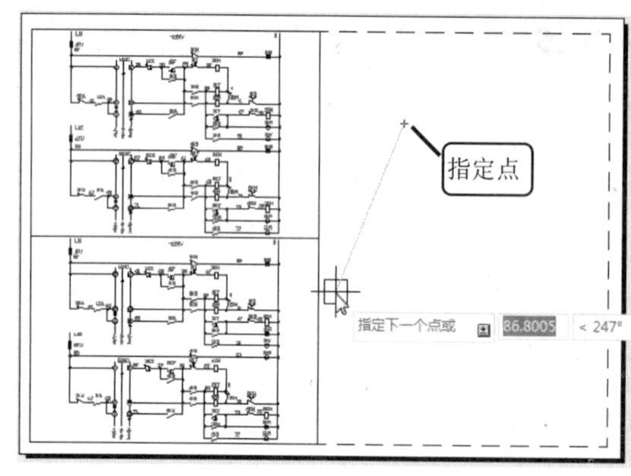

图 10-25　指定点

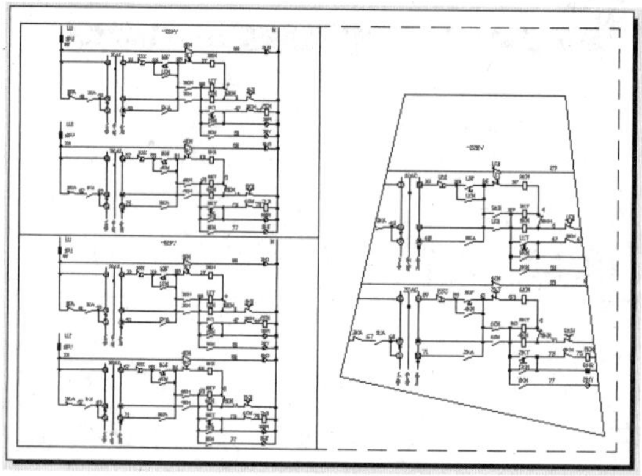

图 10-26　创建多边形视口

此外，用户还可以将在图纸空间绘制的多段线、圆、面域、样条曲线和椭圆设置为视口边界。

例如，在布局空间中，单击【圆】命令，在绘图区中绘制一个半径为 50 的圆。然后在菜单栏中执行【视图】|【视口】|【对象】命令，根据命令提示，选择该圆作为剪切视口的对象，如图 10-27 所示，并以选择对象来创建视口。最后在圆形的视口内双击，激活该视口，调整图形的视图缩放大小，显示局部图形的细节即可，如图 10-28 所示。

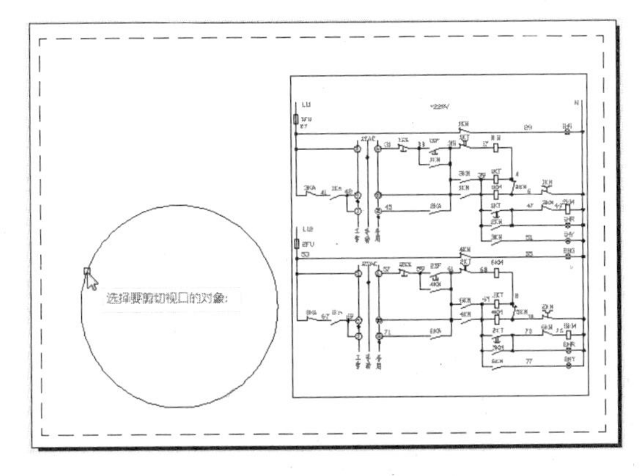

图 10-27　选择用于剪切视口的对象

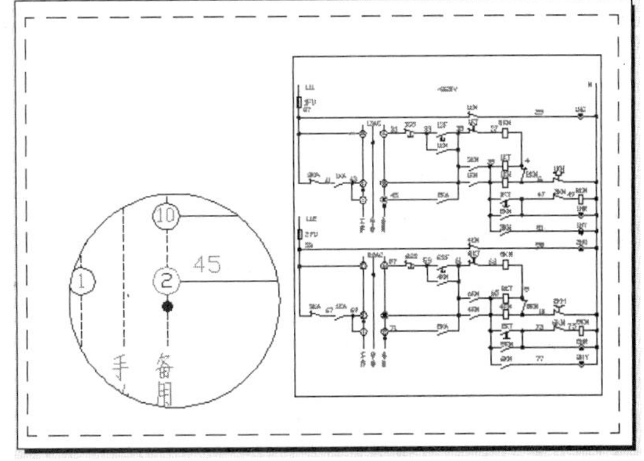

图 10-28　显示图形细节

10.5　发布图纸

为适应因特网的快速发展，使用户能够快速有效地共享设计信息，AutoCAD 2015 强化了其因特网功能，使其与因特网相关的操作更加方便、高效，如可以使用 Web 浏览器、创建超链接、设置电子传递以及发布图纸到 Web 等，这为分享和重复使用设计提供了更为便利的条件。

10.5.1　Web 浏览器的应用

Web 浏览器是通过 URL 获取并显示 Web 网页的一种工具软件。用户可在 AutoCAD 系统内部直接调用 Web 浏览器进入 Web 网络世界。

AutoCAD 中的文件【输入】和【输出】命令都具有内置的因特网支持功能。通过该功能，可以直接从因特网上下载文件，其后就可在 AutoCAD 环境下编辑图形。

使用【浏览 Web】对话框，可快速定位到要打开或保存文件的特定的因特网网址。可以指定一个默认的因特网网址，这样每次打开【浏览 Web】对话框时都将加载该位置。如果不知道正确的 URL，或者不想在每次访问因特网网址时输入冗长的 URL，则可以使用【浏览 Web】对话框方便地访问文件。

此外，在命令行中直接输入“BROWSER”，按回车键，也可以根据提示信息打开网页。

10.5.2　超链接的应用

超链接就是将 AutoCAD 中的图形对象与其他数据、信息、动画、声音等建立链接关系。链接的目标对象可以是现有的文件或 Web 页，也可以是电子邮件地址等。

在中文版 AutoCAD 2015 中，用户可以通过以下 3 种方法进行超链接操作。

- 在命令行中输入“HYPERLINK”并按回车键。
- 在菜单栏中选择【插入】|【超链接】命令。
- 按快捷键 Ctrl+K。

执行超链接命令后，在命令提示下，选择要创建超链接的对象并按回车键，即可打开【插入超链接】对话框建立超链接，如图 10-29 所示。

在【插入超链接】对话框中，各主要选项的含义如下。

- 显示文字：该文本框用于输入超链接的文字说明。当将鼠标移至创建好超链接的对象上时，即会显示该文本框中输入的文字说明，如图 10-30 所示。

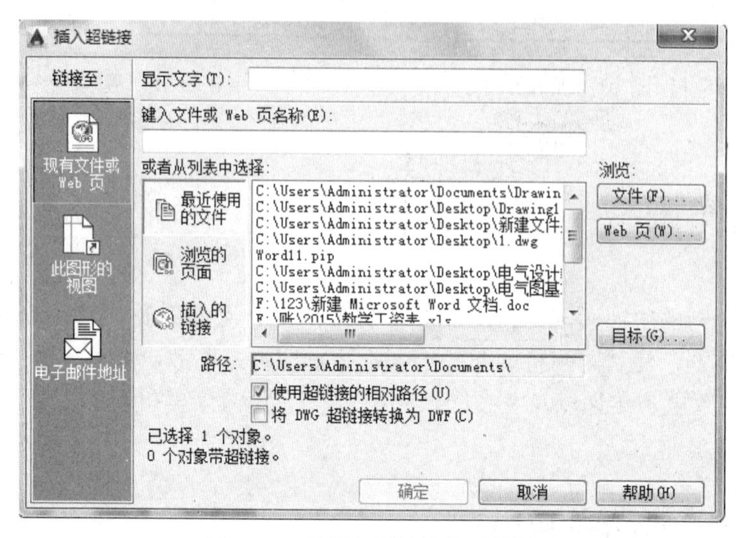

图 10-29 【插入超链接】对话框

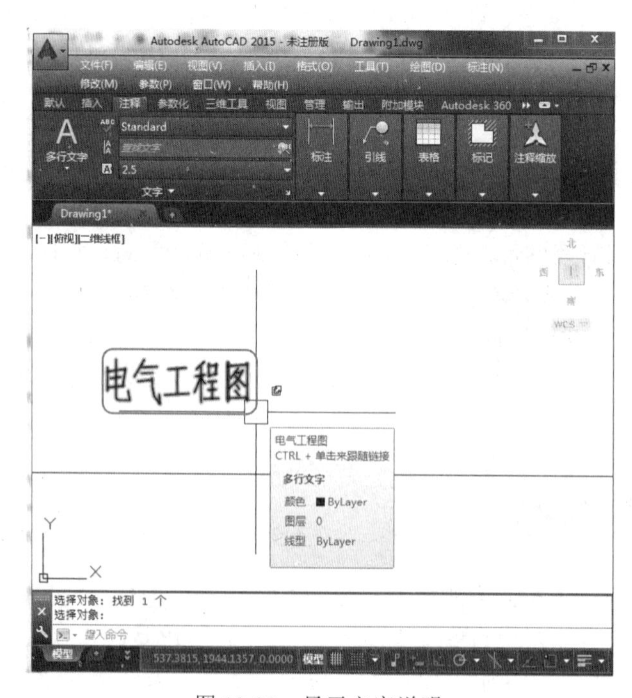

图 10-30 显示文字说明

- 输入文件或 Web 页名称：在该文本框中可以输入要链接到的文件或 URL。它可以是存储在本地磁盘或因特网上的文件，也可以是网址。

此外，用户还可以在【链接至】列表框中单击【此图形的视图】或【电子邮件地址】按钮，以设置不同的链接。

10.5.3　电子传递的应用

用户在发布图纸时，经常会忘记发送字体、外部参照等相关描述文件，这会使接收方打不开收到的文档，从而造成无效传输。

AutoCAD 2015 向用户提供的电子传递功能，可自动生成包含设计文档及其相关描述文件的数据包。将该数据包作为 E-mail 附件进行发送，不但大大简化了发送操作，而且保证了发送的有效性。

电子传递文档的方法如下。

Step01：单击【文件】|【发布】|【电子传递】命令，如图 10-31 所示，打开【创建传递】对话框，如图 10-32 所示。

Step02：在【创建传递】对话框的【文件树】和【文件表】两个选项卡中，按需要设置相应的参数，即可进行电子传递。

10.5.4　发布图纸到 Web

使用【网上发布】命令，用户可以将设置好的作品发布到 Web 页，以供其他人浏览与观赏。在菜单栏中执行【文件】|【网上发布】命令，即可打开【网上发布-开始】向导窗口，此时用户可以根据该向导创建一个 Web 页，来显示图形文件中的图像，如图 10-33 所示。

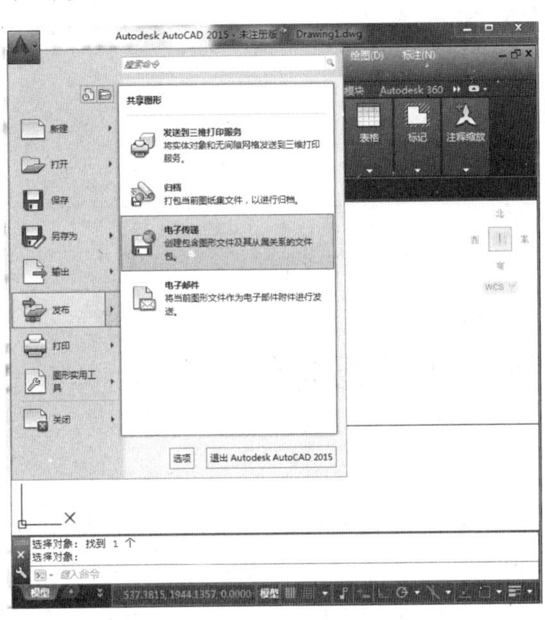

图 10-31　选择【电子传递】命令

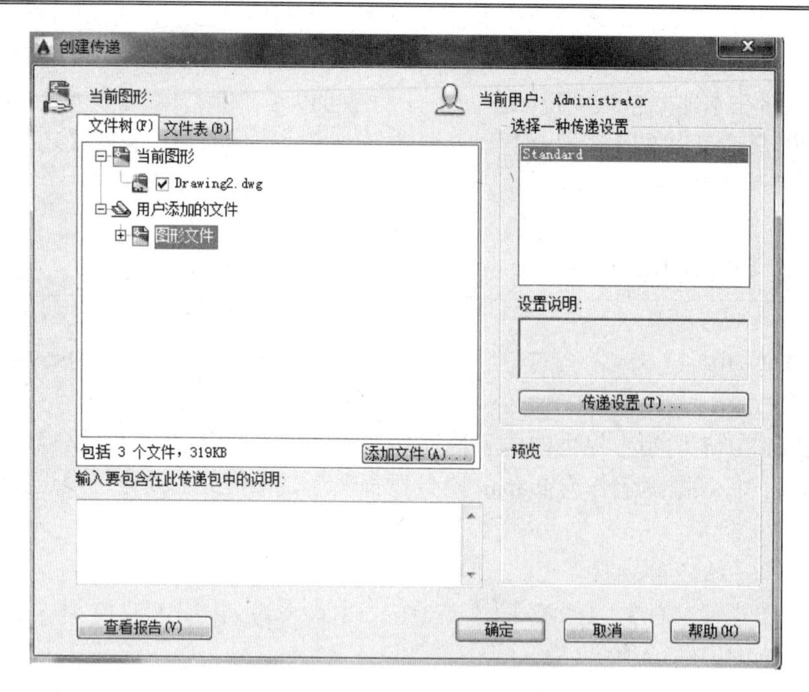

图 10-32　打开【创建传递】对话框

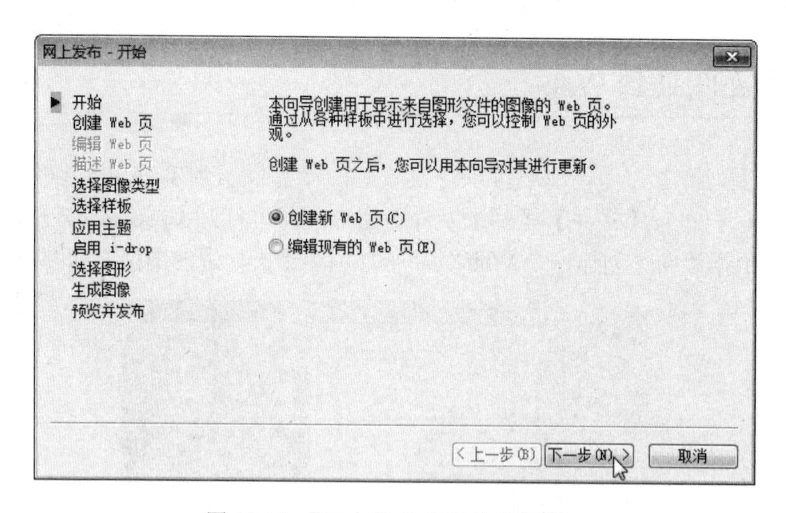

图 10-33　【网上发布-开始】对话框

10.6　应用案例——图纸发布

下面将详细介绍图纸发布的操作步骤。

Step01：打开“78 系列某稳压电路.dwg”文件，在布局选项卡中可以看到图形文件有一个模型选项和一个布局选项，如图 10-34 所示。

Step02：在菜单栏中执行【文件】|【页面设置管理器】命令，如图 10-35 所示。

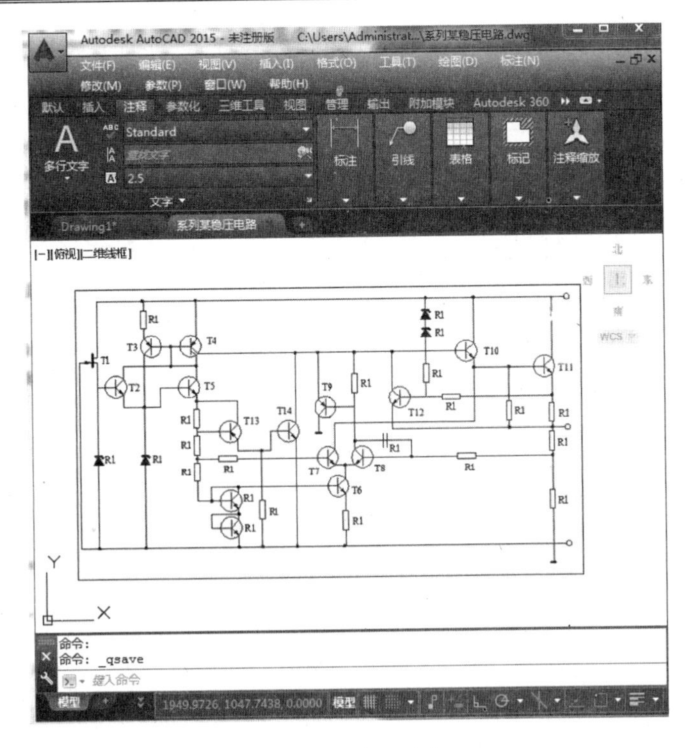

图 10-34　打开文件

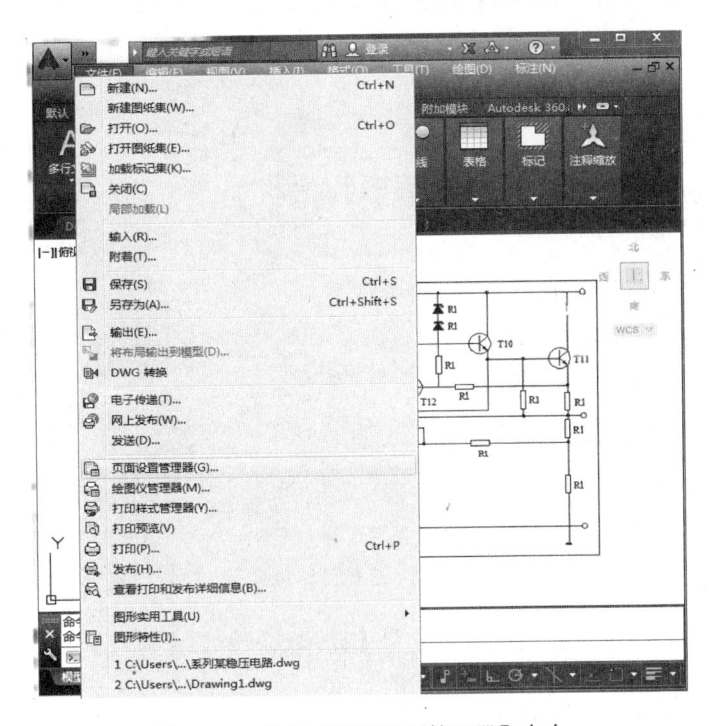

图 10-35　执行【页面设置管理器】命令

Step03：在弹出的【页面设置管理器】对话框中，单击【修改】按钮，如图 10-36 所示。

Step04：在弹出的【页面设置-模型】对话框中设置打印机的类型，此处为虚拟打印机，如图 10-37 所示。

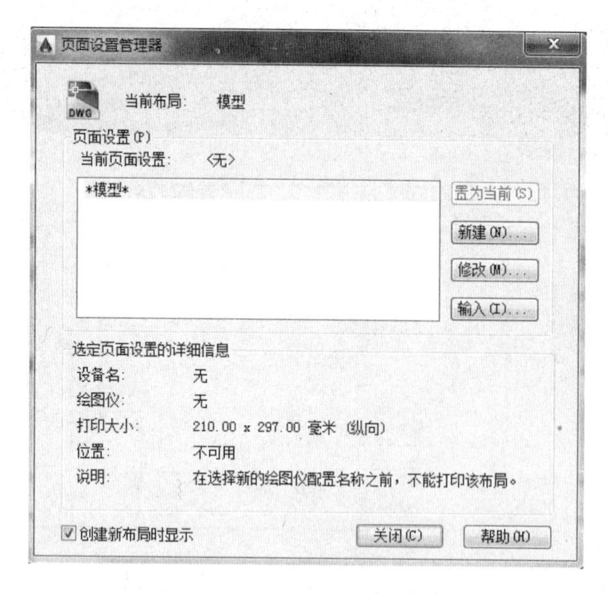

图 10-36 单击【修改】按钮

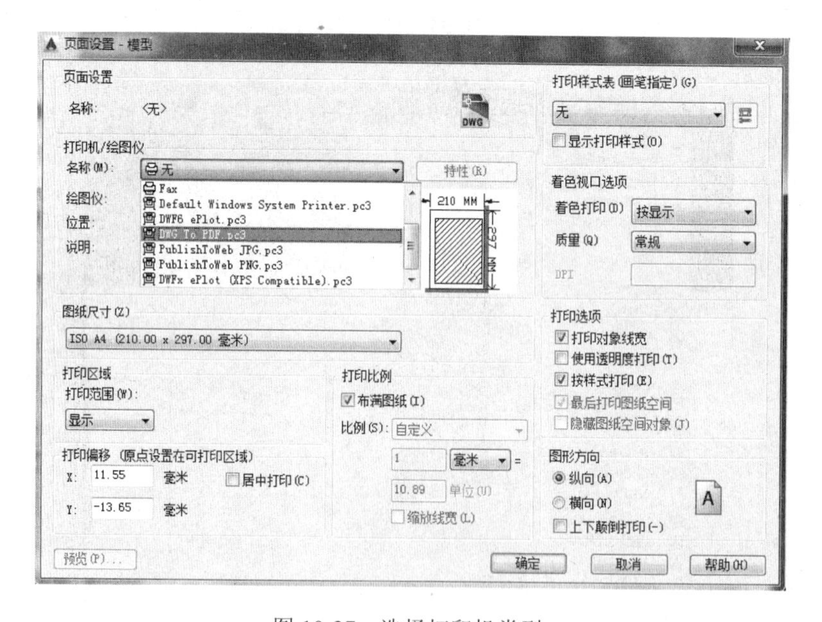

图 10-37 选择打印机类型

Step05：在【打印区域】选项组中设置【打印范围】为【窗口】。

Step06：在布局窗口中框选需要打印的区域。

Step07：返回【页面设置-模型】对话框，勾选【布满图纸】和【居中打印】复选框，单击【预览】按钮。

Step08：进入预览模式查看效果，满意后，单击【关闭】按钮，如图 10-38 所示。返回上层对话框，单击【确定】按钮，再在【页面设置管理器】对话框中单击【关闭】按钮。

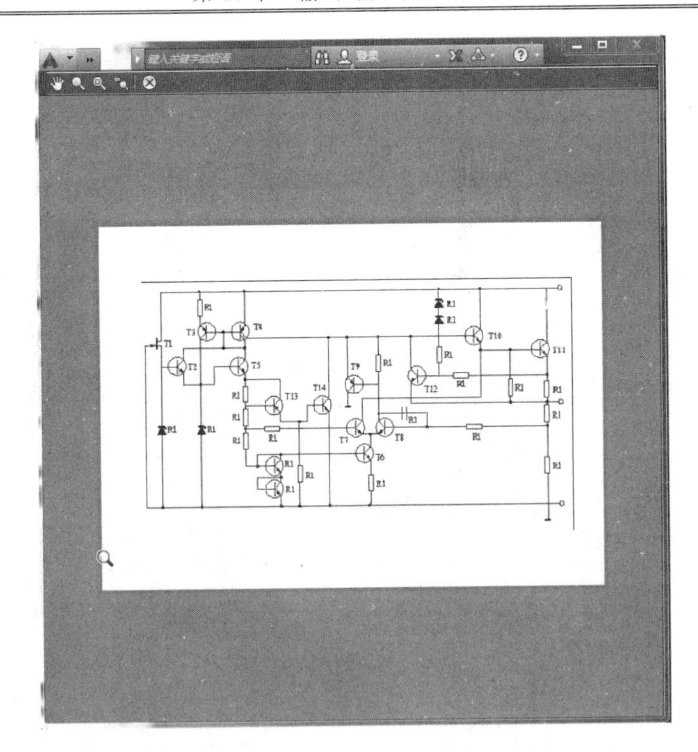

图 10-38　预览打印效果

Step09：选中【布局 1】，然后单击鼠标右键，在快捷菜单中选择【页面设置管理器】命令，如图 10-39 所示。

Step10：在弹出的【页面设置管理器】对话框中单击【修改】按钮。

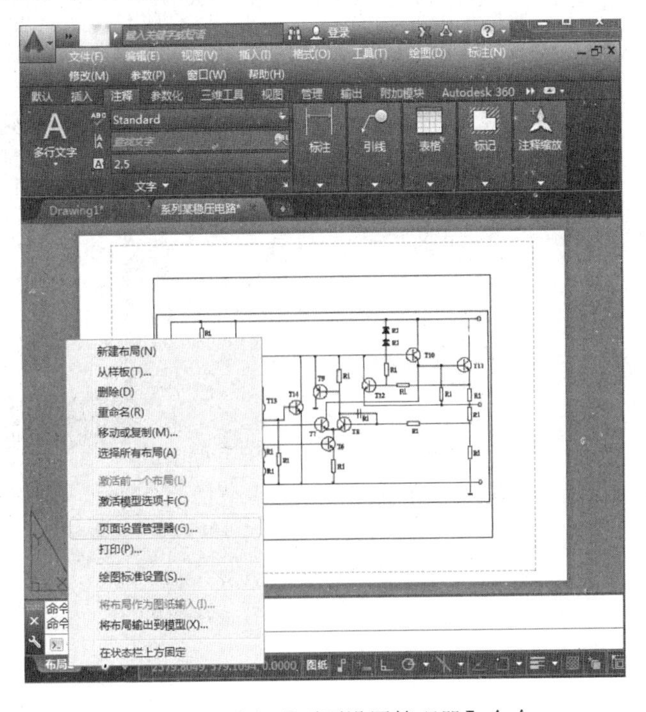

图 10-39　选择【页面设置管理器】命令

Step11：使用与前面相同的操作方法设置页面的相关参数，如图 10-40 所示。

Step12：执行【文件】|【打印】命令，在弹出的【打印】对话框中设置打印参数，然后单击【确定】按钮，如图 10-41 所示。此时程序即会开始打印图纸，但由于本例选用的是虚拟打印机，因此不会真正由打印机打印，而是输出到一个打印文件。该文件的路径需用户指定，应继续下面的操作。

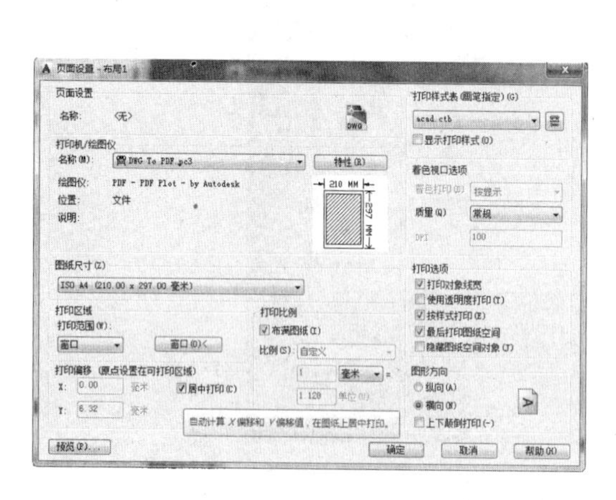

图 10-40　设置参数

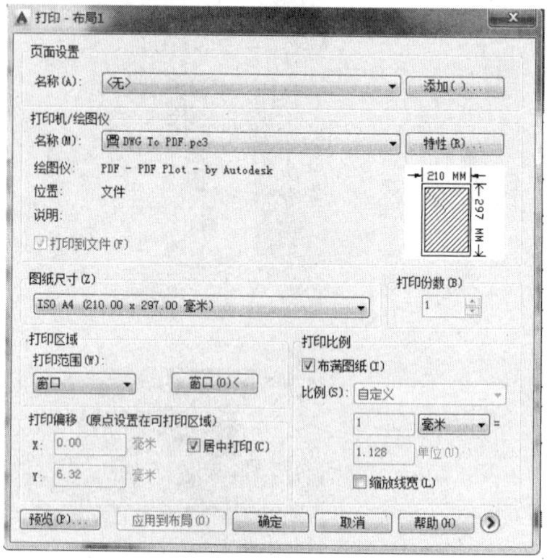

图 10-41　【打印】对话框

Step13：在弹出的【浏览打印文件】对话框中设置输出文件的名称和路径，然后单击【保存】按钮，如图 10-42 所示。

Step14：程序自动对框选的部分进行打印，并输入到指定的路径中，如图 10-43 所示。

图 10-42　保存打印文件

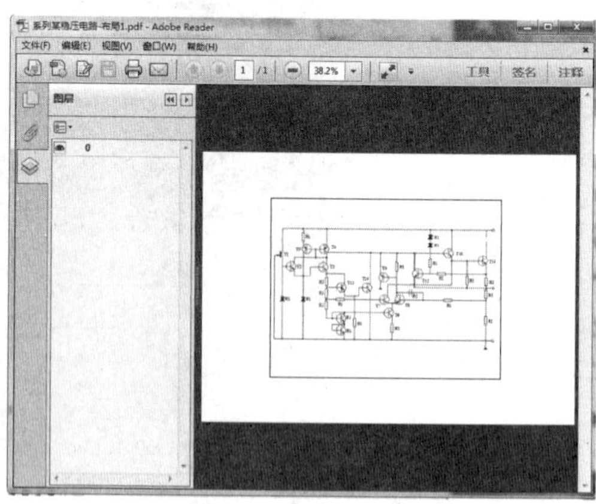

图 10-43　打印图纸